图形图像处理案例教程

（Photoshop CC）（微课版）

主　编　刘　斯　黎　霓

副主编　张亚生　刘虹麟　周　冉　陈晓君

主　审　钟　勤

科学出版社

北　京

内 容 简 介

本书包括14个单元，其中，单元1～单元8为软件运用基础部分，利用简单案例进行讲解，主要介绍图像选区、绘图与填充、图像修饰、图层、路径、文字、形状、通道、蒙版、调色等工具操作；单元9～单元13为软件操作提高部分，着重于利用软件进行特效处理，主要介绍创意字体、特效图片、照片处理美化、创意合成特效、时间轴的制作与应用；单元14为项目实训部分，结合Photoshop软件在不同行业的运用进行各种案例设计，主要涵盖海报、扁平化插画、产品包装、UI美工设计、建筑后期表现等内容。另外，本书包含二维码资源。

本书既可作为职业院校“计算机图形图像”“平面设计”课程的教材，也可作为各类平面设计专业人员及电脑美术爱好者的参考用书。

图书在版编目（CIP）数据

图形图像处理案例教程：Photoshop CC：微课版 / 刘斯，黎霓主编．—北京：科学出版社，2021.8（2023.8修订）

ISBN 978-7-03-066608-6

Ⅰ.①图…　Ⅱ.①刘…　②黎…　Ⅲ.①图像处理软件-职业教育-教材　Ⅳ.①TP391.41

中国版本图书馆CIP数据核字（2020）第211377号

责任编辑：张振华　上官子健　刘建山 / 责任校对：赵丽杰
责任印制：吕春珉 / 封面设计：东方人华平面设计部

科学出版社 出版

北京东黄城根北街16号
邮政编码：100717
http://www.sciencep.com

北京中科印刷有限公司 印刷

科学出版社发行　各地新华书店经销

*

2021年8月第一版　开本：787×1092 1/16
2024年3月第三次印刷　印张：23 1/4
字数：500 000

定价：86.00元

（如有印装质量问题，我社负责调换〈中科〉）

销售部电话 010-62136230　编辑部电话 010-62135120-2005

前　言

党的二十大报告深刻指出：“加快建设国家战略人才力量，努力培养造就更多大师、战略科学家、一流科技领军人才和创新团队、青年科技人才、卓越工程师、大国工匠、高技能人才。”为了深入贯彻落实二十大报告精神，编者根据二十大报告和《职业院校教材管理办法》《高等学校课程思政建设指导纲要》《“十四五”职业教育规划教材建设实施方案》等相关文件精神，对本书内容做了更新、完善等修订工作。

在修订过程中，编者紧紧围绕“培养什么人、怎样培养人、为谁培养人”这一教育的根本问题，以落实立德树人为根本任务，以学生综合职业能力培养为中心，以培养卓越工程师、大国工匠、高技能人才为目标。通过这次修订，本书的体例更加合理和统一，概念阐述更加严谨和科学，内容重点更加突出，文字表达更加简明易懂，工程案例和思政元素更加丰富，配套资源更加完善。具体而言，主要具有以下几个方面的突出特点。

1. 校企“双元”联合编写，行业特色鲜明

本书是在行业专家、企业专家和课程开发专家的指导下，由校企“双元”联合编写的。编者均来自教学或企业一线，具有多年的教学或实践经验，多数人带队参加过国家或省级技能大赛，并取得了优异的成绩。在编写本书的过程中，编者能紧扣该专业的培养目标，借鉴技能大赛所提出的能力要求，把技能大赛过程中所体现的规范、高效等理念贯穿其中，符合当前企业对人才综合素质的要求。

2. 突出“工学结合”，与实际工作岗位对接

本书采用“理实一体化教学”和“基于工作过程”的职业教育课程改革理念，以真实生产项目、典型实例为载体组织教学内容，能够满足模块化、案例化等不同教学方式的要求。每个项目包含若干任务，每个任务安排了“任务描述”“任务分析”“实践操作”“知识链接”等模块，将知

识、技能、素养贯穿于实例中，具有很强的针对性和可操作性。

本书中的实例涵盖了Photoshop的大部分图形图像处理技巧，包含了平面设计在各个领域中的应用，如海报、网页、包装等。通过学习，学生能够迅速掌握各个实例的制作思路和制作方法，快速提升软件的应用技能和设计水平，以达到事半功倍的学习效果。

3．体现以人为本，强调动手能力和创新能力的培养

本书切实从职业院校学生的实际出发，摒弃了以往Photoshop类书籍中过多的理论描述，以浅显易懂的语言和丰富的图示来进行说明，不过度强调理论和概念，从实用、专业的角度出发，剖析各个知识点，强调动手能力和综合素质的培养。本书以练代讲，练中学，学中悟，只要跟随操作步骤完成每个实例的制作，就可以掌握Photoshop的技术精髓。

4．融入思政元素，落实课程思政

为落实立德树人根本任务，充分发挥教材承载的思政教育功能，本书将文化自信、规范意识、质量意识、职业素养、工匠精神等思政元素融入教学内容，使学生在学习专业知识的同时，潜移默化地提升思想政治素养。

5．立体化资源配套，适应信息化教学

为了方便教师教学和学生自主学习，本书配套有免费的立体化的教学资源包，包括多媒体课件、微课、视频、教学设计、实训手册、富媒体云教材等。此外，本书中穿插有丰富的二维码资源链接，通过扫描可以观看相关的微课视频。

本书由刘斯（厦门信息学校）、黎霓（重庆市龙门浩职业中学校）担任主编，张亚生（奈曼旗民族职业中等专业学校）、刘虹麟（重庆市龙门浩职业中学校）、周冉（厦门信息学校）、陈晓君（集美工业学校）担任副主编，张凯（重庆巨蟹数码影像有限公司）参与编写。钟勤（重庆市龙门浩职业中学校）对全书内容进行了审定。

由于编者水平有限，加之编写时间仓促，书中难免存在疏漏和不足之处，恳请广大读者批评指正。

本书课程思政元素设计

为践行、弘扬“富强、民主、文明、和谐，自由、平等、公正、法治，爱国、敬业、诚信、友善”的社会主义核心价值观，落实“立德树人”的根本任务，本书以“习近平新时代中国特色社会主义思想”为指导，结合计算机平面设计岗位的共性职业素养要求，从“创新意识、审美情趣、环保意识、工匠精神、法治意识、文化自信、民族自信、爱国情怀、团队意识等维度出发，紧密围绕“知识、技能、素养”三位一体的教学目标，确定思政目标，设计思政内容，在书中以任务、案例、图表等为载体，将课程思政内容无缝融入，润物细无声地有效传递给读者。

页码	内容导引	课程思政目标	融入方式	课程思政元素
7-8	了解图形图像从业者需要具备的素质	树立创新意识、合作意识，提升文化及美学素养	任务学习：了解图形图像处理行业所需艺术文化素质、专业技能素质、职业素质，树立创新意识、合作意识，提升文化及美学素养	创新意识 合作意识 艺术素养
49-52	应用色彩范围抠取图像——制作雪景效果	培养发现美、感知美、欣赏美的能力	案例制作：在制作雪景效果的过程中，感受自然之美、季节之美、生活之美，培养发现美、感知美、欣赏美的能力	审美情趣 美学素养
57-60	应用画笔工具——制作季节网图	增强素材搜索与鉴赏能力，提升美学素养，树立环保意识	案例制作：在制作季节网图的过程中，增强素材搜索与鉴赏能力，提升美学素养，树立环保意识	美学素养 环保意识
65-69	应用渐变与油漆桶工具——制作时钟图标	树立效率意识，培养认真、细致、严谨、负责的工作态度	案例制作：通过制作时钟图标，树立效率意识，培养认真、细致、严谨、负责的工作态度	效率意识 职业素养
75-79	应用修复工具——去除照片多余人物	培养精益求精、一丝不苟的工匠精神，尊重他人肖像权，提升法治意识	案例制作：在将照片中多余人物形象去除的制作过程中，培养精益求精、一丝不苟的工匠精神，尊重他人肖像权，提升法治意识	工匠精神 法治意识
98-101	运用图层样式制作特殊效果——发光字招牌	树立节能环保意识，培养创新思维，提升美学素养	案例制作：通过制作发光字招牌，培养创新思维，提升美学素养，树立节能环保意识	环保意识 创新思维
104-107	运用图层混合模式——制作背景图	培养创新精神，提升审美情趣	案例制作：在制作背景图的过程中，引导培养创新精神，提升审美情趣	创新精神 审美情趣
113-119	应用文字工具——制作简洁的个人简历	培养客观严谨、实事求是的工作态度，自觉践行行业道德规范	案例制作：在制作个人简历的过程中，培养客观严谨、实事求是的工作态度，自觉践行行业道德规范	实事求是 职业素养
131-139	应用钢笔工具与形状工具绘图——制作邮票	感受艺术形式的多样性，增强对中国优秀传统文化的认同感，坚定文化自信、民族自信	案例制作：在制作邮票的过程中，感受艺术形式的多样性，增强对中国优秀传统文化的认同感，坚定文化自信、民族自信	文化自信 民族自信
144-147	运用蒙版进行简单元素融合——手机防水创意广告	培养科学思维，提升创新能力	案例制作：通过制作手机防水创意广告，引导培养科学思维，提升创新能力	科学思维 创新能力
156-160	应用破坏性方式调色——制作童话小镇	树立环保意识，践行生态文明理念	案例制作：通过制作童话小镇，引导树立环保意识，践行生态文明理念	环保意识 生态文明

续表

页码	内容导引	课程思政目标	融入方式	课程思政元素
183-188	制作创意体字——金属火焰字	培养团结协作、合作共赢的团队意识，提升集体荣誉感、责任感、使命感	案例制作：在制作金属火焰字的过程中，引导培养团结协作、合作共赢的团队意识，提升集体荣誉感、责任感、使命感	团队意识 合作精神
200-208	制作水墨效果——年年有余	感受中华优秀传统文化的魅力，激发爱国情怀，增强民族自豪感	案例制作：在制作“年年有余”水墨效果的过程中，感受中华优秀传统文化的魅力，激发爱国情怀，增强民族自豪感	爱国情怀 民族自信
234-236	复古情调——制作人像油画	树立顾客至上的服务意识，服务社会，奉献社会	案例制作：在制作人像油画的过程中，引导树立顾客至上的服务意识，服务社会，奉献社会	服务意识 社会责任
237-241	花海——相册设计与排版	发扬团结协作的团队精神，提升交流沟通能力	案例制作：通过进行相册设计与排版，引导发扬团结协作的团队精神，提升交流沟通能力	团队精神 职业素养
258-269	制作创意场景合成图——遇见海龟岛	提升创新能力，树立环保意识，自觉践行生态文明理念	案例制作：通过制作“遇见海龟岛”创意效果，引导提升创新能力，树立环保意识，自觉践行生态文明理念	环保意识 生态文明
285-292	帧模式时间轴面板应用——制作动态聊天表情	培养深度学习能力，与时俱进，了解人类文明进程	案例制作：通过实操制作“太阳哥表情包”，体验现代网络生活的趣味性，感受数字化和“互联网+”等社会信息化的发展趋势，引导培养深度学习能力，与时俱进，了解人类文明进程	深度学习 家国情怀
308-318	设计扁平化插图——“惊蛰”插图	弘扬中华优秀传统文化，增强文化自信、民族自信，激发爱国热情	案例制作：在二十四节气“惊蛰”插图制作过程中，感受中华优秀传统文化的魅力，增强文化自信、民族自信，激发爱国热情	文化自信 民族自信 爱国热情
320-327	设计产品包装——橙子包装盒	坚定道路自信、民族自信，增强社会责任感、使命感	案例制作：通过制作橙子包装盒，引导坚定道路自信、民族自信，增强社会责任感、使命感	道路自信 民族自信 社会责任
329-344	UI 美工设计——午后时光 App 界面	培养积极健康的生活方式，树立终身学习的意识，增强责任感、使命感、紧迫感	案例制作：在制作“午后时光 App 界面”的过程中，引导培养积极健康的生活方式，树立终身学习的意识，增强责任感、使命感、紧迫感	终身学习 社会责任
348-356	建筑后期表现——室外后期效果处理	培养创新能力，提升人文素养和美学素养	案例制作：在进行室外后期效果处理的过程中，引导培养创新能力，提升人文素养和美学素养	人文素养 美学素养

目　录

课程导入

图形图像的视觉世界

单元导读

在信息技术高度发达的今天，大部分人可以对数码图片进行简单处理。无论是使用电脑端专业的图形图像处理软件还是使用手机端 App 照片编辑软件，进行图形图像处理实际上已经不是一件陌生的事情。Photoshop 是一款专业的图形图像处理软件，广泛应用于广告设计、封面制作及彩色印刷等领域。

本单元将介绍图形图像处理常见软件及图形图像从业者应具备的基本素质。

学习目标

- 了解图形图像处理的基本软件；
- 了解图形图像处理的应用领域；
- 了解图形图像从业者需要具备的素质；
- 激发对图形图像处理行业的兴趣。

思政目标

- 树立正确的人生观、价值观、学习观，不负时代，不负韶华，立志成为祖国需要的行业拔尖人才；
- 培养职业认同感、责任感、使命感和荣誉感。

任务 0.1 认识图形图像处理

☞任务描述

图形图像处理主要基于软件来完成图像处理及图形编排绘制等任务。目前行业内主流的应用软件有 Adobe Photoshop、Adobe InDesign、Adobe Illustrator、CorelDRAW 等。图形图像处理被广泛地应用于广告、摄影、电子商务、CG 插画、建筑装饰等行业。利用图形图像处理软件，可以完成海报设计、照片处理与排版、网站或 App（application，应用程序）界面设计、插画绘制及建筑效果图后期制作等任务。本任务要求认识图形图像处理的基本软件及应用领域。

1．图形图像处理的基本软件

1）Adobe Photoshop 软件，简称 PS，是由 Adobe 公司开发和发行的图像处理软件，主要用于处理由像素构成的数字图像，涉及图像、图形、文字、视频等。

2）Adobe InDesign 软件，简称 Id，是由 Adobe 公司开发和发行的用于各种印刷品的排版编辑软件。

3）Adobe Illustrator 软件，简称 AI，是由 Adobe 公司开发和发行的矢量图形处理软件。该软件主要应用于印刷出版、书籍排版、专业插画、多媒体图像处理和互联网页面的制作等方面。

4）CorelDRAW 软件，是由 Corel 公司开发的平面设计软件。该软件是一款矢量图形制作工具软件，可实现矢量动画、页面设计、网站制作、位图编辑和网页动画制作等多种功能。

2．图形图像处理的应用领域

（1）海报招贴设计

海报招贴运用的领域非常广泛，无论是商品销售、活动推广还是公益宣传等都能见到海报招贴，它是运用较广泛的一种广告宣传形式。

（2）产品包装设计

在经济全球化的今天，越来越多的商品开始注重包装设计，包装已经与商品及销售融为一体，好的包装已成为产品成功的重要因素，如图 0.1.1 所示。

（3）图文排版

图文排版一般运用在杂志、书籍和宣传折页等需要较多文字与图片融合的项目中，在编排过程中要兼顾图案与文字的关系，不能忽略文字信息的传达，如图 0.1.2 和图 0.1.3 所示。

图0.1.1 包装设计作品

图0.1.2 商品画册内页排版

图0.1.3 台历内页排版

（4）CG 插画

CG 插画主要指利用计算机技术进行视觉设计与生产的领域，它既包括技术创作，也包括艺术创作，主要应用于多媒体技术动漫插画、游戏及动漫人物原画和场景设定、影视动画及特效设计等，如图 0.1.4 所示。

图0.1.4　动漫人物设定

（5）UI 界面设计

UI 是随着近年来信息化产业不断发展而形成的，它的设计一般是与受众交互式联系在一起的，而不是一种单纯的观感体验，主要包括图形设计、交互设计及用户体验的研究，如图 0.1.5 和图 0.1.6 所示。

图0.1.5　商品售卖网站界面设计

图0.1.6　国家图书馆App界面设计

（6）建筑效果图后期制作

建筑后期主要针对渲染后的建筑效果图进行进一步的照片剪裁、配景绘画等，可以使画面更加生动，如图 0.1.7 和图 0.1.8 所示。

（7）摄影后期处理

摄影后期主要针对已拍摄的照片进行缺陷的修复或艺术化处理（如合成、调色等），如图 0.1.9 所示。

图0.1.7　建筑效果图（1）

图0.1.8　建筑效果图（2）

图0.1.9　后期合成图像

知识链接

在认识图形图像处理软件时，我们会发现Adobe公司在设计领域开发出很多优秀的软件，以下介绍了在图形图像处理软件市场上举足轻重的Adobe公司。

1. 认识Adobe公司

Adobe公司是美国一家跨国计算机软件公司，总部位于加利福尼亚州的圣何塞。该公司的产品遍及图形设计、图像制作、数码视频和网页制作等领域，近年来亦开始涉足互联网应用程序、市场营销应用程序、金融分析应用程序等软件开发。使用Adobe产品，人们可以创造具有丰富视觉效果的作品。Adobe公司的产品已被网页和图形设计人员、专业出版人员、大量使用文档的组织人员、商务人员和一般消费者广泛运用。Adobe公司的Logo如图0.1.10所示。

图0.1.10　Adobe公司的Logo

2. 了解Adobe公司出产的软件

Adobe公司出产的设计类软件除了Photoshop、Illustrator和InDesign，还有涉及影视、动画、网络和音乐处理的软件。该公司设计类软件的图标如图0.1.11所示。

图0.1.11　Adobe旗下设计类软件的图标

1）Adobe After Effects（Ae）：专业非线性特效合成软件。该软件是一个灵活的基于层的2D和3D后期合成软件，包含上百种特效及预置动画效果，在影像合成、动画、视觉效果、非线性编辑、设计动画样稿、多媒体和网页动画方面都有极强的功能。

2）Adobe Dreamweaver（Dw）：网页设计软件，是集网页制作和网站管理于一身的所见即所得的网页编辑器，是针对专业网页设计师开发的视觉化网页开发工具。

3）Adobe Flash（Fl）：二维动画制作软件，被大量应用于因特网网页的制作中。

4）Adobe Fireworks（Fw）：用于网页图片编辑、优化。它既可以用于创建和编辑位图、矢量图形，还可以用于制作翻转图像、下拉菜单等网页设计中常见的效果。

5）Adobe Premiere Pro（Pr）：一款常用的视频编辑软件，目前被广泛应用于广告制作和电视节目制作中。它是真正意义上的非编软件，可以进行实时预览。

6）Adobe Contribute（Ct）：网页设计管理工具，简化了网站编辑过程，能进行网站设计。

7）Adobe Lightroom（Lr）：以后期制作为重点的图形工具，主要用于数码相片的浏览、编辑、整理、打印等。

8）Adobe Audition（Au）：专业音频编辑软件，专为在照相室、广播设备和后期制作设备方面工作的音频和视频专业人员设计。

任务 0.2 了解图形图像从业者需要具备的素质

任务描述

图形图像处理技术广泛运用于平面设计、网页设计等岗位，这些岗位对于从业者不仅看重技能，更看重综合素质。因此，图形图像从业者不但需要具有过硬的技能素质，而且需要具有较高的职业素质。本任务要求了解图形图像从业者所需具备的文化艺术素质、专业技能素质和职业素质。

1. 文化艺术素质

图形图像处理行业的大部分岗位属于文化艺术类的，从业者在文化及艺术方面的修养会直接或间接地影响自己的作品，所以一名优秀的图形图像从业者需要不断提升自身的文化及艺术修养。

2. 专业技能素质

（1）软件运用能力

软件是笔，是从业者能够流畅表达的基础工具，具有熟练操作图形图像处理相关软件来进行图片编辑和图形绘制的能力是图形图像从业者的基本从业条件。

（2）美术设计能力

图形图像处理的艺术含量较高，这要求从业者具备较高的审美能力及了解相应的设计理论知识，如三大构成（平面构成、色彩构成、立体构成）中所涵盖的版式构图、色彩搭配、空间运用等知识。

（3）创作能力

图形图像行业中大部分工作具有创作性质，这要求从业者具有一定的创意表达和创作能力。要提升创作能力就需要多做、多练、多看，从业者可以多看优秀作品，并对优秀作品进行分析、临摹、总结，在这个过程中将知识内化为自身的经验。

3. 职业素质

（1）沟通交流能力

图形图像从业者在工作中需要与客户进行沟通，所以必须具备沟通交流能力。

（2）团队协作能力

一些大型项目的制作往往由团队合作完成，所以图形图像从业者必须具备团队协作能力。

（3）心理抗压能力

担任创作型工作的图形图像从业者在工作过程中可能会面临来自外界或者个人创作瓶颈及加班时长等方面的压力，所以图形图像从业者必须具备心理抗压能力。

（4）不断学习能力

图形图像处理行业无论是所用的软件还是设计理念都是在不断更新的，所以图形图像从业者必须具备不断更新自身技能及知识架构的学习能力。

知识链接

“机会留给有准备的人”，当今社会是一个充满竞争与机遇的社会，只有提前做好自我规划，才能让自己在社会竞争中更具有竞争力和更好地抓住职业发展机遇。在人生不同的阶段做好自我分析与规划，是成功必不可少的因素。

1. 自我认知

分析自我性格特点，明确自己的优势与劣势，保持优势，寻求改进劣势的途径。

2. 职业认知

1）外部环境分析。对家庭环境、学校环境、社会环境、职业环境进行分析，清楚地了解自己所处的外部环境。

2）目标职业分析。根据对自身条件和外部环境的分析，初步确定并分析自己的目标职业、工作内容、任职资格、就业和发展前景等。

3. 职业生涯目标确立

通过对自我性格、兴趣爱好、优势与劣势，以及社会、经济、文化环境等的分析，对职业生涯目标进行规划。

4. 职业生涯规划设计

分阶段具体详细地写出自己要达成职业目标的详细规划。

学习评价☞

学习目标	自我评价			同学评价		
	达成	基本达成	未达成	达成	基本达成	未达成
了解图形图像处理的基本软件						
了解图形图像处理的应用领域						
了解图形图像从业者需要具备的素质						
激发对图形图像处理行业的兴趣						

教师评价：

教师签字：

思考与练习☞

1．当需要对拍摄的照片进行调色处理时可以选用什么软件？

____

____

2．通过对图形图像处理从业者所需素质的了解，分析自己的性格及目前的优势与劣势，为自己制订一份职业生涯规划。

____

____

1
单元

开启 PS 世界——初识 Photoshop 软件

单元导读

Photoshop 软件拥有强大的编辑与绘图功能，利用该软件可以有效地进行各种图片编辑工作。Photoshop 软件应用领域非常广泛，包括设计、印刷等。本单元主要介绍 Photoshop 软件的基本操作方法，如新建文件、打开文件、保存和关闭文件等。

学习目标

- 了解软件的工作界面及图像的各种格式；
- 掌握文件窗口、工具栏、菜单栏的具体操作；
- 掌握调整图像格式大小的基本方法；
- 掌握基本的文件操作顺序。

思政目标

- 提升审美情趣和素材鉴别能力；
- 培养严肃认真、一丝不苟的工作态度。

任务 1.1 认识工作界面与存储方式

☞任务描述

本任务将系统地介绍Photoshop软件的各项基本功能。通过学习，应熟悉Photoshop软件的界面及基本功能。Photoshop软件图标如图1.1.1所示。

图1.1.1　Photoshop软件图标

☞任务分析

在使用Photoshop软件进行图像处理之前，首先必须清楚Photoshop软件的各项工具的运用，Photoshop软件的工作界面主要有菜单栏、属性栏、工具栏、控制面板及状态栏五大板块；其次要了解文件的管理方法，即如何新建、打开、存储和关闭图像文件等。

实践操作

1. 文件窗口的具体操作

微课：走进PS-文档窗口具体操作

01 打开Photoshop软件，执行"文件"→"打开"命令，弹出"打开"对话框，打开"教学资源包"→"单元1"→"任务1.1"→"素材图片"→"案例素材"→"自拍"→"向日葵"素材，单击"打开"按钮，打开文件。打开两个或者两个以上的图像时，它们将以标签模式打开在选项卡中，如图1.1.2所示。

图1.1.2　打开文件

02 单击一个文件名称，即可将其设置为当前操作的窗口，如图1.1.3所示。按Ctrl+Tab组合键可以按照前后顺序切换窗口；按Shift+Ctrl+Tab组合键可以按照相反顺序切换窗口。

图1.1.3　切换文件

03 在窗口中单击一个标题栏并将其从选项卡中拖出，便成为可以任意移动位置的浮动窗口，如图1.1.4所示；拖动浮动窗口的任意一角，可以调整文件窗口的大小，如图1.1.5所示。

图1.1.4　拖动文件

图1.1.5　调整文件窗口的大小

04 将浮动窗口拖动到选项卡中，当出现蓝色横线时释放鼠标左键，即可将窗口重新打开在选项卡中，如图1.1.6所示。

05 单击一个文件窗口的“关闭”按钮，或者按Ctrl+W组合键，皆可关闭该窗口。如需关闭所有文件，可以在一个文件的标题栏上右击，在弹出的快捷菜单中执行“关闭全部”命令或者按Alt+Ctrl+W组合键即可，如图1.1.7所示。

图1.1.6 打开文件到选项卡

图1.1.7 关闭所有文件

2. 工具栏的具体操作

微课：走进PS-工具箱的具体操作

01 执行“编辑”→“首选项”→“工具”命令，弹出“首选项”对话框，选中“显示工具提示”“使用富媒体工具提示”复选框，如图 1.1.8 所示。

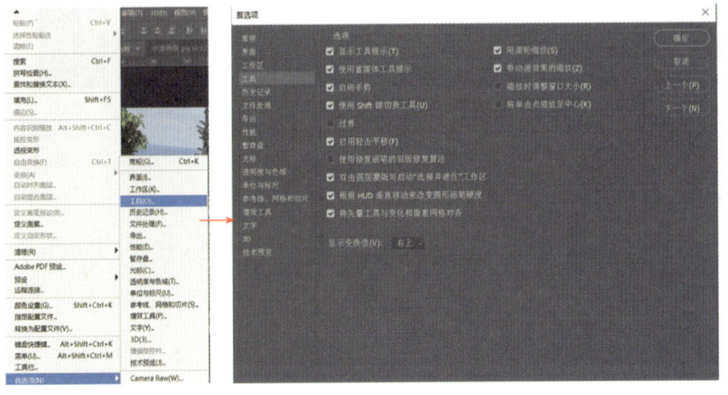

图1.1.8 “首选项”对话框

02 单击“确定”按钮，关闭“首选项”对话框。将鼠标指针放在左侧的任意工具上，此时会出现该工具的使用方法动画演示，如图1.1.9所示。

图1.1.9 工具的使用方法动画演示

03 执行“窗口”→“工具”命令，即可将工具栏隐藏，再次执行该命令即可显示工具栏。单击并按住鼠标左键不放，拖动工具栏顶端的黑色区域，即可移动工具栏至合适的位置，如图1.1.10所示。

04 单击工具栏顶端的按钮，工具栏即以双列显示，如图1.1.11所示；再次单击该按钮，即可恢复单列显示状态。

图1.1.10　移动工具栏

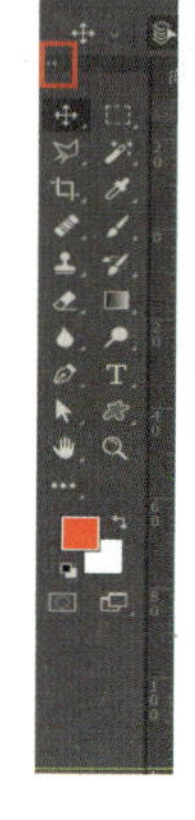

图1.1.11　双列显示工具栏

微课：走进PS-菜单栏的具体操作

3. 菜单栏的具体操作

01 执行“图像”→“调整”命令，弹出其子菜单，如图1.1.12所示。

> **关键点拨**
>
> 选择菜单中的选项即可执行此命令，如果命令后面有快捷键显示，那么也可以通过按快捷键的方法来执行命令；如果后面带有下拉按钮，则表示包含下拉菜单。例如，按Ctrl+O组合键，可以弹出“打开”对话框。

02 在弹出的子菜单中执行“色阶”命令，或按Ctrl+L组合键，弹出“色阶”对话框，如图1.1.13所示，拖动三角滑块，即可对画面的色阶进行调整。

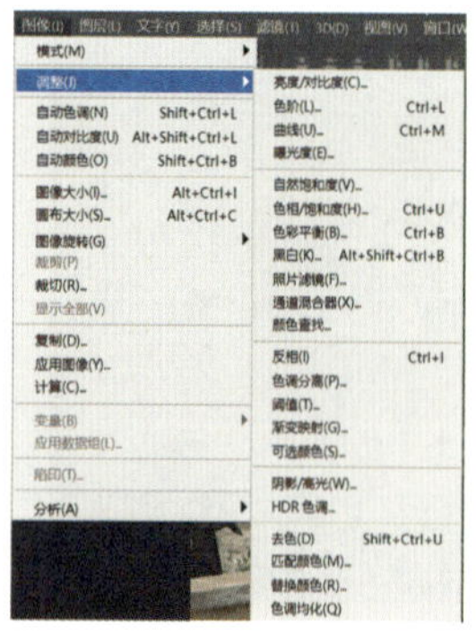

图1.1.12　弹出“调整”子菜单

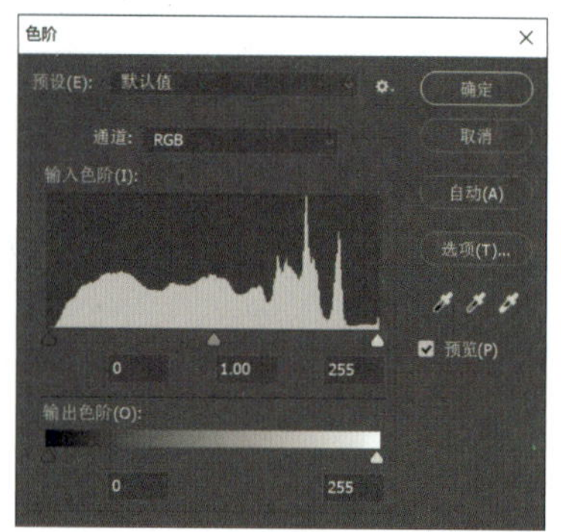

图1.1.13　“色阶”对话框

关键点拨

1）有些命令只提供了字母，可以按Alt+主菜单的字母组合键弹出该菜单。

2）如果菜单中的某些命令显示为灰色，则表示其在当下不能使用；如果一个命令的名称右侧有符号“…”，则表示执行该命令时会弹出一个对话框。

4. 屏幕显示模式

Photoshop软件有三种屏幕显示模式：标准屏幕模式、带有菜单栏的全屏模式和全屏模式。执行“视图”→“屏幕模式”命令，可在三种屏幕显示模式间切换。

图1.1.14　标准屏幕模式

01 当图像文件打开时，一般显示为标准屏幕模式，如图1.1.14所示。

02 执行“视图”→“屏幕模式”→“带有菜单栏的全屏模式”命令，如图1.1.15所示，文件会显示有菜单栏和50%的灰色背景、无标题栏和滚动条的全屏窗口。

微课：走进PS-不同模式切换不同屏幕

03 执行“视图”→“屏幕模式”→“全屏模式”命令，文件只会显示有黑色背景，无标题栏、菜单栏和滚动条的全屏窗口，如图1.1.16所示。

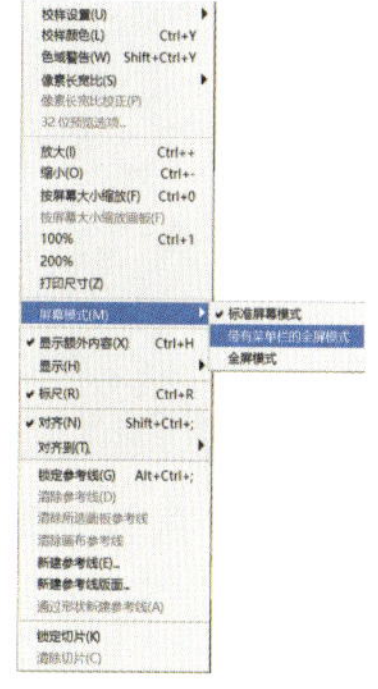

图1.1.15　执行“带有菜单栏的全屏模式”命令

图1.1.16　全屏模式

关键点拨

①按F键可以在各个屏幕显示模式间切换；②按Tab键可隐藏/显示工具栏、面板和工具选项栏；③按Shift+Tab组合键可隐藏/显示工具栏。

5. 排列窗口中的多个图像文件

如果同时打开多个图像文件，则可以通过执行“排列”命令控制各个文件图像的排列方式。

微课：走进PS-排列窗口中的多个图像文件

01 执行“窗口”→“排列”命令，弹出下拉列表，如图1.1.17所示。

02 执行“窗口”→“排列”→“全部垂直拼贴”命令，以垂直的方式显示窗口，如图1.1.18所示。

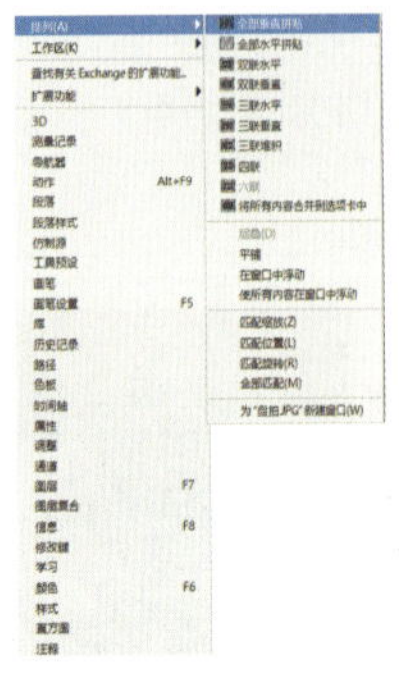

图1.1.17　打开“排列”菜单

图1.1.18　全部垂直拼贴（1）

03 执行“窗口”→“排列”→“全部水平拼贴”命令，以水平的方式显示窗口，如图1.1.19所示。

04 将文件全部从选项卡中拖出，执行“窗口”→“排列”→“层叠”命令，从屏幕的左上角到右下角以堆叠和层叠的方式显示未打开的窗口，如图1.1.20所示。

图1.1.19　全部水平拼贴排列

图1.1.20　层叠排列

05 执行“窗口”→“排列”→“平铺”命令，以平铺方式显示窗口，如图1.1.21所示。

关键点拨

在“平铺”命令下，关闭一幅图像时，其他窗口会自动调整大小，以填满可用空间。

图1.1.21　平铺排列

06 执行“窗口”→“排列”→“在窗口中浮动”命令，使所有文件窗口全部浮动，如图1.1.22所示。

07 执行“窗口”→“排列”→“将所有内容合并到选项卡中”命令，恢复为默认的视图状态，即全屏显示一幅图像，将其他图像最小化到选项卡中，如图1.1.23所示。

图1.1.22 浮动窗口

图1.1.23 全屏显示一幅图像

08 关闭其中两个图像文件，执行“窗口”→“排列”→“全部垂直拼贴”命令，并放大其中一幅图像，如图1.1.24所示。

09 执行“窗口”→“排列”→“匹配缩放”命令，将所有窗口都匹配到与当前窗口相同的缩放比例，此时“向日葵”照片会被放大至与“圣诞创意海报”照片同样大小，如图1.1.25所示。

图1.1.24 全部垂直拼贴（2）

图1.1.25 匹配缩放

知识链接

1. 认识Photoshop界面

1）单击 Ps 图标，启动 Photoshop 软件，系统会自动打开一个初始工作界面，在该界面中单击“新建…”按钮，进入工作界面。该界面包含菜单栏、工具属性栏、工具栏、浮动面板及文档属性栏，如图 1.1.26 所示。

图1.1.26 工作界面

2）菜单栏在初始工作界面的最上方，它包含“文件”“编辑”“图像”“图层”“文字”“选择”“滤镜”“3D”“视图”“窗口”“帮助”等菜单，如图 1.1.27 所示。每项菜单功能都有相应的子菜单，在弹出的下拉菜单中执行相应的命令，即可实现需要的操作。“文件”下拉菜单如图 1.1.28 所示。

3）工具栏在初始工作界面的左侧，也可以根据自己的使用习惯将其调整到界面的其他位置。工具栏包含 Photoshop 软件的所有工具，可以快速调用画面、调整、输入文字、绘制、合成等各项功能，如图 1.1.29 所示。

图1.1.27　菜单栏

图1.1.28　“文件”下拉菜单

图1.1.29　工具栏对应说明

4）使用工具属性栏能控制当前所选工具的属性，在切换工具时，工具属性栏会显示此工具的相关属性。例如，选择矩形选框工具，工具属性栏则显示出矩形选框工具的各种属性，如图 1.1.30 所示。

5）初始工作界面中间的画布为工作区，是编辑图像的主要操作界面。只能在该区域进行编辑，画布外面的黑色区域是不能进行编辑的。

6）初始工作界面右侧是浮动面板。利用不同的浮动面板，可以完成填充颜色、调整色阶等操作，如图 1.1.31 所示。

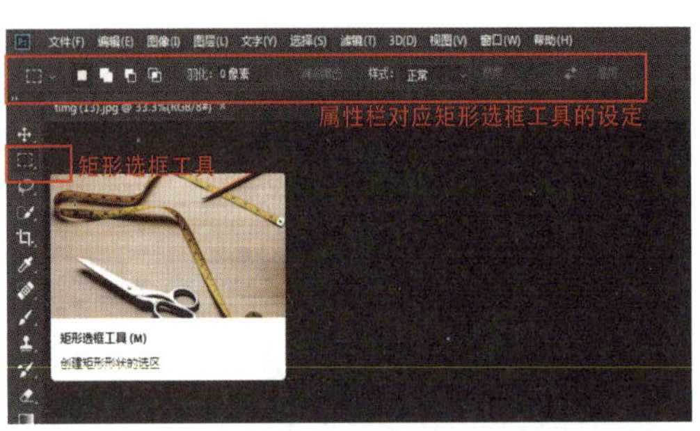

图1.1.30　属性栏对应当前所选工具的属性

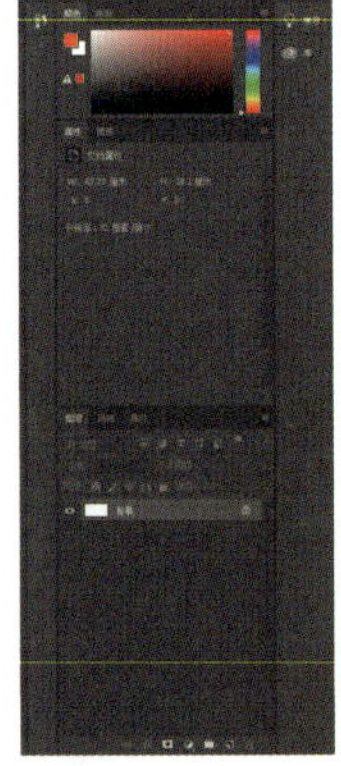

图1.1.31　浮动面板展示

关键点拨

1）浮动面板是根据用户的需求选择的，能自行设定界面。当工作区排列混乱时，可以通过执行窗口菜单中相应的命令快速恢复默认的设定界面。

2）或者在工具属性栏直接调用“复位”基本功能。

7）初始工作界面的最下方是文档属性栏，最左端的百分比值为当前图像文件的显示比例；中间显示当前图像文件的大小。单击文档属性栏的下拉按钮，在弹出的下拉列表中将显示“文档大小”“文档配置文件”“文档尺寸”等选项，如图 1.1.32 所示，执行任一命令，左侧的显示条则显示其相关的参数。

2. 菜单命令的不同状态

1）在菜单栏中，滑动选择某些子菜单时，右侧会显示下拉按钮，单击下拉按钮就会弹出下拉列表，如图 1.1.33 所示。

2）如果下拉列表里面的选项是灰色的，则表示当前菜单命令不符合运行条件，即处于不可执行状态。

3）有些菜单命令后面显示有“…”时，表示执行该命令会弹出相应的对话框，可以在其中进行相关设置，如图 1.1.34 所示。

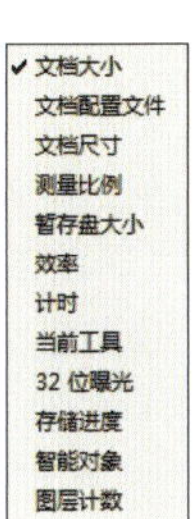

图1.1.32 文档属性栏

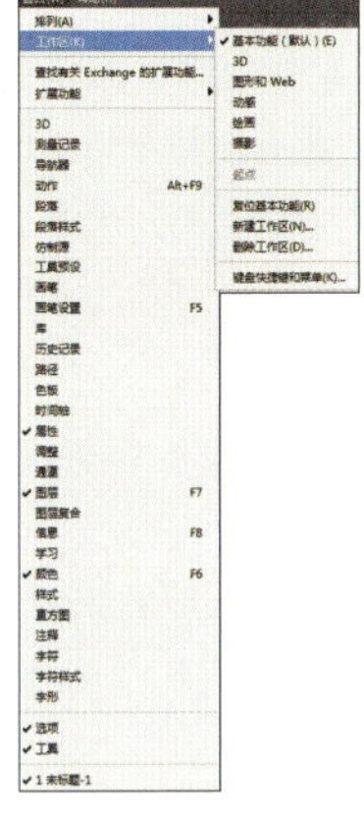

图1.1.33 子菜单

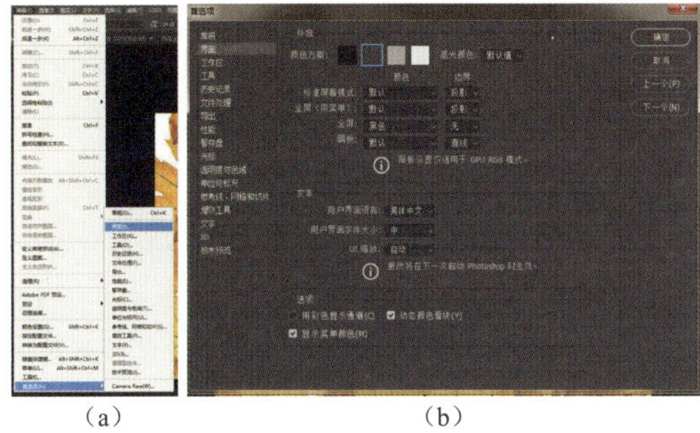

图1.1.34 工作界面

3. 键盘快捷方式

1）使用键盘快捷方式：当要执行命令时，可以按命令旁标注的快捷键。例如，要执行“文件”→“打开”命令，可以按 Ctrl+O 组合键。按住 Alt 键的同时，按命令中文字后面带括号的字母，可以弹出相应的菜单，再按命令中带括号的字母即可执行相应的命令。例如，要执行“选择”命令，按 Alt+S 组合键即可弹出菜单，若此时要执行“色彩范围”命令，则再按 C 键即可，如图 1.1.35 所示。

2）自定义键盘快捷方式：为了更方便地执行常用的命令，Photoshop CC 软件提供了自定义键盘快捷方式和保存键盘快捷方式的功能。

执行“窗口”→“工作区”→“键盘快捷键和菜单”命令，如图1.1.36所示，弹出“键盘快捷键和菜单”对话框，如图1.1.37所示。

对话框下面的信息栏中给出了快捷键的设置方法，在选项组中可以选择要设置快捷键的组合，如图1.1.37所示。

图1.1.35 快捷键操作菜单

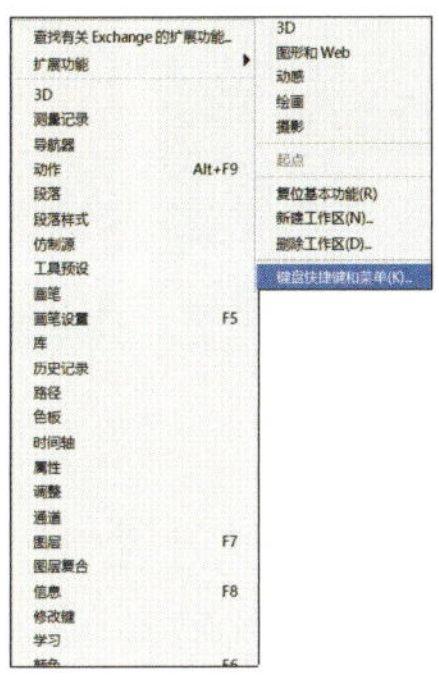

图1.1.36 键盘快捷键和菜单

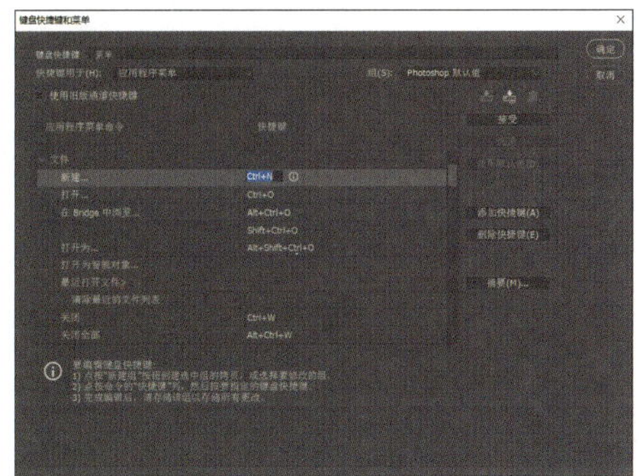

图1.1.37 自定义快捷键

任务 1.2 了解图像格式与分辨率——调整网图规格

微课：网图规格调整

任务描述

随着社交媒体的流行，很多人喜欢在各种社交媒体上发表动态，分享自己的心情和状态，或者使用Photoshop软件处理网图等。但是有些平台对图片的大小、规格有要求，需要更改图像的参数，此时就需要借助Photoshop软件来完成这些操作，使图片达到令人满意的效果。本任务要求完成照片大小、画布大小、窗口比例的调整。

任务分析

本任务共有三项内容，即调整照片文件的大小，这是因为网站要求上传的图片不能超过10MB，所以要通过执行“图像大小”命令来更改；调整画布大小，有些图片需要添加一个白边，可以通过调整画布的大小来实现；调整窗口比例，这是为了使操作者在操作处理图片的时候更加方便快捷地查看图片色彩等图像信息。

实践操作

1．调整照片文件的大小

01 打开 Photoshop 软件，执行“文件”→“打开”命令，弹出“打开”对话框，打开“案例素材”→“购物车”素材。

02 打开“购物车”素材后，在标题栏上显示了该照片的名称，文档属性栏显示该照片显示比例为16.67%，大小为34.9MB，如图 1.2.1 所示。

03 执行“图像”→“图像大小”命令，或按 Ctrl+Alt+I 组合键，在弹出“图像大小”对话框中可查看图像信息，如图 1.2.2 所示。

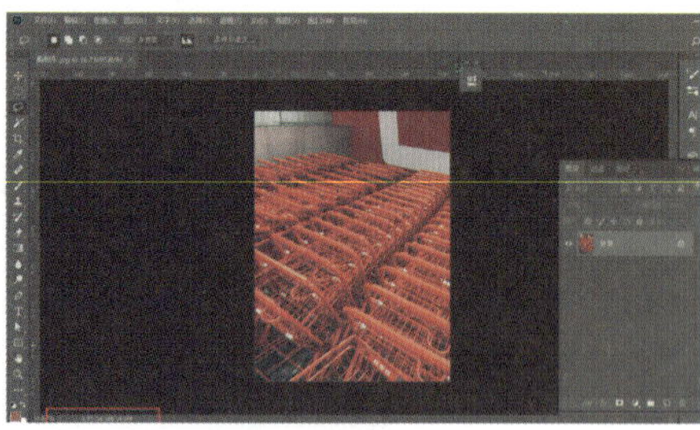

图1.2.1　查看图像大小

图1.2.2　查看图像信息

04 按照图片上传要求，大小为 10MB 以下的，重设图像的宽度和高度（参考值：50 厘米 ×66.67 厘米），在“重新采样”的下拉列表中选择“保留细节（扩大）”选项，拖动“减少杂色”滑块上的百分比（参考值：98%），如图 1.2.3 所示，单击“确定”按钮，即完成图像大小的更改。

05 执行“文件”→“存储”命令，或者按Ctrl+S组合键，保存图片，如图1.2.4所示。

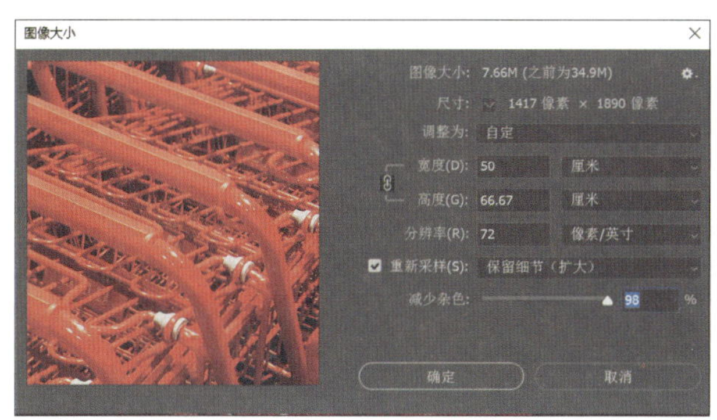

图1.2.3　更改图像大小信息

图1.2.4　保存图片

2. 调整画布大小

01 打开 Photoshop 软件，执行“文件”→“打开”命令，弹出“打开”对话框，打开“案例素材”→“自拍”素材，即可看到整个画布，即整个文件的工作区域，如图 1.2.5 所示。

02 执行“图像”→“画布大小”命令，或按Ctrl+Alt+C组合键，弹出“画布大小”对话框后即可查看图像信息，可以在该对话框中更改画布大小，如图1.2.6所示。

图1.2.5　打开图像

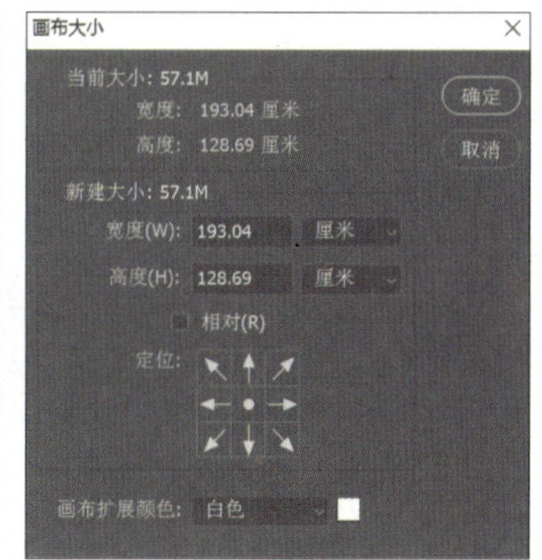

图1.2.6　查看画布大小信息

03 在“画布大小”对话框中，分别将画布的“宽度”“高度”增加 5 厘米，“定位”为“中心”位置，“画布扩展颜色”选择“白色”，如图 1.2.7 所示。

04 单击“确定”按钮，就可以得到扩展画布后的图像效果，如图1.2.8所示。

05 执行“文件”→“存储”命令，或者按Ctrl+S组合键，保存图片，如图1.2.9所示。

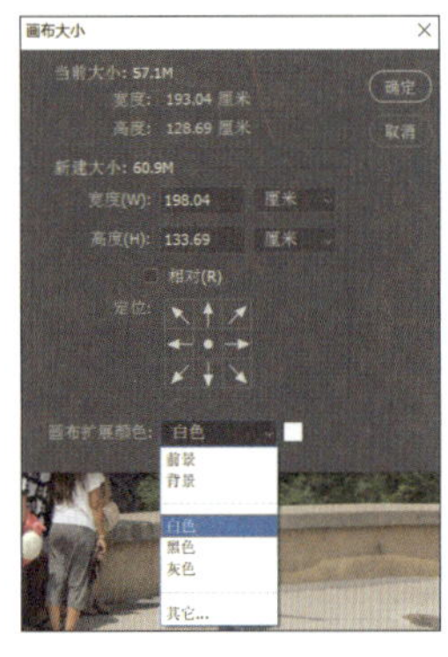

图1.2.7　更改画布大小

图1.2.8　效果

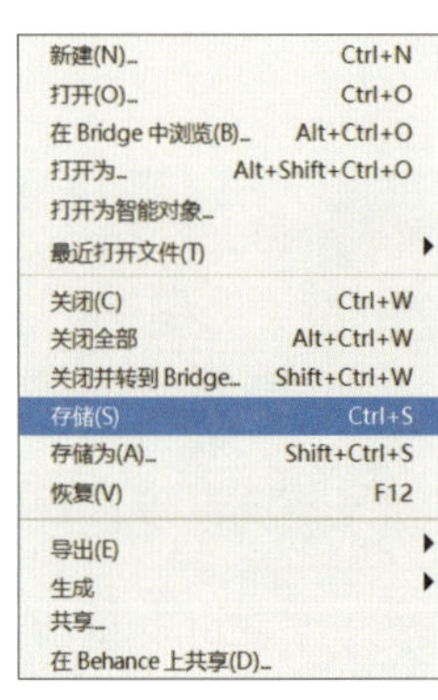

图1.2.9　存储图片

3. 调整窗口比例

01 打开Photoshop软件，执行“文件”→“打开”命令，或者按Ctrl+O组合键，弹出“打开”对话框，打开“案例素材”→“米奇米妮”素材，如图1.2.10所示。

02 单击“工具栏”→“缩放工具”，或按 Z 键，在其工具状态栏上单击“100%”按钮，图像将以 100% 显示，如图 1.2.11 所示。

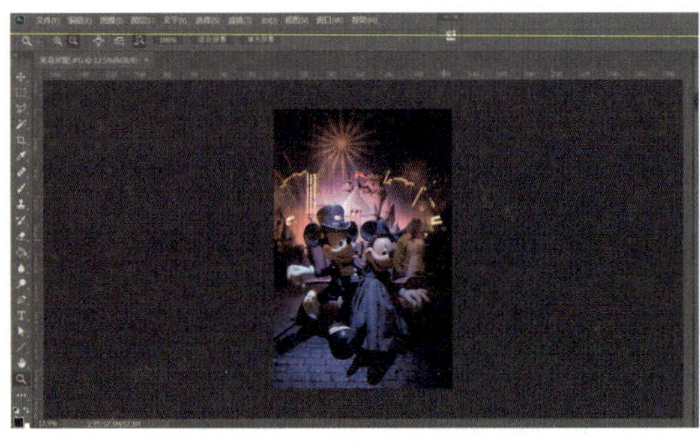

图1.2.10　打开“米奇米妮”素材

图1.2.11　图像100%显示

03 将鼠标指针放在画面中，当鼠标指针变为带“+”的放大镜时，单击可以放大窗口的显示比例，如图1.2.12所示。

04 单击“工具栏”→“缩小”，或按住 Alt 键单击放大，图片放大后会出现每个像素信息，但不是无限放大。当光标变为带“-”的放大镜时，单击可缩小画面的显示比例，如图 1.2.13 所示。

05 在图像上右击，在弹出的快捷菜单中执行“100%”命令，效果如图1.2.14所示。

06 在Photoshop软件中，最大可以将图像放大至12 800倍，如图1.2.15所示。

图1.2.12 放大图像

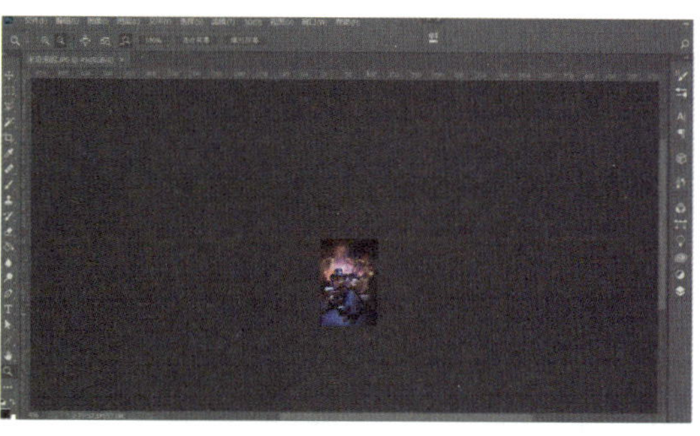

图1.2.13 缩小画面的显示比例

图1.2.14 以100%放大图像

图1.2.15 放大至12 800倍

关键点拨

直接滚动鼠标的滚轮，也可以调整图像的显示大小。

知识链接

1. 调整显示比例的方法

调整图像显示比例有多种方法，在实际工作中可以灵活运用。需要注意的是，图像的显示比例大，并不表示图像的尺寸也大。在放大和缩小图像显示比例时，如图1.2.16所示，并不影响和改变图像的打印尺寸、像素数量和分辨率。

（1）缩放工具

执行“工具栏”→“缩放工具”命令，然后移动鼠标指针至图像窗口，这时鼠标指针显示为放大镜形状，单击可扩大图像的显示比例；按住Alt键，鼠标指针显示为缩小的放大镜形状，在图像窗口中单击，即可缩小图像的显示比例。

（2）缩放工具属性栏

运用缩放工具后，工具属性栏显示相关选项，如图1.2.17所示，利用这些选项可以控制缩放的方式和缩放比例。

图1.2.16 缩小显示比例

图1.2.17 缩放工具属性栏

1)“调整窗口大小以满屏显示”复选框：选中该复选框后，在缩放图像时，图像窗口也同时进行缩放，以使其在窗口中满屏显示。

2)“缩放所有窗口”复选框：选中该复选框后，可以同时缩放打开的所有文件窗口。

3)“细微缩放”复选框：选中该复选框后，在画面中单击，向左或向右拖动鼠标指针，能够以平滑的方式快速放大或缩小窗口；取消选中该复选框，在画面中单击并拖动鼠标指针，可以拖出一个矩形选框，释放鼠标指针后，矩形框内的图像会放大至整个窗口。按住 Alt 键操作可以缩小矩形选框内的图像。

4)“100%”按钮：单击该按钮，当前图像以 100% 显示。

5)“适合屏幕”按钮：单击该按钮，当前图像窗口和图像将以满屏方式显示，方便查看图像的整体效果。

6)“填充屏幕”按钮：单击该按钮，当前图像窗口和图像将填充整个屏幕。与适合屏幕不同的是，适合屏幕会在屏幕中以最大化的形式显示图像所有部分；而填充屏幕为达到布满屏幕的目的，不一定能显示出所有的图像。

关键点拨

按 Z 键，可以快速选择缩放工具。

2. 图像分类

图像分为位图和矢量图两种类型，它们的原理和特点有所不同。在绘图或处理图像的过程中，这两种类型的图像可以交替使用。

(1) 位图

位图又称像素图或者点阵图，是使用像素阵列来表示的图像，它由许多小方块组成，这些小方块被称为像素。每个像素都有特定的位置和颜色值，位图图像的显示效果与像素是紧密联系在一起的。像素越多，图像的分辨率越高，相应地，图像文件的数据量也会越大。

一幅位图图像的原始效果如图 1.2.18 所示。使用放大工具后，可以清晰地看到像素的小方块，俗称马赛克，效果如图 1.2.19 所示。

图1.2.18 位图的原始效果

图1.2.19 放大一定比例的位图

(2) 矢量图

矢量图又称向量图，是由点、线、面等元素构成的，所记录的对象是几何形状、线条粗细和色彩。它是一种基于图形的几何特性来描述的图像。矢量图中的各种图形元素被称为对象，每个对象都是独立的个体，都具有大小、颜色、形状和轮廓等属性。矢量图与分辨率无关，可以将它设置为任意大小，其清晰度不变，也不会出现锯齿状的边缘。在任何分辨率下显示或打印，都不会损失细节。

一幅矢量图的原始效果如图 1.2.20 所示，使用放大工具后，其清晰度不变，效果如图 1.2.21 所示。可以说，矢量图无论放大多少倍都不会出现马赛克的现象。

图1.2.20　矢量图的原始效果

图1.2.21　放大后的矢量图

关键点拨

如果一幅图像所包含的像素是固定的，那么增大图像尺寸会降低图像的分辨率。

3．分辨率分类

分辨率是用于描述图像文件信息的术语，可以分为图像分辨率、屏幕分辨率和输出分辨率。

（1）图像分辨率

在 Photoshop 软件中，图像中没有单位长度上的像素数目称为图像的分辨率，其单位为像素 / 英寸或者像素 / 厘米。

在相同尺寸的两幅图像中，高分辨率的图像包含的像素比低分辨率的图像包含的像素多。例如，一幅尺寸为 1 英寸 ×1 英寸的图像，其分辨率为 72 像素 / 英寸，这幅图像包含 5184（72×72）像素。同样尺寸，分辨率为 300 像素 / 英寸的图像包含 90 000（300×300）像素。在相同尺寸下，高分辨率的图像能更清晰地表现图像内容。

（2）屏幕分辨率

屏幕分辨率是显示器上每单位长度显示的像素数目。屏幕分辨率取决于显示器大小及其像素设置。PC（personal computer，个人计算机）显示器的分辨率一般约为 96 像素 / 英寸，Mac 显示器的分辨率一般约为 72 像素 / 英寸。在 Photoshop 软件中，图像像素被直接转换成显示器像素，当图像分辨率高于显示器分辨率时，屏幕中显示的图像比实际尺寸大。

（3）输出分辨率

输出分辨率是照排机或打印机等输出设备产生的每英寸的油墨点数 (dpi)。打印机的分辨率为 720 像素 / 英寸以上的，可以使图像获得比较好的效果。

4．图像色彩模式

在 Photoshop 软件中，色彩模式多样，包含 CMYK 模式、RGB 模式、灰度模式、索引模式、Lab 模式、位图模式、双色调模式和多通道模式等，这些模式都可以在“模式”菜单下选取，如图 1.2.22 所示。每种色彩模式都有不同的色域，并且各个模式之间可以相互转换。以下具体介绍几种常见模式。

图1.2.22　“模式”菜单

（1）CMYK 模式

CMYK 模式主要是针对印刷设定的颜色标准。CMYK 四个字母分别代表印刷使用的四种油墨颜色：C 代表青色，M 代表洋红色，Y 代表黄色，K 代表黑色。CMYK 颜色的控制面板如图 1.2.23 所示。

（2）RGB 模式

与 CMKY 模式不同的是，RGB 模式是一种加色模式，通过红色、绿色、蓝色三种色光相叠加而形成更多的颜色。RGB 是色光的彩色模式，一幅 24 比特(bit)的 RGB 图像有三个色彩信息的通道，即红色 (R)、绿色 (G) 和蓝色 (B)，如图 1.2.24 所示。

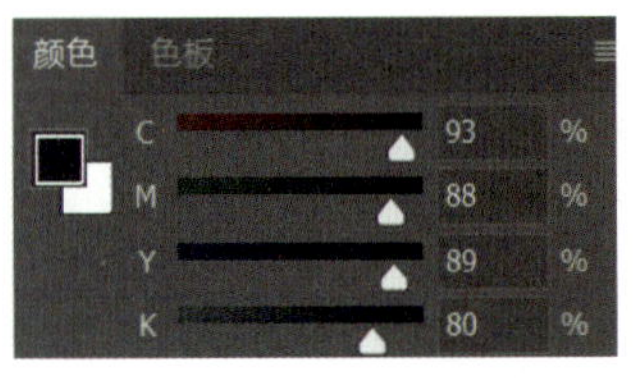

图1.2.23　CMYK颜色的控制面板

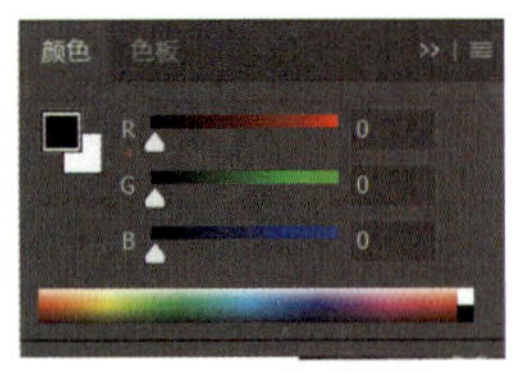

图1.2.24　RGB模式调板

每个通道都有 8 比特的色彩信息，即一个 0～255 的亮度值色域。也就是说，每种色彩都有 256 个亮度水平级。三种色彩相叠加，可以有 256×256×256=16 777 216 种可能的颜色。

在 Photoshop 软件中编辑图像时，建议选择 RGB 模式。因为它可以提供全屏幕的多达 24 比特的色彩范围。一些计算机领域的色彩专家称之为“True Color(真彩显示)”。

（3）灰度模式

灰度图又称 8 比特深度图，每个像素用 8 个二进制位表示。进制位表示能产生 256 级灰色调。当彩色文件被转换为灰度模式文件时，所有的颜色信息都将从文件中丢失。尽管 Photoshop 软件允许将一个灰度模式文件转换为彩色模式文件，但不可能将原来的颜色完全还原。所以，当要转换为灰度模式时，应先做好图像的备份。

与黑白照片一样，灰度模式的图像只有明暗值，没有色相和饱和度这两种颜色信息。0% 代表白色，100% 代表黑色，其中的 K 值用于衡量黑色墨用量，如图 1.2.25 所示。

将彩色模式转换为双色调模式或位图模式时，必须先将其转换为灰度模式，然后由灰度模式转换为双色调模式或位图模式。

5．图像保存格式

文件格式决定了图像数据的存储方式、压缩方法、支持的 Photoshop 软件的功能，以及文件是否与一些应用程序兼容。执行“存储”或“存储为”命令保存图像时，可以在弹出的“存储为”对话框中选择保存格式，如图 1.2.26 所示。

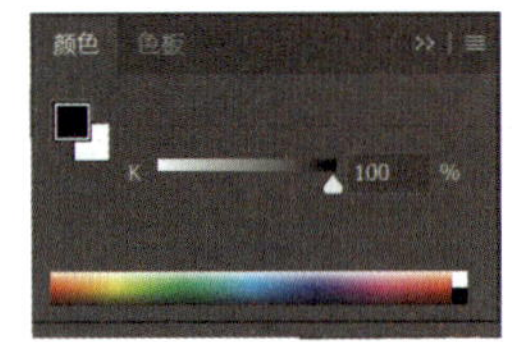

图1.2.25　灰度颜色控制面板

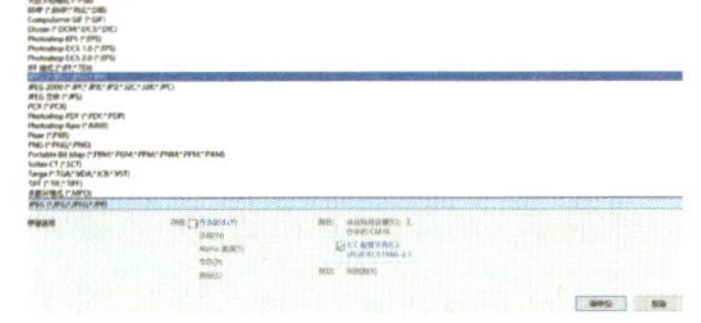

图1.2.26　文件存储格式

1）PSD 格式：Photoshop 软件默认的存储格式，能够保存图层、蒙版、通道、路径、未栅格化的文字、图层样式等。保存文件时一般采用这种格式，以便随时更改文件。

关键点拨

PSD 格式的应用非常广泛，可以直接将这种格式的文件植入 Illustrator、InDesign 和 Premiere 等 Adobe 软件中。

2）PSB 格式：Photoshop 软件的大型文档格式，可支持最高达 30 万像素的超大图像文件。它支持 Photoshop 软件的所有功能，可以保持图像中的通道、图层样式和滤镜效果不变，但只能在 Photoshop 软件中打开，如果创建一个 2GB 以上的 PSD 文件，则可以使用该格式。

3）BMP 格式：微软公司开发的图像格式，这种格式被大多数软件支持。BMP 格式采用 RLE 无损压缩的方式，不会对图像质量产生影响。

关键点拨

BMP 格式主要用于保存位图图像，支持 RGB、位图、灰度和索引颜色模式，但不支持 Alpha 通道。

4）GIF 格式：输出图像到网页常用的格式。它采用 LZW 压缩，支持透明背景和动画，被广泛应用在网络中。

5）Dicom 格式：通常用于传输和存储医学图像，如超声波和扫描图像。

6）EPS 格式：为 PostScript 打印机上输出图像而开发的文件格式，是处理图像工作中重要的格式，被广泛应用在 Mac 和 PC 环境下的图形设计及版面设计中，几乎所有的图形、图表和页面排版程序都支持该格式。

关键点拨

如果使用没有 PostScript功能的打印机打印文件，为避免出现打印错误，建议使用TIFF格式或JPEG格式。

7）JPEG 格式：由联合图像专家组开发的文件格式。它采用有损压缩方式，具有较好的压缩效果，但是将压缩品质数值设置得较大时，会损失图像的某些细节。JPEG 格式支持 RGB、CMYK 和灰度模式，不支持 Apha 通道。

关键点拨

若进行图像输出打印，不建议使用JPEG格式，因为该格式是以损坏图像质量而提高压缩率的。

8）PDF 格式（便携文档格式）：一种通用的文件格式，支持矢量数据和位图数据，具有电子文档搜索和导航功能，是 Adobe Illustrator 和 Adobe Acrobat 的主要格式。PDF 格式支持 RGB、CMYK、索引、灰度、位图和 Lab 模式，不支持 Alpha 通道。

9）RAW 格式：一种灵活的文件格式，主要用于在应用程序与计算机平台之间传输图像。RAW 格式支持具有 Alpha 通道的 CMYK、RGB 和灰度模式，以及无 Alpha 通道的多通道、Lab、索引和双色调模式。

10）PXR 格式：专门为高端图形应用程序设计的文件格式，支持具有单个 Alpha 通道的 RGB 和灰度图像。

11）PNG 格式：专门为 Web 开发的，是一种将图像压缩到 Web 上的文件格式。与 GHF 格式不同的是，PNG 格式支持 24 位图像并产生无锯齿状的透明背景。

12）SCT 格式：支持灰度图像、RGB 图像和 CMYK 图像，但不支持 Alpha 通道，主要用于 Scitex 计算机上的高端图像处理。

13）TGA 格式：专用于使用 Truevision 视频板的系统，它支持一个单独 Alpha 通道的 32 位 RGB 文件，以及无 Alpha 通道的索引、灰度模式，16 位和 24 位 RGB 文件。

14）TIFF 格式：一种通用的文件格式，所有的绘画、图像编辑和排版程序都支持该格式，而且几乎所有的桌面扫描仪都可以产生 TIFF 图像。TIFF 格式支持具有 Alpha 通道的 CMYK、RGB、Lab、索引颜色和灰度图像，以及没有 Alpha 通道的位图模式。Photoshop 软件可以在 TIFF 文件中存储图层和通道，但是如果在另外一个应用程序中打开该文件，那么只有拼合图像才可见。

任务 1.3 简单编辑图像

☞任务描述

在日常生活中，有些人喜欢将拍摄的照片作为手机锁屏图片。本任务中，要求借助Photoshop软件，利用裁剪等工具，将一张出租车排队场景图片编辑为一张手机屏保照片，如图1.3.1所示。

图1.3.1　出租车排队场景图片

☞任务分析

若将该照片作为手机的屏幕，首先要考虑尺寸是否符合，所以在处理图像时要依据用户的手机屏幕尺寸设计，Photoshop软件中有默认的移动设备模板，能够提升制作者的设计效率；其次是添加文字，由于还没有学习到文字工具，因此该任务中已经将文字素材准备好，直接导入文件即可，但是考虑到手机平面有显示时间等问题，避免有文字遮盖，放置文字素材时一定要注意将其调整到恰当的位置。

实践操作

微课：自制手机屏保图

01 打开 Photoshop 软件，系统自动打开一个初始工作界面，在该界面中选择移动设备“Android 1080P”模板，设置文件名为“手机屏保图”，其余为默认值，如图 1.3.2 所示。

02 单击“创建”按钮后，将会显示“画板 1”，如图 1.3.3 所示。

图1.3.2　初始界面选择模板

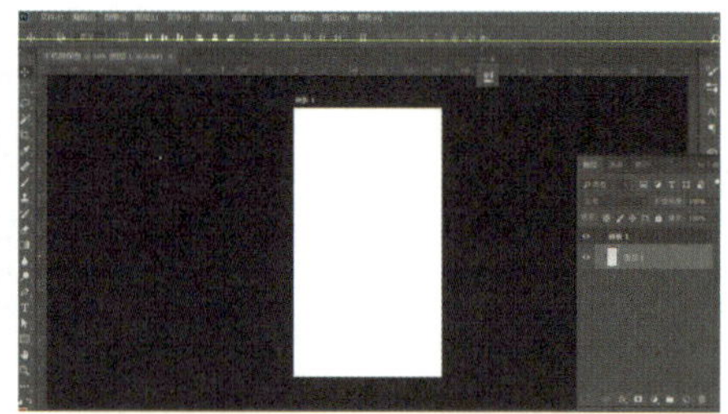

图1.3.3　新建画板

03 执行“文件”→“置入链接的智能对象”命令，打开“案例素材”→“网红出租车”素材，单击“置入”按钮，如图1.3.4所示。

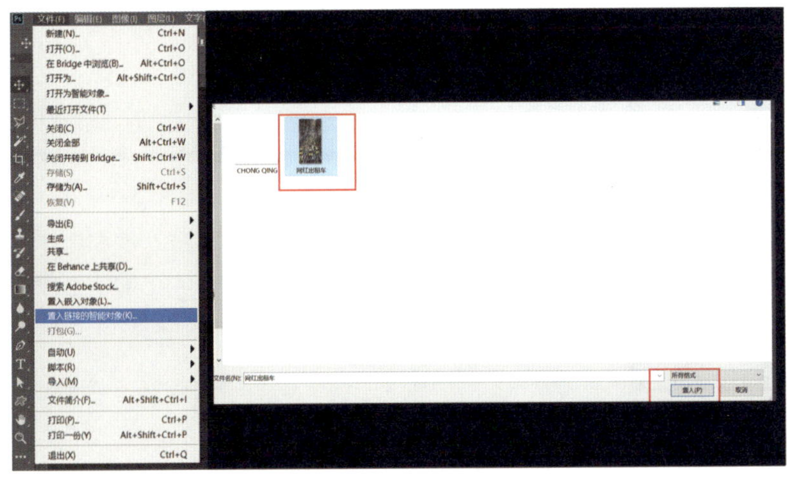

图1.3.4 置入素材

04 执行“编辑”→“自由变换”命令，或者按Ctrl+T组合键，当画面中出现带小正方形的矩形框时，拖动上下左右四个角的任意一角，调整画面的大小，让整个画面填满画布，由于拍摄的照片尺寸比手机的屏幕尺寸大，根据构图显示，可以将上面部分裁剪，因此拖动右上角的小正方形调整图像是最佳的方式，调整好后双击确定，如图1.3.5所示。

05 执行“文件”→“置入链接的智能对象”命令，打开“案例素材”→“CHONG QING”素材，单击“置入”按钮，如图1.3.6所示。

图1.3.5 调整图像大小

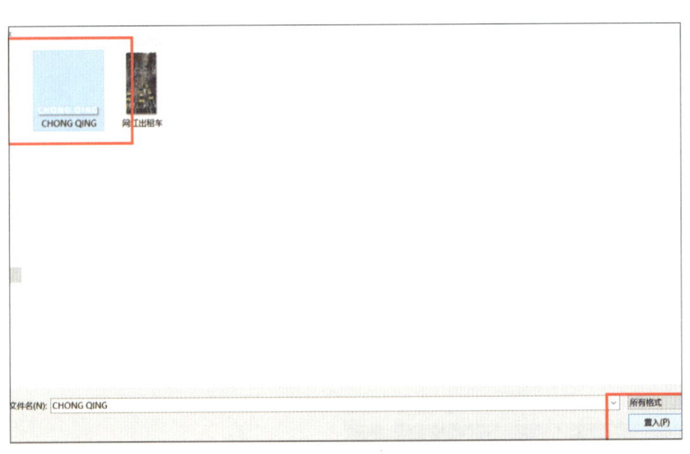

图1.3.6 置入文字

06 执行“编辑”→“自由变换”命令，或者按Ctrl+T组合键，调整画面的大小，将文字图形放置在画面的左上方，双击或者按Enter键确定，如图1.3.7所示。

07 执行“文件”→“存储为”命令，选择类型为“JPEG”格式，保存文件，如图1.3.8所示。

08 将制作的图片运用到手机屏幕中，如图1.3.1所示。

图1.3.7　调整文字图形

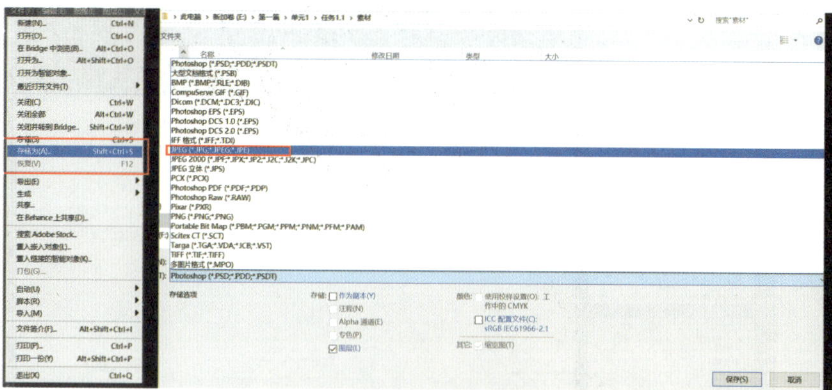

图1.3.8　保存为JPEG格式

知识链接

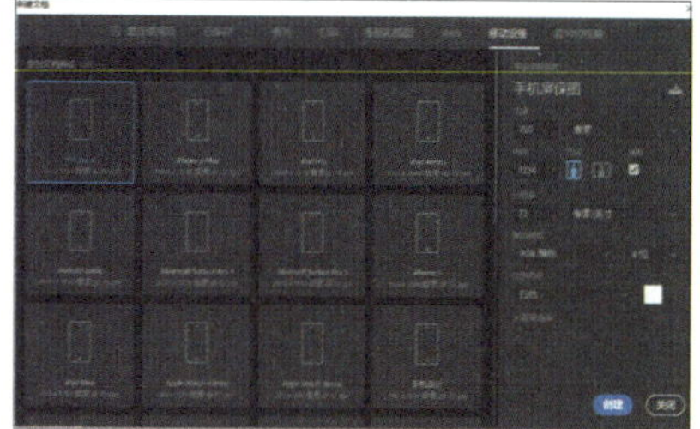

图1.3.9　“新建文档”对话框

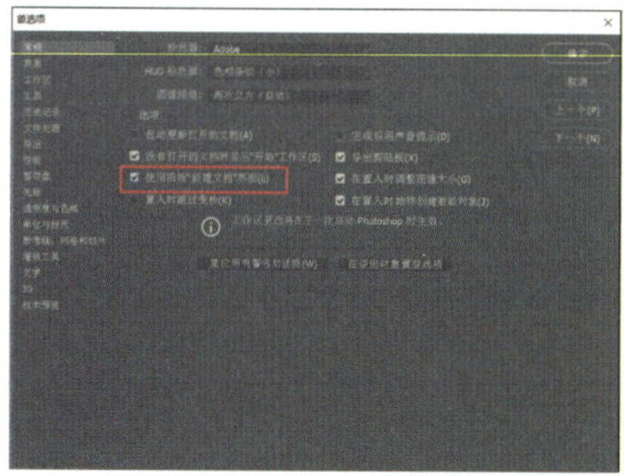

图1.3.10　“首选项”对话框（1）

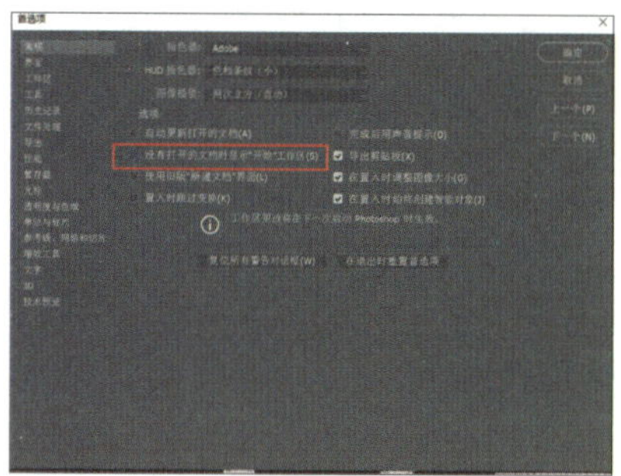

图1.3.11　“首选项”对话框（2）

操作一张图片的常规程序是：打开软件→新建文件（打开文件）→处理图像→保存图像→关闭软件。

1. 了解“新建文档”对话框

启动 Photoshop 软件，系统会自动弹出一个初始工作界面，在该工作界面中单击“新建”按钮即可弹出“新建文档”对话框，如图 1.3.9 所示。

1）分类预设：包括多种文档预设，单击其中的文档预设即可创建符合尺寸的文档。

2）模板展示区：包含设置的各项参数的文档模板，双击即可创建文档。

3）参数具体设置：此板块与旧版的“新建文档”相同，可以随意设置文档的各项参数。如不习惯新版“新建文档”对话框，可以执行“首选项”→“常规”命令，选中“使用旧版‘新建文档’界面”复选框，如图 1.3.10 所示。再次执行“新建文档”命令时，弹出的则是旧版对话框。

4）搜索模板：在该栏输入模板名称即可在 Adobe Stock 上搜索该模板。

当图像编辑完成后，关闭窗口，即回到全新的“开始”工作界面，工作界面上会显示以前打开或处理过的图像。若不想显示其“开始”工作界面，执行“首选项”→“常规”命令，取消选中“没有打开的文档时显示“开始”工作区”复选框，再次启动 Photoshop 软件时该界面不再显示，如图 1.3.11 所示。

2. 保存图像文件

新建文件或者对文件进行处理后，需要及时将文件保存，以免因计算机断电或者死机等造成文件丢失。

(1) 执行“存储”命令保存文件

如果对一个打开的图像文件进行编辑，可执行“文件”→“存储”命令，保存对当前图像做出的修改。如果在编辑图像时新建了图层或通道，则执行该命令时将弹出“存储为”对话框，在该对话框中指定一个可以保存图层或者通道的格式，将文件保存。

(2) 执行“存储为”命令保存文件

执行“文件”→“存储为”命令，可以将当前图像文件保存为其他的名称和格式，或者将其存储在其他位置，如果不想保存对当前图像做出的修改，可以执行该命令创建源文件的副本，再将源文件关闭即可。

执行“存储为”命令，可以弹出“存储为”对话框。

(3) 后台保存和自动保存

Photoshop 软件可以按照用户设定的时间自动保存正在编辑的图像，从而避免由于意外情况中断编辑状态。执行“编辑”→“首选项”→“文件处理”命令，在弹出的“首选项”对话框中可以设置自动备份的间隔时间。如果文件非正常关闭，则重新启动 Photoshop 软件时会自动打开并恢复备份的文件。

关键点拨

Photoshop 软件在保存较大的图像文件时往往需要几分钟甚至更长的时间，Photoshop 软件具有后台保存功能，在保存文件的过程中，用户也可以继续工作，从而为用户节省时间。

3. 关闭图像文件

(1) 关闭文件

执行“文件”→“关闭”命令，或者按 Ctrl+W 组合键，可以关闭当前的图像文件。如果对图像进行了修改，会弹出提示对话框，询问用户是否保存更改的文档，如图 1.3.12 所示。

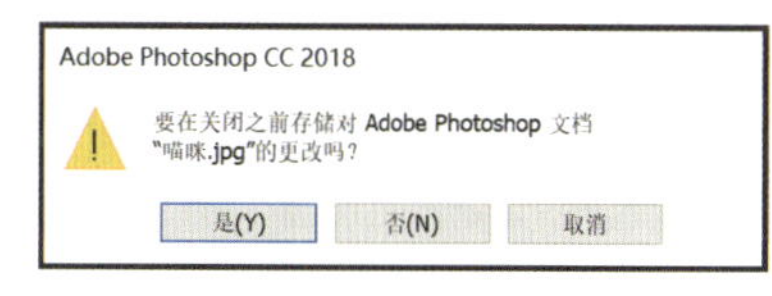

图1.3.12　提示对话框

如果当前图像是一个新建的文件，单击“是”按钮，可以在弹出的“存储为”对话框中将文件保存；单击“否”按钮，可关闭文件，但不保存对文件做出的修改；单击“取消”按钮，则关闭提示对话框，并取消关闭操作。如果当前打开的文件是已有的文件，单击“是”按钮可保存对文件做出的修改。

(2) 关闭全部文件

执行“文件”→“关闭全部”命令，或者按 Alt+Ctrl+W 组合键，可以关闭在 Photoshop 软件中打开的所有文件。

(3) 关闭文件并转到 Bridge

执行“文件”→“关闭并转到 Bridge”命令，或者按 Shift+Ctrl+W 组合键，可以关闭当前文件，然后打开 Bridge。

(4) 退出程序

执行“文件”→“退出”命令，可关闭 Photoshop 软件。如果没有保存文件，将会弹出提示对话框，询问用户是否保存文件。

4. 了解裁剪工具

在对数码照片或者扫描图像进行处理时，经常需要裁剪图像，以保留需要的部分，裁掉不需要的部分。执行“裁剪”命令或“裁切”命令都可以裁剪图像。

利用裁剪工具可以对图像进行裁剪，重新定义画布的大小，选择此工具后，在画面中单击并拖动出一个矩形定界框，按 Enter 键，就可以将定界框之外的图像裁掉。图 1.3.13 为裁剪工具属性栏。

图1.3.13　裁剪工具属性栏

1）比例：可以在弹出的下拉列表中选择预设的裁剪选项，如图 1.3.14 所示。

2）拉直：单击该按钮，可以拉出一条直线，将倾斜的地平线或建筑物等与画面中其他的元素对齐，可将倾斜的画面校正过来。

3）叠加选项：单击该按钮，在弹出的下拉列表中提供了系列参考线选项，可以帮助设计人员进行合理的构图。

4）裁剪选项：单击该按钮，可以弹出一个下拉面板，如图 1.3.15 所示。Photoshop 软件提供了几种不同的编辑模式，选择不同的模式可以得到不同的裁剪效果。

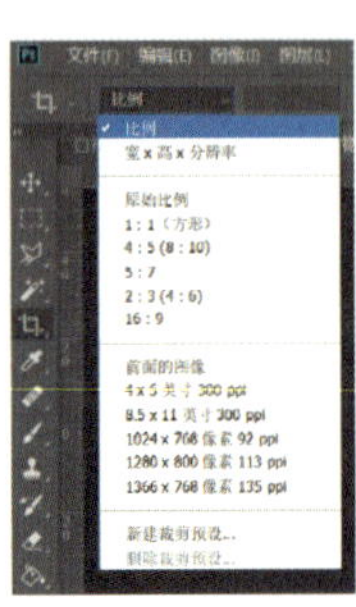

图1.3.14　比例设置

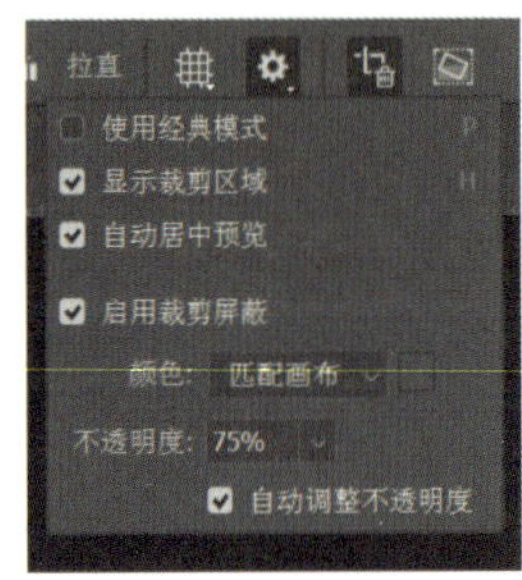

图1.3.15　裁剪选项

5．恢复与还原

如果在操作过程中执行了错误的操作，可以使用恢复和还原功能快速返回以前的编辑状态，但与 Word、Excel 等软件不同，Photoshop 软件中恢复和还原的操作方式有其自身的特点。

（1）执行命令或按快捷键

1）恢复一个操作：执行“编辑”→“还原”命令，或者按 Ctrl+Z 组合键，可以还原上一次对图像所做的操作。还原之后，可以执行“编辑”→“重做”命令，重做已还原的操作，同样是按 Ctrl+Z 组合键。“还原”“重做”命令只能还原和重做最近的一次操作，因此，如果连续按 Ctrl+Z 组合键，会在两种状态之间循环，可以比较图像编辑前后的效果。

2）恢复多个操作：执行“前进一步”“后退一步”命令可以还原和重做多步操作。在实际工作时，常按 Ctrl+Shift+Z（前进一步）组合键和 Ctrl+Alt+Z（后退一步）组合键进行操作。

（2）恢复图像至打开状态

执行“文件”→“恢复”命令，可以恢复图像至打开时的状态，相当于重新打开该图像文件，快捷键为 F12。

执行该命令有一个前提，即在图像的编辑过程中，没有执行过“保存”等存盘操作，否则该命令会显示为灰色，表示不可用。

（3）使用“历史记录”面板

在编辑图像时，每进行一步操作，Photoshop 软件均会将其记录在“历史记录”面板中，通过该面板可以将图像恢复至操作过程中的某一步状态，也可以再次回到当前的操作状态，或者将处理结果创建为快照或新的文档。

执行“窗口”→“历史记录”命令，在 Photoshop 软件面板上会弹出“历史记录”面板，如图 1.3.16 所示。

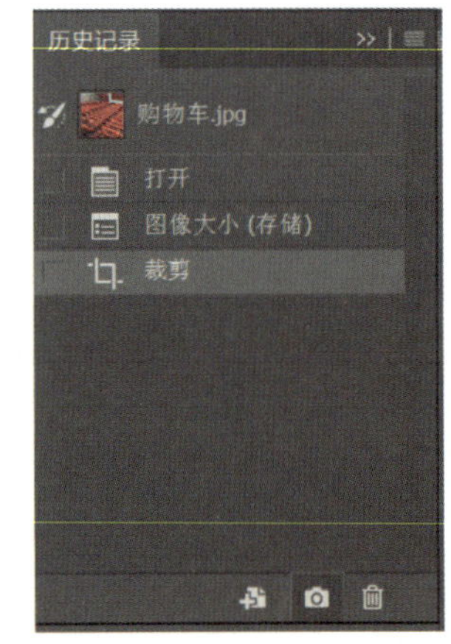

图1.3.16　“历史记录”面板

关键点拨

在关闭图像后，本次操作的所有历史状态和快照都将从“历史记录”面板中清除。

学习评价☞

学习目标	自我评价			同学评价		
	达成	基本达成	未达成	达成	基本达成	未达成
了解软件的工作界面及图像的各种格式						
掌握文件窗口、工具栏、菜单栏的具体操作						
掌握调整图像格式大小的基本方法						
掌握基本的文件操作顺序						

教师评价：

教师签字：

思考与练习☞

一、理论题

1．Photoshop软件提供了______、______和______三种屏幕显示模式，按______键可以在三种屏幕模式间切换。

2．用于网络上传和图片预览的文件存储格式为（　　）。

A．JPEG格式　B．PSD格式　C．TIFF格式　D．BMP格式

3．无论当前使用何种工具，按______组合键等同于选择了缩放工具，此时在图像区域单击可放大视图，从而避免了切换工具的麻烦。

4．如果希望将图像按100%比例显示，可（　　）。

A．选择“缩放工具”后，在图像窗口按住鼠标左键并拖动出一个矩形区域

B．在工具栏中双击“缩放工具”

C．选择“缩放工具”后，在图像窗口中单击

D．执行“视图”→“按屏幕大小缩放”命令

5．如果要恢复一个操作，按______组合键；如果想要一直恢复上一个操作，可以按______组合键。

6．按______组合键，可以关闭当前的图像文件。

二、实训题

1．打开“实训题1”→“自拍”“毕业海报”“圣诞创意海报”“向日葵”素材，分别操作文档窗口，切换不同屏幕模式，了解多个图像文件的各种排列方法，效果如下图所示。

练习效果

2. 打开“实训题 2”→“向日葵原图”“番茄原图”素材，调整“向日葵”画布大小，为其添加白边效果，如左下图所示；将“番茄”图片放大后找到一盒贴有标签价格的水果，将其裁剪出来，保存图像，如右下图所示。

（a）原图（1）　（b）效果图（1）

调整画布（1）

（a）原图（2）

（b）效果图（2）

调整画布（2）

3. 根据所学的裁剪知识，打开“实训题 3”→“花”素材，对其进行裁剪，效果如下图（b）所示。

（a）原图　（b）效果图

裁剪图像

单元

神奇的“蚂蚁线”——掌握图像选区操作

单元导读

在利用 Photoshop 软件处理图像时，首先要指定编辑图像的区域，这个区域就是选区。因为选区为黑白相间闪烁的线条，看起来像蚂蚁在爬动，所以被称为“蚂蚁线”。Photoshop 软件中能够创建选区的途径非常多，本单元将系统地讲解创建选区的常用工具和方法。

学习目标

- 了解选区的基本知识；
- 掌握各种选区工具的基本运用方法。

思政目标

- 培养创新思维和举一反三解决问题的能力；
- 发扬勤于思考、善于总结、勇于探索的科学精神。

任务 2.1 应用选框工具、套索工具——绘制Q版头像

微课：Q版头像绘制

任务描述

网络交际盛行的今天，很多人在各大网站或者 App 中拥有注册账号和个人头像，在习惯使用网络下载图片或者自己拍摄的照片后，你是否想要一个 Q 版个人头像呢？本任务要求绘制如图 2.1.1 所示的 Q 版头像。

图2.1.1　Q版头像

任务分析

个人头像在运用的过程中显示格式较小，所以画面不宜复杂，否则头像图案会显示不清楚。简易Q版元素头像显示格式小且不需要设定很多细节。

绘制Q版头像时，先运用选框工具、套索工具绘制图案形状，再选择颜色填充形状的方式。制作过程中要注意将每个元素绘制在不同的图层以便调整。

实践操作

1．底纹绘制

01 打开 Photoshop 软件，新建文件，将其命名为"Q 版头像绘制"，设置尺寸为 300（宽）像素 ×300（高）像素，分辨率为 72 像素 / 英寸，如图 2.1.2 所示。

02 设置前景色为浅蓝色（参考色号：#9ce0fd），填充前景色至背景图层（组合键：Alt+Delete），如图 2.1.3 所示。

图2.1.2　新建文件参数设置

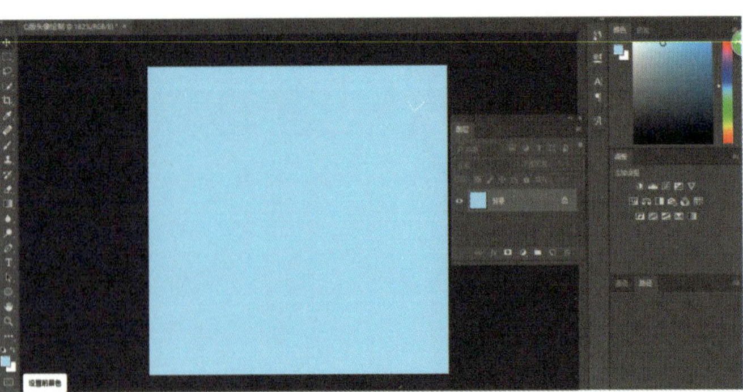
图2.1.3　填充背景色

03 执行“视图”→“标尺”命令或按 Ctrl+R 组合键，调出标尺辅助绘制。调用“工具栏”→“单行选框工具”，参考标尺刻度绘制横向选区线。调用“工具栏”→“单列选框工具”，参考标尺刻度绘制纵向选区线。注意在绘制选区时，选区属性设置始终保持为“添加到选区”模式，如图 2.1.4 所示。

04 设置前景色为浅灰蓝色（参考色号：#a7cad9）。单击图层面板中的创建新图层按钮，并将图层名字修改为“网格底纹”，在该层内填充前景色。填充完成后取消选区（组合键：Ctrl+D），如图 2.1.5 所示。

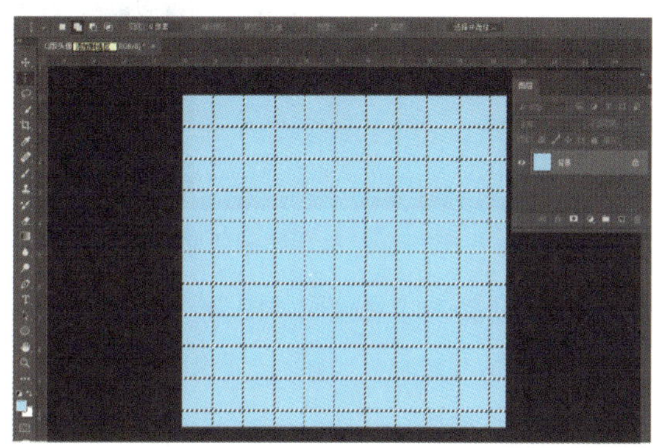

图2.1.4　绘制网格选区

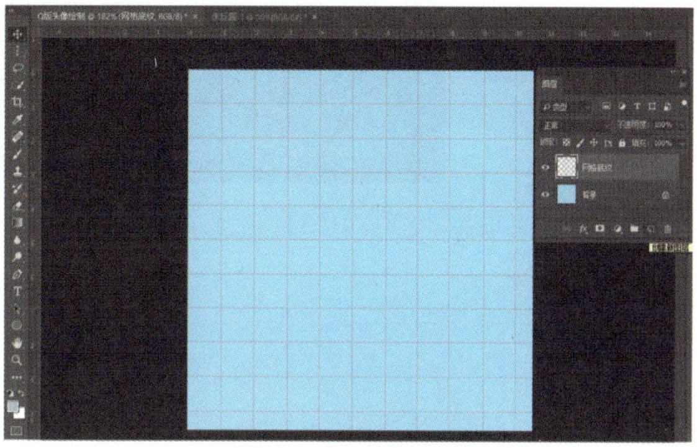

图2.1.5　填充网格底纹

2．人物绘制

01 调用“工具栏”→“椭圆选框工具”，绘制椭圆选区框，如图 2.1.6 所示。

02 设置前景色为肤色（参考色号：#f5dac1）。单击图层面板中的创建新图层按钮，并将图层名字修改为“脸部”，在该层内填充前景色，如图 2.1.7 所示。

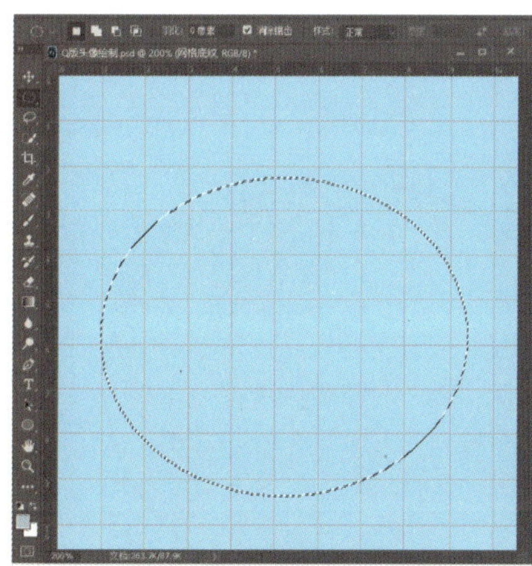

图2.1.6　绘制椭圆选区框

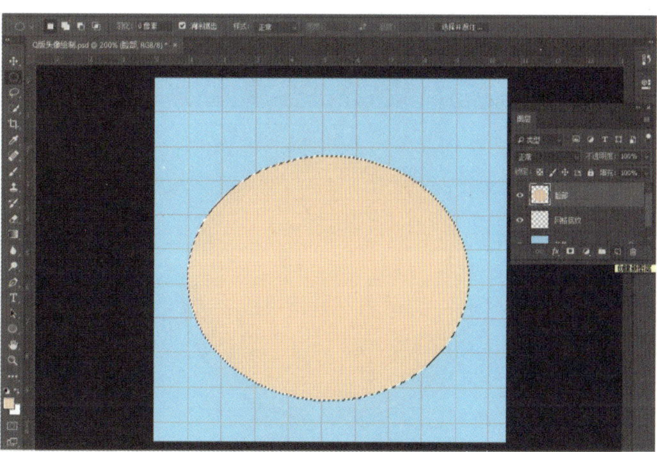

图2.1.7　填充脸部颜色

03 在椭圆选框工具的选区工具环境下右击，在弹出的快捷菜单中执行“描边”命令，在弹出的“描边”对话框中为选区添加描边效果（参考色号：#604e2e），操作完毕取消选区，如图 2.1.8 和图 2.1.9 所示。

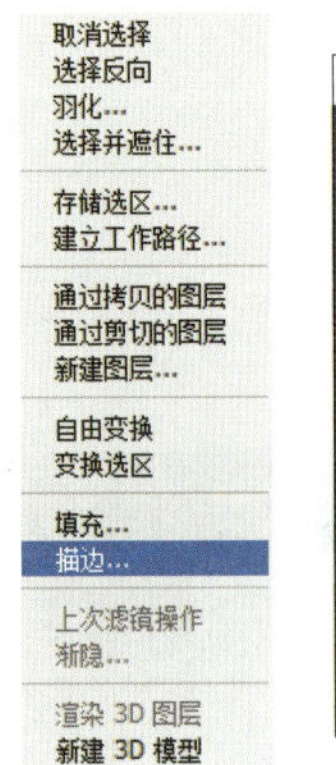

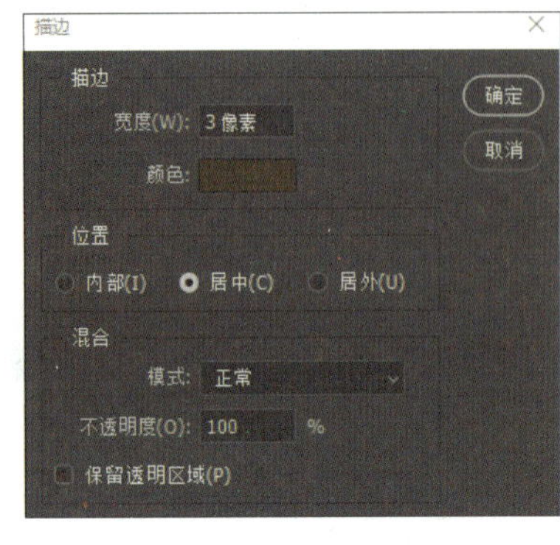

图2.1.8　为选区设置描边参数

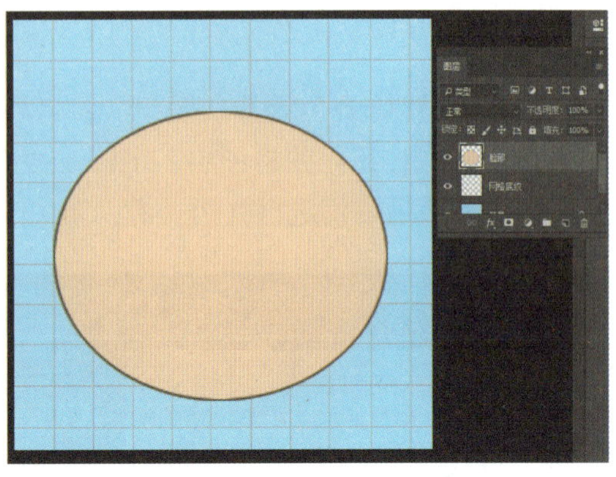

图2.1.9　脸部绘制效果

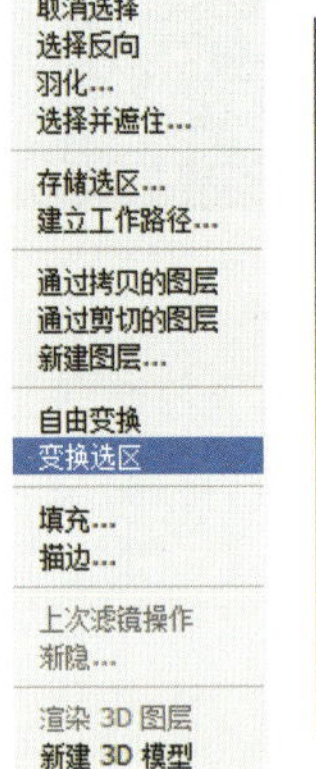

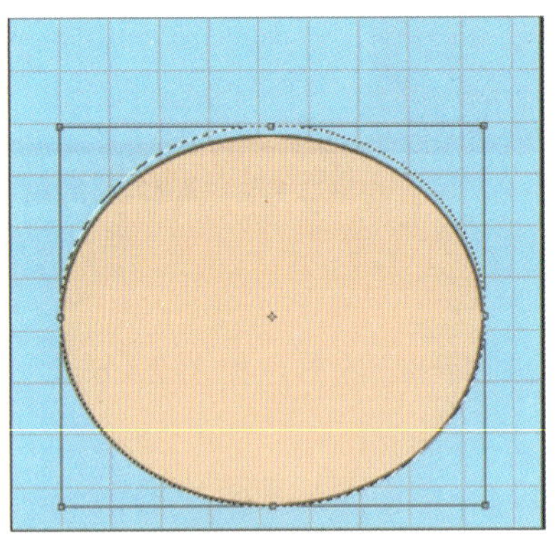

图2.1.10　调整选区

04 选中“脸部”图层，执行“选择”→“载入选区”命令，调出“脸部”图层选区。在选区工具环境下右击，在弹出的快捷菜单中执行“变换选区”命令，对选区大小进行调整，如图 2.1.10 所示。

05 调用“工具栏”→“椭圆选框工具”，调整工具属性为“从选区减去”，在上一步的椭圆选区下方绘制椭圆，得到一个新的选区形状，如图 2.1.11 所示。

06 调用“工具栏”→“多边形套索工具”，调整工具属性为“从选区减去”，在上一步的选区图形的右下部分减选出一个三角形，如图 2.1.12 所示。

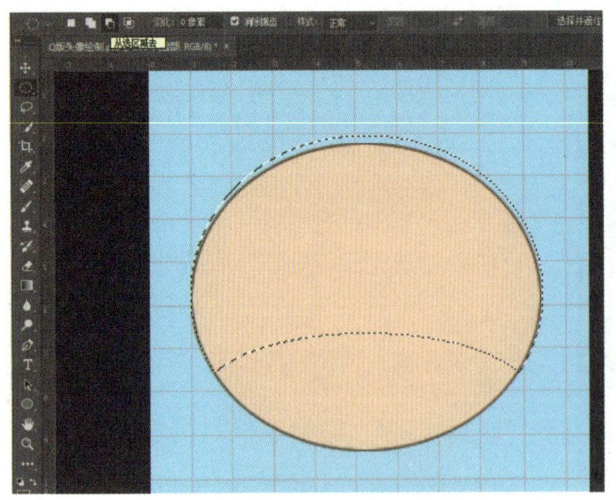

图2.1.11　减选出新的选区形状（1）

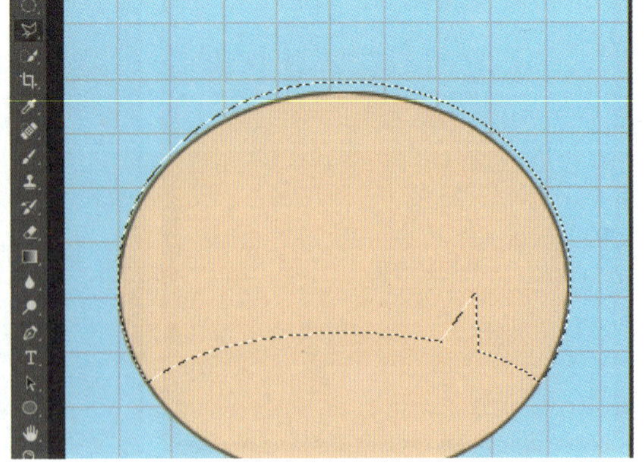

图2.1.12　减选出新的选区形状（2）

07 设置前景色为深褐色（参考色号：#3f2d14）。单击图层面板中的“创建新图层”，并将图层名字修改为“头发1”，在该层内填充前景色，如图2.1.13所示。

08 在选框工具的选区工具环境下右击，在弹出的快捷菜单中执行“描边”命令，为选区添加描边效果（参考色号：#604e2e），操作完毕后取消选区，如图2.1.14所示。

图2.1.13 填充头发颜色

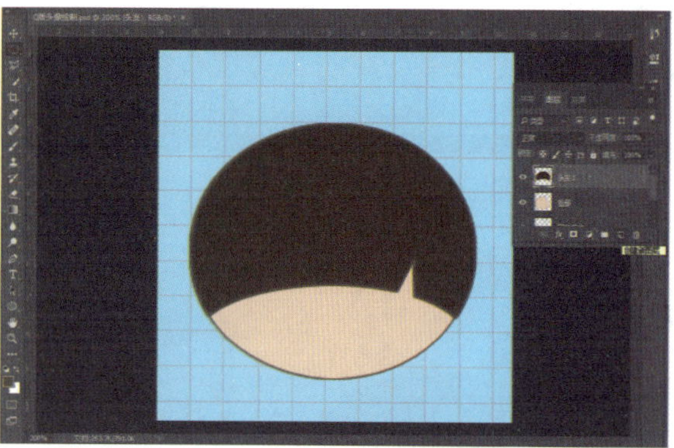

图2.1.14 为头发添加描边效果

09 单击图层面板中的创建新图层按钮，并将图层名字修改为“头发2”，将其放在“头发1”图层的下方，运用上述填充和描边的方法绘制一个深褐色圆形作为丸子头，如图2.1.15所示。

10 单击图层面板中的创建新图层按钮，并将图层名字修改为“眼睛”，调用“工具栏”→“椭圆选框工具”，将工具属性调整为“添加到选区”，绘制两个圆作为人物的眼睛（参考色号：#291a05），如图2.1.16所示。

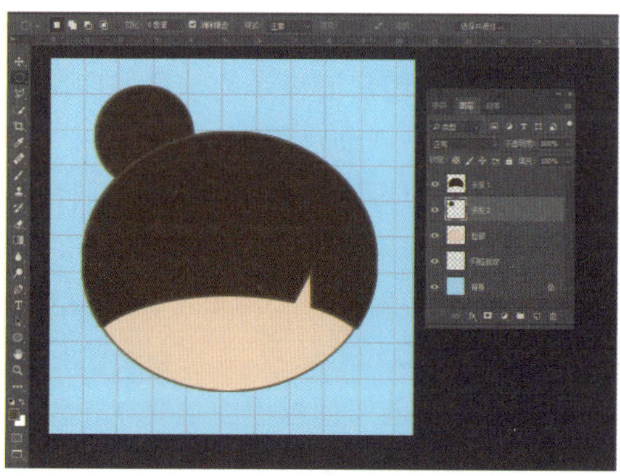

图2.1.15 添加丸子头效果

图2.1.16 添加眼睛效果

11 单击图层面板中的创建新图层按钮，并将图层名字修改为“嘴巴”，调用“工具栏”→“椭圆选框工具”，将工具属性调整为“从选区减去”，利用上述减选头发的方式为人物绘制粉色嘴巴（参考色号：#e16f6f），如

图2.1.17　添加嘴巴效果

图2.1.18　添加腮红效果

图2.1.19　绘制眼镜框

图 2.1.17 所示。

12 单击图层面板中的创建新图层按钮，将图层名字修改为“腮红左”，并将此图层置于“眼睛”图层下方；调用“工具栏”→“椭圆选框工具”，设置工具栏属性“羽化”（组合键：Shift+F6；参考羽化值：7），绘制带有羽化效果的圆形，并为人物添加浅粉色左边腮红（参考色号：#fbafb1）；将鼠标指针置于图层上右击，在弹出的快捷菜单中执行“复制图层”命令，修改图层名为“腮红右”，运用移动工具将其移动到右眼附近，如图 2.1.18 所示。

3．饰品绘制

01 单击图层面板中的创建新图层按钮，并将图层名字修改为“眼镜框左”；调用“工具栏”→“椭圆选框工具”，绘制一个圆形选区，并在选区工具环境下右击，在弹出的快捷菜单中执行“描边”命令，为选区添加描边效果（参考色号：#062832）；在图层上右击，在弹出的快捷菜单中执行“复制图层”命令，修改图层名为“眼镜框右”，运用移动工具将其移动到右眼附近，如图 2.1.19 所示。

02 单击图层面板中的创建新图层按钮，将图层名字修改为“眼镜脚”；调用“工具栏”→“多边形套索工具”，将工具属性调整为“添加到选区”，绘制出眼镜脚选区，并填充颜色（参考色号：#062832），如图 2.1.20 和图 2.1.21 所示。

03 单击图层面板中的创建新图层按钮，将图层名字修改为“头饰轮廓”，运用椭圆选框工具结合套索工具，将工具属性调整为“添加到选区”，绘制出头饰的主体形状，并填充颜色（参考色号：#ee8d8f），如图 2.1.22 和图 2.1.23 所示。

图2.1.20　绘制眼镜脚选区

图2.1.21　眼镜最终效果

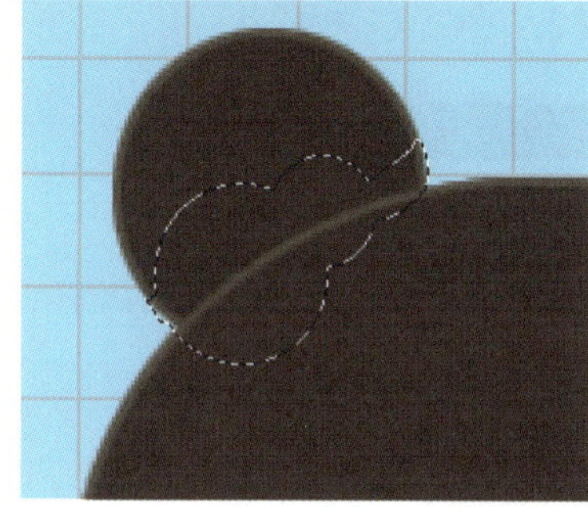
图2.1.22　绘制头饰轮廓选区

图2.1.23　头饰轮廓效果

关键点拨

1）绘制眼镜的时候注意眼镜框和眼镜脚的宽度要一致。

2）绘制头饰轮廓的时候，两个圆的大小对比要适当。如果两个圆形大小一致会显得呆板，大小对比太强烈又会显得突兀。

04 单击图层面板中的创建新图层按钮，将图层名字修改为“头饰纹样”，调用“工具栏”→“椭圆选框工具”，将工具属性调整为“添加到选区”，绘制出头饰纹样，并将其填充为浅蓝色（参考色号：#94d0d7）；运用橡皮擦工具将纹样超出轮廓部分去掉，如图2.1.24和图2.1.25所示。

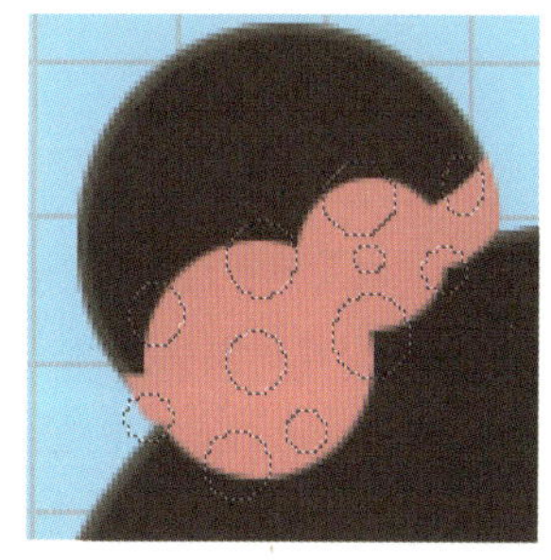
图2.1.24　绘制头饰波点纹样选区

图2.1.25　头饰最终效果

05 执行“文件”→“存储”命令，完成绘制，最终效果如图2.1.1所示。

知识链接

在 Photoshop 软件中，调用“工具栏”→“矩形选框工具”可以创建矩形选区，同时在矩形选框工具的子菜单中还可以调用椭圆选框工具、单行选框工具和单列选框工具。同样，调用“工具栏”→“套索工具”也可以按照需要建立相应选区，在套索工具的子菜单中还可以调用多边形套索工具、磁性套索工具，如图 2.1.26 和图 2.1.27 所示。

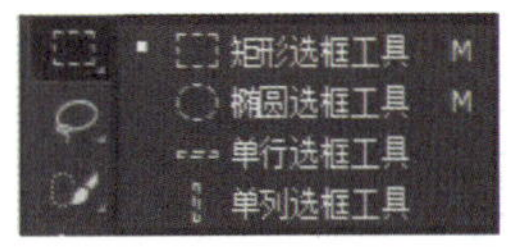

图2.1.26　矩形选框工具组

图2.1.27　套索工具组

在选框的工具环境下可以通过工具属性栏对所绘制的选区进行调整，如图 2.1.28 所示。

图2.1.28　矩形选框工具属性栏

1）添加选区与减去选区，如图 2.1.29 和图 2.1.30 所示。

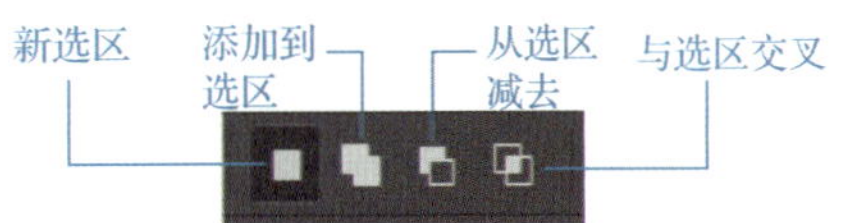

图2.1.29　添加选区与减去选区

图2.1.30　添加选区与减去选区效果

① 新选区：建立一个新的区域。

② 添加到选区：在原有选区基础上添加选区，扩大选区。

③ 从选区减去：在原有选区上减少选区，缩小选区。

④ 与选区交叉：保留原选区与新选区的相交区域。

2)羽化选区。羽化选区可以在绘制选区前在选区属性栏中进行参数设置。如果要对已有选区添加羽化，可通过执行“选择”→“修改”→“羽化”命令进行参数设置。羽化的参数值越小，边缘越清晰；参数值越大，边缘越模糊，如图 2.1.31 所示。

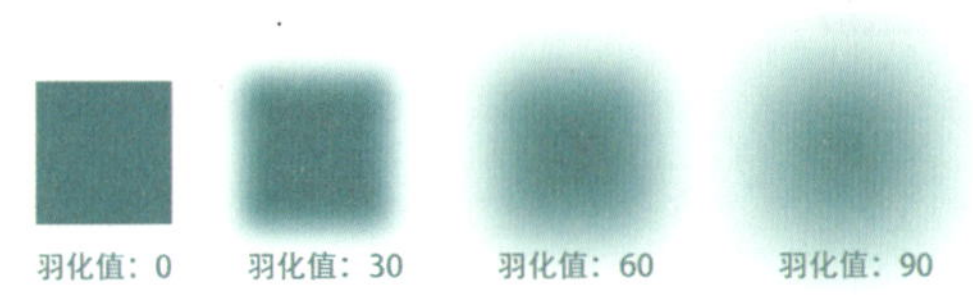

图2.1.31　羽化效果展示

任务 2.2 应用魔棒工具——设计电脑桌面

☞任务描述

在日常生活中，无论是工作还是娱乐都离不开电脑，大部分人在使用电脑的时候有更换电脑桌面的习惯，有些人会将电脑桌面设置为摄影作品或者自己、家人和朋友的照片；有些人会把电脑桌面设置为自己收藏的图片。可以说电脑桌面已经成为电脑用户的个性化展示平台。本任务将运用Photoshop软件制作一款专属于五月的电脑桌面，效果如图2.2.1所示。

图2.2.1 电脑桌面设计效果

☞任务分析

电脑桌面上一般会放置一些图标，为了不影响使用感受，在设计时应尽量使底色单一。由于桌面图标一般默认摆放于屏幕左面，因此桌面设计的主体尽量不要放置在画面左边，避免图标与画面相互遮挡，影响使用感受和视觉效果。本任务要制作五月的桌面，结合五月的特征设定颜色为浅绿色，元素为草莓和白色篮子，搭配文字打造出小清新感。

实践操作

1. 底图绘制

微课：电脑桌面制作

01 打开 Photoshop 软件，新建文件，将其命名为“电脑桌面制作”，设置尺寸为 1920（宽）像素 ×1080（高）像素，分辨率为 72 像素 / 英寸，如图 2.2.2 所示。

02 设置前景色为浅绿色（参考色号：#c0d6ba），填充前景色至背景图层（组合键：Alt+Delete），如图 2.2.3 所示。

图2.2.2 新建文件参数设置

图2.2.3 填充背景色

03 调用“工具栏”→“椭圆选框工具”，绘制椭圆选区；设置前景色为亮绿色（参考色号：#d6f3d8）。单击图层面板中的“创建新图层”，并将图层名字修改为“圆底”，在该层内填充前景色。填充完成后取消选区（组合键：Ctrl+D），如图 2.2.4 和图 2.2.5 所示。

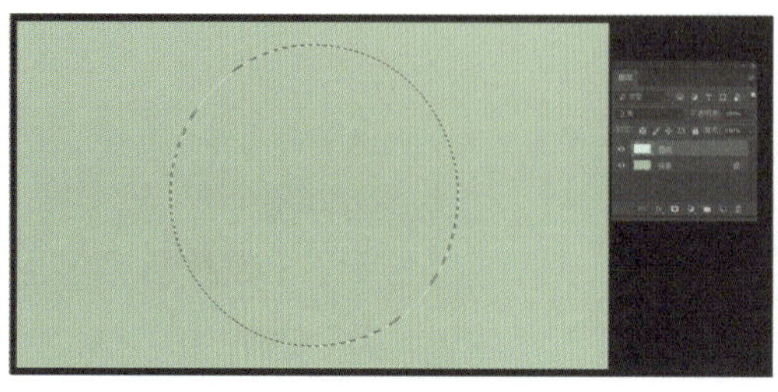

图2.2.4　绘制椭圆选区、新建图层

图2.2.5　填充亮绿色效果

2. 草莓果篮制作

01 执行“开始”→“打开”命令，弹出“打开”对话框，打开“案例素材”→“篮子”素材，如图 2.2.6 所示。

02 单击图层右边的“锁”图标解锁图层，如图 2.2.7 所示。

图2.2.6　“篮子”素材

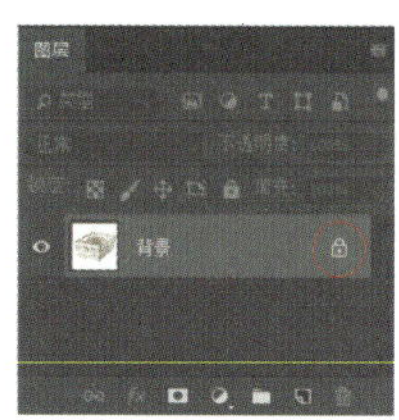

（a）解锁前

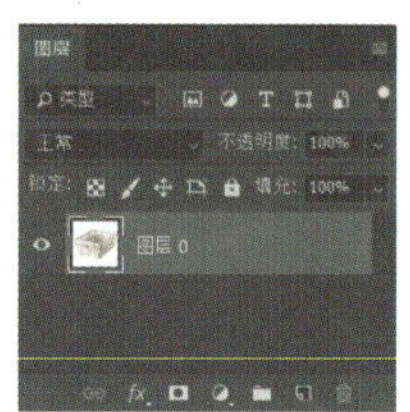

（b）解锁后

图2.2.7　解锁“篮子”素材图层

03 调用“工具栏”→“魔棒工具”，调整工具属性容差值（参考容差值：6）；单击画面空白区域，将篮子周围的底色载入选区；按 Delete 键删除选中区域，操作完毕后取消选区，如图 2.2.8 和图 2.2.9 所示。

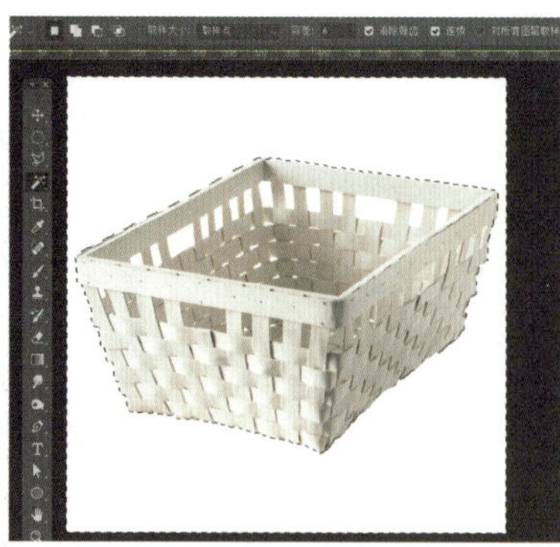

图2.2.8　将底色载入选区

图2.2.9　删除底色

04 调用“工具栏”→“魔棒工具”，调整工具属性“添加到选区”（参考容差值：8）；单击篮子上方镂空处，将镂空格载入选区；按 Delete 键删除选中区域，操作完毕后取消选区，如图 2.2.10 和图 2.2.11 所示。

图2.2.10　将镂空区域载入选区

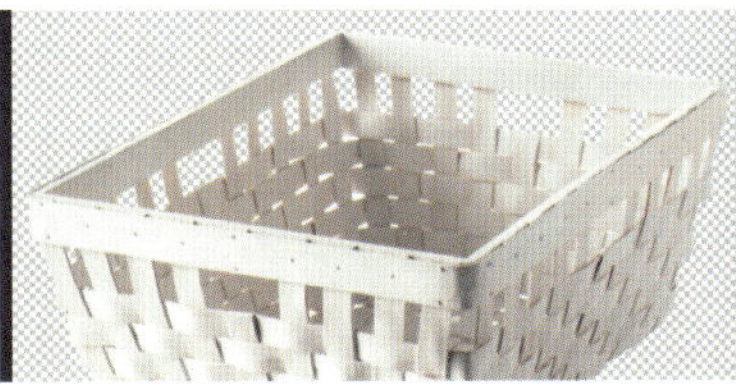

图2.2.11　删除篮子镂空区域

05 调用“工具栏”→“多边形套索工具”，选择篮子前半部分区域；按 Ctrl+J 组合键将所选区域复制并新建到一个新的图层；继续调用“工具栏”→“多边形套索工具”，选择篮子需要镂空部分并删除，如图 2.2.12～图 2.2.14 所示。

图2.2.12　选择篮子前半部分

图2.2.13　复制并新建图层

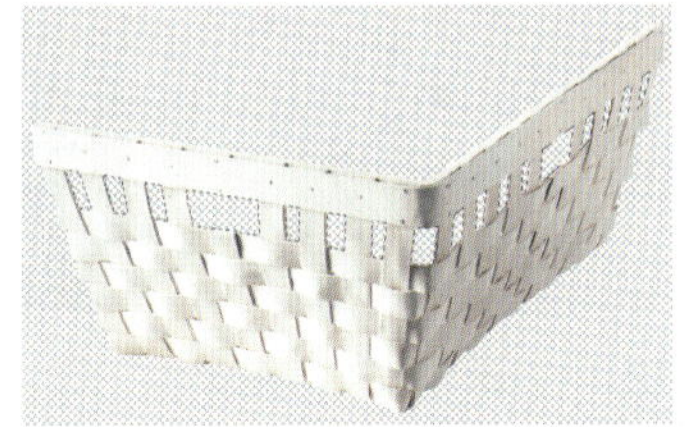

图2.2.14　删除篮子前图层镂空部分

06 打开“案例素材”→“草莓多个”素材；调用“工具栏”→“魔棒工具”，调整工具属性容差值（参考容差值：35），选取并删除图片底色，如图 2.2.15 所示。

07 调用“工具栏”→“移动工具”，运用移动工具将删除底色的“草莓多个”素材拖动到“篮子”素材内，并置于“篮子前”图层下方；执行“编辑”→“自由变换”命令（组合键：Ctrl+T），将元素调整到合适位置，如图 2.2.16 所示。

图2.2.15　删除“草莓多个”元素底色

图2.2.16　添加“草莓多个”元素

关键点拨

在执行"自由变换"命令对元素进行变换时，应按住 Shift 键拉动自由变换框的四个角，以确保元素为等比例缩放。

08 按住 Alt 键的同时运用移动工具复制七个"草莓多个"图层，将其置于篮子内合适位置，如图 2.2.17 所示。

09 根据相应素材文件，打开"草莓单个"图片；调用"工具栏"→"魔棒工具"，调整工具属性容差值（参考容差值：35），选取并删除图片底色；运用上述同样的方法将"草莓单个"元素加入"篮子"文件内，如图 2.2.18 和图 2.2.19 所示。

10 调整篮子中草莓元素的数量大小及方向，使草莓在篮子中放置得自然、美观，如图 2.2.20 所示。

图2.2.17 复制"草莓多个"图层

图2.2.18 删除"草莓单个"元素底色

图2.2.19 添加"草莓单个"元素

图2.2.20 调整草莓在篮子中的摆放效果

3．最终设计

01 将设计好的"水果篮子"元素文件合并图层，并运用移动工具将其拖入设计好的底图"电脑桌面设计"文件中；执行"编辑"→"自由变换"命令（组合键：Ctrl+T）将元素调整到合适位置，如图 2.2.21 所示。

02 打开"案例素材"→"草莓两个"素材，运用魔棒工具删除素材底色，再将其拖入"电脑桌面设计"文件中，如图 2.2.22 所示。

图2.2.21　添加“水果篮子”元素

图2.2.22　添加“草莓两个”元素

03 单击图层面板中的创建新图层按钮，新建名为“阴影”的图层，并将其置于“水果篮子”图层下方；调用“工具栏”→“多边形套索工具”，调整工具属性栏（羽化参考值：10），绘制阴影区域；填充阴影颜色（参考色号：#bcdcbf），如图 2.2.23 所示。

图2.2.23　添加阴影效果

04 调用“工具栏”→“横排文字工具”，添加文字“Hello May”“你好，五月”(参考色号：#948930、#878787)，绘制阴影区域；填充阴影颜色（参考色号：#bcdcbf），如图 2.2.24 和图 2.2.25 所示。

图2.2.24　文字属性参数设置

图2.2.25　添加文字后的效果

05 执行“文件”→“存储”命令，完成绘制，最终效果如图 2.2.1 所示。

知识链接

运用魔棒工具时可以选择图像中颜色一致的区域，不必跟踪其轮廓。快速选择工具利用可调整的圆形画笔笔尖快速绘制选区，拖动时，选区会向外扩展并自动跟随图像中定义的边缘。

1．认识魔棒工具组

将鼠标指针移动至"工具栏"→"魔棒工具"（快捷键：W），长按鼠标左键显示子菜单内魔棒工具组所有工具，如图 2.2.26 所示。

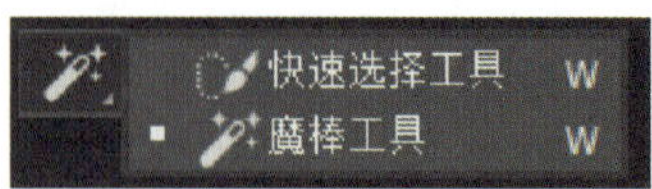

图2.2.26　魔棒工具组

2．认识魔棒工具

1）调用"工具栏"→"魔棒工具"，设置工具属性，如图 2.2.27 所示。

图2.2.27　魔棒工具属性栏

① 容差：选取颜色时所设置的选取范围。

② 消除锯齿：创建较平滑边缘选区。

③ 连续：选中该复选框，表示只选择使用相同颜色的邻近区域；否则，将会选择整个图像中使用相同颜色的所有像素，如图 2.2.28 所示。

④ 对所有图层取样：选中该复选框将对所有可见图层中的数据选择颜色；否则，将只针对当前图层中的数据选择颜色。

2）容差值。

在选取颜色时以像素为单位设置的选取范围参数，其数值介于 0 ～ 255。容差值越大，图像中所选中的范围越广；容差值越小，则图像中所选中的范围越小，仅选择与所选单位像素非常相似的几种颜色，如图 2.2.29 所示。

（a）选中"连续"复选框

（b）未选中"连续"复选框

图2.2.28　"连续"复选框选中与否效果对比

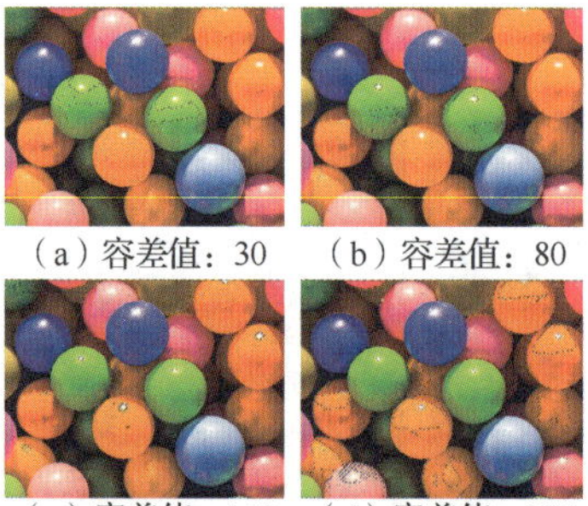

（a）容差值：30

（b）容差值：80

（c）容差值：150

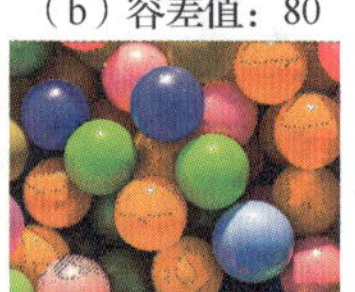

（d）容差值：200

图2.2.29　容差值与选择效果展示

3．认识快速选择工具

调用"工具栏"→"快速选择工具"，设置工具属性，如图 2.2.30 所示。

新选区　添加到选区　从选区减去

图2.2.30　快速选择工具属性栏

① 新选区：创建新的选区。

② 添加到选区：在原有的选区新添选区。

③ 从选区减去：从原有的选区中减去部分选区。

任务 2.3 应用色彩范围抠取图像——制作雪景效果

☞任务描述

拍一张雪景照片对于住在北方的朋友来说是一件很容易做到的事情，可是对于很多住在南方的朋友来说就不太容易了。其实要想创作出一张银装素裹的雪景照片，除了去冬季的北方拍照，也可以利用相关软件进行后期处理。本任务要求运用Photoshop软件将普通风景照制作为雪景效果（图2.3.1）。

图2.3.1 雪景制作效果

☞任务分析

该任务原始图片中的元素为树木、草地和木屋。要想将其调整为雪景效果，首先需要将元素中的亮部区域选取出来并增添白色效果，将整体雪景效果调整出来后再做细节的调整。要选取画面中颜色相近的亮部区域，通过对软件中不同的选取工具特性的分析，执行“色彩范围”命令来进行画面局部区域的选择。

实践操作

1. 调整初步雪景效果

01 打开“案例素材”→“林中小屋”素材，如图 2.3.2 所示。

02 在图层界面背景图层处右击，在弹出的快捷菜单中执行“复制图层”命令，如图 2.3.3 和图 2.3.4 所示。

图2.3.2 打开“林中小屋”素材

微课：雪景效果制作

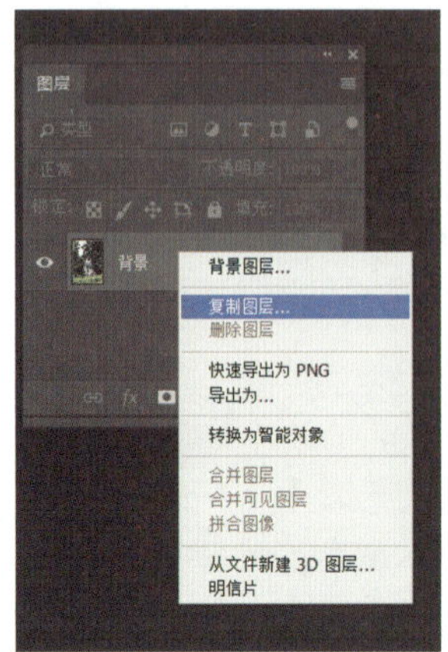

图2.3.3　执行“复制图层”命令

图2.3.4　复制背景图层

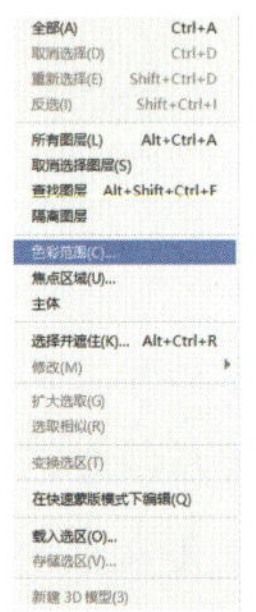

图2.3.5　选择色彩范围

03 执行“选择”→“色彩范围”命令，弹出“色彩范围”对话框；运用吸管工具选择草地范围，调整好参数值后单击“确定”按钮，如图 2.3.5 和图 2.3.6 所示。

04 设置前景色为白色；单击图层面板“创建新图层”，新建名为“雪图层”的空白图层并填充前景色，完成后取消选区（组合键：Ctrl+D），如图 2.3.7 所示。

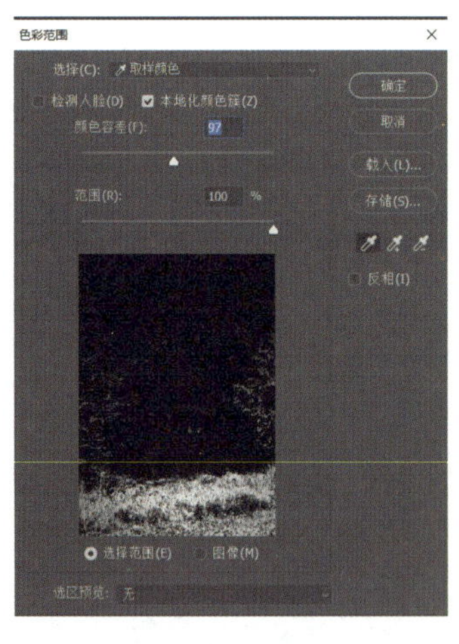

图2.3.6　色彩范围参数设置

图2.3.7　调整初步雪景效果

关键点拨

在为选区填充白色时可以根据积雪的薄厚程度选择填充一次颜色或者多次颜色，填充次数越多，白色积雪感越明显，但填充多次颜色后，白色可能会由于过于生硬而失真。

2. 加强局部雪景效果

01 执行“选择”→“色彩范围”命令，弹出“色彩范围”对话框，运用吸管工具中的“增加到取样”“从取样中减去”，选择屋檐范围，如图 2.3.8 所示。

02 选择图层“雪图层”，保持前景色为白色，填充前景色，完成填充后取消选区，如图 2.3.9 所示。

图2.3.8 选择屋檐范围参数设置

图2.3.9 加强屋檐积雪效果（1）

03 新建名为“雪图层加强”的图层；执行“选择”→“色彩范围”命令，弹出“色彩范围”对话框，运用吸管工具，选择画面左上部的松树范围，单击“确定”按钮，载入选区，填充选区为白色，如图 2.3.10 和图 2.3.11 所示。

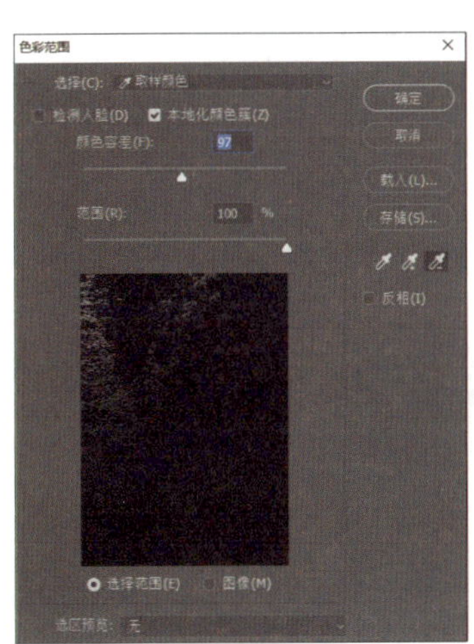

图2.3.10 选择松树参数设置

图2.3.11 松树积雪增强效果

04 运用上述同样的方法，执行“色彩范围”命令，选取屋顶边缘区域，并将其填充为白色，以加强屋檐积雪效果，如图 2.3.12 和图 2.3.13 所示。

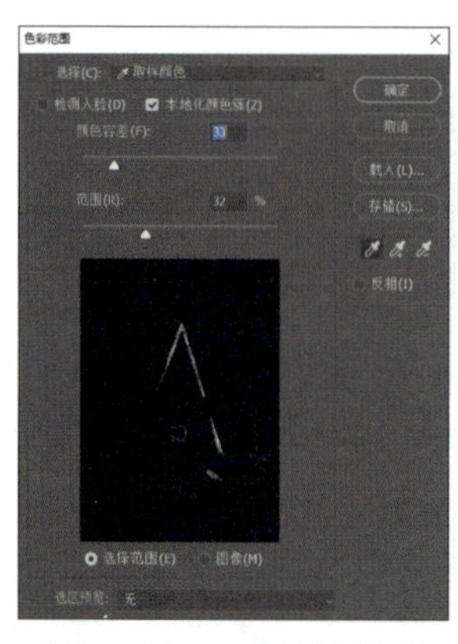

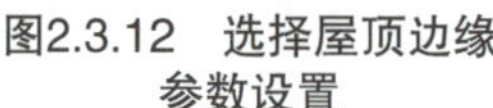

图2.3.12　选择屋顶边缘参数设置

图2.3.13　加强屋檐积雪效果（2）

05 执行“盖印图层”命令（组合键：Ctrl+Alt+Shift+E）；执行“图像”→“调整”→“色阶”命令，弹出“色阶”对话框，调整画面黑白对比，如图 2.3.14 所示。

06 打开“案例素材”→“飘雪”素材，设置图层面板内图层混合模式为“滤色”，如图 2.3.15 所示。

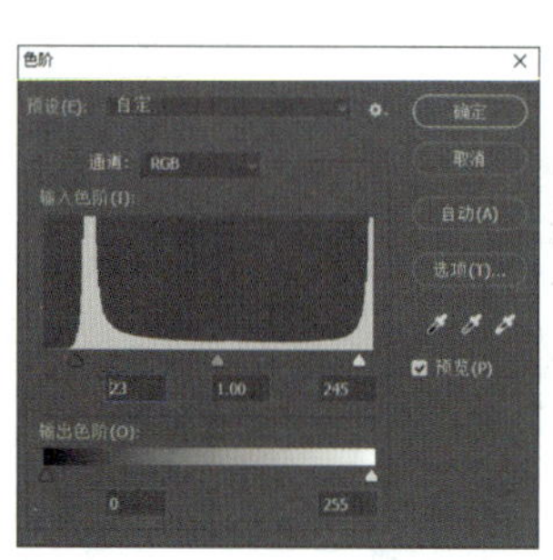

图2.3.14　色阶参数设置

图2.3.15　添加飘雪元素效果

07 执行“文件”→“存储为”命令，在弹出的对话框中，输入文件名“雪景效果”，完成制作，最终效果如图 2.3.1 所示。

知识链接

在 Photoshop 软件中除了工具栏中的矩形选框工具、套索工具及魔棒工具等可以创造出选区，在菜单栏中选择目录下的色彩范围面板也可以对图片进行选区的选择。

1. 认识色彩范围面板

执行“选择”→“色彩范围”命令，弹出“色彩范围”对话框，如图 2.3.16 所示。该对话框中包括色彩范围选择方式、选择范围调整、取样吸管工具组。

2. 了解色彩范围面板的运用方法

1）色彩范围选择方式，如图 2.3.17 所示。

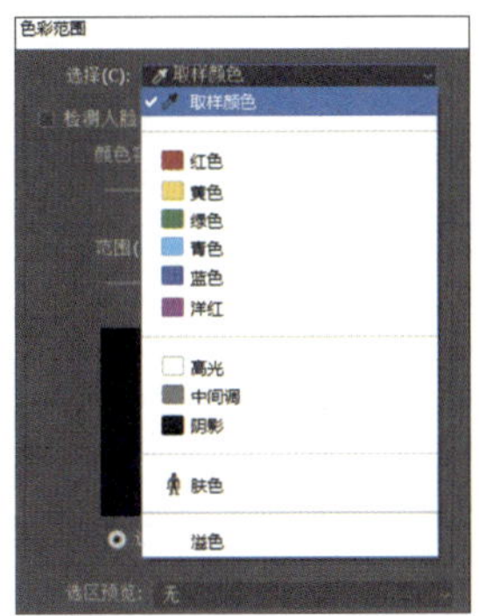

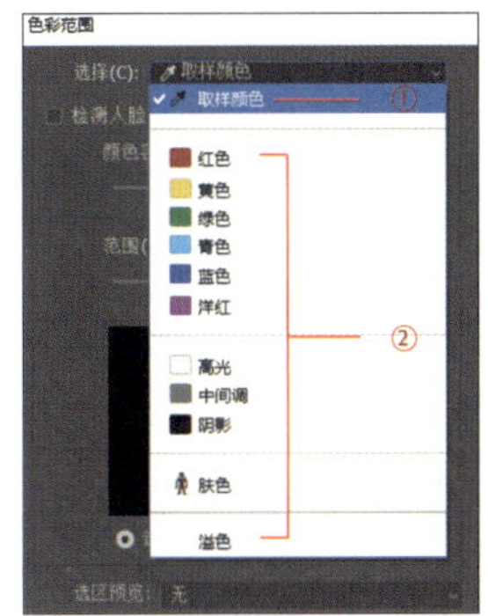

图2.3.16　色彩范围操作面板　图2.3.17　色彩范围选择菜单

① 取样颜色可在面板下方文件缩览图中自由对文件进行色彩取样选择。

② 根据固定的颜色或者明暗关系进行选择。

2）选择范围调整。色彩范围操作板块中，可以通过“颜色范围”“容差”对选择范围进行调整。颜色范围数值越大，所选区域越大；容差值越大，所包容的颜色越多，如图 2.3.18 所示。

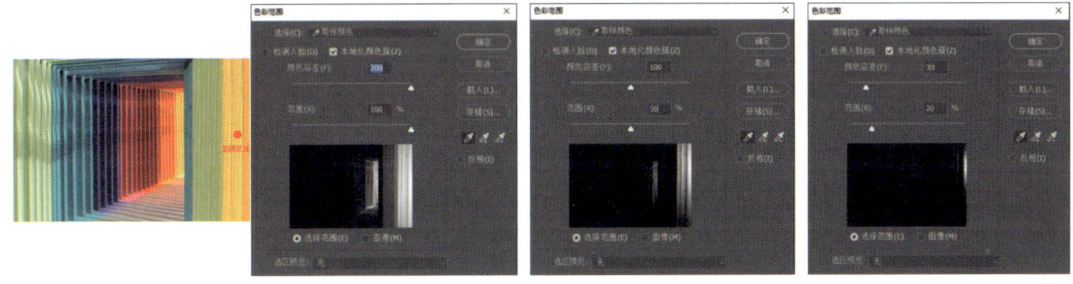

图2.3.18　选择范围调整展示

3）取样吸管工具组，如图 2.3.19 所示。

图2.3.19　取样吸管工具组

① 吸管工具：选择吸取想要取样的颜色区域。

② 添加到取样：添加取样颜色区域。

③ 从取样中减去：减去取样颜色区域。

学习评价

学习目标	自我评价			同学评价		
	达成	基本达成	未达成	达成	基本达成	未达成
了解选区的基本知识						
了解容差的含义						
掌握选框工具的运用方法						
掌握套索工具的运用方法						
掌握魔棒工具的运用方法						
掌握色彩范围的运用方法						

教师评价：

教师签字：

思考与练习

一、理论题

1. 下列属于设置选区羽化方法的是（　　）。

A. 利用工具属性栏　　B. 按 Ctrl+B 组合键

C. 按 Ctrl+Y 组合键　　D. 按 Shift+F6 组合键

2. 按（　　）组合键，可用前景色填充选区；按（　　）组合键，可用背景色填充选区。

A. Alt+Delete　　B. Ctrl+Shift　　C. Ctrl+Delete　　D. Ctrl+Alt

3. 执行"选择"→"变换选区"命令，选区的四周将出现一个带有八个控制点的变形框，此时按住（　　）键拖动四个角的控制点可对选区进行等比例缩放操作。

A. Ctrl+I　　B. Shift　　C. Ctrl　　D. Alt

4. （　　）图标代表添加到选区。

A. ▢　　B. ▢　　C. ▢　　D. ▢

5. 在 Photoshop 软件中，下面选项对魔棒工具描述正确的是（　　）。

A. 魔棒只能作用于当前图层

B. 在魔棒选项调板中容差数值越大，选择颜色范围也越大

C. 在魔棒选项调板中可通过改变容差数值来控制选择范围

D. 在魔棒选项调板中容差数值越大，选择颜色范围越小

6. 在"色彩范围"对话框中为了调整颜色的范围，应当进行（　　）操作。

A. 反相　　B. 消除锯齿　　C. 颜色容差调整　　D. 羽化

二、实训题

1．运用选框工具组和套索工具组内的工具绘制一个 Q 版图像，设置 300（宽）像素 × 300（高）像素，分辨率为 72 像素 / 英寸，如左下图所示。

2．运用魔棒工具、快速选择工具和套索工具，将“实训题 2”的盆栽素材抠取出来并组合为如右下图所示的效果。

练习效果（1）

练习效果（2）

3．使用色彩范围选择图片区域，打开“实训题 3”素材，将其调整为雪景效果，如下图所示。

练习原图

练习效果

3 单元

不一样的画笔——应用绘图与填充工具

单元导读

Photoshop 软件的画笔面板是非常重要的面板，它可以设置各种绘画工具、图像修复工具、图像润饰工具和擦除工具的工具属性及描边效果。本单元将具体介绍常见的绘图工具和画笔设置，包括画笔的编辑和自定义画笔，使用颜色或图案来填充选区、图像，向选区或路径的轮廓添加颜色。

学习目标

- 了解画笔、填充、渐变工具的属性调整方法；
- 掌握画笔、填充、渐变、油漆桶工具的基本运用方法。

思政目标

- 培养全局思维，善于透过现象看本质；
- 传承和发扬严谨细致、吃苦耐劳的传统美德。

任务 3.1 应用画笔工具——制作季节网图

任务描述

进入网络时代，越来越多的人开始在节日、节气等标志性的时间节点，在网络上发表一些应景的感叹文字，并配上精美的图片等。例如，满地金黄的银杏叶会让人感叹秋天最后的足迹。本任务将利用Photoshop软件的画笔工具制作一张有关秋天的配图，效果如图3.1.1所示。

图3.1.1　“秋”效果

任务分析

本任务要制作一张关于“秋”的图片，主要内容是“银杏叶”，那么在选择叶子颜色的时候要以黄色系列为主。制作叶子随风飘散效果时，若一片一片地去摆放会很费力，这时可利用画笔工具中的各项设置，将一片叶子定义为画笔的形状，然后调整画笔的传递、散布等，再进行随机涂抹。

实践操作

微课：季节网图

01 前期准备，根据主题寻找素材，将其保存到相应的文件夹，安装字体。

02 打开 Photoshop 软件，新建文件，将其命名为“秋”，设置尺寸为1920（宽）像素 ×1080（高）像素，分辨率为 72 像素 / 英寸，如图 3.1.2 所示。

03 执行“文件”→“打开”命令，或者按 Ctrl+O 组合键，弹出“打开”对话框，打开“案例素材”→“银杏叶”素材，如图 3.1.3 所示。

图3.1.2　新建文件参数设置

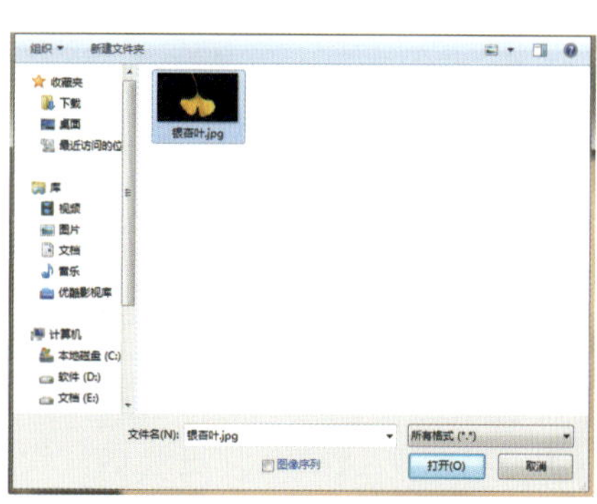

图3.1.3　打开“银杏叶”素材

04 打开素材后，运用魔棒工具或者快速选择工具，选取画面中的银杏叶部分，如图 3.1.4 所示。

05 按 Ctrl+J 组合键，将所选区域的银杏叶复制一个图层，关闭背景图层的“眼睛”图标，即隐藏该图层，然后回到“图层 1”，如图 3.1.5 所示。

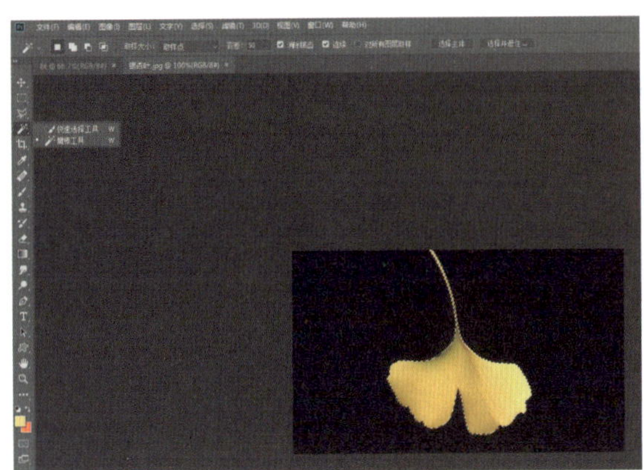

图3.1.4　选取银杏叶部分

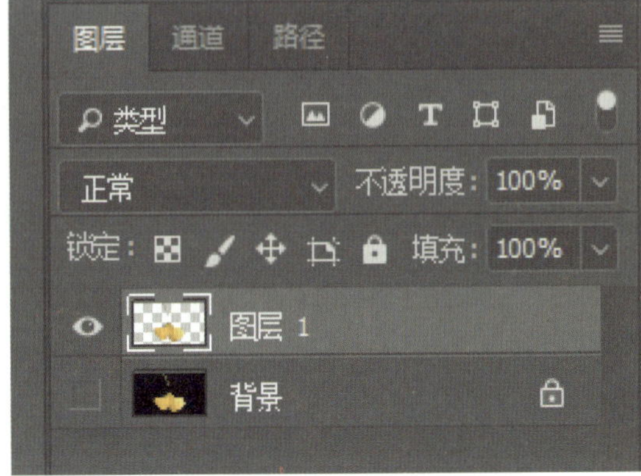

图3.1.5　复制图层

06 执行“编辑”→“定义画笔预设”命令，如图 3.1.6 所示，在弹出的“画笔名称”对话框中设置名称为“银杏叶”。

07 运用画笔工具，或者按 B 键，调用“工具栏”→“画笔设置”或者执行“窗口”→“画笔设置”命令，如图 3.1.7 所示，弹出“画笔设置”面板。

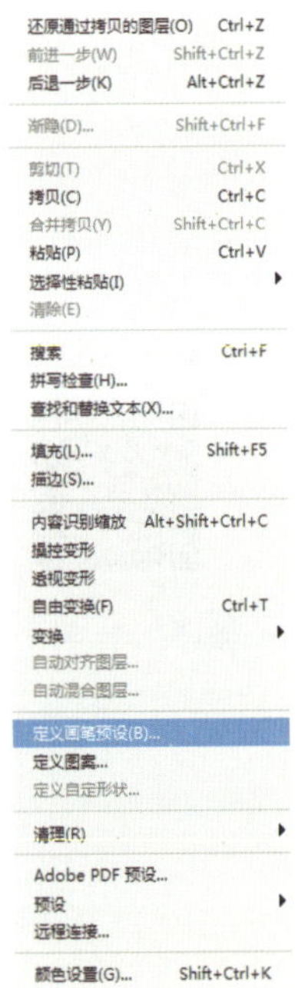

图3.1.6　定义画笔预设

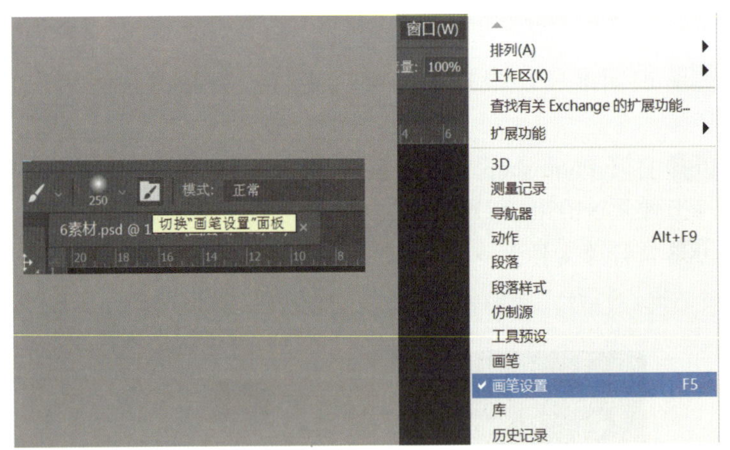

图3.1.7　画笔设置

08 选中“画笔设置”标签中的“画笔笔尖形状”复选框，设置大小（参考值：250 像素），调整间距（参考值：114%），如图 3.1.8 所示。

09 选中“形状动态”复选框，设置大小抖动（参考值：58%）、最小直径（参考值：19%）、角度抖动（参考值：15%），如图 3.1.9 所示。

10 选中“散布”复选框，调整散布（参考值：160%）、数量（参考值：2%），如图 3.1.10 所示。

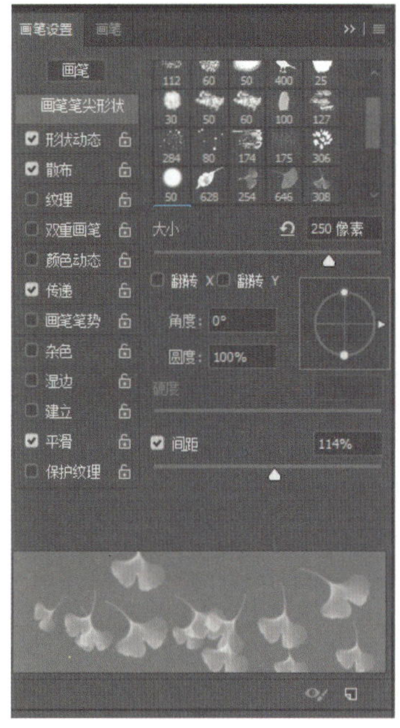

图3.1.8　设置画笔笔尖形状

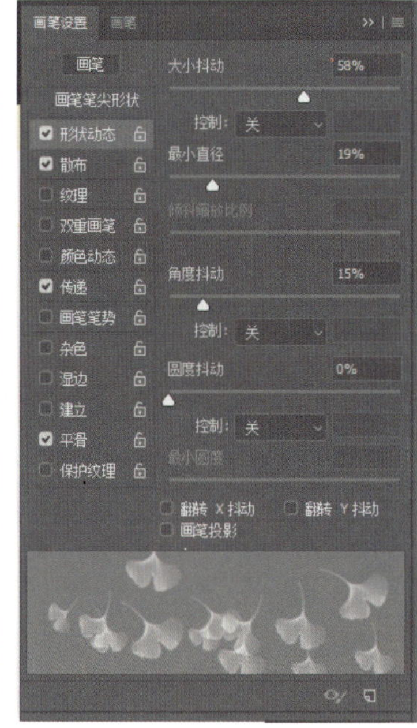

图3.1.9　设置形状动态

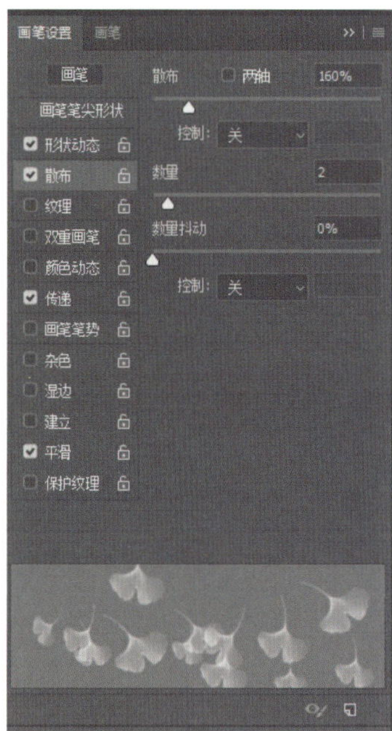

图3.1.10　设置散布

关键点拨

所有的设置值均为参考值，可以根据预览图效果选择合适的数值。

11 调用“工具栏”→“画笔预设”，在“特殊效果画笔”下拉列表中找到定义好的画笔“银杏叶”，并设置大小（参考值：338 像素），如图 3.1.11 所示。

12 执行“工具栏”→“前景色”命令，在弹出的“拾色器（前景色）”对话框中设置前景色的颜色（参考色号：#fadd54），如图 3.1.12 所示。

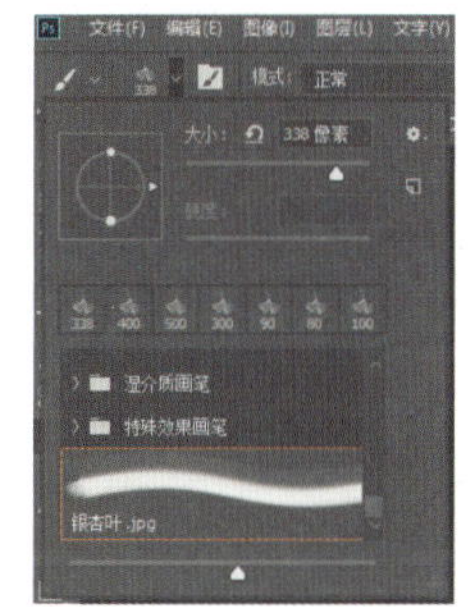

图3.1.11　画笔预设

图3.1.12　设置前景色

13 在画面的上面部分随意涂抹，将出现银杏叶的画笔样式，如图 3.1.13 所示。

14 在画面中右击，在弹出的“画笔设置”对话框中更改画笔大小直径（参考值：102 像素），如图 3.1.14 所示。

图3.1.13　画笔涂抹

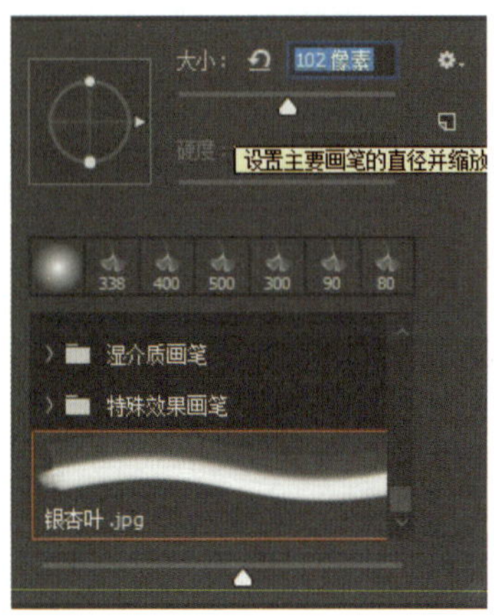

图3.1.14　更改画笔大小直径

15 按住“[”（画笔变小）、“]”（画笔变大）键，根据需求不断放大或缩小画笔，完成画面效果，如图 3.1.15 所示。

16 运用文字工具，在画面的右下方输入“秋”字（颜色参考值：fadd54，大小参考值：290 点，字体参考：新蒂雪山体），如图 3.1.16 所示。

17 执行“文件”→“存储”命令，完成绘制，最终效果如图 3.1.1 所示。

图3.1.15　完成画面涂抹

图3.1.16　输入文字

知识链接

1. 认识画笔工具

1）在 Photoshop 软件的工具栏中，运用画笔工具，可以在画布上绘制各种图形。子菜单中包含画笔工具、铅笔工具、颜色替换工具、混合器画笔工具四项，除了执行命令选择，还可以反复按 Shift+B 组合键来进行选择，如图 3.1.17 所示。

2）画笔工具的属性栏主要包含画笔预设选择器、画笔设置、模式、不透明度、流量、喷枪、平滑、压力等，如图 3.1.18 所示。以下具体介绍几个。

图3.1.17　画笔子菜单

图3.1.18　画笔工具属性栏

① 画笔预设选择器：单击画笔预设选择器，会弹出“画笔预设选择器”面板，可以选择画笔形状，设置画笔大小、硬度等，通过输入数值或者拖动三角滑块来调整画笔的粗细，展开画笔选项，可以选择画笔类型，如图 3.1.19 所示。

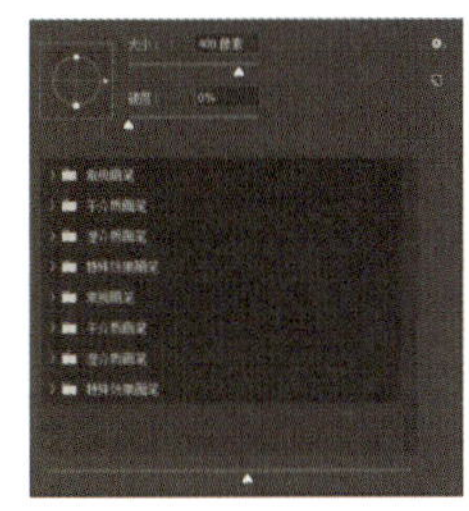

图3.1.19　画笔预设选择器

② 画笔设置：单击后会弹出画笔面板，用于设置画笔的动态控制。

③ 模式：用于设置画笔绘画时的颜色与底图的混合方式。这与图层混合模式的含义和原理是一样的。

④ 不透明度：用于设置画笔绘制颜色的不透明度，数值越小，越能透出背景图像。

⑤ 流量：用于设置画笔墨水的流量大小，数值越大，流量越大。

⑥ 喷枪：运用该功能的线条更柔和，如果使用时按住鼠标左键，前景色会一直在单击处淤积扩展，直到松开鼠标。

⑦ 平滑：用于对平滑描边，当“平滑值”为 100 时，描边的智能平滑量达到最大。

⑧ 压力：主要用于在使用数位板绘画时，压感笔可以覆盖不透明度和大小的设置结果。

3）在“画笔预设选择器”面板中单击右上角的设置按钮，会弹出快捷菜单，包含“新建画笔预设”“新建画笔组”“重命名画笔”“删除画笔”“画笔名称”“画笔描边”等选项，选择对应选项后将会在“画笔预设选择器”面板中显示，如图 3.1.20 所示。

2. 画笔设置

“画笔设置”面板是 Photoshop 软件中非常重要的面板之一，可以设置绘画工具和形状，单击工具属性栏里面的画笔设置或者按 F5 键，即可弹出“画笔设置”面板，如图 3.1.21 所示。

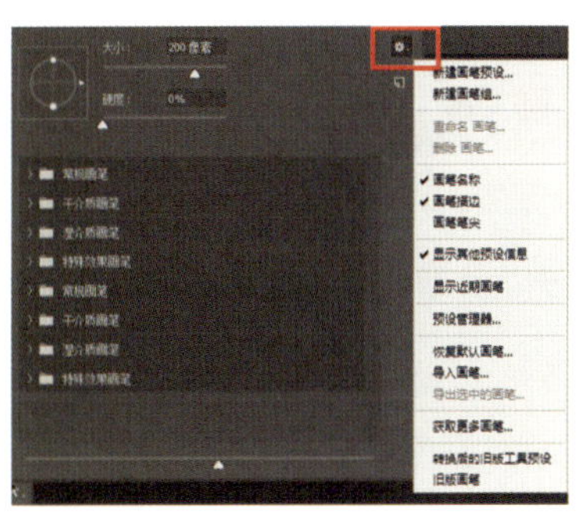

图3.1.20　面板菜单

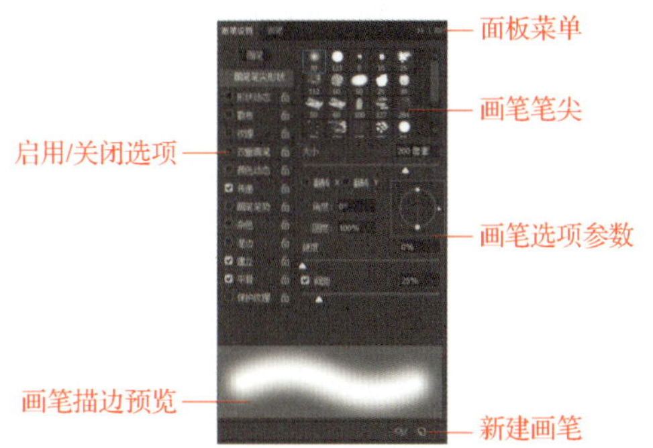

图3.1.21　“画笔设置”面板

（1）画笔笔尖形状

在“画笔笔尖形状”选项面板中可对画笔的形状、大小、硬度等进行设置。

1）画笔笔触样式列表：列表中为默认的笔触样式，可供用户选择，也可以载入需要的画笔进行绘制。默认画笔一般有尖角画笔、柔角画笔、喷枪硬边圆形画笔等，如图 3.1.22 所示。

2）大小：控制画笔的粗细，直接拖动“大小”的三角滑块进行设置，Photoshop 软件画笔的最大值为 5000 像素。

3）翻转 *X* 或翻转 *Y*：选中“翻转 *X*”复选框，画笔笔尖在水平方向翻转；选中“翻转 *Y*”复选框，画笔笔尖在垂直方向翻转。

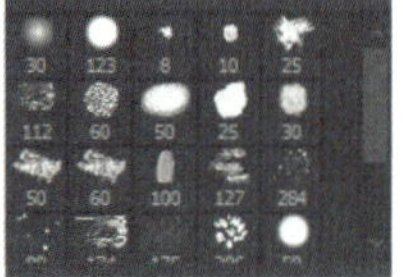

图3.1.22　画笔笔触样式列表

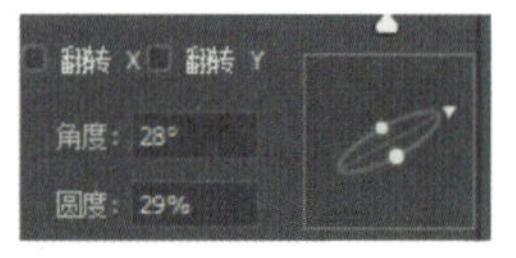

图3.1.23　圆度和角度

4）角度：用于设置椭圆画笔旋转的角度。

5）圆度：用于设置画笔长轴和短轴的比率，在“圆度”文本框中输入 0 ～ 100 的数值，或者直接拖动右侧画笔控制中的圆点来调整，如图 3.1.23 所示。

6）硬度：用于控制画笔笔触的柔和程度，数值越大，画笔的清晰范围越大，硬度为 100% 和硬度为 0% 的效果如图 3.1.24 所示。

7）间距：画笔实际上是由多个连续的点按顺序排列形成的，调整间距就是调整点与点之间的距离。数值越大，间距越大，间距为 200% 和间距为 100% 的效果如图 3.1.25 所示。

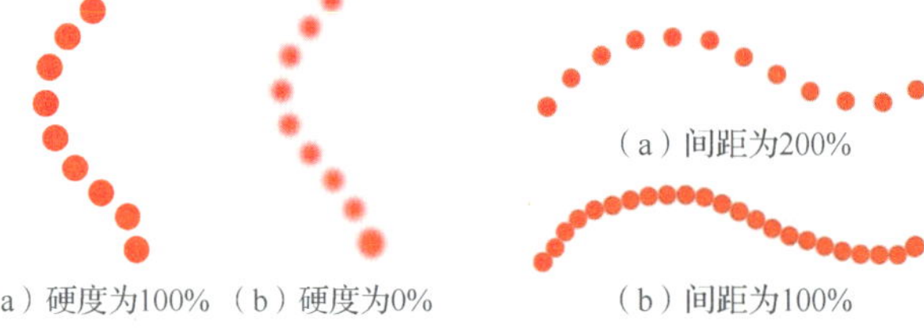

图3.1.24　硬度对比　　图3.1.25　间距对比

（2）形状动态

“形状动态”选项面板用于设置画笔笔迹的变化，包括画笔的大小抖动、角度抖动、圆度抖动、最小圆度等，如图 3.1.26 所示。

1）大小抖动：用于控制绘画过程中画笔笔迹大小的波动幅度，拖动三角滑块或者输入数值，数值越大，变化幅度就越大，如图 3.1.27 所示。

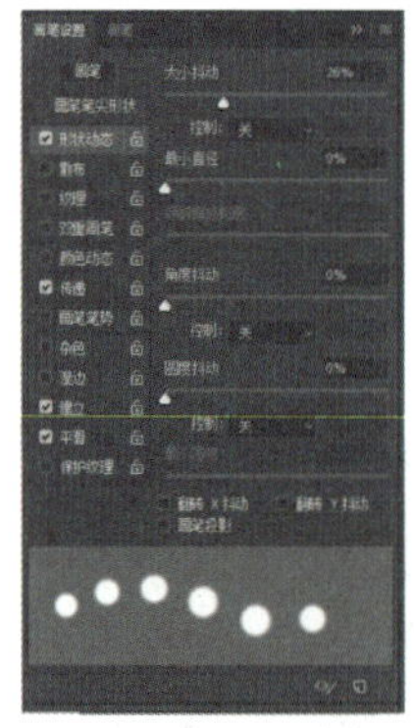

图3.1.26　形状动态设置

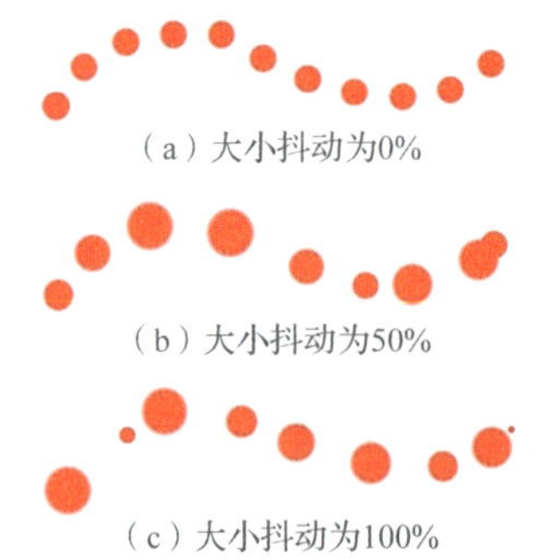

图3.1.27　大小抖动控制画笔效果对比

2）控制：用于设置大小抖动的方式。选择“关”选项，表示不控制画笔笔迹的粗细变化；选择“渐隐”选项，数值越大，画笔消失的距离越长，变化越慢；数值越小，则距离越短，如图 3.1.28 所示。

3）最小直径：用于控制在发生波动时画笔的最小尺寸，数值越小，直径能够变化的范围就越大；数值越大，直径变化的范围就越小，如图 3.1.29 所示。

4）角度抖动：用于控制画笔角度波动的幅度，数值越大，抖动的范围就越大，一般在非圆形的画笔中更容易体现，如图 3.1.30 所示。

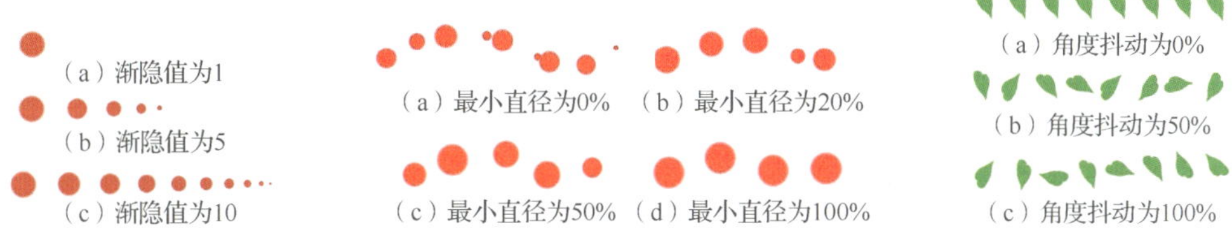

图3.1.28 渐隐抖动控制画笔效果对比

图3.1.29 最小直径不同参数效果对比

图3.1.30 角度抖动画笔效果对比

5）圆度抖动：用于控制在绘画时画笔圆角的波动幅度，数值越大，圆度变化的幅度也就越大，如图 3.1.31 所示。

6）最小圆度：用于控制画笔在圆度发生波动时画笔的最小圆度尺寸值，数值越大，波动范围越小；反之，则波动范围越大。

（3）散布

“散布”选项面板主要用于设置画笔偏离绘画路线的程度和数量，如图 3.1.32 所示。

1）散布：用于控制画笔偏离绘画路线的程度，数值越大，分散效果越强烈。选中“两轴”复选框，画笔将在 *X*、*Y* 轴两个方向分散，否则仅在一个方向发生分散，如图 3.1.33 所示。

图3.1.31 圆度抖动画笔效果对比

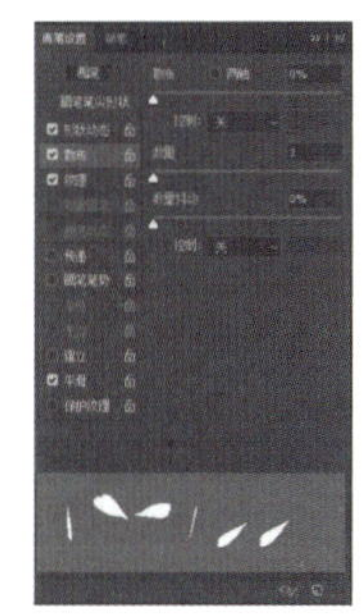

图3.1.32 “散布”选项面板

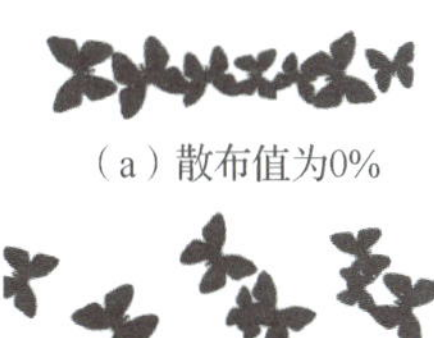

图3.1.33 不同散布值效果对比

2）数量：用于设置每个间距应该有的画笔笔迹数量，数值越大，画笔点越多，最大值为 16，如图 3.1.34 所示。

3）数量抖动：用来控制每个空间间隔中画笔点的数量变化。

（4）纹理

纹理可以让绘画时的笔迹出现纹理质感，设置参数选项如图 3.1.35 所示。

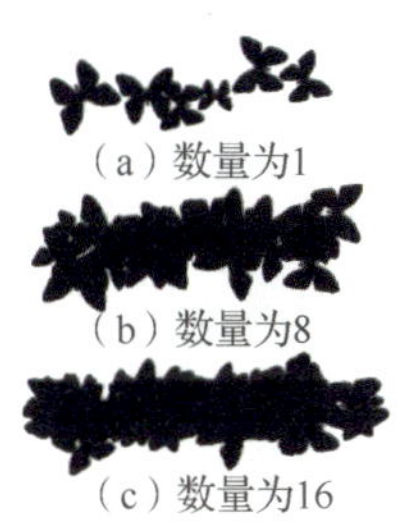

图3.1.34 不同数量效果对比

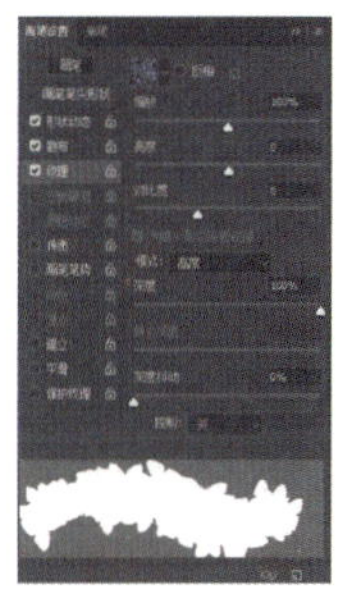

图3.1.35 “纹理”选项面板

1）纹理：用于设置图案的纹理，单击图像缩览图右侧的下拉按钮，在弹出的图案下选择需要的图案，即可设置纹理。

2）反相：用于翻转图案中纹理的亮色和暗色部分。

3）亮度：用于设置纹理的明暗度。

4）对比度：用于设置纹理的对比强度，数值越大，对比越明显。

5）模式：用于设置画笔与图案的混合模式，与图层混合模式的含义和原理一样。

6）深度：用于设置图案的混合程度，数值越大，深度越大。

7）最小深度：用于控制图案的最小混合程度。

8）深度抖动：用于控制纹理显示浓淡的抖动程度。

（5）双重画笔

“双重画笔”选项面板主要通过为画笔添加两种画笔，使画笔画面效果更加丰富。在“模式”列表中为主画笔和第二画笔设置“实色混合”模式，如图 3.1.36 所示。

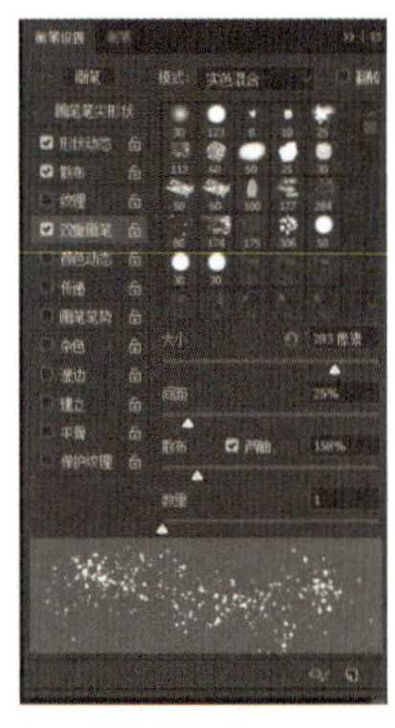

图3.1.36　“双重画笔”选项面板

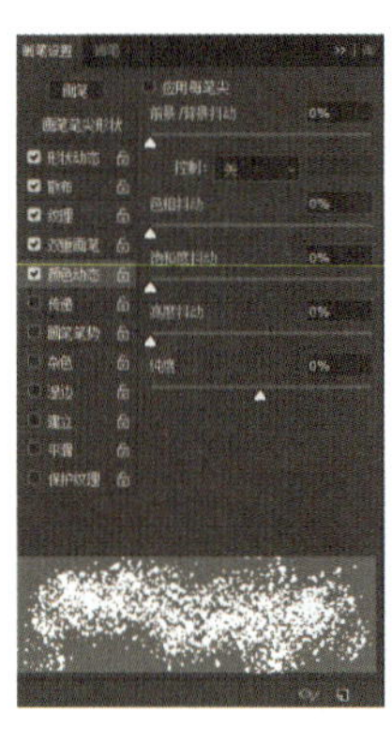

图3.1.37　“颜色动态”选项面板

（6）颜色动态

“颜色动态”选项面板主要用于设置笔迹的颜色变化，如图 3.1.37 所示。但要注意，设置动态的颜色属性时，画笔面板下方的预览框不会显示相应的效果，只有在图像窗口绘画时才会看到。

1）前景 / 背景抖动：用于设置前景色和背景色之间的颜色变化方式。数值越小，变化后的颜色越接近前景色；数值越大，变化后的颜色越接近背景色。

2）色相抖动：用于设置颜色变化范围，数值越大，色相的动态变化越丰富。

3）饱和度抖动：用于设置颜色饱和度的变化范围。数值越大，饱和度越低；数值越小，饱和度越高。

4）亮度抖动：用于设置颜色的亮度变化范围。数值越大，颜色亮度越低；数值越小，颜色亮度越高。

5）纯度：用于设置颜色的纯度变化范围。

例如，设置前景色为浅绿色（参考色号：#1dde2f），背景色为深绿色（参考色号：#083b0b），调整合适的色相、饱和度、亮度等，就可以看到小草颜色的变化，如图 3.1.38 所示。

（7）传递

“传递”选项面板用来设置笔迹的不透明度、流量、湿度、混合等抖动参数，如图 3.1.39 所示。

图3.1.38　小草颜色的变化

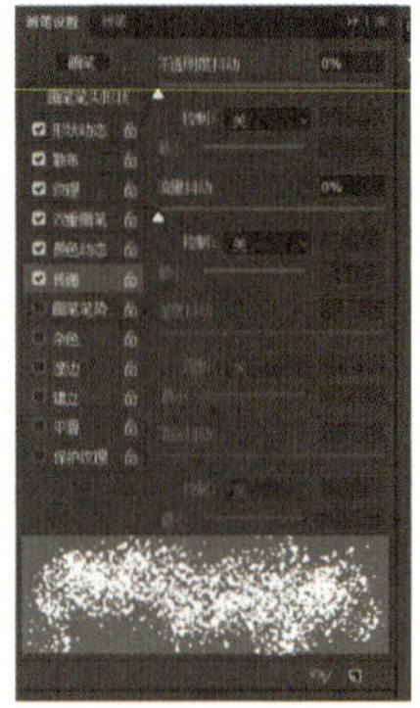

图3.1.39　“传递”选项面板

1）不透明度抖动：用于设置画笔绘制时油彩不透明度的变化程度。

2）流量抖动：用于设置画笔笔迹中各种油彩流量的变化。

3）湿度抖动：用于设置画笔笔迹中油彩湿度的变化程度。

4）混合抖动：用于设置画笔笔迹中油彩混合的变化。

（8）画笔笔势

“画笔笔势”选项面板用于调整毛刷画笔笔尖的角度，如图 3.1.40 所示。

1）倾斜 *X*/ 倾斜 *Y*：用于调整笔尖沿 *X* 轴或 *Y* 轴倾斜。

2）旋转：用于设置笔尖的旋转效果。

3）压力：用于设置压力值，绘制速度越快，绘制的线条越粗糙。

（9）附加选项设置

面板中的杂色、湿边、建立、平滑、保护纹理属于附加选项设置，是没有参数面板的，直接根据需求选中相应的复选框即可，如图 3.1.41 所示。

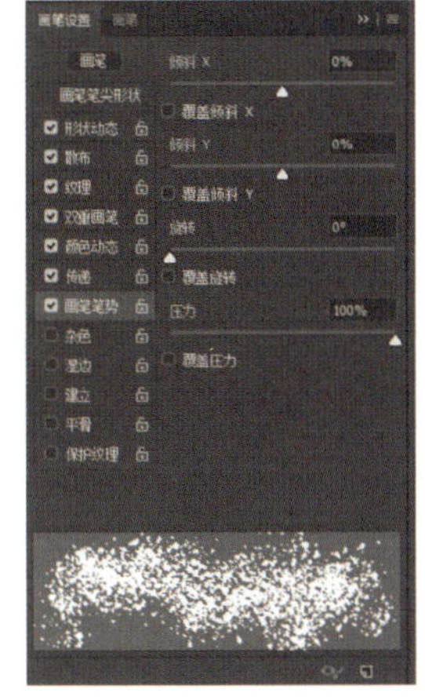

图3.1.40 “画笔笔势”选项面板

图3.1.41 附件选项设置

任务 3.2 应用渐变与油漆桶工具——制作时钟图标

☞任务描述

随着网络硬件设备的日益完善，网页构成中的多媒体元素运用也越来越多，主要包括音频、视频和动画等，因此UI界面设计应运而生。本任务将利用Photoshop软件的渐变工具等制作一个关于时钟的图标，效果如图 3.2.1所示。

图3.2.1 时钟图标效果

☞任务分析

在制作一个UI图标之前，要看懂界面的需求，清楚每个功能图标的定义，否则将导致用户难以理解。直观、大方地体现其特点，也是图标设计所关心的可用性问题。本任务是制作一个时钟图标，主要是学习使用绘图工具和渐变工具；运用圆角矩形工具、椭圆工具、钢笔工具和直线工具绘制图标；使用渐变工具填充渐变图标。

实践操作

微课：时钟图标

1．制作背景

01 打开 Photoshop 软件，新建文件，将其命名为“时针图标”，设置尺寸为 10(宽)厘米 ×10(高)厘米，分辨率为 72 像素 / 英寸，将其命名为“时钟图标”，如图 3.2.2 所示。

02 运用渐变工具，单击渐变工具属性栏中的“点按可编辑渐变”按钮，如图 3.2.3 所示。

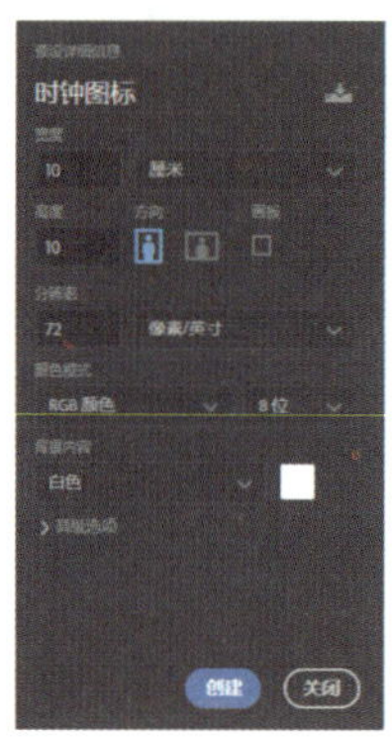

图3.2.2　新建文件参数设置

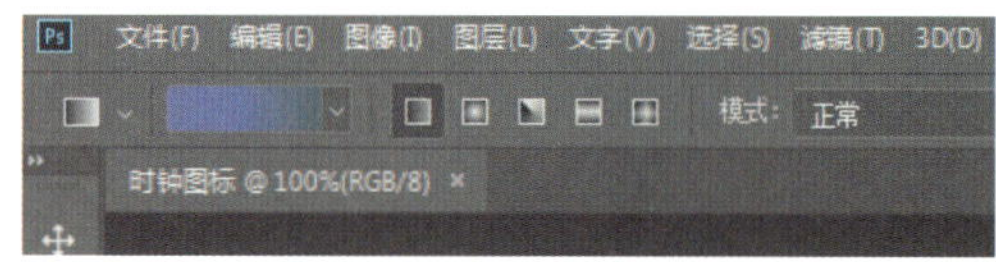

图3.2.3　运用渐变工具

03 在弹出的“渐变编辑器”对话框中，在“位置”选项中分别输入 0、25、65、90、100 五个位置点，分别设置其颜色，如图 3.2.4 所示。

04 单击渐变工具属性栏中的“角度渐变”按钮，在图像中从中心向右上方拖动渐变颜色，效果如图 3.2.5 所示。

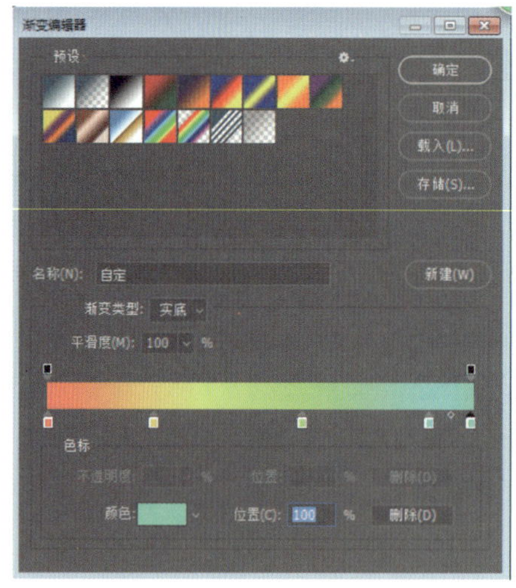

图3.2.4　创建曲线调整图层

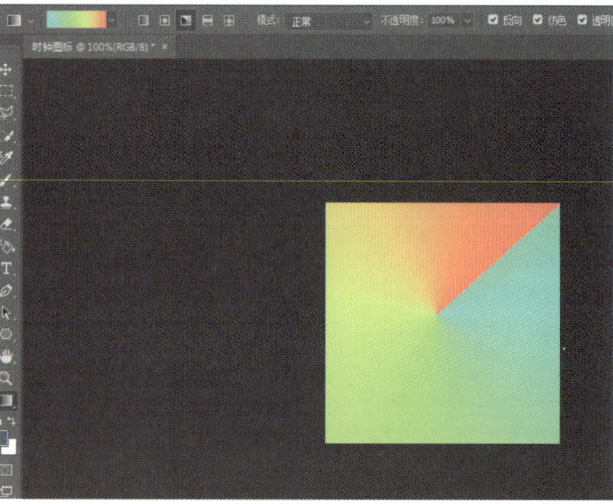

图3.2.5　角度渐变效果

2. 制作钟表

01 新建图层，运用圆角矩形工具，在属性栏中选择“路径”模式，“半径”设置为 60 像素，在图像窗口中绘制路径，如图 3.2.6 所示。

02 按 Ctrl+Enter 组合键，将路径转化为选区，如图 3.2.7 所示。

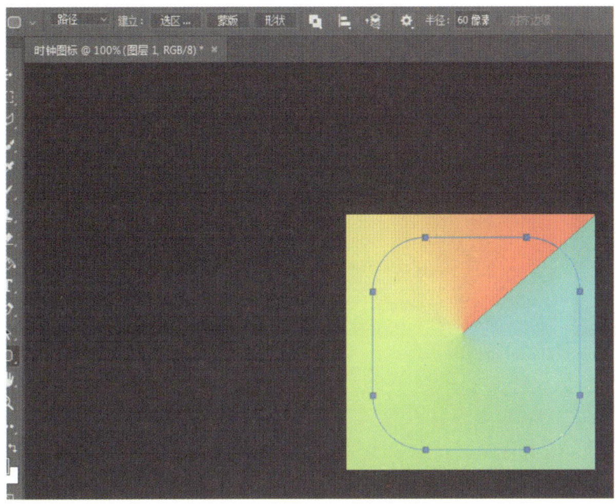

图3.2.6　绘制圆角底盘

图3.2.7　将路径转化为选区

03 运用渐变工具，单击渐变工具属性栏中的“可编辑渐变”按钮，在弹出的“渐变编辑器”对话框中，在 0 ～ 100 的位置处设置渐变颜色，如图 3.2.8 所示。

04 单击渐变工具属性栏中的“线性渐变”按钮，在选区中从左上方向右下方拖动渐变色，如图 3.2.9 所示。

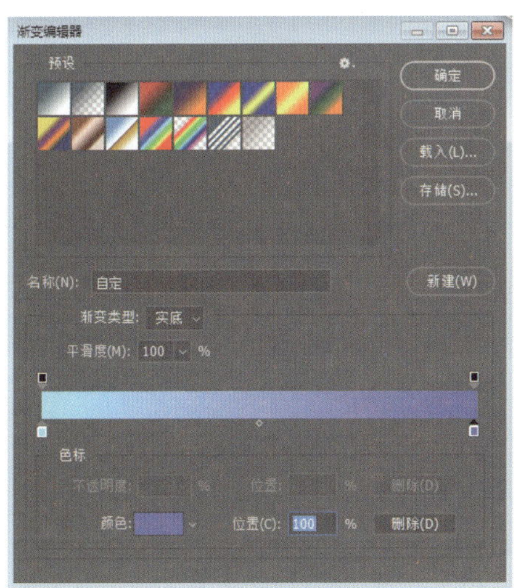

图3.2.8　设置渐变颜色

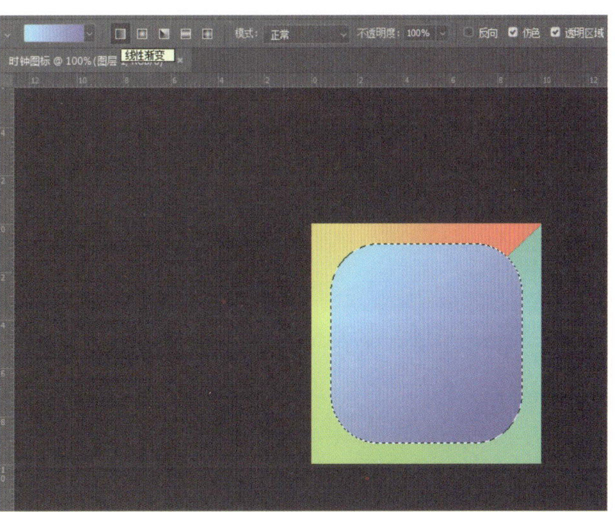

图3.2.9　选区中填充线性渐变

05 新建图层，运用椭圆工具，单击椭圆工具属性栏中的“选择工具模式”→“形状”按钮，填充选择“渐变填充”，从位置 0 的白色到位置 100 的灰色，径向填充，“描边”为 5.07 像素的黑色，如图 3.2.10 所示。

06 同时选择“背景”“图层 1”“椭圆 1”图层，单击移动工具属性栏中的“居中对齐”按钮，让底座和表盘都在背景中居中，如图 3.2.11 所示。

图3.2.10　绘制表盘

图3.2.11　居中对齐

07 按 Ctrl+R 组合键，画面中出现标尺线，分别从上方和左侧拖动辅助线，找出表盘的中心，然后运用矩形工具绘制出 12 点的刻度，前景色设置为深绿色（参考色号：#1a5064），如图 3.2.12 所示。

08 按住 Alt 键，拖动 12 点的刻度，直接复制到 6 点方向。同理，复制到 3 点钟刻度，按 Ctrl+T 组合键进行自由变换，旋转 90°，借助辅助线对齐图标，得到 3 点钟的刻度，再次按住 Alt 键，将 3 点钟方向的刻度拖动到 9 点钟方向。最后，借助辅助线和属性栏的对齐方式，完成表盘刻度的绘制，如图 3.2.13 所示。

图3.2.12　绘制钟表12点的刻度

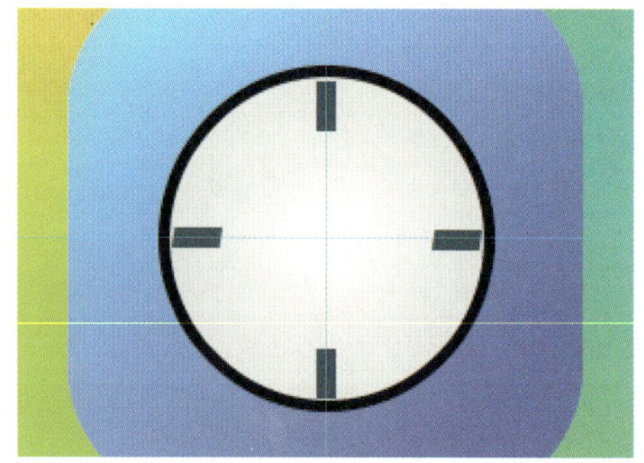

图3.2.13　绘制表盘刻度

09 运用矩形工具绘制两个长短不一的矩形指针，颜色为深绿色（参考色号：#1a5064），如图 3.2.14 所示。

10 运用椭圆工具，单击椭圆工具属性栏中的“选择工具模式”→“形状”按钮，按住 Shift 键的同时，在表盘中绘制一个圆形，前景色同指针颜色（参考色号：#1a5064），如图 3.2.15 所示。

11 钟表图标绘制完成，效果如图 3.2.1 所示。

图3.2.14　绘制指针

图3.2.15　绘制表盘中心

知识链接

1. 渐变工具介绍

调用“工具栏”→“渐变工具”或者按 Shift+G 组合键，将出现渐变工具属性栏，如图 3.2.16 所示。

图3.2.16　渐变工具属性栏

1）单击渐变工具属性栏中的“可编辑渐变”按钮，选择和编辑渐变的色彩，如图 3.2.17 所示。

① 在“渐变编辑器”对话框中，单击颜色编辑框下方的适当位置，可以增加颜色色标，添加渐变颜色。在位置选项中可以直接输入数值或者用鼠标指针直接拖动颜色色标，如图 3.2.18 所示。

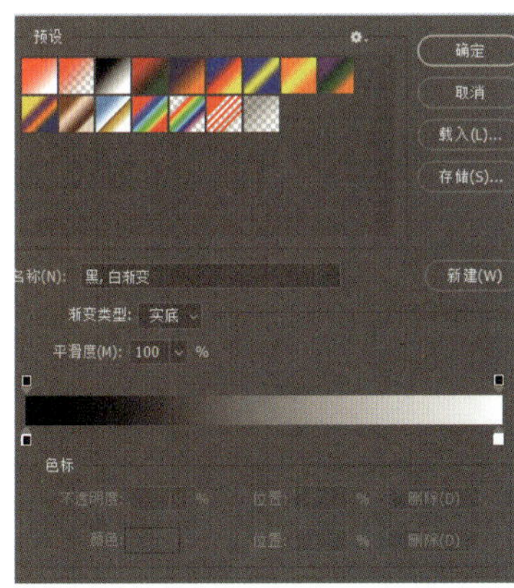

图3.2.17　可编辑渐变面板

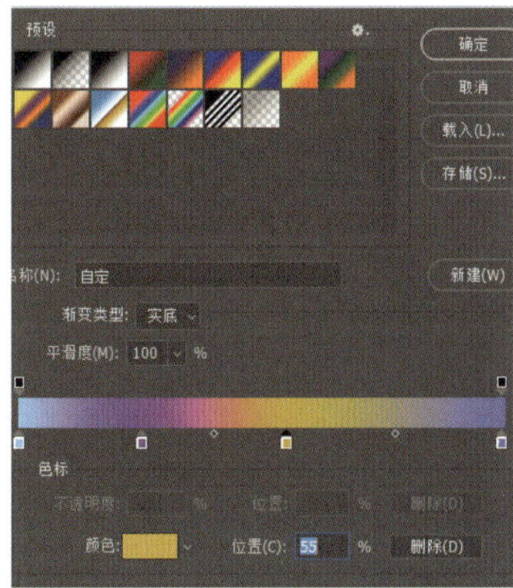

图3.2.18　增加颜色色标

② 单击颜色方块，弹出“拾色器（色标颜色）”对话框，选择所需要的颜色，如图 3.2.19 所示。

③ 如果不需要渐变中的某个颜色，可以任意选择一个颜色色标，单击“渐变编辑器”对话框下方的“删除”按钮，或者按 Delete 键，如图 3.2.20 所示。

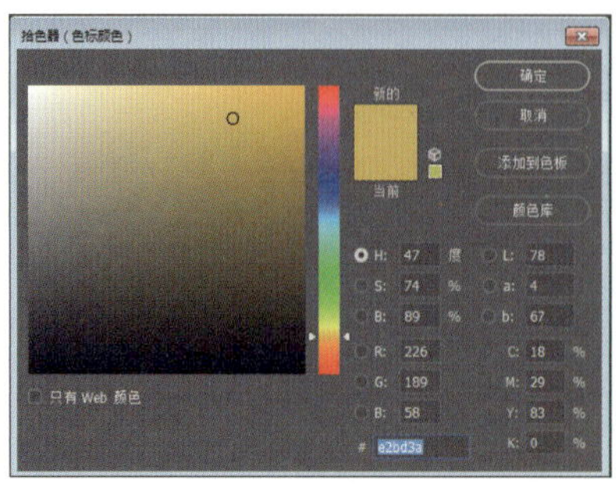

图3.2.19　拾色器选色

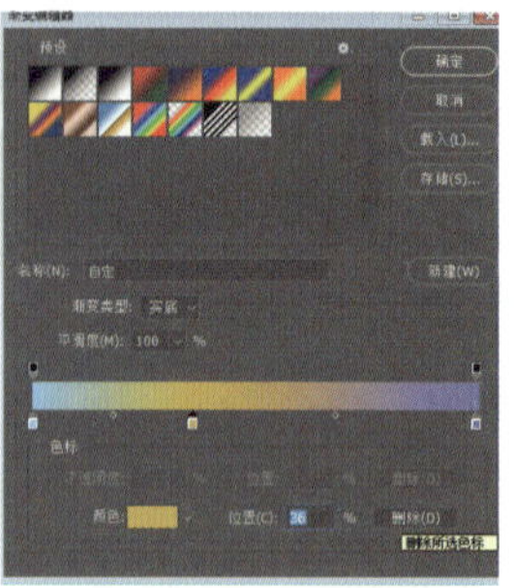

图3.2.20　删除色标

④ 单击颜色编辑器框左上方的黑色图标，可以调整颜色的不透明度，如图 3.2.21 所示。

⑤ 调整“不透明度”选项的数值，可以使色标的颜色向两边的颜色过渡到半透明的效果，如图 3.2.22 所示。

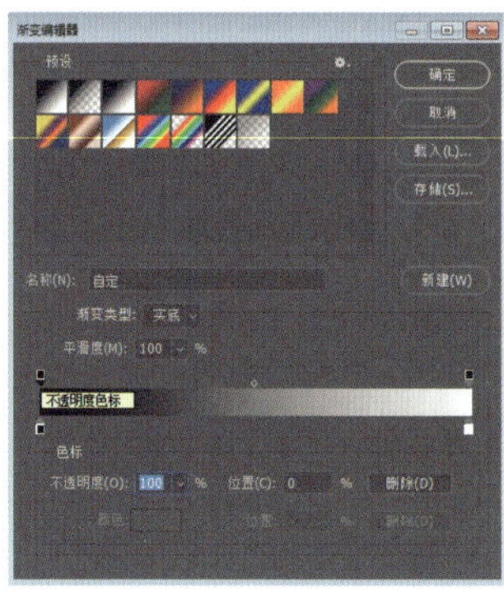

图3.2.21　调整不透明度

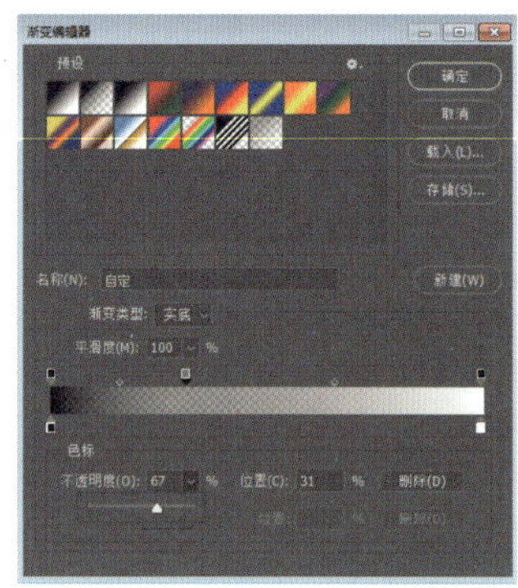

图3.2.22　不透明度过渡

2）渐变类型，从左到右依次是线性渐变、径向渐变、角度渐变、对称渐变、菱形渐变，渐变效果如图 3.2.23 所示。

（a）线性渐变

（b）径向渐变

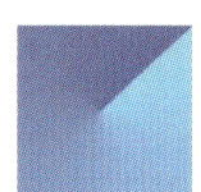
（c）角度渐变

（d）对称渐变

（e）菱形渐变

图3.2.23　不同类型渐变效果

3）反向：用于反向产生色彩渐变的效果。

4）仿色：用于使渐变更平滑。

5）透明区域：用于产生不透明度。

2．标尺、参考线和网格线的设置

标尺、参考线和网格线的设置可以使图像处理更加精确。实际设计任务中的许多问题都需要使用标尺、参考线和网格线来解决。

（1）标尺的设置

设置标尺可以精确地编辑和处理图像。执行“编辑”→“首选项”→“单位与标尺”命令，弹出“首选项”对话框，如图 3.2.24 所示。

1）单位：用于设置标尺和文字的显示单位，有不同的显示单位供选择。

2）列尺寸：用列来精确确定图像的尺寸。

3）点 / 派卡大小：与输出有关。

执行“视图”→“标尺”命令，可以将标尺显示或隐藏，如图 3.2.25 所示。

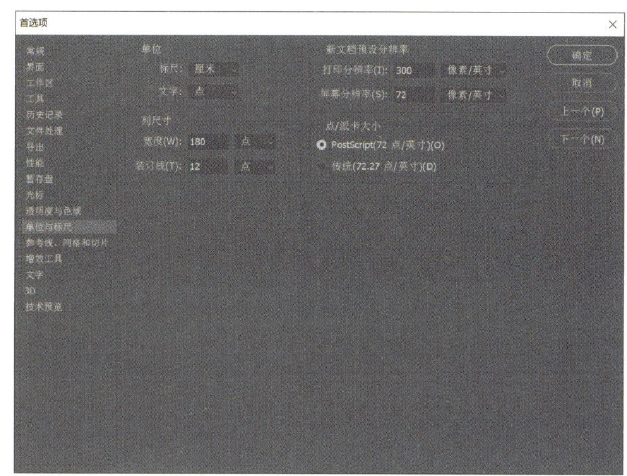

图3.2.24　单位与标尺面板

（a）显示标尺　（b）隐藏标尺

图3.2.25　显示和隐藏标尺

将鼠标指针放在标尺的 X 轴和 Y 轴的 0 点处，按住鼠标左键，向右下方拖动鼠标指针至适当的位置，如图 3.2.26 所示，释放鼠标左键，标尺的 X 轴和 Y 轴的 0 点就变为鼠标指针移动后的位置，如图 3.2.27 所示。

（2）参考线的设置

设置参考线：将鼠标指针放在水平标尺上，按住鼠标左键，向下拖动出水平的参考线。将鼠标指针放在垂直标尺上，按住鼠标左键，向右拖动出垂直的参考线，如图 3.2.28 所示。

图3.2.26　拖动标尺

图3.2.27　更改标尺0点

图3.2.28　设置参考线

1）显示或隐藏参考线：执行“视图”→“显示”→“参考线”命令，可以显示或隐藏参考线。此命令只在存在参考线的前提下才能应用。

2）移动参考线：运用移动工具，将鼠标指针放在参考线上，鼠标指针变为双向箭头时，按住鼠标左键拖动，可以移动参考线。

3）锁定、清除、新建参考线：执行“视图”→“锁定参考线”命令或按 Alt+Ctrl+; 组合键，可以将参考线锁定，参考线锁定后将不能移动。执行“视图”→“清除参考线”命令，可以将参考线清除。执行“视图”→“新建参考线”命令，弹出“新建参考线”对话框，如图 3.2.29 所示，设定后单击“确定”按钮，图像中出现新建的参考线。

（3）网格线的设置

执行“编辑”→“首选项”→“参考线、网格和切片”命令，弹出“首选项”对话框，如图 3.2.30 所示。

1）参考线：用于设定参考线的颜色和样式。

2）网格：用于设定网格的颜色、样式、网格间距和子网格等。

3）切片：用于设定切片的颜色和显示切片的编号。

4）路径：用于设定路径的选定颜色。执行“视图”→“显示”→“网格”命令，可以显示或隐藏网格。显示网格如图 3.2.31 所示。

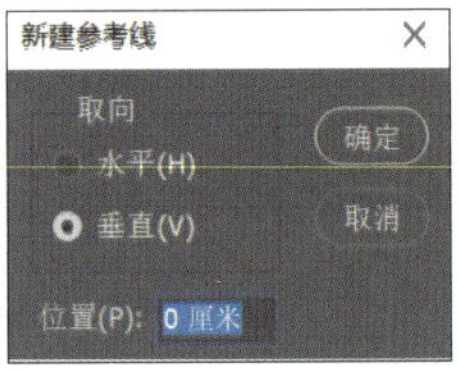

图3.2.29　新建参考线

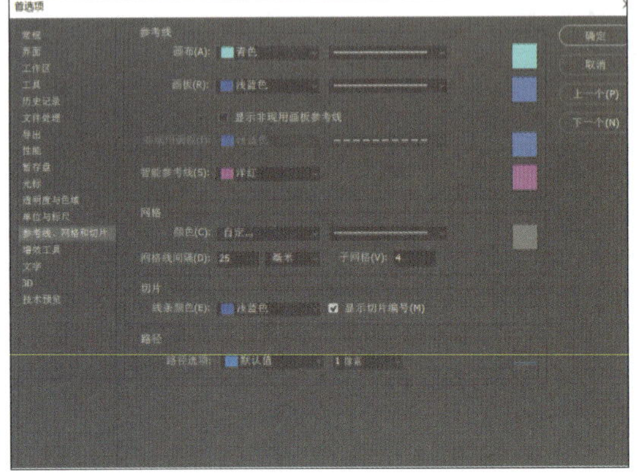

图3.2.30　“首选项”对话框

图3.2.31　显示网格

关键点拨

反复按 Ctrl+R 组合键，可以将标尺显示或隐藏。反复按 Ctrl+; 组合键，可以将参考线显示或隐藏。反复按 Ctrl+' 组合键，可以将网格线显示或隐藏。

学习评价

学习目标	自我评价			同学评价		
	达成	基本达成	未达成	达成	基本达成	未达成
了解画笔、填充、渐变工具的属性调整方法						
掌握画笔、填充、渐变、油漆桶工具的基本运用方法						

教师评价：

教师签字：

思考与练习

一、理论题

1．运用画笔工具或铅笔工具绘制直线时，可以在拖动鼠标指针的同时按住 ______ 键。

2．在英文输入法状态下，按 ______ 或 ______ 键，可以快速设置绘画工具的笔刷大小。

3．在背景图层上绘图时，（　　）工具使用的是背景色。

A．画笔　　B．橡皮擦　　C．铅笔　　D．油漆桶

4．渐变类型从左到右依次是线性渐变、径向渐变、______、______、菱形渐变。

5．显示或隐藏参考线的组合键是 ______。

二、实训题

1．利用所学的画笔知识制作一张关于冬天的节气配图，如左下图所示。

2．运用选框工具组和套索工具组内工具绘制一个 300（宽）像素 ×300（高）像素，分辨率为 72 像素 / 英寸的渐变 UI 小图标，如右下图所示。

冬天的节气配图

渐变小图标

单元 4 涂涂抹抹出奇迹——应用图像修饰工具

单元导读

图像修饰是Photoshop软件的核心功能之一。因原始图像品质及需要修饰的程度不同，图像修饰的难易程度也不同。利用修复、图章、模糊、加深、减淡等工具组内工具可针对常见的图像问题进行修复，同时利用这些工具也可以打造特殊的图像效果。

学习目标

- 了解修复、图章、模糊和加深、减淡等工具组内工具的作用及属性；
- 掌握修复、图章、模糊和加深、减淡等工具组内工具的基本运用方法。

思政目标

- 增强人文意识、美学意识和质量意识；
- 勇于进行创新设计，提升创新能力。

任务 4.1 应用修复工具——去除照片多余人物

☞任务描述

很多人会将旅行中遇见的美好的风景用照相机拍摄下来。可是景点中游客众多，景点里除了风景，更多的是人。一张满意的照片常因出现路人而变成旅行废片。本任务将运用Photoshop软件解决这种旅行尴尬，去除多余人物后效果如图4.1.1所示。

图4.1.1　去除多余人物后效果

☞任务分析

开始修复图片之前，先打开原片，观察原片中一共有两处瑕疵部位需要修复：一处为楼梯区域的一名旅客；另一处为草地区域的两名旅客。制作思路为首先运用修补工具将人物初步移除，其次运用内容感知移动工具和修复画笔工具对人物移除后区域的细节进行进一步修复。

实践操作

1．初步移除照片人物

微课：去除照片多余人物

01 打开 Photoshop 软件，打开“案例素材”→“粉红教堂”素材，如图 4.1.2 所示。

图4.1.2　打开“粉红教堂”素材

02 在图层界面背景图层处右击，在弹出的快捷菜单中执行“复制图层”命令；调用“工具栏”→“修补工具”，按住鼠标左键沿着女性人物轮廓勾选，如图 4.1.3 和图 4.1.4 所示。

图4.1.3　选择修补工具

图4.1.4　勾选人物轮廓

03 轮廓勾选完成后，鼠标指针出现向右拖动箭头，按住鼠标左键将选区向右拖动到合适位置，完成后取消选区，如图 4.1.5 和图 4.1.6 所示。

04 运用修补工具，将画面中的男孩覆盖，如图 4.1.7 和图 4.1.8 所示。

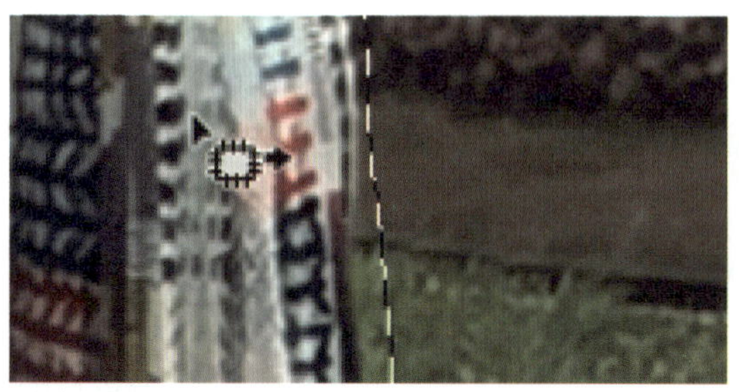

图4.1.5　向右拖动鼠标指针

图4.1.6　覆盖画面中女孩后的效果

图4.1.7　勾选男孩轮廓

图4.1.8　覆盖画面中男孩后的效果

05 运用修补工具，将画面中台阶处的女孩覆盖，如图 4.1.9 和图 4.1.10 所示。

图4.1.9　勾选台阶处女孩轮廓

图4.1.10　覆盖画面中台阶处女孩后的效果

关键点拨

在运用修补工具进行覆盖时要注意画面中若有线状区域如马路边沿、台阶等元素，则尽量与原图对齐，否则就会使画面呈现错位感，从而使图片效果失去真实性。

06 完成画面中所有人物的初步覆盖，如图 4.1.11 所示，下一步将进行对人物覆盖处的细节处理。

图4.1.11 画面人物初步覆盖效果

2．处理人物覆盖处细节

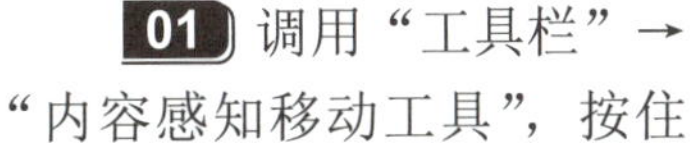

01 调用“工具栏”→“内容感知移动工具”，按住鼠标左键框选出草坪外多出来的草堆，将其拖动到草坪右边缺口处；拉动选框四角调整草堆大小；按Enter键确认大小并取消选区，如图4.1.12～图4.1.15所示。

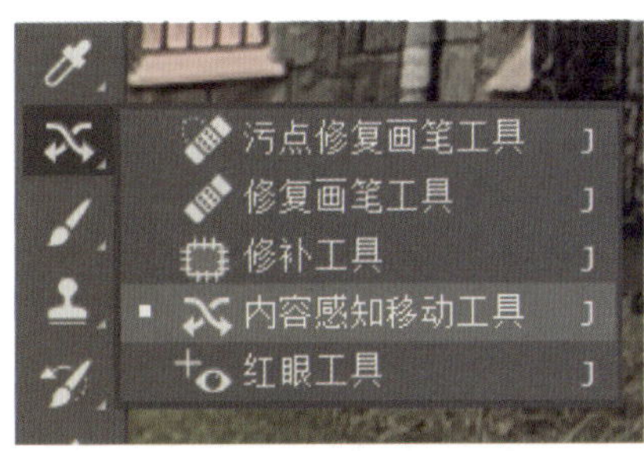

图4.1.12 调用“内容感知移动工具”

图4.1.13 选出草堆

图4.1.14 移动草堆并调整大小

图4.1.15 取消草堆选区

02 调用“工具栏”→“修复画笔工具”，在工具属性栏中选择模式为“替换”；按住 Alt 键在指定位置单击进行取样，取样完毕后松开 Alt 键；移动鼠标指针到草坪缺口处单击，将取样内容复制到指定位置，如图 4.1.16～图 4.1.20 所示。

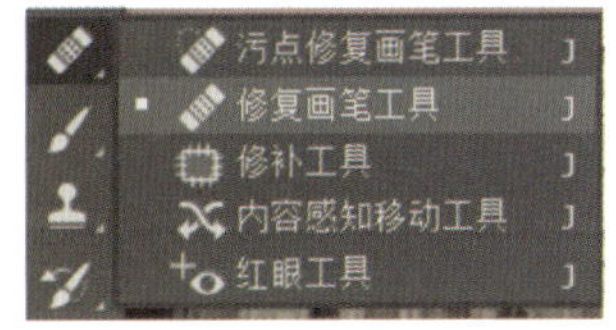

图4.1.16 调用“修复画笔工具”

图4.1.17 修复画笔属性参数设置

图4.1.18　取样区域参考

图4.1.19　修复缺口效果

图4.1.20　处理缺口旁较黑草堆效果

03 调整修复画笔工具属性栏模式为“正常”，多次取样路面不同区域，以修复路面至满意效果，如图 4.1.21 和图 4.1.22 所示。

图4.1.21　属性栏参数设置

（a）修复前

（b）修复后

图4.1.22　路面取样区域修复前后效果

04 调整“修复画笔工具”属性栏模式为“替换”，按上述方法修复红墙区域，如图 4.1.23 所示。

（a）修复前

（b）修复后

图4.1.23　红墙修复前后效果

05 运用修复画笔工具修复台阶缺口处，如图 4.1.24 所示。

（a）修复前

（b）修复后

图4.1.24　台阶缺口修复前后效果

06 运用修复画笔工具取样石头墙转角处位置，以便修复另一个错位的墙体，如图 4.1.25 和图 4.1.26 所示。

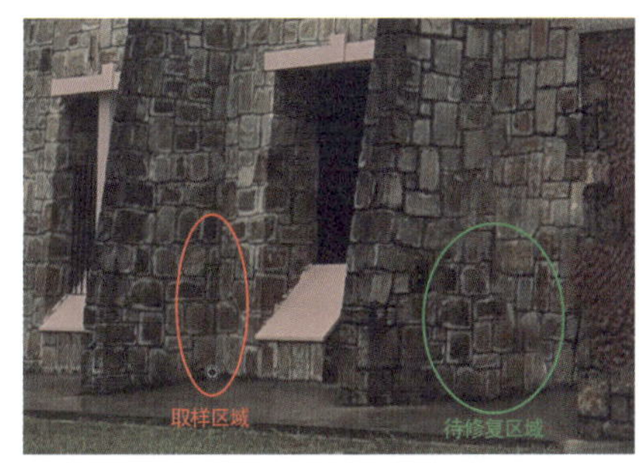

图4.1.25　石头墙取样区与待修复区域示意

图4.1.26　石头墙修复后效果

07 运用修复画笔工具对水泥台面进行修复，如图 4.1.27 所示。

（a）修复前

（b）修复后

图4.1.27　水泥台面修复前后效果

08 调整画面细节，检查是否有穿帮画面，执行“文件”→“存储为”命令，将文件另存为“粉红教堂无游客版”，最终效果如图 4.1.1 所示。

知识链接

修复工具主要运用于对照片画面瑕疵的修正或者图片内容的简易调整，而修复工作量的大小及难易程度则主要取决于需要处理对象和期望实现的效果。对于简易的调整可能只需要几个操作步骤即可完成，而对于复杂的修复可能需要反复调整修正以获得满意的效果。

1. 认识修复工具组

调用“工具栏”→“污点修复画笔工具”（快捷键：J），按住鼠标左键显示子菜单内修复工具组所有工具，如图 4.1.28 所示。

2. 了解污点修复画笔工具的基本运用

运用污点修复画笔工具可快速去除图片中的污点或者不需要的部分。它自动在图像中进行像素取样，并将样本像素与所修像素相匹配，非常适合用于消除小面积瑕疵。

1）调用“工具栏”→“污点修复画笔工具”，调整工具属性，如图 4.1.29 所示。

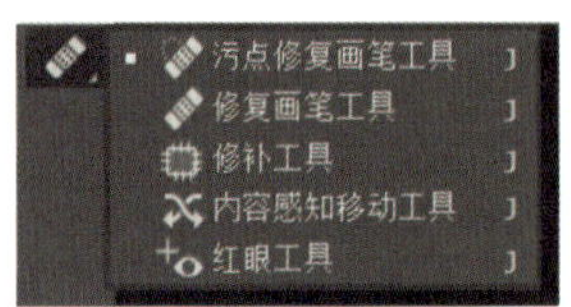

图4.1.28　修复工具组菜单选项

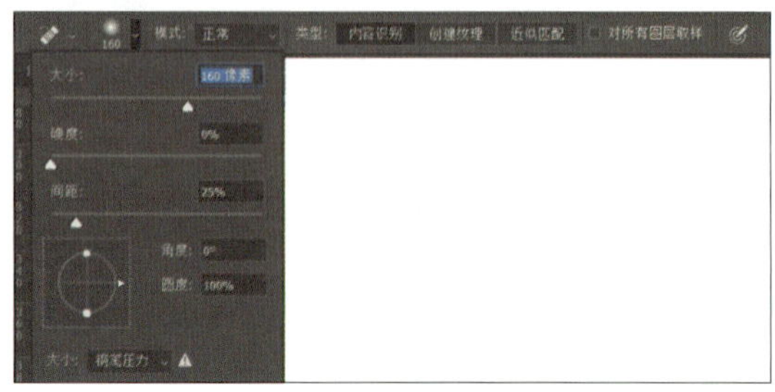

图4.1.29　污点画笔工具属性栏

2）将调整好属性的画笔直接在需要修复的污点处涂抹，可多次涂抹直到达到预期效果，如图 4.1.30 所示。

（a）修复前　　（b）修复后

图4.1.30　污点修复前后效果

① 吸管工具：选择吸取想要取样的颜色区域。

② 添加到取样：添加取样颜色区域。

③ 从取样中减去：减去取样颜色区域。

3. 了解修复画笔工具的基本运用

修复画笔工具可用于去除图片中杂斑污渍等不需要的部分。它需要操作者在图像中先进行像素取样，修复部分会自动与背景色相融合。

1）调用“工具栏”→“修复画笔工具”，调整工具属性，如图 4.1.31 所示。

图4.1.31　修复画笔工具属性栏

① 模式：选择吸取想要取样的颜色区域。

② 源：取样。

③ 样本：用于选择画笔取样范围针对单个图层还是所有图层。

2）按住 Alt 键在需要取样的区域单击进行取样；松开 Alt 键，将鼠标指针移至需要修复的区域，单击进行修复，如图 4.1.32 所示。

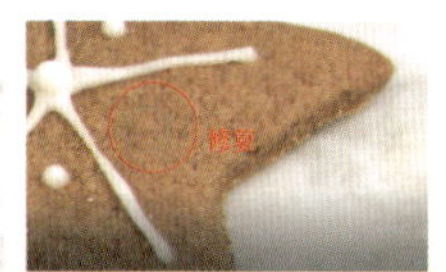

图4.1.32　修复画笔取样与修复

4. 了解修补工具的基本运用

运用修补工具可简单快捷地消除画面中不需要的元素。在内容识别模式下，几乎可以将内容与周围环境无缝地融合在一起。

1）调用“工具栏”→“修补工具”，调整工具属性，如图 4.1.33 所示。

图4.1.33　修补工具属性栏

2）修补工具的基本使用方式，如图 4.1.34 所示。

①
②
③
④

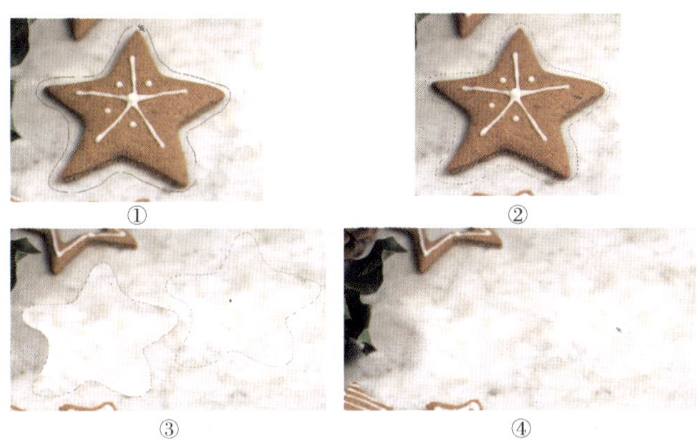

图4.1.34　修补工具操作步骤

① 按住鼠标左键勾选对象轮廓。

② 形成选区，鼠标指针呈现向右移动指示。

③ 按住鼠标左键将对象右移至合适位置。

④ 取消选区（组合键：Ctrl+D）完成修补。

5. 了解内容感知移动工具的基本运用

1）工具属性栏，如图 4.1.35 所示。

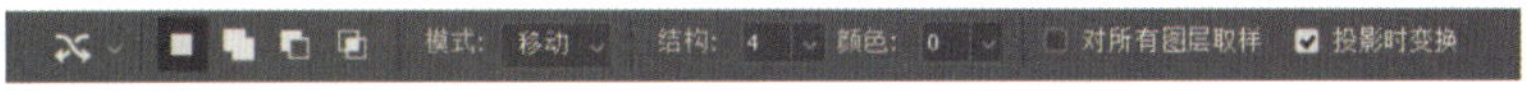

模式: 移动
结构: 4
颜色: 0
对所有图层取样
投影时变换

图4.1.35　内容感知移动工具属性栏

2）内容感知移动工具的基本使用方式，如图 4.1.36 所示。

①
②
③
④
⑤

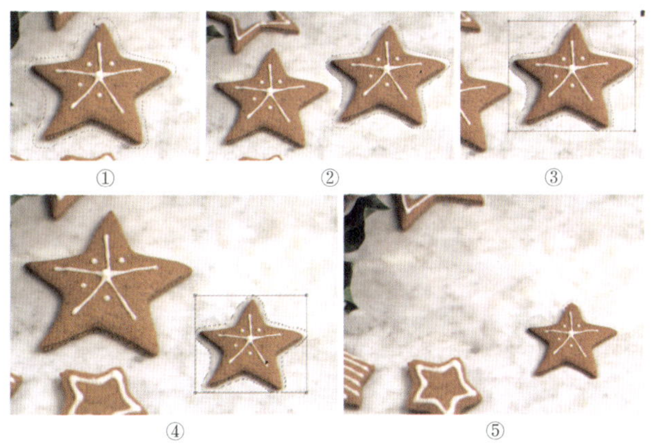

图4.1.36　内容感知移动工具基本使用方式

① 按住鼠标左键勾选对象轮廓并形成选区。

② 按住鼠标左键拖动对象到适当位置。

③ 放开鼠标左键出现大小调整框，将鼠标指针放置调整框四角可调整对象大小。

④ 调整对象大小及位置并按 Enter 键确认。

⑤ 取消选区（组合键：Ctrl+D）完成操作确认。

6. 了解红眼工具的基本运用

1）红眼工具属性栏，如图 4.1.37 所示。

瞳孔大小：43%　变暗量：51%

图4.1.37　红眼工具属性栏

2）运用红眼工具，移动鼠标指针到需要修复的红眼区域，单击进行修复，如图 4.1.38 所示。

（a）修复前

（b）修复后

图4.1.38　红眼工具修复前后效果

任务 4.2　应用图章工具——制作碎裂飘散效果

任务描述

具有碎裂飘散效果的图像总是带着一抹神秘的色彩，使Photoshop软件初学者不知如何进行制作。其实，无论看似多复杂的碎裂飘散效果，其核心制作原理都是一样的。本任务将用一个简单的例子揭开碎裂飘散效果的神秘面纱，碎裂飘散制作效果如图4.2.1所示。

图4.2.1　碎裂飘散制作效果

任务分析

碎裂飘散效果的核心是碎片的制作和图像的复制。在开始进行制作时，首先，做好碎片画笔的设置。其次，通过调整画笔的间距、分布及大小和角度的抖动完成碎片基本制作；运用图章工具可以将原图图像复制至飘散区域。最后，通过光影的处理制作出简单的飘散效果。

实践操作

1. 制作碎片飘散

微课：碎裂飘散效果

01 打开 Photoshop 软件，打开“案例素材”→“背景”素材，如图 4.2.2 所示。

02 打开“案例素材”→“车”图片，并运用移动工具将其拖入“背景”文件中，如图 4.2.3 所示。

图4.2.2 打开“背景”素材

图4.2.3 将“汽车”拖入“背景”文件中

03 单击图层面板中的“创建新图层”，创建一个名为“笔刷”的图层；设置前景色为黑色，调用“工具栏”→“矩形选框工具”，绘制一个矩形选框并将其填充为黑色；执行“文件”→“编辑”→“定义画笔预设”命令，将黑色矩形块预设为画笔；设置好画笔后将笔刷图层设置为不可见，如图 4.2.4～图 4.2.6 所示。

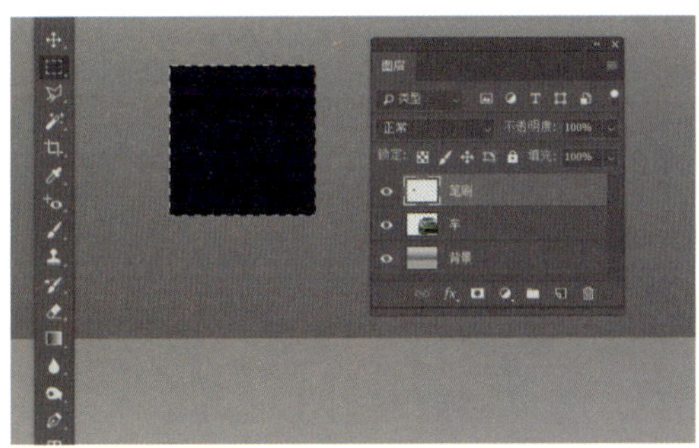

图4.2.4 绘制黑色矩形块

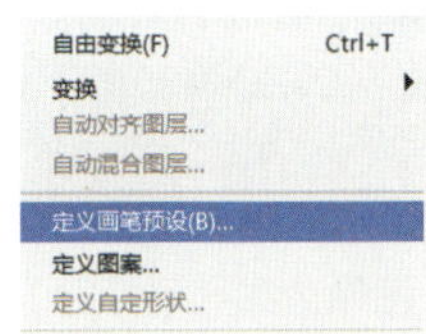

图4.2.5 定义画笔预设（1）

图4.2.6 定义画笔预设（2）

04 调用“工具栏”→“画笔工具”，选择属性栏中画笔样式为碎片画笔并调整画笔设置，如图 4.2.7 和图 4.2.8 所示。

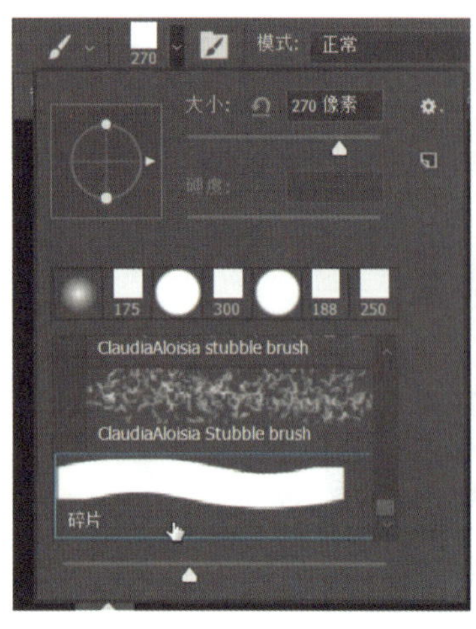

图4.2.7 选择碎片画笔

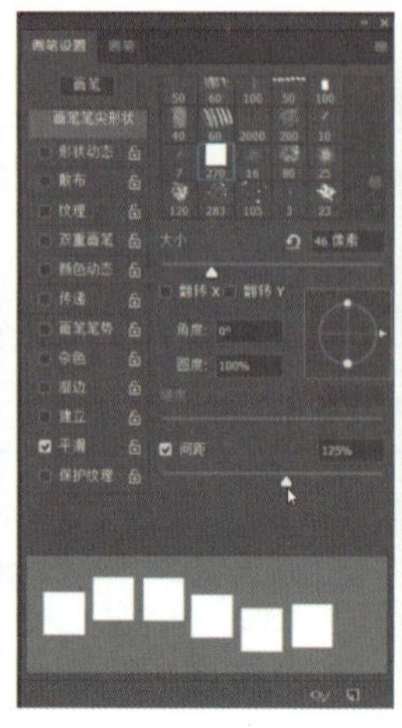
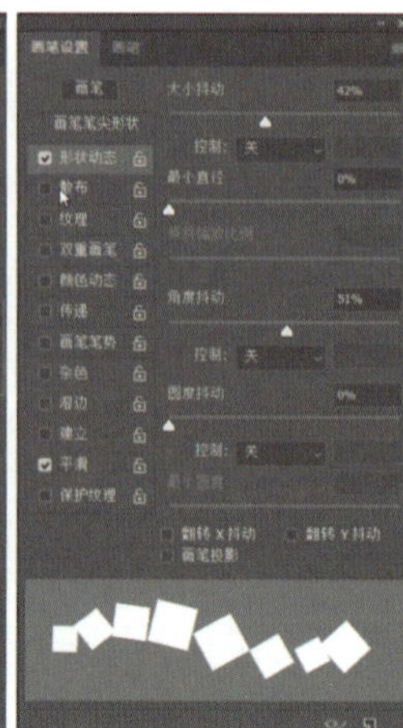
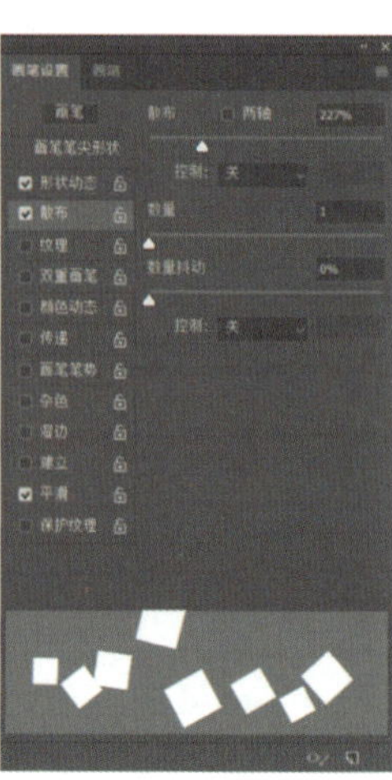

图4.2.8 设置碎片画笔参数设置

05 单击图层面板中的创建新图层按钮，创建一个名为“碎片飘散形式”的图层；运用设置好的碎片画笔绘画出碎片飘散的方向，如图 4.2.9 所示。

06 创建一个名为“飘散效果”的图层；调用“工具栏”→“仿制图章工具”，按住 Alt 键在指定位置单击进行取样，取样完毕后松开 Alt 键；移动鼠标指针到碎片飘散处单击，将取样内容复制到指定位置，如图 4.2.10～图 4.2.12 所示。

图4.2.9 绘制碎片飘散效果

图4.2.10 仿制图章工具属性参数设置

图4.2.11 仿制车身图像到飘散碎片处

图4.2.12 仿制车身图像效果

07 设置前景色为黑色，背景色为白色；选择“碎片飘散形式”图层，执行“选择”→“载入选区”命令，将碎片色块载入选区；选择“飘散效果”图层，单击图层面板中的添加图层蒙版按钮；设置好后将“碎片飘散形式”

图层设置为本图层不可见，如图 4.2.13 和图 4.2.14 所示。

图4.2.13 载入碎片选区

图4.2.14 碎片飘散效果

08 单击图层面板中的“fx”按钮，弹出“图层样式”对话框，为碎片设置投影效果，如图 4.2.15 和图 4.2.16 所示。

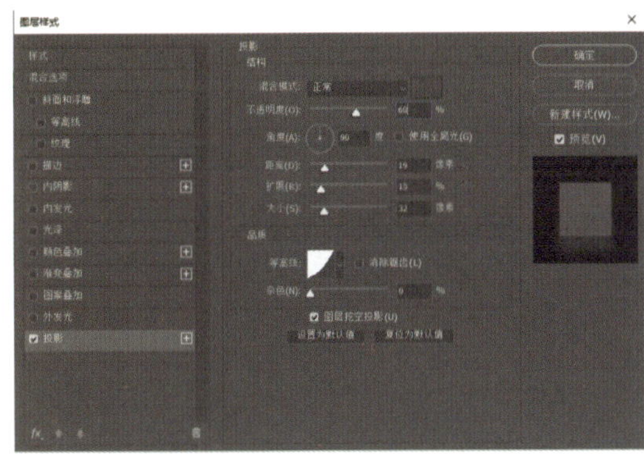

图4.2.15 投影设置参数参考

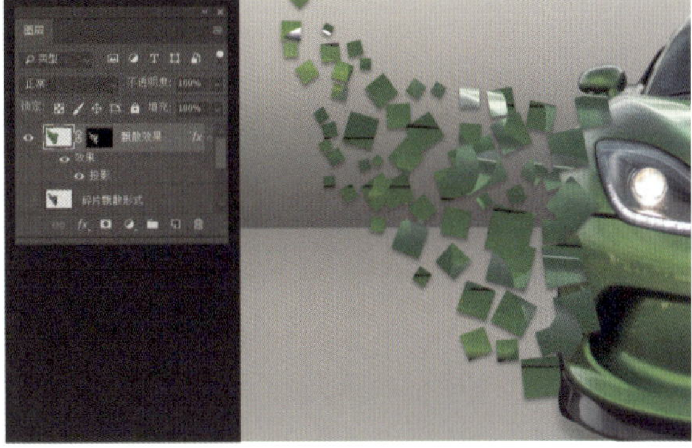

图4.2.16 投影效果

2. 制作车身破碎

01 在“车”图层处右击，在弹出的快捷菜单中执行“复制图层”命令，将“车”图层复制；重复复制图层操作，共复制出“车 拷贝”“车 拷贝 2”两个图层，如图 4.2.17 和图 4.2.18 所示。

图4.2.17 图层复制菜单

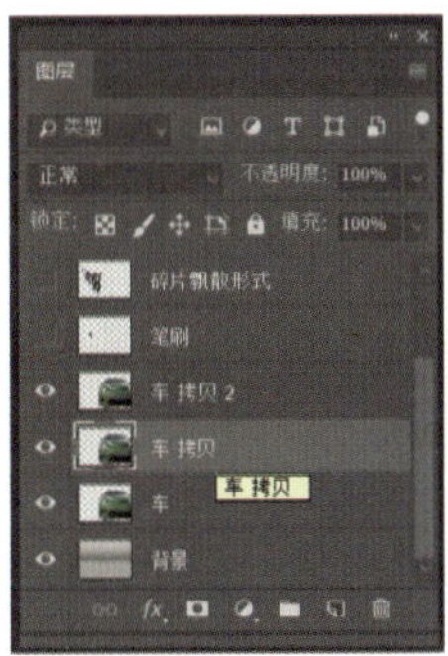

图4.2.18 图层复制示意

02 设置前景色为黑色；选择车图层，单击图层面板中的添加图层蒙版按钮；运用黑色画笔将车做部分遮挡，如图 4.2.19 所示。

03 选择“车 拷贝”图层，单击图层面板中的添加图层蒙版按钮并将蒙版填充为黑色；运用画笔工具，选择设置好的“碎片画笔”绘制白色碎片在蒙版上，如图 4.2.20 所示。

图4.2.19　遮挡车子左边部分

图4.2.20　绘制车身碎片

04 在“飘散效果”图层处右击，在弹出的快捷菜单中执行“拷贝图层样式”命令，将“飘散效果”图层的投影效果复制；在“车 拷贝”图层处右击，在弹出的快捷菜单中执行“粘贴图层样式”命令，将“飘散效果”图层的投影效果粘贴至“车 拷贝”图层，如图 4.2.21 和图 4.2.22 所示。

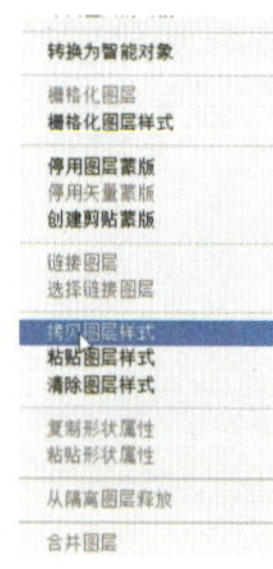

图4.2.21　复制图层样式

图4.2.22　粘贴图层样式后效果

关键点拨

为了让画面碎片更具有层次感，在制作碎片时可以多建立几个碎片图层，这样可以通过图层样式为不同图层创建阴影，打造出碎片层层叠叠的视觉效果。

图4.2.23　添加车身碎片效果

05 运用上述同样的方法将“车 拷贝 2”图层制作为碎片效果，丰富车身碎裂效果，如图 4.2.23 所示。

06 执行“文件”→“存储为”命令，将文件另存为名为“碎裂飘散”的文件，最终效果如图 4.2.1 所示。

知识链接

1. 认识仿制图章工具和图案图章工具

调用“工具栏”→“仿制图章工具”（快捷键：S），按住鼠标左键显示子菜单内所有工具，如图 4.2.24 所示。

图4.2.24　仿制图章工具、图案图章工具

2. 了解仿制图章工具的基本运用

运用仿制图章工具可以将图像中任意区域的图像通过拖动或者涂抹添加到任何一个图像文件的其他区域位置，该工具通常用来复制图像内容或者删除照片不需要的内容。

1）调用“工具栏”→“仿制图章工具”，可调出该工具属性栏，如图 4.2.25 所示。

图4.2.25　仿制图章工具属性栏

① 画笔设置：单击可对画笔进行选择和设置。

② 仿制源面板：在图像处理时可通过仿制源面板来设置不同的样本源。

③ 对齐：选中该复选框后每次松开鼠标再绘制，并没有开始一次新的克隆，而是继续上一次克隆。不选中该复选框，每次松开鼠标再绘制，每次绘制的起点都和上一次的一样。

④ 样本：用于选择画笔取样范围针对单个图层还是所有图层。

2）调整好工具属性后，按住 Alt 键在需要取样的区域单击进行取样；松开 Alt 键，将鼠标指针移动至需要仿制的区域，单击进行仿制，如图 4.2.26 所示。

图4.2.26　取样与仿制示意

3. 了解图案图章工具的基本运用

运用图案图章工具可以对 Photoshop 软件中的自带图案或者自定图案进行简单的纹样绘制。

1）调用“工具栏”→“图案图章工具”，可调出该工具属性栏，如图 4.2.27 所示。

图4.2.27　图案图章工具属性栏

① 对齐：选中该复选框时，会暂时停止图像的复制，继续操作时图像会自动排列对齐。

② 印象派效果：选中该复选框时，图案会被分散应用到图像中，形成印象派风格的效果，如图 4.2.28 所示。

2）直接在属性栏中选择一种图案即可进行绘制，如图 4.2.29 所示。

（a）效果（1）　（b）效果（2）

图4.2.28　印象派选项效果

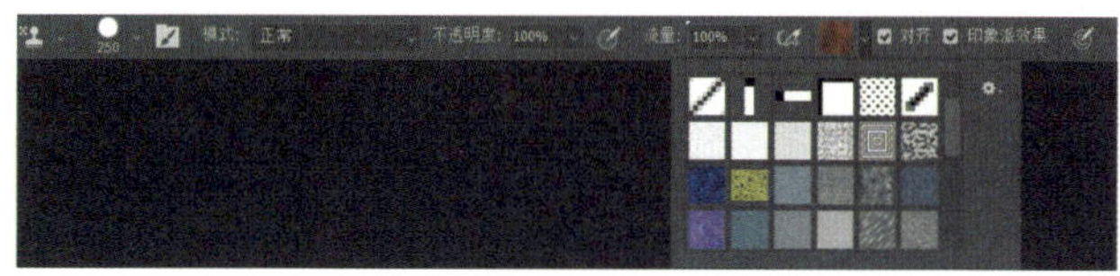

图4.2.29　选择图案

任务 4.3 应用涂抹工具与加深减淡工具——制作标识

任务描述

迪士尼的怪兽系列动画片上映后人气颇高，剧中毛茸茸的毛怪和阿拱更是吸引了很多人。这么可爱的毛茸茸效果是怎样制作出来的呢？本任务将结合动画片中的角色特征，运用Photoshop软件制作一款电影《怪兽大学》的标识，效果如图4.3.1所示。

图4.3.1　标识制作效果

任务分析

标识设计以简洁为主，表达内容一般呈现为符号化。标识主体以电影英文名“Monsters University”单词首个字母“MU”为符号内容。制作效果结合电影中的毛怪和阿拱两个角色颜色搭配制作毛绒效果文字，开始制作前可参考电影角色寻找灵感，如图4.3.2所示。

毛绒效果制作过程：运用涂抹工具涂抹出文字周边毛糙效果，再利用加深、减淡工具分别涂抹出文字的亮部与暗部绒毛。

图4.3.2　电影角色参考

实践操作

微课：标识制作

1. 制作毛绒质感文字

01 打开 Photoshop 软件，执行“文件”→“新建文件”命令，新建一个名为“毛绒感标识制作”的文件，如图 4.3.3 所示。

02 打开“案例素材”→“按钮底部”素材，并运用移动工具将其拖入“毛绒感标识制作”文件中，如图 4.3.4 所示。

03 打开“案例素材”→“M”素材，并运用移动工具将其拖入“毛绒感标识制作”文件中，如图 4.3.5 所示。

图4.3.3 新建文件参数设置

图4.3.4 添加按钮底部元素效果

图4.3.5 添加M文字元素

04 打开“案例素材”→“毛绒画笔”素材；执行“文件”→“编辑”→“定义画笔预设”命令，将“毛绒画笔”元素预设为画笔，如图 4.3.6 所示。

图4.3.6 预设毛绒画笔

05 选择“毛绒感标识制作”文件，调用“工具栏”→“涂抹工具”，选择属性栏中画笔样式为毛绒画笔并调整画笔设置，如图 4.3.7 ～图 4.3.9 所示。

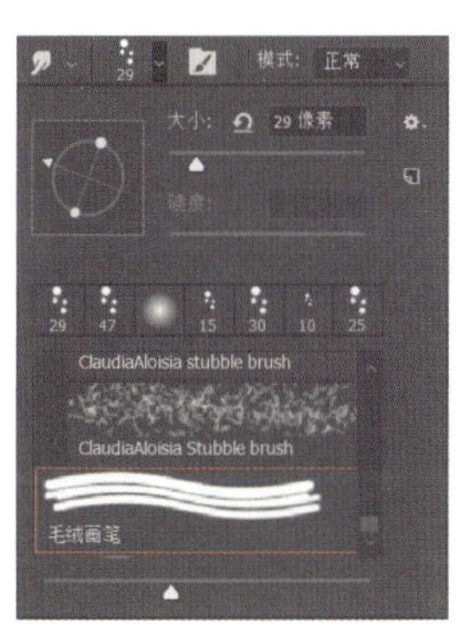

图4.3.7 选择毛绒画笔

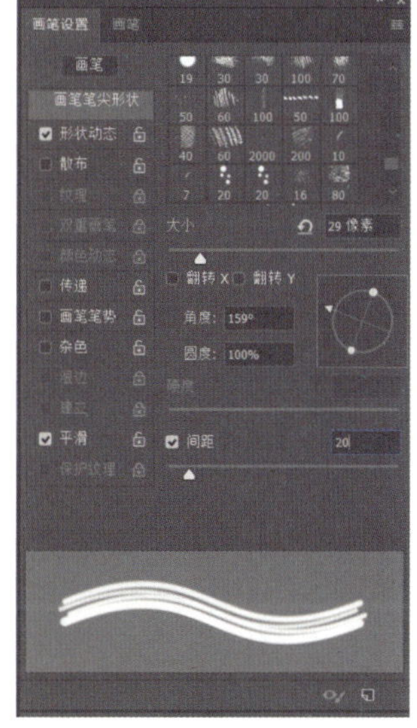

图4.3.8 毛绒画笔参数设置（1）

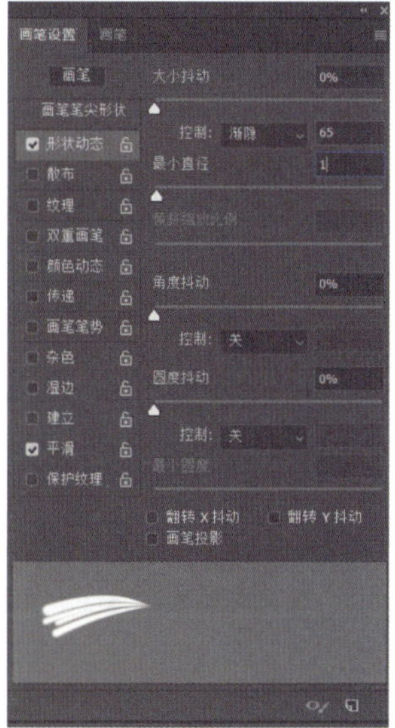

图4.3.9 毛绒画笔参数设置（2）

06 选择 M 文字图层，运用设置好的涂抹工具画笔在文字边缘由内向外涂抹，制作出毛边效果，并将 M 文字图层名修改为“M 毛绒边缘”，如图 4.3.10 和图 4.3.11 所示。

图4.3.10　涂抹出文字毛绒边缘

图4.3.11　文字毛绒边缘效果

关键点拨

为了让涂抹的毛绒效果具有柔软的蓬松感，在涂抹毛绒边缘时可注意以下两点：①涂抹出的每束毛发都要带有弧度；②毛发涂抹时注意长短搭配交叉进行。

07 选择“M 毛绒边缘”图层，右击，在弹出的快捷菜单中执行“复制图层”命令（组合键：Ctrl+J），并将图层名修改为“M 毛绒内里”；调用“工具栏”→“减淡工具”，运用上述设置涂抹工具同样的方法设置画笔属性，运用减淡工具在 M 文字内绘制出亮色绒毛，如图 4.3.12 ～图 4.3.14 所示。

范围：中间调　曝光度：15%　保护色调

图4.3.12　减淡工具属性参数设置

图4.3.13　绘制文字内亮色绒毛

图4.3.14　亮色绒毛效果

08 调用“工具栏”→“加深工具”，运用上述绘制亮色绒毛的方法绘制出深色绒毛，如图 4.3.15 ～图 4.3.17 所示。

图4.3.15　加深工具属性参数设置

图4.3.16 绘制文字深色绒毛

图4.3.17 深色绒毛效果

09 调用“工具栏”→“加深工具”，选择属性栏画笔为“柔边圆”画笔，在 M 文字边缘处涂抹出暗部立体感，如图 4.3.18 和图 4.3.19 所示。

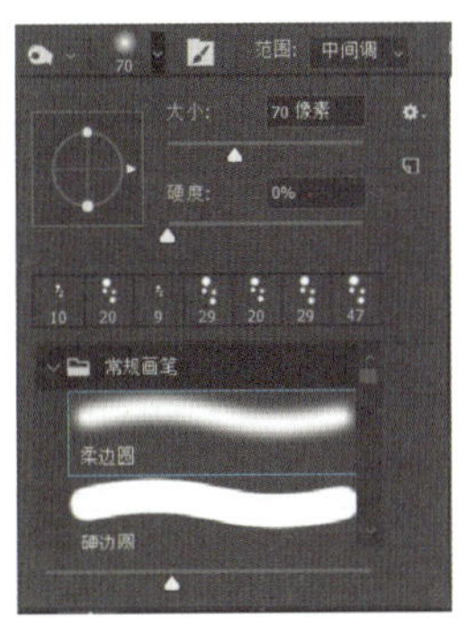

图4.3.18 加深工具画笔及属性参数设置

图4.3.19 暗部涂抹区域示意

10 调用“工具栏”→“减淡工具”，选择属性栏画笔为“柔边圆”画笔，在 M 文字边缘处涂抹添加受光效果，如图 4.3.20 和图 4.3.21 所示。

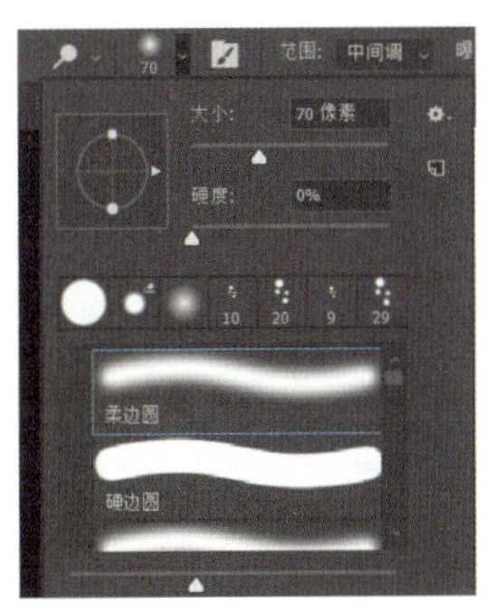

图4.3.20 减淡工具画笔及属性参数设置

图4.3.21 亮部涂抹区域示意

11 单击图层面板中的创建新图层按钮，创建一个名为“斑点”的图层，并设置图层混合模式为“颜色”，右击，在弹出的快捷菜单中执行“创建剪贴蒙版”命令（组合键：Ctrl+Alt+G）；设置前景色为紫色（参考色号：#443f8c）；调用“工具栏”→“画笔工具”，设置圆形画笔硬度为“50%”；运用画笔工具在 M 文字上点出大小不同的斑点，如图 4.3.22 所示。

12 运用上述同样的方法制作毛绒感的字母“U”，如图 4.3.23 所示。

图4.3.22　斑点纹样添加效果

图4.3.23　字母U制作效果

2. 制作标识

01 打开“案例素材”→“Logo”“英文”“中文”素材，将这些元素都拖入按钮文件并放置到合适位置，如图 4.3.24 所示。

02 选择“按钮底部”图层；执行“选择”→“载入选区”命令，将底图载入选区；执行“编辑”→“描边”命令，为底部添加深绿色描边效果（参考色号：#47671c），如图 4.3.25 和图 4.3.26 所示。

03 保持选区不要取消，运用加深工具涂抹按钮右边和下面边缘；运用减淡工具涂抹按钮左边和上面边缘，为标识添加立体效果；涂抹完成后再取消选区，如图 4.3.27 所示。

04 执行“文件”→“存储”，命令完成制作，最终效果如图 4.3.1 所示。

图4.3.24　添加Logo及文字元素效果

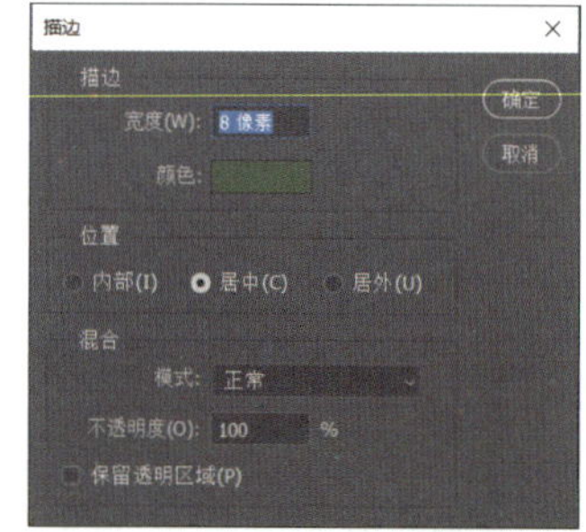

图4.3.25　描边参数设置

图4.3.26　描边效果

图4.3.27　增加标识立体效果

知识链接

1．认识模糊、锐化、涂抹工具组

调用“工具栏”→“模糊工具”，长按鼠标左键显示子菜单内所有工具，如图 4.3.28 所示。

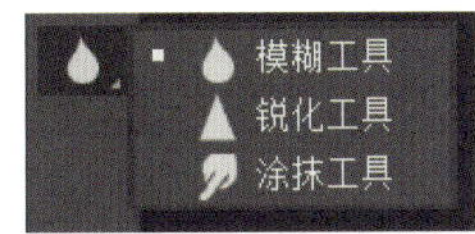

图4.3.28 模糊、锐化、涂抹工具组

2．了解模糊、锐化、涂抹工具的基本运用

模糊、锐化、涂抹工具属性栏中都可以针对画笔、模式和强度进行选择调整，如图 4.3.29 所示。

图4.3.29 模糊、锐化、涂抹工具属性栏

（1）模糊工具的基本运用

运用模糊工具可以针对图像中生硬的边缘或色彩进行柔化，可以根据不同的设计要求呈现出不同程度的模糊效果，如图 4.3.30 所示。模糊工具适合小范围的运用，但是要注意如果运用过度会使图像失真。

（2）锐化工具的基本运用

运用锐化工具可以增加相邻像素的对比度，增加边缘清晰度，使图像清晰度在一定程度上得到提升，如图 4.3.31 所示。

（a）处理前

（b）处理后

图4.3.30 模糊工具处理前后效果

（a）处理前 （b）处理后

图4.3.31 锐化工具处理前后效果

（3）涂抹工具的基本运用

涂抹工具的原理为模拟颜料未干时手指拖过颜料的效果，该工具可以拾取对象边缘位置的颜色并沿拖动方向展开这种颜色，如图 4.3.32 所示。

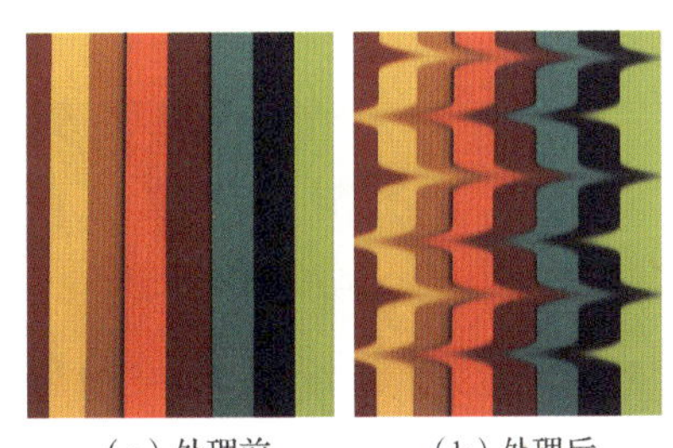

（a）处理前 （b）处理后

图4.3.32 涂抹工具处理前后效果

3．了解减淡、加深工具的基本运用

减淡和加深工具用于调整图像的曝光度，使图像变亮或者变暗，一般用于处理画面局部。

1）调用“工具栏”→“变亮工具”或“加深工具”，可显示对应的工具属性栏，如图 4.3.33 所示。

125 范围：中间调 曝光度：30% 保护色调

图4.3.33 变亮、加深工具属性栏

① 画笔：可以设置画笔的样式、硬度、大小等参数。

② 范围：可以在下拉列表中精确选择作用于操作区域的色彩范围。

③ 曝光度：调整文本框中的参数可以控制工具在操作时的曝光程度。

④ 喷枪：单击可以将画笔设置为喷枪效果。

⑤ 保护色调：可以保护图像色调不受影响。

2）调整好工具属性参数后即可按操作目的在图像中进行编辑，如图 4.3.34 和图 4.3.35 所示。

（a）处理前

（b）处理后

图4.3.34　减淡工具处理前后效果

（a）处理前

（b）处理后

图4.3.35　加深工具处理前后效果

4．了解海绵工具的基本运用

当图像处于色彩模式时，运用海绵工具可更改操作区域的色彩饱和度；而当图像处于灰度模式时，运用该工具可以使灰阶远离或靠近中间灰色，用来增加或降低操作区域的对比度。

1）调用“工具栏”→“海绵工具”，可显示该工具属性栏，如图 4.3.36 所示。

图4.3.36　海绵工具属性栏

① 画笔：可以设置画笔的样式、硬度、大小等参数。

② 模式：下拉列表中的“去色”选项可降低操作区域图像饱和度；“加色”可增加操作区域图像饱和度。

③ 流量：通过设置参数可调整流量大小，流量值越大，强度越大。

④ 喷枪：单击可以将画笔设置为喷枪效果。

⑤ 自然饱和度：选中该复选框可防止颜色饱和度过度而出现溢色。

2）调整好工具属性参数后即可按操作目的在图像中进行编辑，如图 4.3.37 所示。

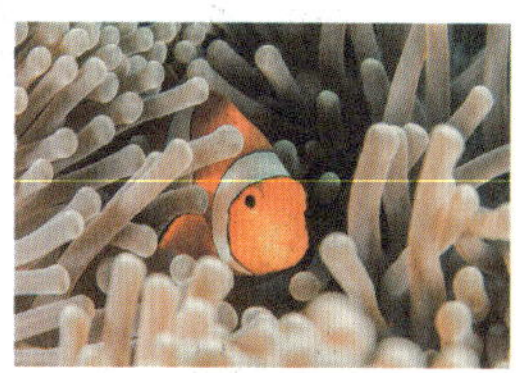
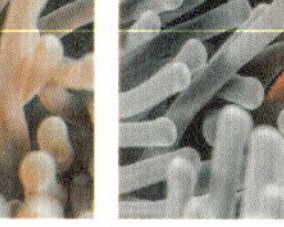
（a）原图

（b）局部去色后效果

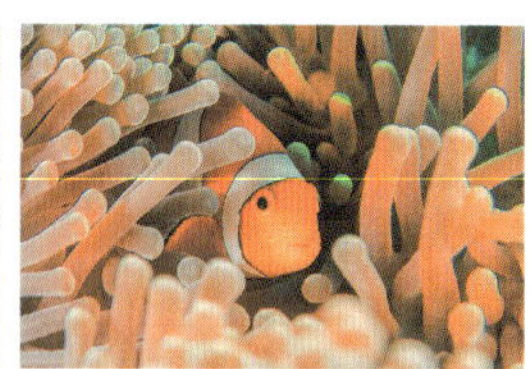
（c）局部加色后效果

图4.3.37　海绵工具处理效果

学习评价☞

学习目标	自我评价			同学评价		
	达成	基本达成	未达成	达成	基本达成	未达成
了解修复工具组内工具的作用及属性						
了解图章工具组内工具的作用及属性						
了解模糊工具组内工具的作用及属性						
了解加深、减淡工具组内工具的作用及属性						
掌握修复工具组内工具的运用方法						
掌握图章工具组内工具的运用方法						
掌握模糊工具组内工具的运用方法						
掌握加深、减淡工具组内工具的运用方法						

教师评价：

教师签字：

思考与练习☞

一、理论题

1．下面有关 Photoshop 软件中修补工具的运用描述正确的是（　　）。

A．修补工具和修复画笔工具在修补图像的同时都可以保留原图像的纹理、亮度、层次等信息

B．运用修补工具和修复画笔工具时都要按住 Alt 键来确定取样点

C．运用修补工具操作之前所确定的修补选区不能有羽化值

D．修补工具只能运用在同一张图像上

2．在 Photoshop 软件中使用仿制图章工具按住（　　）键并单击可以确定取样点。

A．Alt　　B．Ctrl　　C．Shift　　D．Alt+Shift

3．下列工具中，与仿制图章工具的使用方法类似的是（　　）。

A．红眼工具　　B．修复画笔工具

C．污点修复画笔工具　　D．修补工具

4．图像修饰工具的主要作用是为图像润色或修饰图像清晰度，（　　）可以用来修饰图像颜色的饱和度。

A．减淡工具　B．锐化工具　C．修补工具　D．海绵工具

5．涂抹工具不能在（　　）色彩模式下使用。

A．位图　　B．灰度　　C．索引颜色　　D．RGB

6．要实现图像的立体化可以用减淡工具结合（　　）进行绘制。

A．加深工具　B．锐化工具　C．模糊工具　D．修补工具

二、实训题

1．打开“实训题 1”中的素材，运用修复工具组内的相关工具，将素材内的游客去除，如下图所示。

练习原图

练习效果

2．打开“实训题 2”中的素材，运用图章工具结合画笔设置、图层样式等工具制作碎裂飘散效果，如左下两幅图所示。

3．参考上述任务制作方法，运用涂抹工具、加深和减淡工具制作一个毛茸茸的考拉头像，如右下图所示。

蝴蝶素材

碎裂飘散效果

练习效果

5

单元

层层叠叠更便捷——应用图层管理

单元导读

学习了前面单元的相关知识，我们已经对图层有了简单的了解。图层是 Photoshop 软件中重要和常用的功能之一，Photoshop 软件强大而灵活的图像处理功能在很大程度上源自它的图层功能。本单元将系统地介绍图层的相关知识，如图层面板的组成、图层的类型及创建方法、图层的基本操作、图层样式和图层蒙版等。

学习目标

- 了解图层面板和图层的分类；
- 了解混合模式的类型及运用；
- 掌握图层的创建和基本操作方法。

思政目标

- 坚定文化自信，弘扬中华优秀传统文化；
- 培养爱国精神，增强民族自豪感。

任务 5.1 应用图层样式——制作发光字招牌

任务描述

夜晚走在路上，街边琳琅满目、色彩亮丽的发光字总会吸引人们的眼球。作为门头招牌的“新宠”，发光字能够给人们不一样的感觉，尤其美观鲜艳的发光字深受品牌商与店主的喜爱。本任务将利用 Photoshop 软件的图层样式制作发光字招牌，效果如图 5.1.1 所示。

图5.1.1 LED门牌效果

任务分析

本任务制作的发光字主要展示真实的LED门牌效果，LED发光均匀、动感时尚、醒目，视觉冲击力强。

在Photoshop软件中，发光字主要通过设置“图层样式”对话框中的斜面与浮雕、内发光、外发光等各项参数进行制作。

实践操作

微课：发光字招牌

01 前期准备，根据主题寻找素材，将其保存到相应的文件夹，安装字体。

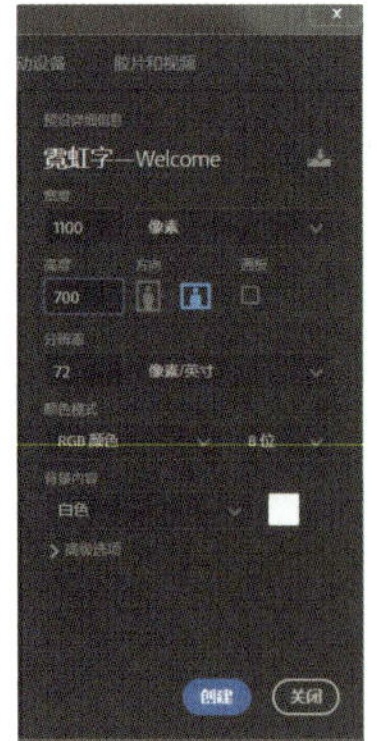

图5.1.2 新建文件参数设置

图5.1.3 置入背景图片

02 打开 Photoshop 软件，新建文件，将其命名为“霓虹字—Welcome”，设置尺寸为 1100（宽）像素 × 700（高）像素，分辨率为 72 像素 / 英寸，如图 5.1.2 所示。

03 执行“文件”→“置入嵌入的对象”命令，打开“案例素材”→“霓虹字背景”素材，如图 5.1.3 所示。

04 运用文字工具，写出“Welcome”字样，调整至合适大小，在工具属性栏中设置字体为“方正兰亭粗黑简体”，大小为“152.79 点”，填充淡紫色的前景色（参考色号：#ebbbff），如图 5.1.4 所示。

05 选择文字图层并单击图层面板中的添加图层样式按钮或者双击文字图层，在弹出的快捷菜单中执行“斜面和浮雕”命令，如图 5.1.5 所示。

图5.1.4 输入文字

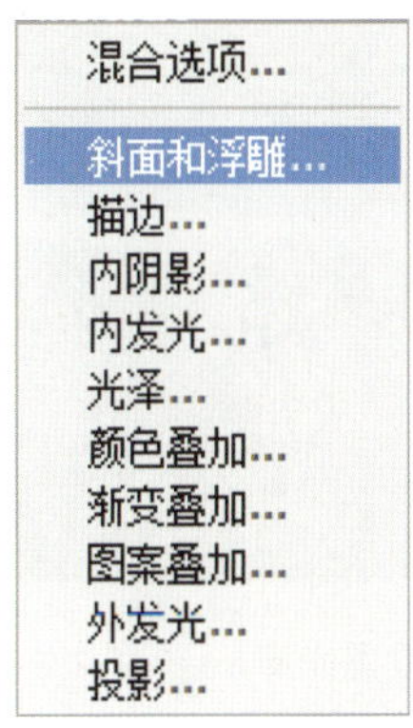

图5.1.5 添加图层样式

06 在弹出的“图层样式”对话框中设置样式为“内斜面”，方法为“平滑”，深度为“410%”，方向为“上”，大小为“15 像素”；设置阴影的角度为“45° ”，高度为“60° ”，光泽等高线为“半圆”，高光模式为“滤色”，不透明度为“100%”，阴影模式为“正片叠底”，不透明度为“0%”，如图 5.1.6 所示。

07 选中“内发光”复选框，设置混合模式为“正常”，不透明度为“80%”，颜色色号为“#dc03f9”，图素的方法为“柔和”，阻塞为“0%”，大小为“12 像素”，品质的范围为“61%”，如图 5.1.7 所示。

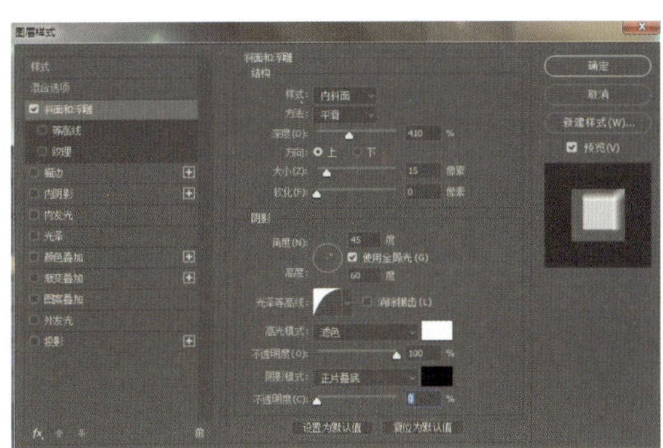

图5.1.6 斜面和浮雕

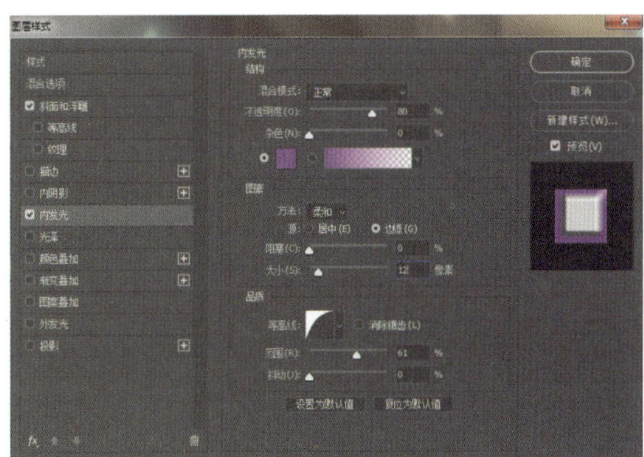

图5.1.7 设置内发光

08 选中“光泽”复选框，设置混合模式为“滤色”，叠加颜色为白色，不透明度为“45%”，角度为“20°”，距离为“11 像素”，大小为“14 像素”，等高线选择“高斯”，选中“反相”复选框，如图 5.1.8 所示。

09 选中“外发光”复选框，设置混合模式为“正常”，不透明度为“75%”，外发光颜色色号为“#b41ff8”，图素的方法为“柔和”，扩展为“0%”，大小为“35 像素”，品质的范围为“30%”，如图 5.1.9 所示。

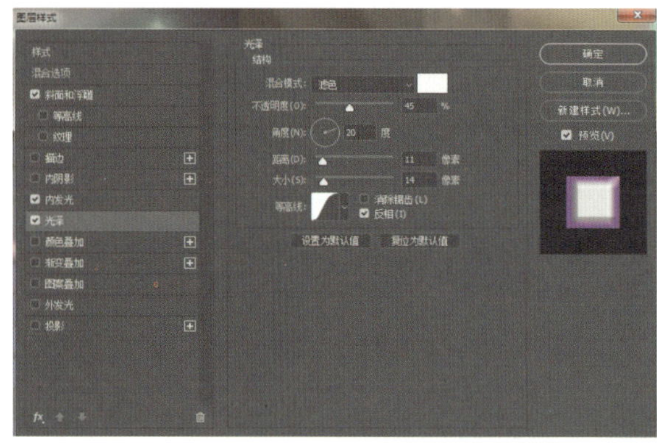

图5.1.8　设置光泽

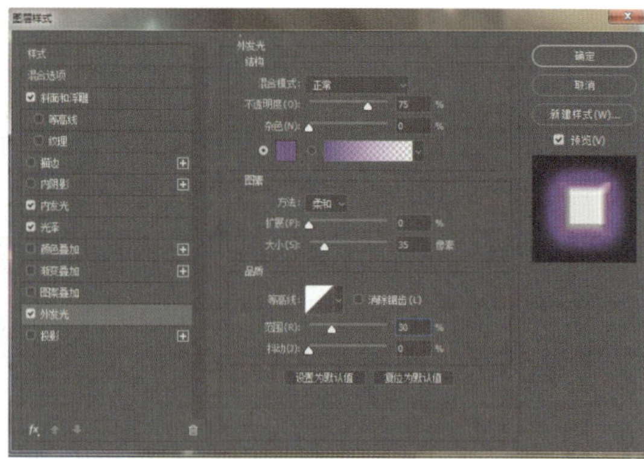

图5.1.9　设置外发光

10 选中“投影”复选框，设置混合模式为“正常”，投影颜色色号为“#c200df”，不透明度为“75%”，角度为“120°”，距离为“30 像素”，大小为“92 像素”，如图 5.1.10 所示。

11 进行综合调整，完成字体效果，如图 5.1.11 所示。

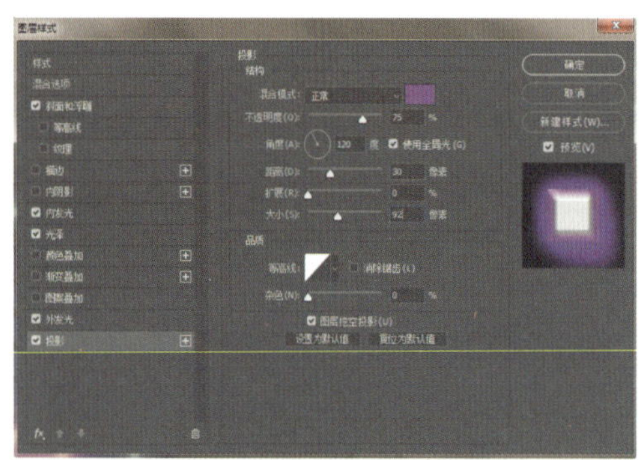

图5.1.10　设置投影

图5.1.11　完成字体效果

图5.1.12　选择灯泡形状

12 在自定形状工具中选择一个灯泡形状，如图 5.1.12 所示，将其绘制到画面的右下角，执行“自由变换”命令，调整到合适的大小。

13 选择文字图层，右击，在弹出的快捷菜单中执行“拷贝图层样式”命令，如图 5.1.13 所示，然后回到灯泡图层，粘贴图层样式。

14 单击灯泡图层，更改“图层样式”对话框中的内发光颜色为绿色（参考色号：#00ff42），如图 5.1.14 所示。

15 更改“图层样式”对话框中的外发光颜色为绿色（参考色号：#00cf05），如图 5.1.15 所示。

16 局部微调，得到最终效果，如图 5.1.1 所示。

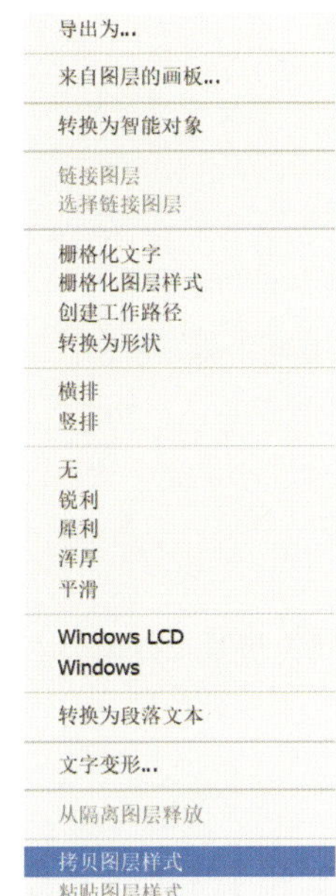

图5.1.13 复制图层样式

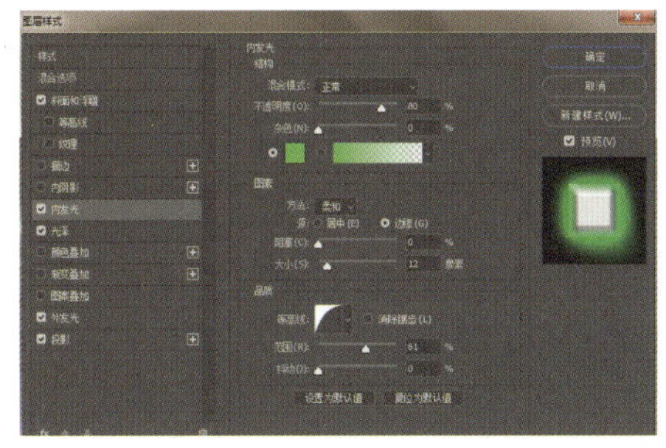

图5.1.14 更改内发光颜色

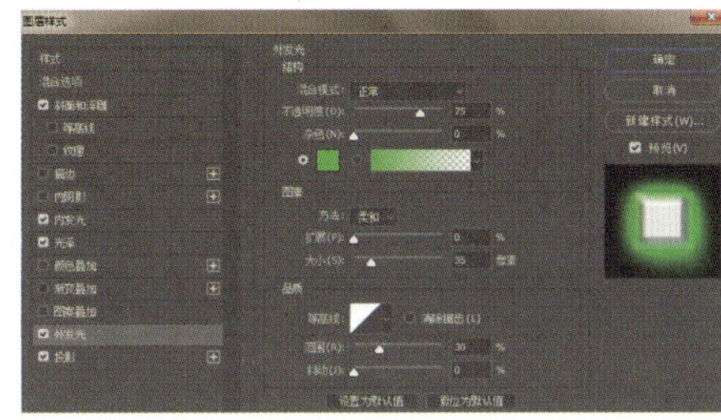

图5.1.15 更改外发光颜色

知识链接

1．认识图层

图层是将多个图像创建出具有工作流程效果的构建块，就好比一张完整的图像，它是由层层叠叠在一起的透明纸组成的，可以通过透明图层的透明区域看到下面一层的图像。

在 Photoshop 软件中，可以将一幅图像的不同部分分别放置在不同的图层中，从而方便单独对图像的不同部分进行编辑和处理。此外，在图层中还可为图像添加各种特殊效果。

在 Photoshop 软件中，对图层的操作和管理主要依靠图层面板和“图层”菜单来完成。其中，利用图层面板可以显示和编辑当前图像窗口中的所有图层，如创建、显示、删除、重命名图层，调整图层顺序，创建图层组、图层蒙版等。

2．分类和创建图层

Photoshop 软件中的图层有多种类型，如图 5.1.16 所示。

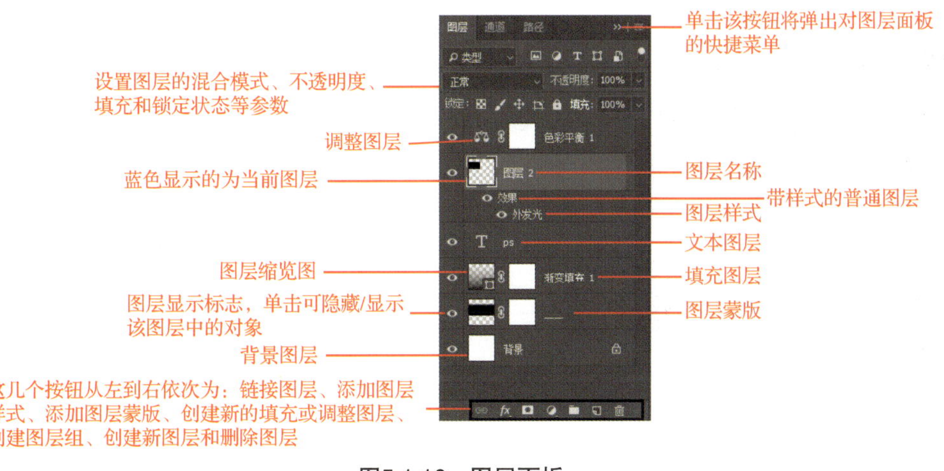

图5.1.16 图层面板

（1）分类

1）普通图层：普通图层是Photoshop软件中基本、常用的图层。为方便编辑图像，常常需要创建普通图层，并将图像的不同部分放置在不同的图层中。

2）背景图层：新建的图像通常只有一个图层，即背景图层。背景图层具有永远都在最下层、无法移动其内的图像（选区内的图像除外）、不能包含透明区域（透明区域是图层中没有像素的区域，这些区域将显示该图层下方图层中的内容）、无法应用图层样式和蒙版。此外，还可以在其上进行填充或绘画等。

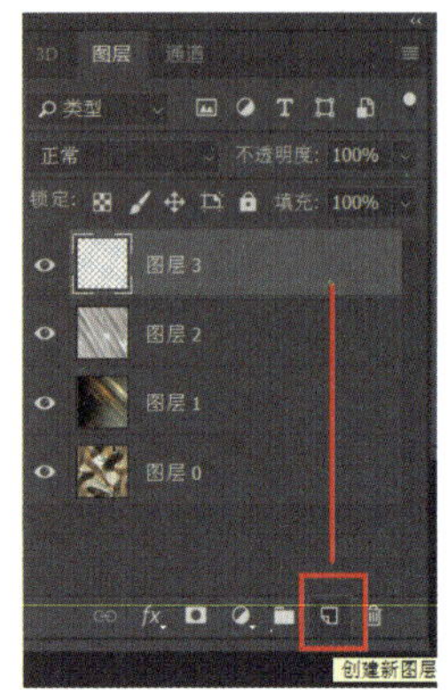

图5.1.17 创建新图层

3）文本图层：运用文字工具创建文本时自动创建的图层，只能用来存放文本。

4）形状图层：运用形状工具绘制形状时自动创建的图层，只能用来存放形状。

5）调整图层和填充图层：用来无损调整该图层下方图层中图像的色调、色彩和填充。

（2）创建

要创建普通图层，可执行如下操作之一。

1）单击图层面板的创建新图层按钮（图5.1.17），弹出“新建图层”对话框，此时将在当前所选图层上方创建一个完全透明的图层。

2）执行“图层”→“新建”→“图层”命令或按Shift+Ctrl+N组合键，弹出“新建图层”对话框，在该对话框中输入图层名称，单击“确定”按钮，如图5.1.18所示。

3）复制图像时（复制选区图像除外），系统将自动创建（复制）普通图层，将复制的图像放置在该图层中。

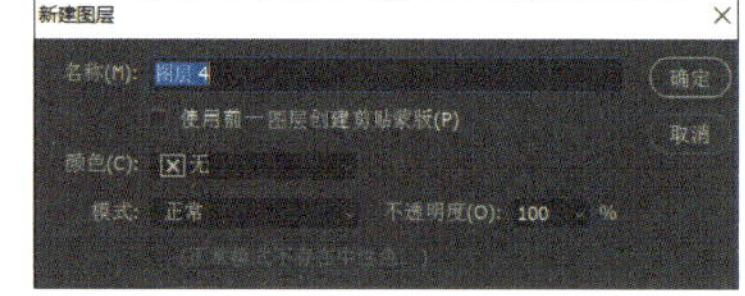

图5.1.18 “新建图层”对话框

关键点拨

1）背景图层不能直接创建，但可将普通图层转换为背景图层，在图层面板中选中要转换的普通图层，然后执行“图层”→“新建背景图层”命令，此时该图层将被转换为背景图层。

2）要将背景图层转换为普通图层，可双击背景图层，在弹出的“新建图层”对话框中进行操作；若按住Alt键双击，则可直接将背景图层转换为普通图层。

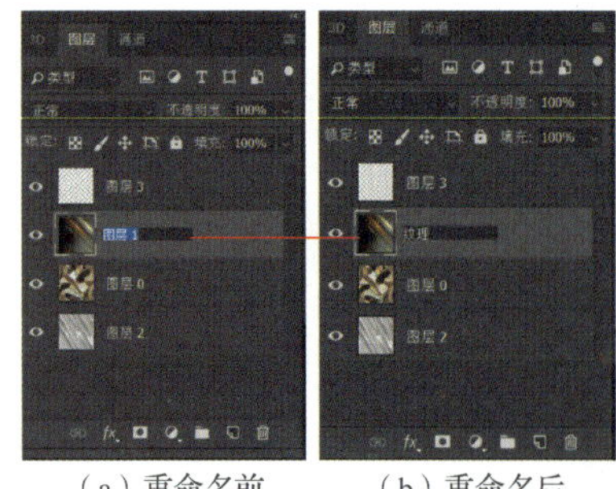

（a）重命名前 （b）重命名后

图5.1.19 重命名图层

3. 图层的基本操作

图层的基本操作包括以下八个。

（1）重命名图层

为了方便识别图层中的内容，用户最好为图层取一个与其内容相符的名称，为此，可双击图层名称，当其变为可编辑状态时，输入新名称并按Enter键，如图5.1.19所示。

（2）选择图层

要对某个图层或图层中的图像进行编辑操作，首先要选中该图层。另外，在Photoshop软件中，用户可以同时选中多个图层，以便对它们进行统一移动、变换、编组、对齐与分布、隐藏，以及合并所选图层等操作。选择图层的方法有以下几种。

1）在图层面板中单击某个图层即可选中该图层，并将其置为当前图层。

2）要选择多个连续的图层，可在按住 Shift 键的同时单击首尾两个图层。

3）要选择多个不连续的图层，可在按住 Ctrl 键的同时依次单击要选择的图层。注意按住 Ctrl 键单击时，不要单击图层缩览图，否则将载入该图层的选区。

4）要选择所有图层（背景图层除外），可执行“选择”→“所有图层”命令。

5）要选择所有相似图层（与当前图层类似的图层）。例如，要选择当前图像中的所有文字图层，可先选择一个文字图层，然后执行“选择”→“相似图层”命令即可。

（3）调整图层的叠放次序

由于图像中的图层是自上而下叠放的，因此，在编辑图像时，调整图层的叠放顺序便可获得不同的图像处理效果。要调整图层顺序，只需在图层面板中选择要调整位置的图层，然后按住鼠标左键，将其拖动到指定位置并释放鼠标左键即可，如图 5.1.20 所示。

（4）删除图层

要删除不需要的图层，可在图层面板中选择要删除的图层，将其拖动至图层面板下方的“删除图层”上，如图 5.1.21 所示；或者选择要删除的图层，然后单击删除图层按钮，在弹出的对话框中单击“是”按钮。或者选择图层，按 Delete 键删除图层。

（5）隐藏与显示图层

当一幅图像包含多个图层时，通过隐藏一些图层，可以方便查看其他图层中的内容。

1）隐藏图层：单击要隐藏的图层左边的“眼睛”图标，即可隐藏该图层，如图 5.1.22 所示。若在按住 Alt 键的同时，在图层面板中单击某图层左边的“眼睛”图标，可以隐藏该图层之外的所有图层。

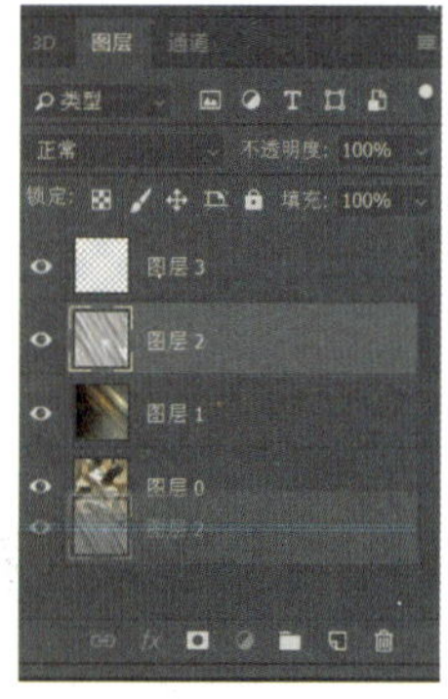

图5.1.20　调整图层顺序

图5.1.21　删除图层

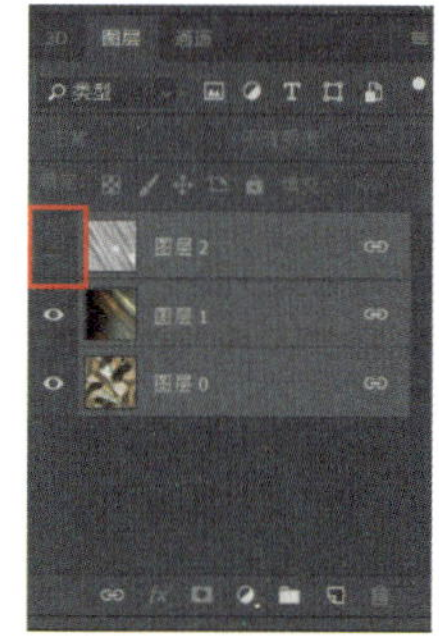

图5.1.22　隐藏图层

2）显示图层：将图层隐藏后，再次单击该图层左边的“眼睛”图标，即可重新显示被隐藏的图层。

（6）锁定与解锁图层

在编辑图像时，为避免某些图层上的图像受到影响，可选择这些图层，然后单击图层面板中的锁定方式按钮将其锁定。

1）锁定透明像素：表示禁止在锁定层的透明区绘画。

2）锁定图像像素：表示禁止编辑锁定层，如禁止使用画笔工具在该图层绘画，但可以移动该图层中的图像。

3）锁定位置：表示禁止移动该图层中的图像，但可以编辑图层内容。

4）锁定全部：表示禁止对锁定图层进行任何操作。

如果要取消对某图层的锁定，则在选择该层后，在图层面板中单击释放相应的图层锁定按钮即可。

（7）链接图层

在编辑图像时，可以将多个图层链接在一起，以便同时对这些图层中的图像进行移动、变形、缩放、对齐等操作。

1）链接图层：首先，选择要链接的多个图层；其次，单击图层面板底部的链接，当图层的右侧显示符号时，即表示建立了链接关系，如图 5.1.23 所示。

关键点拨

如果某个图层与背景图层链接，将无法移动任何一个链接图层中的图像。

图5.1.23　链接图层

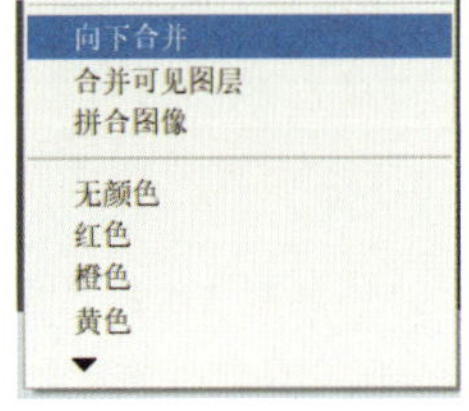

图5.1.24　合并图层菜单

2）取消链接：要取消链接，可选择链接的图层，单击图层面板底部的链接图层按钮。

（8）合并图层

利用图层的合并功能，可以将多个图层合并为一个图层，以便对其进行统一处理。要合并图层，可首先选择要合并的多个图层，然后执行图层主菜单或图层面板中的相关命令，如图 5.1.24 所示。

关键点拨

如果当前只选择了一个图层，则“合并图层”命令变为“向下合并”命令，执行该命令可将当前图层及其下方的所有非背景图层合并为一个图层。

任务 5.2　应用图层混合模式——制作背景图

☞任务描述

大多数人在网络上有专属的ID、头像图片等，很多软件里面有自定义项目，可以将自己喜欢的图片或者文字根据喜好进行设置。本任务将利用Photoshop软件的混合模式功能，制作一张星空许愿图，并将其设置为某社交软件的背景，效果如图5.2.1所示。

图5.2.1　背景图效果

☞任务分析

某社交软件里的背景图片既可以选择模板，也可以自定义，虽然可以自由裁剪，但一般的规格尺寸有电脑版本和手机版本，在设置的时候尺寸不需太大。

在选择素材的时候，要遵循用户的喜好，如动漫、古风、明星等。本任务中要求表达对未来的憧憬，许愿美好的生活能像星空一样浩瀚无穷，因此可选用沙滩、许愿瓶、星空等素材来组合图片。

实践操作

01 前期准备，根据主题寻找素材，将其保存到相应的文件夹，安装字体。

02 打开 Photoshop 软件，新建文件，将其命名为“背景图”，设置尺寸为 640（宽）像素 ×640（高）像素，分辨率为 300 像素 / 英寸，如图 5.2.2 所示。

03 执行“文件”→“置入嵌入的对象”命令，打开“案例素材”→“沙滩”素材，对其自由变换，调整到合适的大小及位置，如图 5.2.3 所示。

04 执行“文件”→“置入嵌入的对象”命令，打开“案例素材”→“漂流瓶”素材，对其自由变换，调整到合适的大小及位置，如图 5.2.4 所示。

图5.2.2　新建文件参数设置

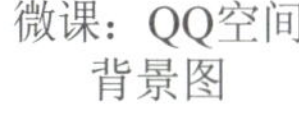
微课：QQ空间背景图

图5.2.3　置入沙滩素材

图5.2.4　置入漂流瓶素材

05 为“漂流瓶”图层添加蒙版，将前景色设置为黑色，并用柔角画笔涂抹漂流瓶的底部位置，目的是显示出下面的沙滩，制造出瓶子插入沙滩中的情景，如图 5.2.5 所示。

06 新建图层，填充黑色到白色的“线性渐变”，如图 5.2.6 所示。

图5.2.5　添加蒙版

图5.2.6　新建线性渐变

07 将“渐变图层”的混合模式更改为“正片叠底”，如图 5.2.7 所示。

08 打开“案例素材”→“星空”素材，执行“自由变换”命令，调整到合适的大小，放置在画面的上半部分，如图 5.2.8 所示。

图5.2.7　更改混合模式

图5.2.8　打开“星空”素材

09 为“星空”图层添加一个由黑到白的“线性渐变”蒙版，并将混合模式更改为“正片叠底”，制作出昏暗夜空的感觉，如图 5.2.9 所示。

10 打开“案例素材”→“光斑”素材，将其放置在画面的中间部分，并将混合模式更改为“叠加”，如图 5.2.10 所示。

图5.2.9　制作夜空

图5.2.10　更改混合模式为“叠加”

11 为“光斑”素材添加蒙版，设置前景色为黑色，再用柔角画笔涂抹边缘，让画面与背景更加柔和、自然地融合在一起，如图 5.2.11 所示。

12 打开“案例素材”→“萤火虫”素材，运用套索工具选取萤火虫，并拖入正在编辑的文档中，如图 5.2.12 所示。

图5.2.11　画笔涂抹

图5.2.12　选取萤火虫

13 将拖入的“萤火虫”图层的混合模式更改为“点光”，让萤火虫融入画面中，如图 5.2.13 所示。

14 按住 Alt 键，拖动“萤火虫”图层进行复制，并调整其大小、位置、透明度，使其均匀、和谐地分布在画面中，如图 5.2.14 所示。

图5.2.13　更改萤火虫混合模式

图5.2.14　复制萤火虫

15 进行各项调整，得到最终效果，并保存为“.jpg”格式，如图 5.2.15 所示。

16 将制作好的图片设置到背景中，完成任务，如图 5.2.1 所示。

图5.2.15　最终效果

知识链接

图层混合模式主要用于使用图层间的混合制作特殊的合成效果，一共分为六组，分别是正常模式组、变暗模式组、变亮模式组、叠加模式组、差值模式组和色相模式组，每组又分别包含各种模式，共 27 种模式。

一张图片的背景和图形是分层的，应用不同混合模式后，其图像效果也不同。

1．正常模式组

1）正常模式：默认的混合模式，图层的不透明度为 100% 时，完全遮盖下面的图像。降低不透明度可以使其与下面的图层混合，如图 5.2.16 所示。

2）溶解模式：设置该模式并降低图层的不透明度时，可以使半透明区域的像素离散，产生点状颗粒。

2．变暗模式组

1）变暗模式：比较两个图层，当前图层中较亮的像素会被底层较暗的像素替换，亮度值比底层像素低的像素保持不变。

2）正片叠底模式：当前图层中的像素与底层的白色混合时保持不变，与底层的黑色混合时则被其替换，混合结果通常会使图像变暗，如图 5.2.17 所示。

3）颜色加深模式：通过增加对比度来加强深色区域，底层图像的白色保持不变。

4）线性加深模式：通过减小亮度使像素变暗，它与正片叠底模式的效果相似，但可以保留图像中更多的颜色信息。

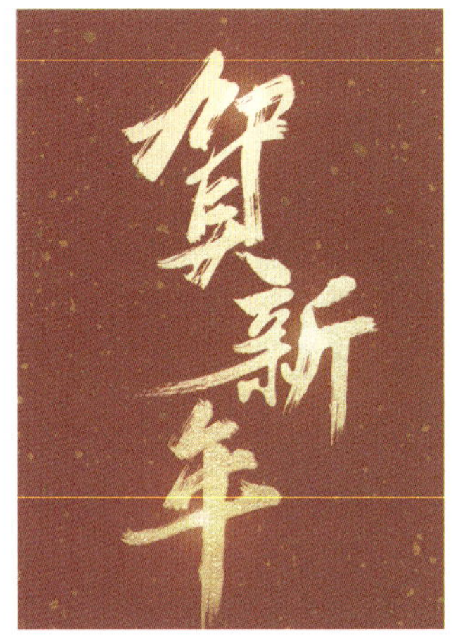

图5.2.16　正常模式效果

图5.2.17　正片叠底模式效果

5）深色模式：比较两个图层的所有通道值的总和并显示值较小的颜色，不会生成第三种颜色。

3．变亮模式组

1）变亮模式：与变暗模式的效果相反，当前图层中较亮的像素会替换底层较暗的像素，而较暗的像素则被底层较亮的像素替换，如图 5.2.18 所示。

2）滤色模式：与正片叠底模式相反，滤色模式可以使图像产生漂白的效果，类似多个摄影幻灯片在彼此之上的投影。

3）颜色减淡模式：与颜色加深模式的效果相反，颜色减淡模式通过减小对比度来加亮底层的图像，并使颜色变得更加饱和。

4）线性减淡模式：与线性加深模式的效果相反，线性减淡模式通过增加亮度来减淡颜色，亮化效果比滤色模式和颜色减淡模式都强烈。

5）浅色模式：比较两个图层的所有通道值的总和并显示值较大的颜色，不会生成第三种颜色。

4．叠加模式组

1）叠加模式：把图像的基色颜色与混合色颜色相混合，产生一种中间色，如图 5.2.19 所示。

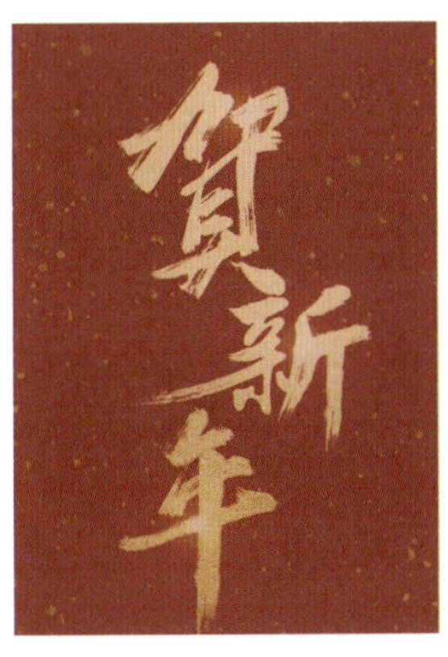

图5.2.18 变亮模式效果 图5.2.19 叠加模式效果

2）柔光模式：当前图层中的颜色决定了图像变亮或变暗。如果当前图层中的像素比 50% 灰色亮，则图像变亮；如果像素比 50% 灰色暗，则图像变暗。产生的效果与发散的聚光灯照在图像上相似。

3）强光模式：该模式将产生一种强光照射的效果。它的效果比柔光模式更强烈，与叠加模式一样，该模式也可以在背景对象的表面模拟图案或文本。

4）亮光模式：通过增加或减小对比度来加深或减淡颜色，具体取决于混合色。如果混合色（光源）比 50% 灰色亮，则通过减小对比度使图像变亮；如果混合色比 50% 灰色暗，则通过增加对比度使图像变暗。

5）线性光模式：通过减小或增加亮度来加深或减淡颜色，具体取决于混合色。如果混合色（光源）比 50% 灰色亮，则通过增加亮度使图像变亮；如果混合色比 50% 灰色暗，则通过减小亮度使图像变暗。

6）点光模式：该模式其实就是替换颜色，具体取决于混合色。如果混合色比 50% 灰色亮，则替换比混合色暗的像素，而不改变比混合色亮的像素；如果混合色比 50% 灰色暗，则替换比混合色亮的像素，而不改变比混合色暗的像素。

7）实色混合模式：把混合色颜色中的红色、绿色、蓝色通道数值添加到基色的 RGB 值中，因此结果色是非常纯的颜色。

5. 差值模式组

1）差值模式：从图像中基色颜色的亮度值减去混合色颜色的亮度值，如果结果为负，则取正值，产生反相效果。差值模式适用于模拟原始设计的底片，尤其可用来在其背景颜色从一个区域到另一区域发生变化的图像中生成突出效果，如图 5.2.20 所示。

2）排除模式：与差值模式相似，但是具有高对比度和低饱和度的特点，比用差值模式获得的颜色更柔和、明亮。

3）减去模式：查看各通道的颜色信息，并从基色中减去混合色。如果出现负数就归为 0。与基色相同的颜色混合得到黑色；白色与基色混合得到黑色；黑色与基色混合得到基色。

4）划分模式：查看每个通道的颜色信息，并用基色分割混合色。白色与基色混合得到基色，黑色与基色混合得到白色。

6. 色相模式组

1）色相模式：只用混合色颜色的色相值进行着色，而使饱和度和亮度值保持不变。当基色颜色与混合色颜色的色相值不同时，才能使用描绘颜色进行着色，但是要注意色相模式不能用于灰度模式的图像，如图 5.2.21 所示。

2）饱和度模式：作用方式与色相模式相似，只使用混合色颜色的饱和度值进行着色，而使色相值和亮度值保持不变。

3）颜色模式：能够使用混合色颜色的饱和度值和色相值同时进行着色，而使基色颜色的亮度值保持不变。

4）明度模式：能够使用混合色颜色的亮度值进行着色，而保持基色颜色的饱和度和色相数值不变。其实就是用基色中的色相和饱和度及混合色的亮度创建结果色。

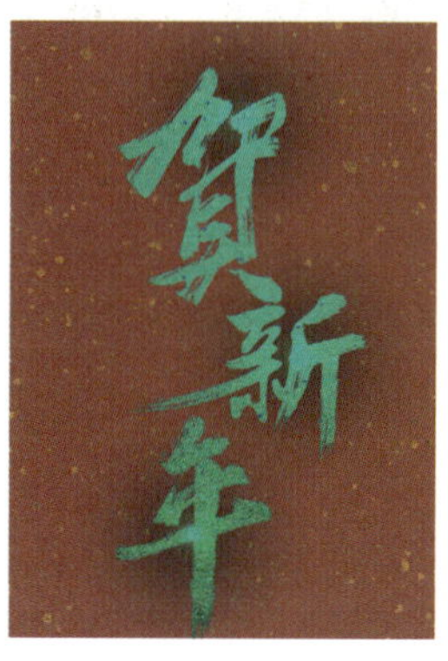

图5.2.20 差值模式效果 图5.2.21 色相模式效果

学习评价

学习目标	自我评价			同学评价		
	达成	基本达成	未达成	达成	基本达成	未达成
了解图层面板和图层的分类						
了解混合模式的类型及运用						
掌握图层的创建和基本操作方法						

教师评价：

教师签字：

思考与练习

一、理论题

1. ________图层是Photoshop软件中基本的图层，背景图永远处于图层面板的________。

2. 按________组合键，可以合并可见图层；按________组合键，可以向下合并图层。

3. 下列关于背景图层的说法错误的是（　　）。

A．背景图层永远都在最下层　　B．可以移动背景图层上的图像

C．背景图层中不能包含透明区　D．可以在背景图层上绘画

4．在图层面板中单击样式效果列表左侧的（　　）图标可将相应的样式隐藏。

A．小锁　　　　　　　　　　B．眼睛

C．小锁或眼睛　　　　　　　D．箭头

5．图层混合模式主要用于使用图层间的混合模式制作特殊的合成效果，一共分为____组，分别是正常模式组、变暗模式组、__________、__________、__________和色相模式组。

二、实训题

1．根据所学的图层样式的各项知识点，设计一个如下图所示的发光字。

发光字效果

2．打开“实训题 2”中的素材，使用图层的混合选项制作一张尺寸为 3200（宽）像素 × 2300（高）像素、分辨率为 72 像素 / 英寸的 QQ 背景图片，效果如下图所示。

练习效果

6

单元

路径其实不存在——应用路径与文字、形状工具

单元导读

Photoshop 软件在编辑和处理位图图像方面具有强大的功能，同时为了应用的需要，也具有一定的矢量图形处理功能。在 Photoshop 软件中，矢量工具包括钢笔工具、路径选择工具、形状工具和文字工具，运用这些工具可以绘制并编辑各种矢量图形。本单元主要介绍如何利用这几种工具对矢量图形进行绘制和编辑。

学习目标

- 了解路径、文字与形状工具组内工具的作用及属性；
- 掌握路径、文字与形状的基本运用方法。

思政目标

- 激发爱国情怀，坚定道路自信、制度自信；
- 在绘图过程中培养专注、细致、严谨、负责的工作态度。

任务 6.1 应用文字工具——制作简洁的个人简历

☞任务描述

简历是用人单位初步了解求职者的重要材料。会使用Photoshop软件的求职者在设计简历时常常摒弃传统的Word表格样式，而使用Photoshop软件进行简历的设计排版。本任务要求运用Photoshop软件中的文字排版工具制作个人简历，效果如图6.1.1所示。

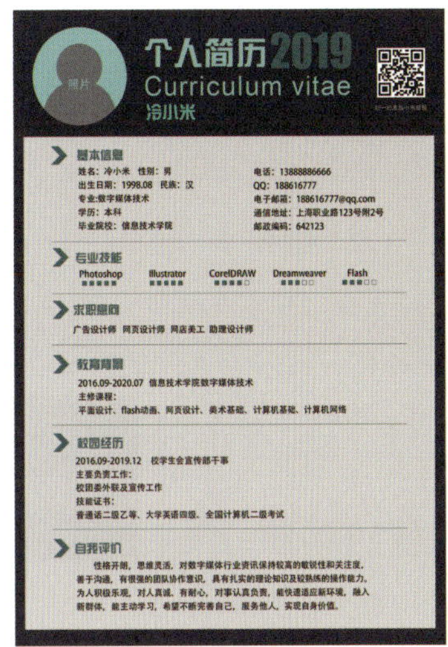

图6.1.1　个人简历制作效果

☞任务分析

简历设计的重点以突出文字信息为主，所以在设计制作时应避免运用太多花哨的元素图片，而从色彩搭配、文字排版中体现设计感。在颜色方面，可运用深色底色搭配不同层次的蓝绿色，以凸显简历主人的专业方向及求职意向。

实践操作

1．制作个人简历抬头

微课：制作简洁的个人简历

01 打开 Photoshop 软件，执行“预设”→“打印”→“A4”命令，新建文件，将其命名为“个人简历制作”，设置尺寸为 210（宽）毫米 ×297（高）毫米，分辨率为 300 像素 / 英寸的 A4 规格，如图 6.1.2 所示。

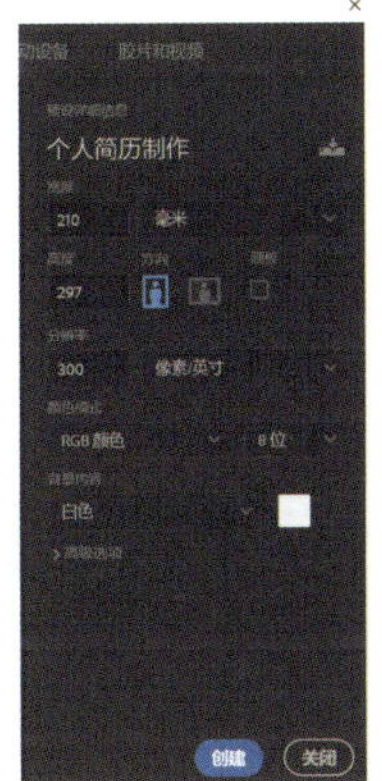

图6.1.2　新建文件参数设置

图6.1.3 执行“编辑”→“填充”命令

02 设置前景色为深灰色（参考色号：#212121）；执行“编辑”→“填充”命令，弹出“填充”对话框，设置填充前景色，将背景图层填充为深灰色；调用“工具栏”→“矩形工具”，单击操作区空白处，弹出“创建矩形”对话框，创建一个浅灰色矩形，如图 6.1.3 ～ 图 6.1.6 所示。

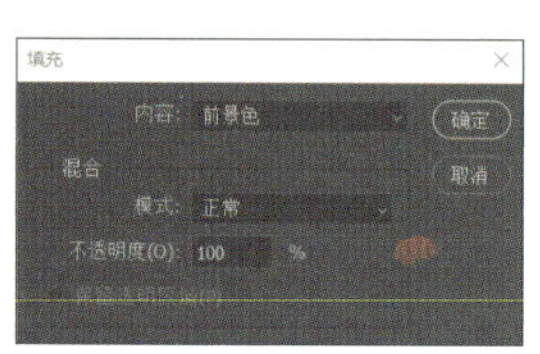

图6.1.4 设置填充前景色

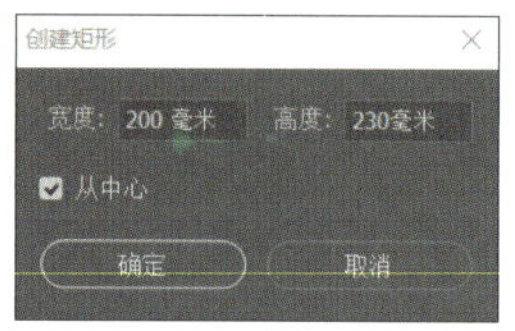

图6.1.5 “创建矩形”对话框

图6.1.6 创建矩形效果

03 调用“工具栏”→“椭圆工具”，单击操作区空白处，弹出“创建椭圆”对话框，创建一个浅蓝色圆形（参考色号：#84ccc9），如图 6.1.7 和图 6.1.8 所示。

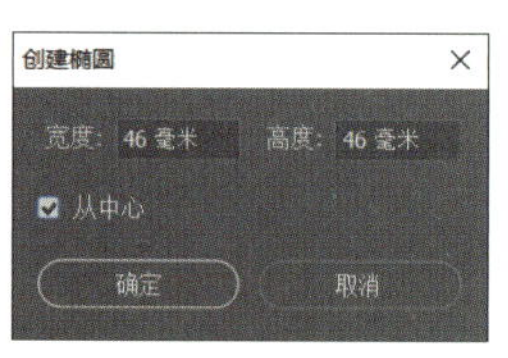

图6.1.7 “创建椭圆”对话框

图6.1.8 创建圆形效果

04 打开“案例素材”→“贴照片处”素材，运用移动工具将其拖入“个人简历制作”文件并置于椭圆图层上方，创建图层剪贴蒙版（组合键：Ctrl+Alt+G），如图 6.1.9 所示。

图6.1.9 拖入“贴照片处”元素效果

05 调用“工具栏”→“横排文字工具”，选择字体“Adobe 黑体 Std”，设置文字颜色为浅蓝色，文字大小为“16 点”，输入文字“照片”（参考色号：#84ccc9），如图 6.1.10 和图 6.1.11 所示。

图6.1.10　“照片”文字属性设置

图6.1.11　添加“照片”文字后效果

06 调用“工具栏”→“横排文字工具”，选择字体“方正综艺简体”，设置文字颜色为浅蓝色，文字大小为“43 点”，输入文字“个人简历”（参考色号：#84ccc9），如图 6.1.12 和图 6.1.13 所示。

图6.1.12　“个人简历”文字属性设置

图6.1.13　添加“个人简历”文字后效果

07 运用上述同样的方法添加文字“2019”，（参考色号：#1a6b62；参考字号：60 点；参考字体：Impact），如图 6.1.14 和图 6.1.15 所示。

图6.1.14 “2019”文字属性设置

图6.1.15 添加“2019”文字后效果

08 运用上述同样的方法添加文字“Curriculum vitae”（参考色号：#84ccc9；参考字号：36 点；参考字体：Arial）；添加文字“冷小米”（参考色号：#2ebbac；参考字号：24 点；参考字体：方正综艺简体），如图 6.1.16 所示。

图6.1.16 添加标题文字后效果

09 打开“案例素材”→“二维码”素材，运用移动工具将其拖入“个人简历制作”文件，并置于主体文字右边；在二维码下面添加文字“扫一扫添加小米微信”（参考色号：#b3b3b3；参考字号：8 点；参考字体：Adobe 黑体 Std），如图 6.1.17 所示。

图6.1.17 个人简历抬头效果

2．制作个人简历内容

01 打开“案例素材”→“箭头”素材，运用移动工具将其拖入“个人简历制作”文件；添加文字“基本信息”（参考色号：#1a6b62；参考字号：16 点；参考字体：方正综艺简体），效果如图 6.1.18 所示。

图6.1.18 基本信息标题制作效果

02 调用“工具栏”→“横排文字工具”，按住鼠标左键向右拖动出文本输入框，在框内输入个人信息文字（参考色号：#000000；参考字号：12 点；参考字体：Adobe 黑体 Std）；运用上述同样的方法添加联系方式文字，如图 6.1.19 和图 6.1.20 所示。

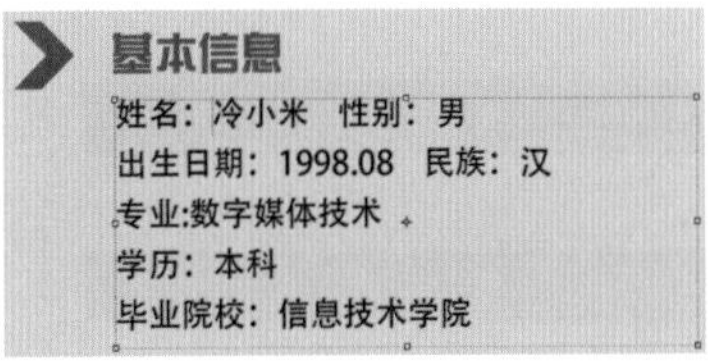

图6.1.19 运用文本输入框输入文字

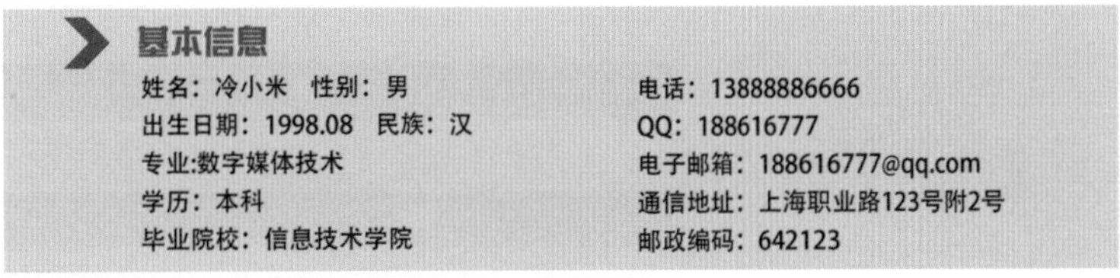

图6.1.20 基础信息添加效果

关键点拨

在编辑较多文字时利用快捷键可对文字大小和间距进行快速调整。

1）运用文字工具将文字选中，按Alt+方向键组合键可对文字间距进行微调。

2）如果按住Ctrl键拉动文本框四角，文本框内的文字大小会随着文本框大小而变化。在实际运用中为了避免文字被拉动变形，在按住Ctrl键的同时还需按住Shift键，使其进行等比例缩放。

03 调用“工具栏”→“直线工具”，设置颜色为深绿色（参考色号：#1a6b62），绘制横向分割线，效果如图 6.1.21 所示。

图6.1.21 分割线效果

04 运用上述同样的方法添加“专业技能”板块标题和文字，效果如图 6.1.22 所示。

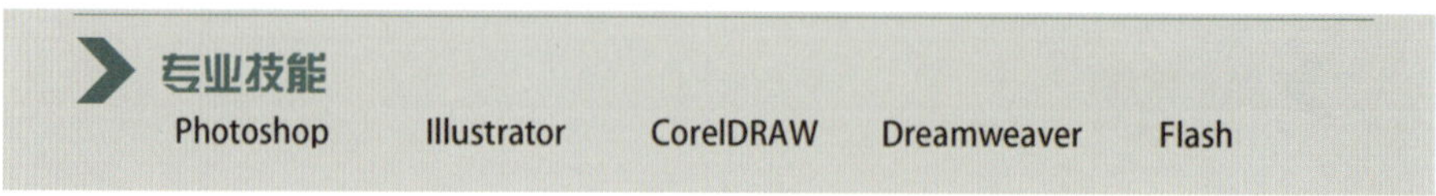

图6.1.22　“专业技能”板块标题和文字效果

图6.1.23　绘制深绿色块效果

05 调用“工具栏”→“矩形工具”，设置颜色为深绿色（参考色号：#1a6b62）；绘制矩形色块；调用“工具栏”→“移动工具”，同时按住 Alt 键拖动方块再复制四个方块；选择最右边两个色块调整其属性，将其修改为方框效果，如图 6.1.23～图 6.1.25 所示。

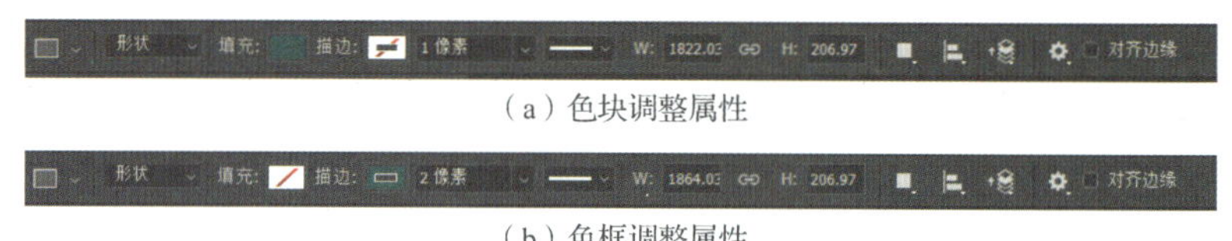

（a）色块调整属性

（b）色框调整属性

图6.1.24　色块和色框调整属性参数设置

图6.1.25　软件技能熟练度指示框绘制效果

06 运用上述同样的方法制作其他软件熟练度指示框；调用“工具栏”→“直线工具”，设置颜色为深绿色（参考色号：#1a6b62），绘制横向分割线，如图 6.1.26 所示。

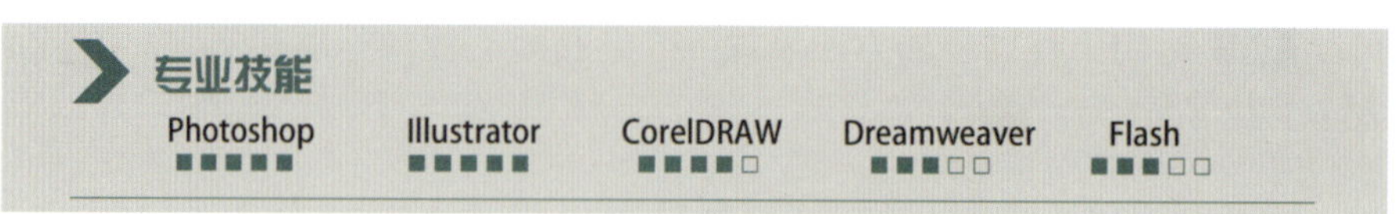

图6.1.26　“专业技能”板块制作效果

07 运用上述同样的方法制作其他板块信息，如图 6.1.27 所示。

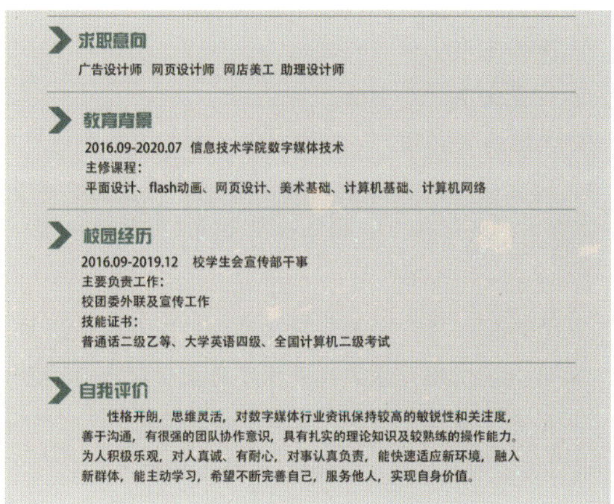

图6.1.27 其他板块制作效果

08 执行“文件”→“存储”命令，完成制作，最终效果如图 6.1.1 所示。

知识链接

Photoshop 软件为用户提供了多种文字创建形式，如横排文字、竖排文字、点文字、段落文字和路径文字等，同时也可以结合图层样式的应用创建出不同的文字特效。

1. 认识文字工具组

1）调用“工具栏”中的文字工具按钮（快捷键：T），长按鼠标左键显示子菜单内文字工具组所有工具，如图 6.1.28 和图 6.1.29 所示。

2）调用文字工具即可显示文字属性栏，通过调整文字属性栏中的参数可以为输入的文字选择不同的字体、颜色、大小等基本属性，如图 6.1.30 所示。

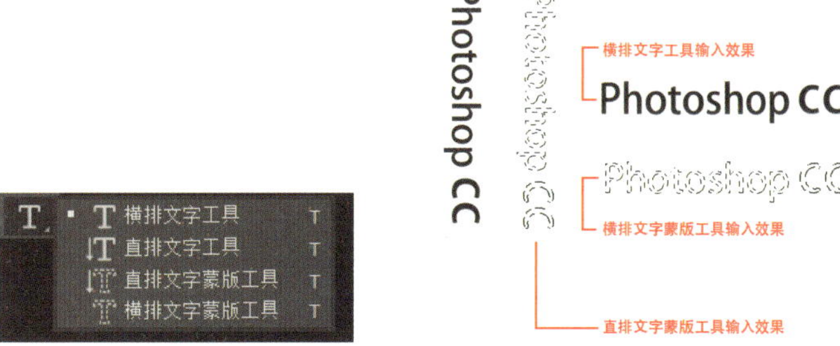

图6.1.28 文字工具菜单选项　　图6.1.29 不同选项文字工具的输入效果

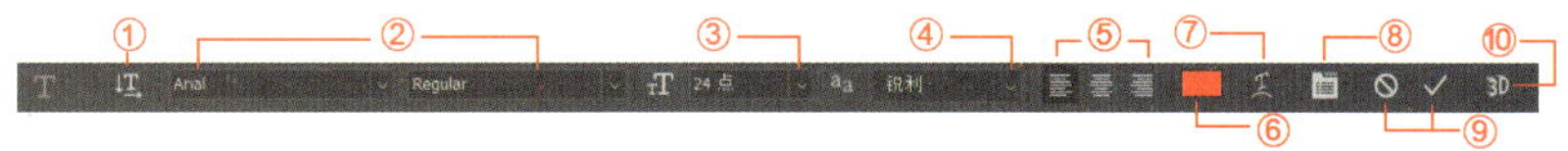

图6.1.30 文字工具属性栏

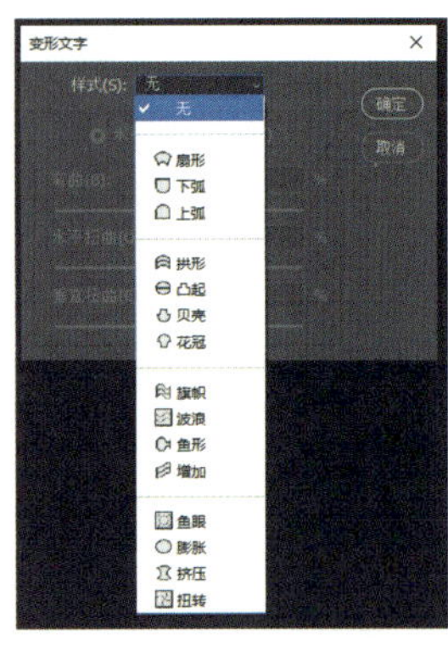

图6.1.31　文字变形效果选择面板

图 6.1.30 上圈码说明如下：

① 变换文字输入方向为横排或者竖排。

② 选择文字字体与样式。

③ 设置文字大小参数。

④ 消除锯齿选项。

⑤ 设置文本对齐形式，可以将文字与段落的某个边缘（横排文字的左边、中心和右边，竖排文字的顶边、中心和底边）对齐。

⑥ 设置文本颜色。

⑦ 选择将文字变形为特殊效果，如图 6.1.31 所示。

⑧ 单击该按钮可显示或关闭字符面板和段落面板。

⑨ 单击“取消”按钮可取消当前编辑并退出文字编辑状态（快捷键：Esc），单击“确认”按钮可确认当前编辑并退出文字编辑状态（组合键：Ctrl+Enter）。

⑩ 文字 3D 效果设置。

2. 认识字符面板和段落面板

字符面板与段落面板除了可以通过单击文字属性栏中的对应按钮打开，也可通过菜单栏“窗口”菜单打开。

1）字符面板可提供用于设置字符格式的选项，如图 6.1.32 所示。

2）段落面板可以更改文字和段落文字的格式设置，如图 6.1.33 所示。

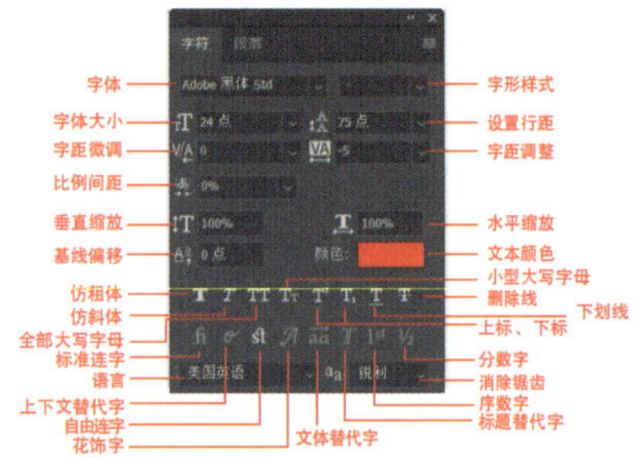

图6.1.32　“字符”面板选项设置示意

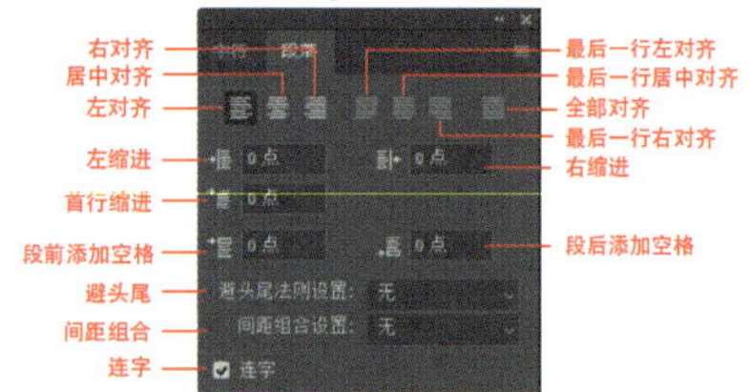

图6.1.33　“段落”面板选项设置示意

3. 了解点文字创建方法

点文字是一个水平或者垂直的文本，它从操作者在图像中单击的位置开始，一般用于向素材文件中添加少量文字。

1）调用“工具栏”→“横排文字工具”或“直排文字工具”，设置工具栏属性，单击即可开始文字输入。

2）输入点文字时，每行文字不会自动换行，行的长度会随着文字的多少而变化，在操作中可以按 Enter 键进行换行，如图 6.1.34 所示。

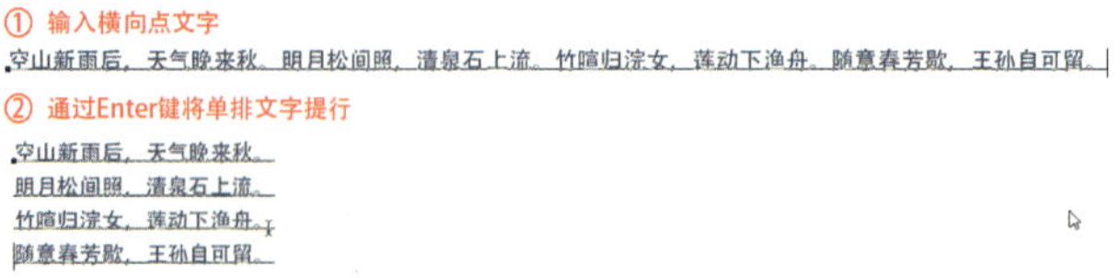

① 输入横向点文字

空山新雨后，天气晚来秋。明月松间照，清泉石上流。竹喧归浣女，莲动下渔舟。随意春芳歇，王孙自可留。

② 通过Enter键将单排文字提行

空山新雨后，天气晚来秋。
明月松间照，清泉石上流。
竹喧归浣女，莲动下渔舟。
随意春芳歇，王孙自可留。

图6.1.34　点文字输入效果

3）输入文字后，会自动在图层面板中添加新的文字图层。

4．了解段落文字创建方法

段落文字在输入时，文字基于文字框的尺寸更换，操作者既可以通过调整文字框的大小来调整文字在框内的排列，也可以通过调整外框来旋转、缩放、斜切文字。文字框内可以输入多个段落文字，适合用于文件需要添加大量段落文字的情况。

调用“工具栏”→“横排文字工具”或“直排文字工具”，设置工具栏属性，单击并按住鼠标左键进行拖动，绘制出文本框，然后在文本框内输入文字，如图 6.1.35 所示。

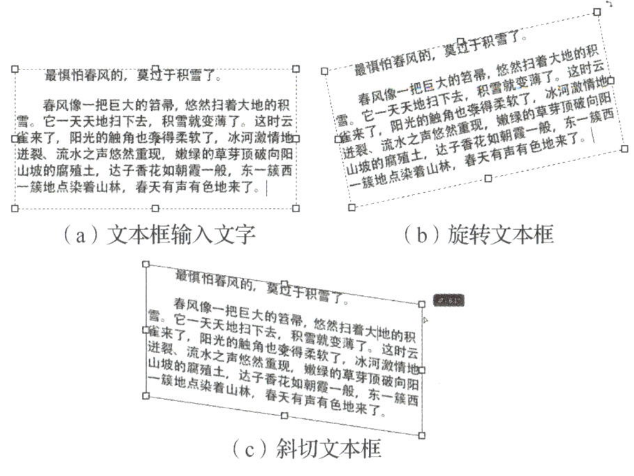

（a）文本框输入文字　（b）旋转文本框

（c）斜切文本框

图6.1.35　段落文字输入

点文字和段落文字都有着各自编排的优势，在操作中可以通过在图层面板中选择文字图层并右击，在弹出的快捷菜单中执行相应的“转为段落文本”或“转为点文本”命令进行相互切换。

5．了解路径文字创建方法

路径文字是指沿着开放或者封闭的路径边缘进行排列的文字。当沿着水平方向输入文字时，字符将沿着与基线相垂直的路径出现；当沿着垂直方向输入文字时，字符将沿着与基线平行的路径出现。

1）调用“工具栏”→“钢笔工具”或者“自定形状工具”创建路径，如图 6.1.36 所示。

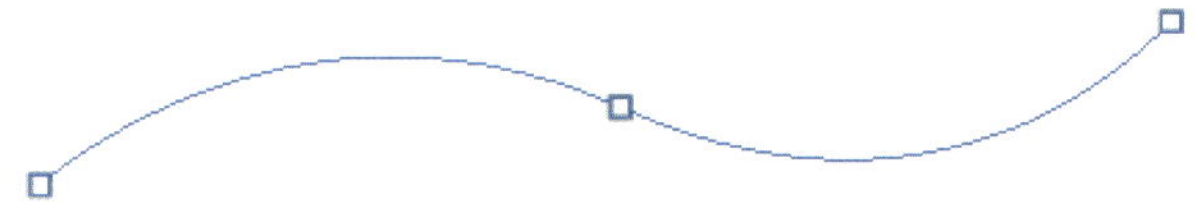

图6.1.36　创建路径

2）调用“工具栏”→“横排文字工具”或“直排文字工具”，设置工具栏属性，将鼠标指针移动至路径上方，单击即可开始文字输入，如图 6.1.37 所示。

图6.1.37　添加路径文字效果

任务6.2　应用钢笔工具抠图——编辑宝宝照片

☞任务描述

在照片上添加手绘的简笔画图案，会增添照片的趣味性。可是如果不会绘画要怎样来绘制图案呢？本任务将介绍运用Photoshop软件的钢笔工具以路径的方法绘制简笔图案，编辑出富有童趣的宝宝照片，效果如图6.2.1所示。

图6.2.1　宝宝照片编辑效果

☞任务分析

原照片中宝宝穿着玫红色的短裤，绿色蝴蝶结头巾上也有红色作为呼应，为了让整个画面色彩看起来统一，利用钢笔工具将宝宝图像抠取出来，换上饱和度比较低的灰粉色作为底色，既统一了色彩，又不会因为底色太艳而喧宾夺主；运用钢笔工具结合路径描边功能绘制翅膀图像，以体现宝宝是家人心中的小天使，搭配甜甜的马卡龙元素，烘托出可爱、甜蜜的氛围。

实践操作

1．去除宝宝照片原图背景

微课：宝宝照片编辑

01 打开Photoshop软件，打开“案例素材”→“Baby”素材，如图6.2.2所示。

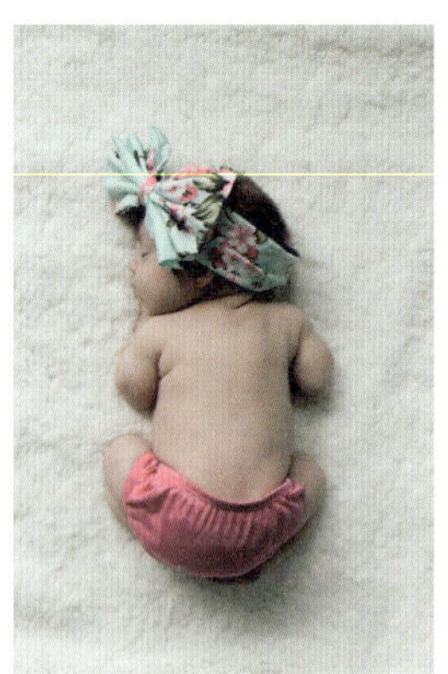

图6.2.2　打开“Baby”素材

02 利用缩放工具放大显示画面；调用“工具栏”→“钢笔工具”，选择婴儿轮廓上任意一点为抠图的起点，单击开始抠图；单击路径面板，双击路径图层将路径图层命名为“Baby”并存储，如图 6.2.3 ～图 6.2.5 所示。

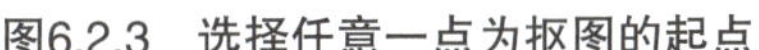

图6.2.3 选择任意一点为抠图的起点

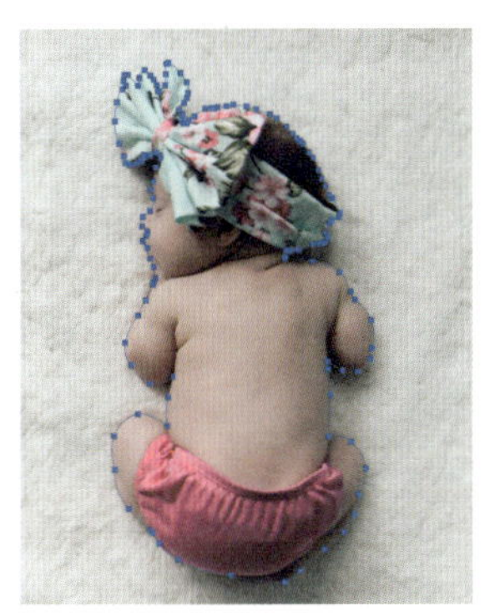

图6.2.4 用钢笔勾出完整路径

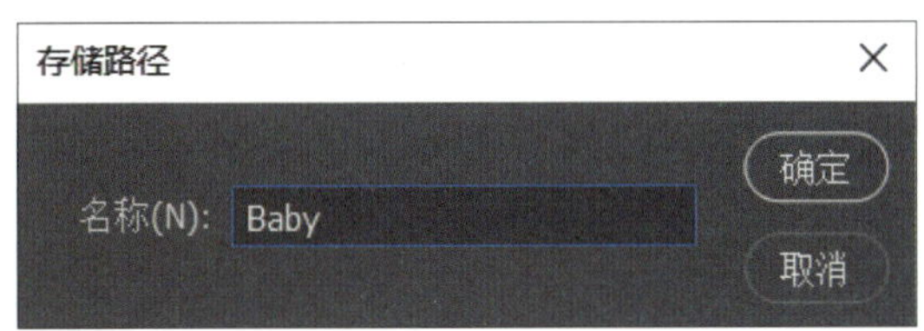

图6.2.5 “存储路径”对话框

03 单击路径面板中的将路径作为选区载入按钮，将“Baby”路径转为选区；执行“选择”→“反选”命令，选中选区除人物外的背景，如图 6.2.6 和图 6.2.7 所示。

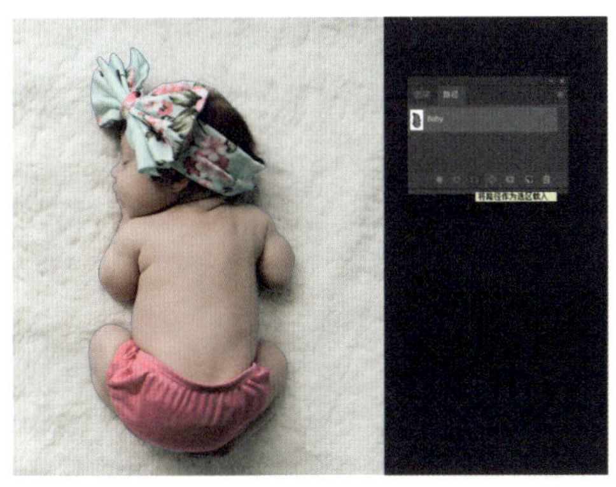

图6.2.6 单击将路径作为选区载入按钮

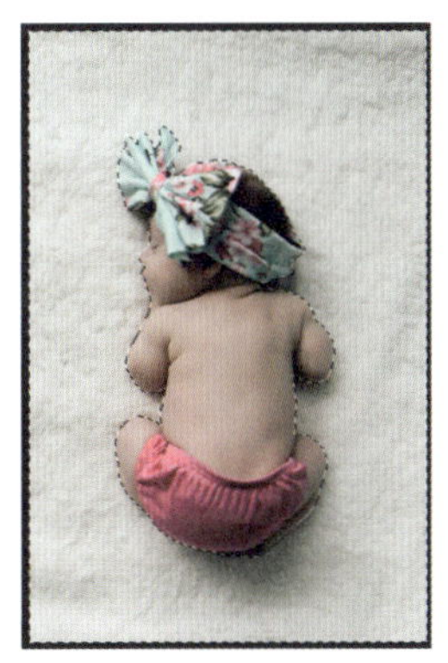

图6.2.7 将路径载入选区再反选效果

04 单击图层面板中的“背景”图层右边的“锁”图标，将图层解锁；按 Delete 键将除人物外的底图删除；操作完成后取消选区，如图 6.2.8 和图 6.2.9 所示。

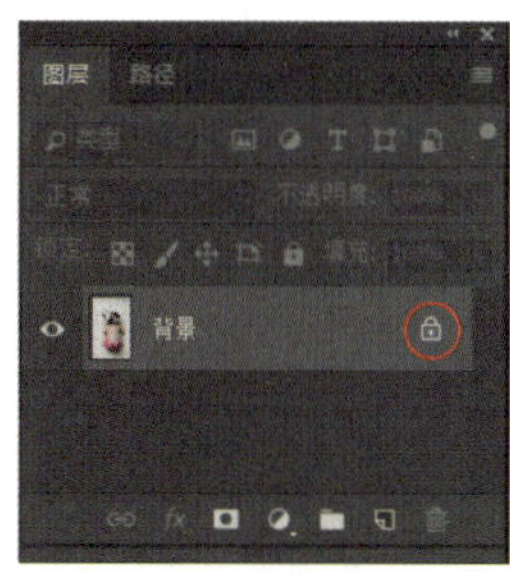

（a）解锁前

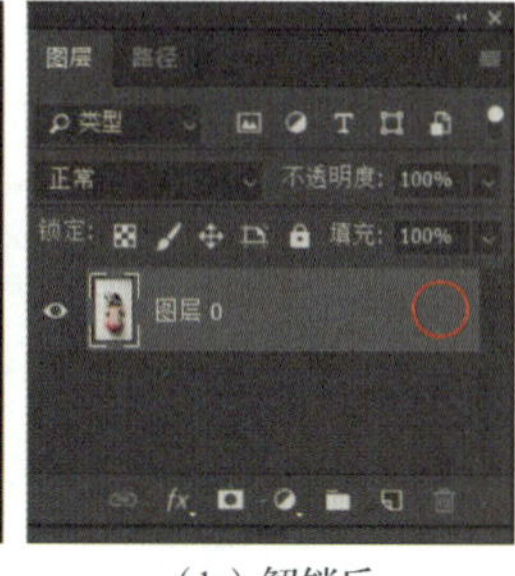

（b）解锁后

图6.2.8　图层解锁示意

图6.2.9　去除底图后效果

05 执行“文件”→“存储为”命令，将除去底图的“Baby”图片保存备用。

2．绘制翅膀图形

01 打开 Photoshop 软件，新建文件，将其命名为“Baby 卡片制作”，设置尺寸为 148（宽）毫米 ×100（高）毫米，分辨率为 300 像素 / 英寸，命名为“Baby 卡片制作”，如图 6.2.10 所示。

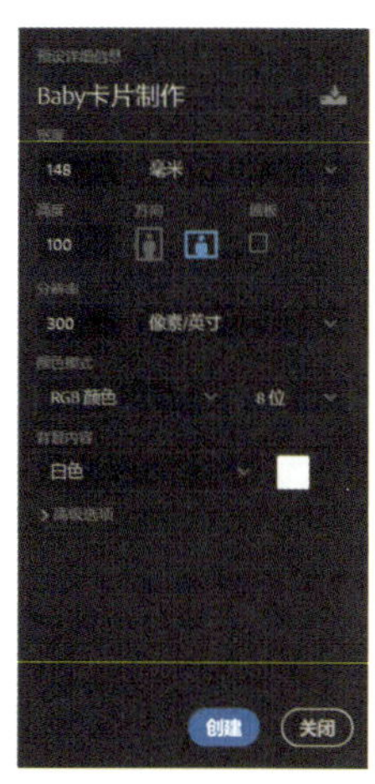

图6.2.10　新建文件参数设置

02 设置前景色为粉色（参考色号：#c98fa0），按 Alt+Delete 组合键将文件背景色填充为粉色，如图 6.2.11 所示。

03 打开“案例素材”→“Baby”素材，运用移动工具将其拖入“Baby 卡片制作”文件中；执行“自由变换”命令调整“Baby”图片大小（组合键：Ctrl+T），如图 6.2.12 所示。

图6.2.11　填充背景色

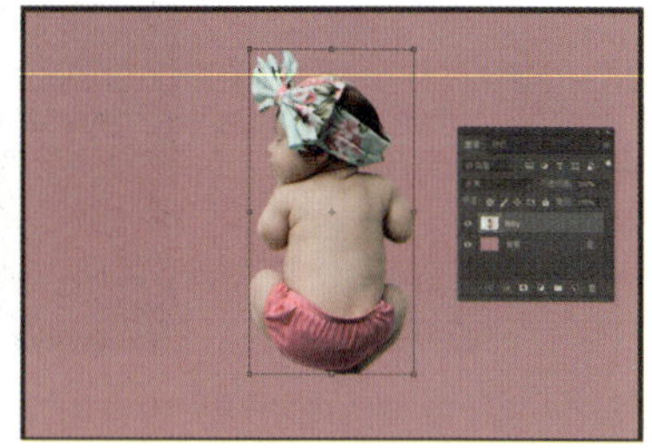

图6.2.12　添加“Baby”元素并调整大小

04 选择“Baby”图层，执行“选择”→“载入选区”命令，将人物图像载入选区，如图 6.2.13 所示。

05 单击图层面板中的创建新图层按钮，新建一个名为“人物阴影”的图层并将其置于“Baby”图层下方；执行“选择”→“修改”→“羽化”命令（组合键：Shift+F6），设置羽化值为 10；设置前景色为深粉色（参考色号：#85384e）并填充前景色；调用“移动工具”，将“人物阴影”图层向下移动，制作出阴影效果，如图 6.2.14 ～图 6.2.16 所示。

图6.2.13　将人物图像载入选区

图6.2.14　新建“人物阴影”图层

图6.2.15　羽化人物选区

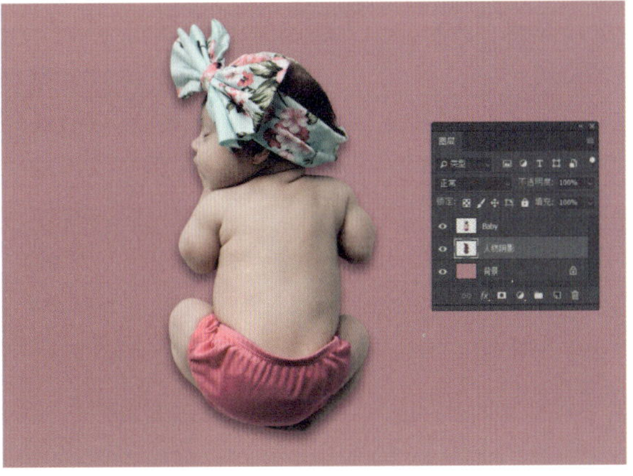

图6.2.16　制作人物阴影效果

06 调用“工具栏”→“钢笔工具”，在人物左边背部点出第一个锚点，再向左移动鼠标指针单击出第二个锚点，按住鼠标左键并向左拖动出操纵杆调整路径线条的弧度。运用上述同样的方法继续绘制出翅膀轮廓，如图 6.2.17 所示。

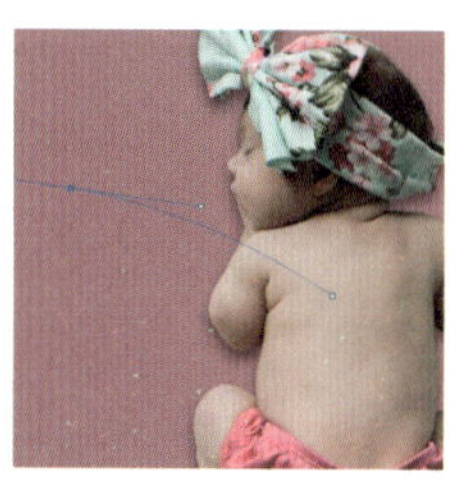
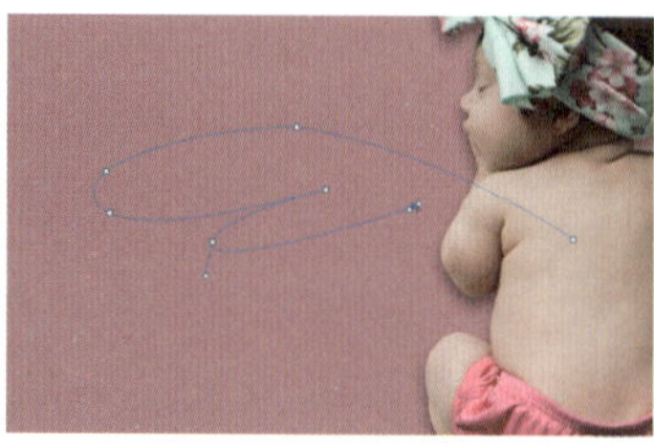
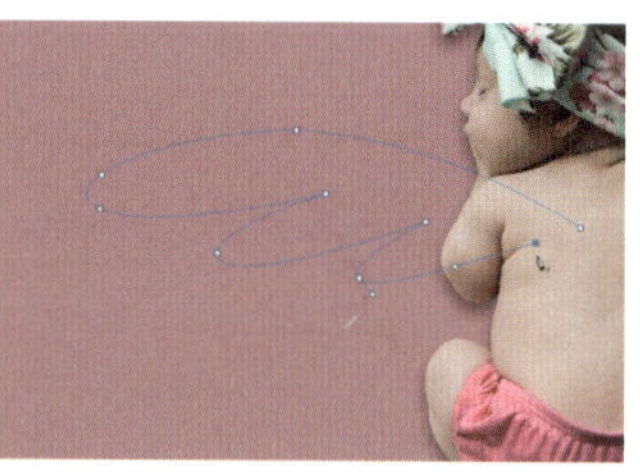

图6.2.17　绘制翅膀路径效果

关键点拨

当运用钢笔工具绘制一段弧线后需要再绘制一段直线或者形成一个尖角时，可以通过按住Alt键切换为转换点模式单击锚点，去除其右边操纵杆，如图6.2.18所示。

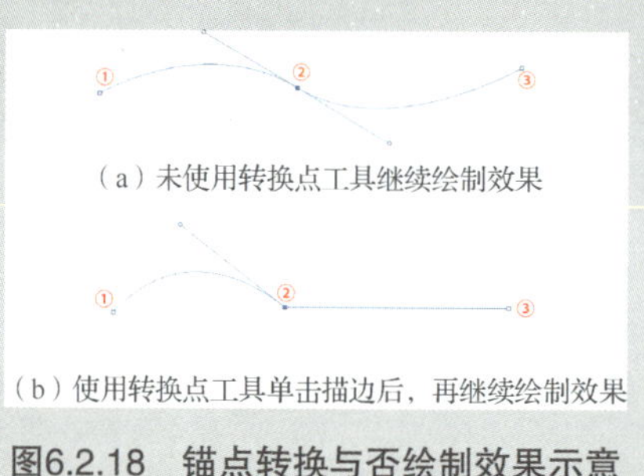

（a）未使用转换点工具继续绘制效果

（b）使用转换点工具单击描边后，再继续绘制效果

图6.2.18　锚点转换与否绘制效果示意

07 调用“工具栏”→“画笔工具”，设置画笔属性；设置前景色为浅粉色（参考色号：#fce1e9）；单击图层面板中的创建新图层按钮，新建一个名为“翅膀”的图层；单击路径面板中的用画笔描边路径按钮，描边路径绘制出翅膀图案，如图 6.2.19 ～图 6.2.21 所示。

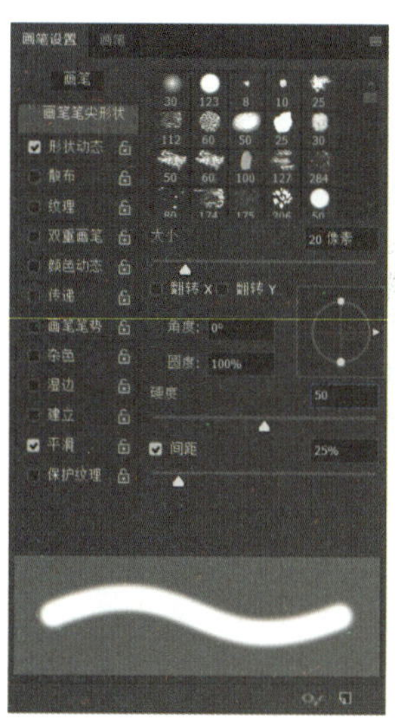
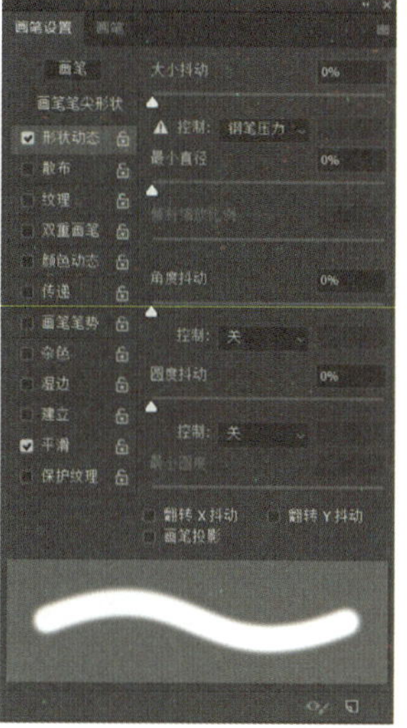

（a）画笔鼻笔尖形状　　（b）形状动态

图6.2.19　画笔属性参数设置

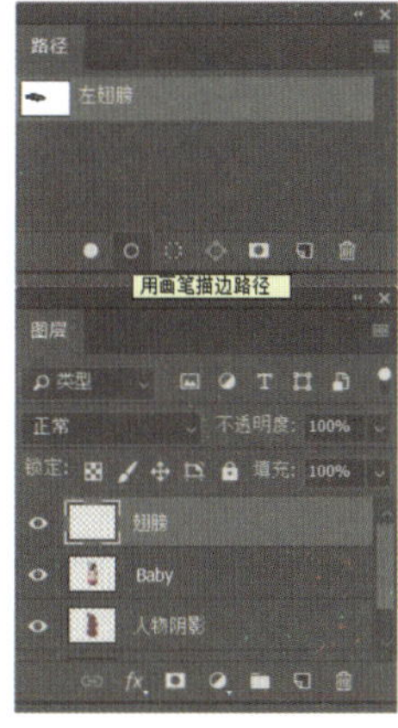

图6.2.20　新建图层与路径描边按钮示意

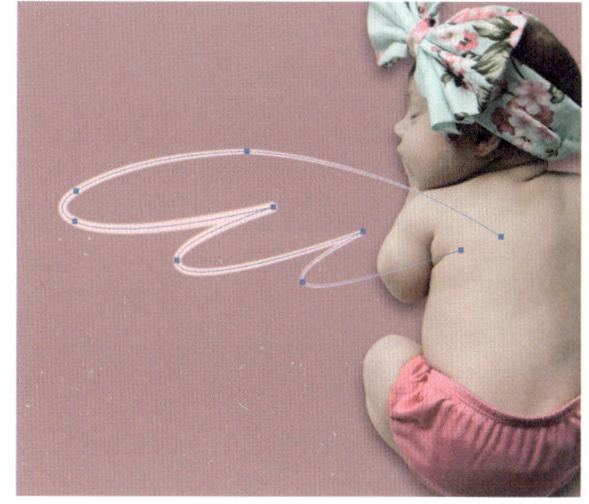

图6.2.21　左边翅膀路径描边效果

08 运用上述同样的方法制作右边翅膀，如图 6.2.22 所示。

图6.2.22　翅膀绘制完成效果

3. 添加背景装饰

01 打开“案例素材”→“马卡龙”素材，如图 6.2.23 所示。

图6.2.23　打开“马卡龙”素材

02 运用缩放工具放大显示画面；调用“工具栏”→“钢笔工具”，运用钢笔工具勾勒出黄色马卡龙轮廓；单击路径面板中的将路径作为选区载入按钮，将路径载入选区，如图 6.2.24 和图 6.2.25 所示。

图6.2.24　绘制马卡龙轮廓路径

图6.2.25　将马卡龙路径载入选区

03 调用“工具栏”→“移动工具”，按住鼠标左键将黄色马卡龙元素拖动到“Baby 卡片制作”文档中，如图 6.2.26 和图 6.2.27 所示。

图6.2.26　拖动黄色马卡龙元素

图6.2.27　添加黄色马卡龙元素效果

04 运用制作人物阴影的方法制作黄色马卡龙阴影效果，如图 6.2.28 所示。

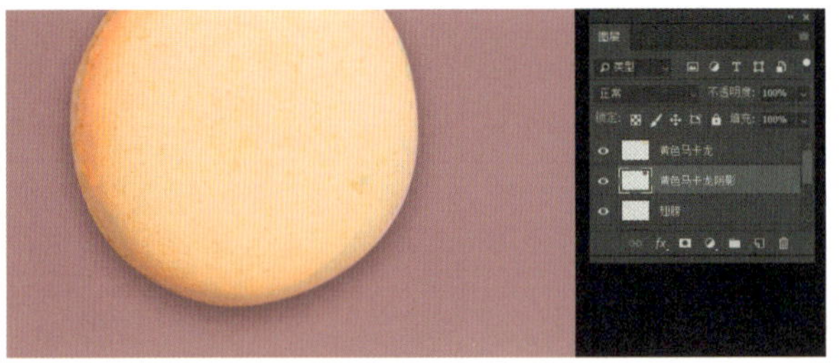

图6.2.28　制作黄色马卡龙阴影效果

05 运用上述同样的方法添加其他马卡龙元素，如图 6.2.29 所示。

图6.2.29 添加其他马卡龙元素

06 执行“文件”→“存储”命令，完成制作，最终效果如图 6.2.1 所示。

知识链接

在 Photoshop 软件中，钢笔工具既能通过绘制路径来实现复杂的元素抠取，也能自由地进行图案绘制，是一款功能强大的工具。在操作中，钢笔工具往往结合路径编辑工具一起使用，所以要学习钢笔工具首先要了解路径。

1. 认识路径

1）路径在 Photoshop 软件中是一种矢量的图形，它不属于图像，可以理解为一种辅助工具。在操作中，路径可以通过锚点进行调整，如图 6.2.30 所示。

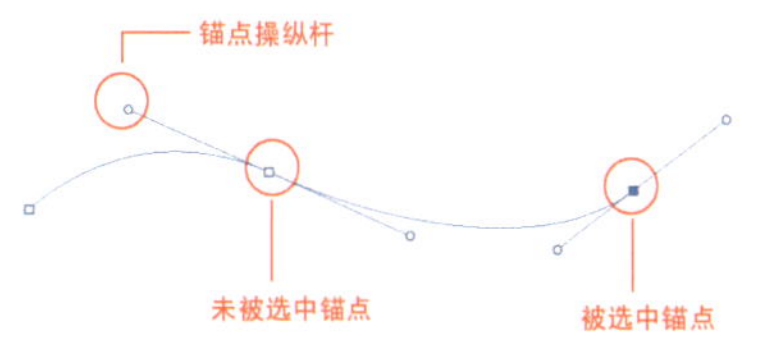

图6.2.30 路径节点示意

2）路径一般分为开放式路径和闭合式路径。在操作中可以针对路径进行描边、沿路径编排文字、路径载入选区等编辑，如图 6.2.31 和图 6.2.32 所示。

（a）开放式路径　（b）闭合式路径

图6.2.31 路径形式示意

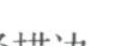

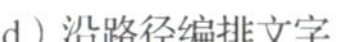

（c）路径描边　（d）沿路径编排文字　（e）路径载入选区

图6.2.32 路径的编辑效果示意

2. 认识路径面板

在 Photoshop 软件中，在运用钢笔工具或者形状工具创建工作路径时，新的路径将以工作路径的形式出现在路径面板中。

执行“窗口”→“路径”命令即可显示路径面板，如图 6.2.33 所示。

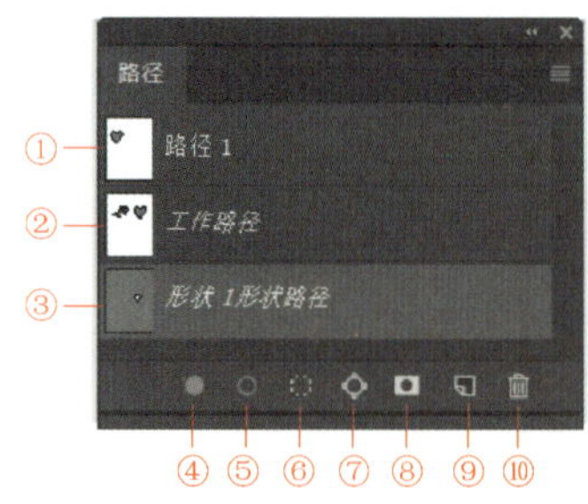

图6.2.33　路径面板示意

图 6.2.33 中圈码说明如下：

① 存储的路径。

② 临时的工作路径。

③ 形状路径，只有在选择形状后才会出现。

④ 用前景色填充路径。

⑤ 用画笔描边路径。

⑥ 将路径作为选区载入。

⑦ 从选区生产工作路径。

⑧ 添加图层蒙版。

⑨ 创建新路径。

⑩ 删除当前路径。

3．了解编辑路径的方法

创建路径后，可以运用路径选择工具、直接选择工具、钢笔工具对路径进行选择和编辑。

1）调用“工具栏”→“路径选择工具”或“直接选择工具”即可对路径进行编辑，如图 6.2.34 和图 6.2.35 所示。

图6.2.34　路径选择工具与直接选择工具

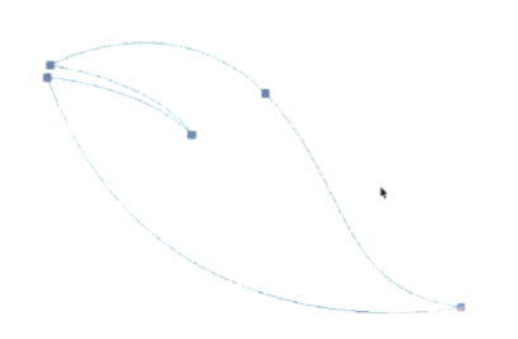

（a）路径选择工具的选取效果

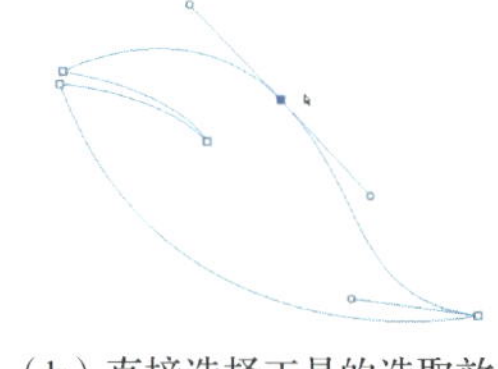

（b）直接选择工具的选取效果

图6.2.35　路径选择工具与直接选择工具的选取效果

① 路径选择工具：可选择整个路径来进行移动。

② 直接选择工具：可以选择路径中任意一个锚点进行编辑。

2）调用“工具栏”→“钢笔工具”，按住鼠标左键即可显示钢笔工具组子菜单内的所有工具，如图 6.2.36 和图 6.2.37 所示。

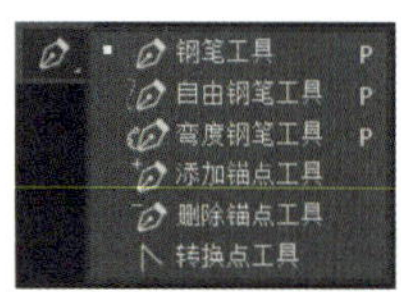

图6.2.36　钢笔工具组示意

图6.2.37　钢笔工具属性栏

图 6.2.37 中圈码说明如下：

① 选择通过钢笔工具创建形状、路径或像素。

② 将已创建路径建立为选区、蒙版或形状。

③ 在绘制形状或者路径时，当鼠标指针移动到锚点上单击，将自动删除锚点；当鼠标指针移动到没有锚点的路径线上单击，将自动添加锚点。

任务 6.3 应用钢笔工具与形状工具绘图——制作邮票

☞任务描述

邮票不但是供寄递邮件贴用的邮资凭证，而且有一定的收藏价值。邮票画面中一般体现了一个国家或地区的经济、科技、历史文化、风土人情和自然风光等特色。因为邮票有珍藏的含义，所以在平面设计中也经常以邮票的形式来表现图像内容。本任务将运用Photoshop软件打造一款二维手绘风格的风景邮票，效果如图6.3.1所示。

图6.3.1　邮票制作效果

☞任务分析

邮票效果主要体现在邮票独有的点状线边框上，所以制作分为三步，首先为制作邮票边框，其次为制作邮票内容，最后为制作邮票文字。在整个邮票的制作过程中，将运用形状工具和钢笔工具的形状属性进行绘制。

实践操作

1. 制作邮票边框

01 打开 Photoshop 软件，新建文件，将其命名为“邮票制作”，设置尺寸为 800（宽）像素 ×1000（高）像素，分辨率为 300 像素 / 英寸，并设置背景颜色为自定义深蓝色（参考色号:#0b222f），如图 6.3.2 所示。

02 调用“工具栏”→“矩形工具”，创建一个 670（宽）像素 ×860（高）像素的白色矩形，如图 6.3.3 和图 6.3.4 所示。

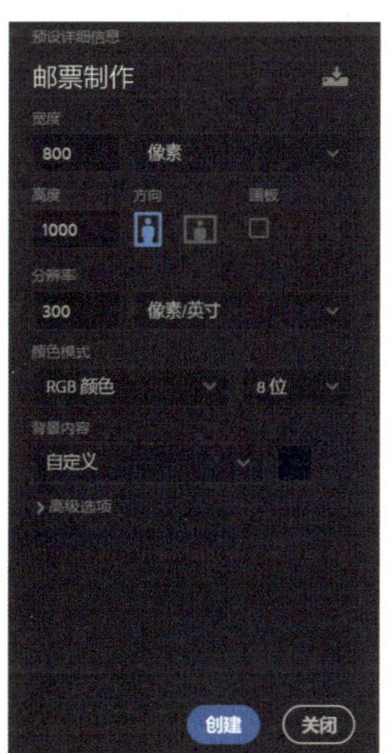

图6.3.2　新建文件参数设置

微课：邮票制作

图6.3.3　创建白色矩形参数设置

图6.3.4　创建白色矩形效果

03 保持选择"矩形 1"图层；调用"工具栏"→"椭圆工具"，设置属性为"减去顶层形状"；在白色矩形左边缘绘制直径为 64 像素的正圆；调用"工具栏"→"直接选取工具"，选中画好的圆形，按住 Alt 键与鼠标左键拖动复制出多个圆形，制作出左边缘的锯齿效果，如图 6.3.5 ～图 6.3.8 所示。

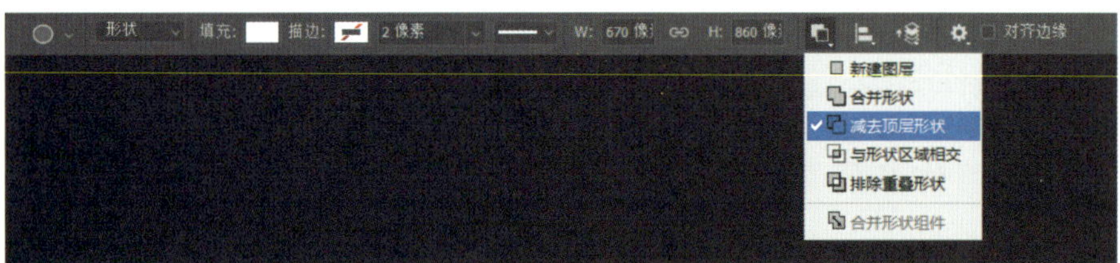

图6.3.5　椭圆工具属性参数设置

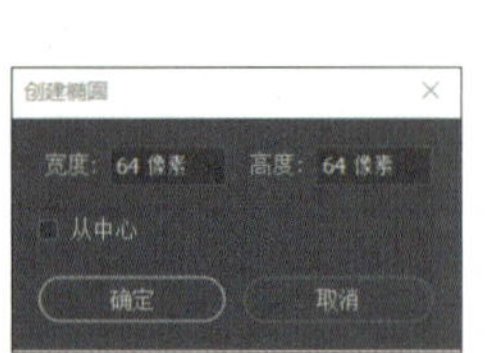

图6.3.6　绘制椭圆参数设置

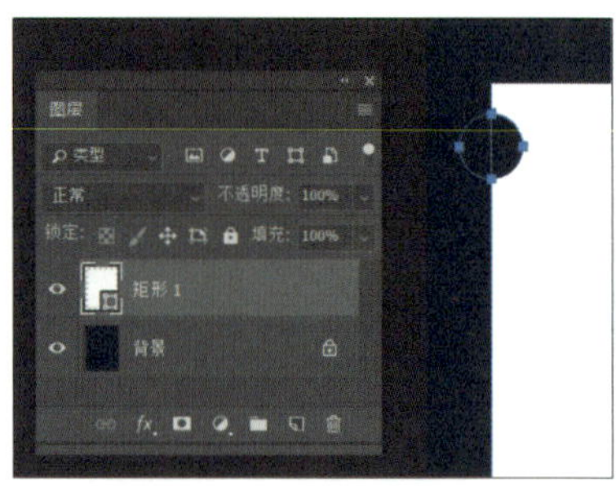

图6.3.7　圆形绘制效果

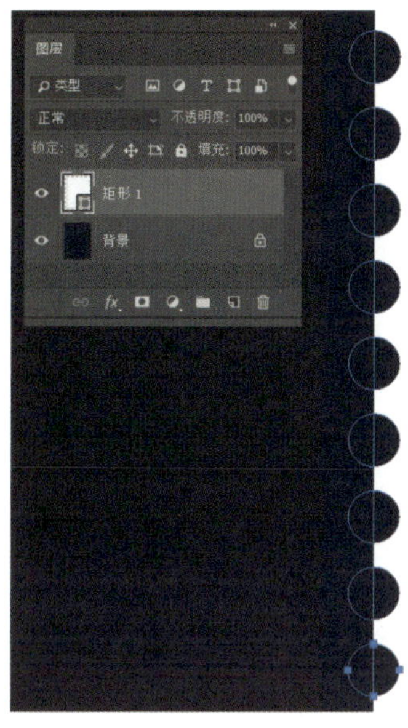

图6.3.8 左边缘锯齿绘制效果

04 运用上述同样的方法制作其他边缘的白色矩形锯齿；双击图层文字，将“矩形 1”图层重命名为“邮票边框”，完成边框制作，如图 6.3.9 所示。

图6.3.9 邮票边框制作效果

2．制作邮票内容

01 调用“工具栏”→“矩形工具”，创建一个浅蓝色矩形（参考色号：#00b7ee），如图 6.3.10 和图 6.3.11 所示。

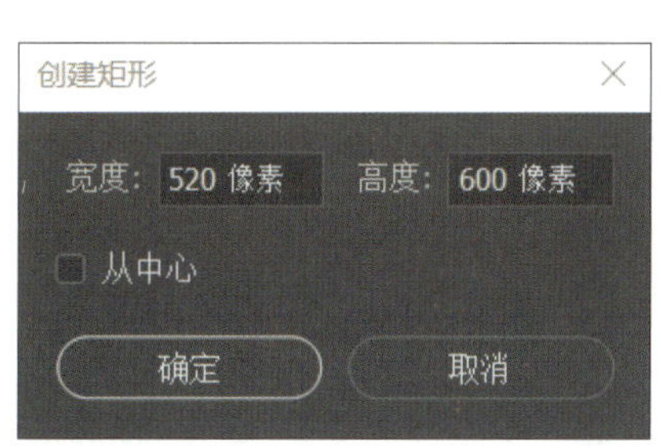

图6.3.10 创建矩形参数设置

图6.3.11 创建浅蓝色矩形效果

02 调用“工具栏”→“椭圆工具”，按住鼠标左键拖动绘制一个浅黄色圆形，调整图层不透明度为“50%”（参考色号：#cec799）；复制“椭圆 1”图层（组合键：Ctrl+J），执行“编辑”→“自由变换”命令（组合键：

Ctrl+T），将“椭圆 1 拷贝”图层缩小并修改图层不透明度为“100%”，如图 6.3.12 和图 6.3.13 所示。

图6.3.12　绘制底层圆形

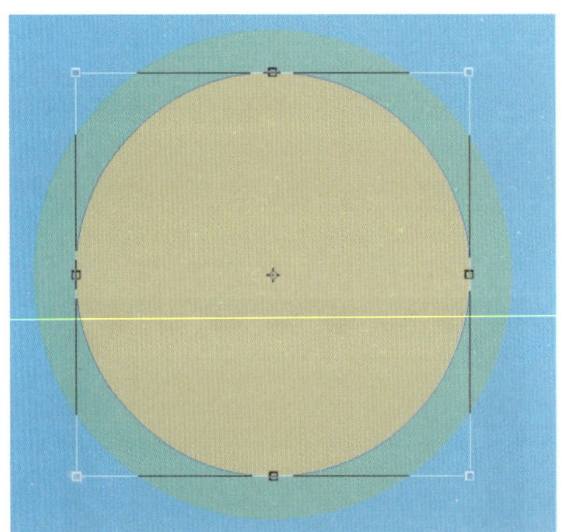
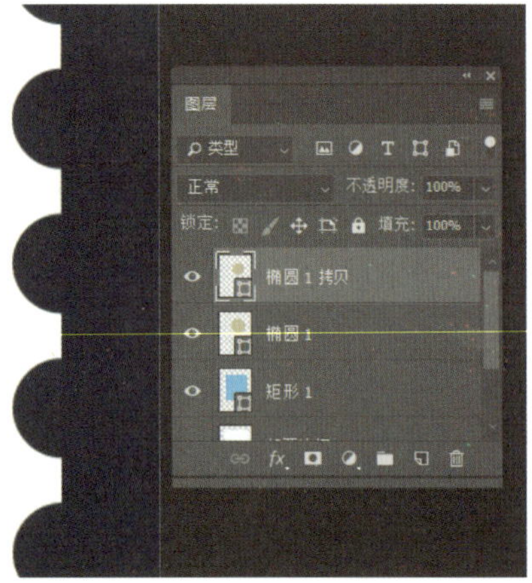

图6.3.13　调整“椭圆1 拷贝”图形大小

03 复制“椭圆 1 拷贝”图层（组合键：Ctrl+J），执行“编辑”→“自由变换”命令（组合键：Ctrl+T），将“椭圆 1 拷贝 2”图层缩小并修改颜色为浅橙色（参考色号：#d19c75），如图 6.3.14 所示；分别选中三个椭圆图层，右击，在弹出的快捷菜单中执行“创建剪贴蒙版”命令。

图6.3.14　太阳元素绘制效果

04 调用“工具栏”→“钢笔工具”，设置属性为“形状”，绘制绿色三角形（参考色号：#56884d）；选择图层，右击，在弹出的快捷菜单中执行“创建剪贴蒙版”命令；调用“工具栏”→“钢笔工具”，在绿色三角形顶部绘制白色图形；将图层名分别修改为“山体左部”“雪顶左部”，如图 6.3.15 ～图 6.3.17 所示。

图6.3.15　钢笔工具属性参数设置

图6.3.16　绿色三角绘制效果　　图6.3.17　白色雪顶绘制效果

05 选择并复制“山体左部”“雪顶左部”图层（组合键：Ctrl+J），分别修改复制图层的图层名为“山体右部”“雪顶右部”；选择“山体右部”“雪顶右部”图层，执行“编辑”→“变换”→“水平翻转”命令；修改“山体右部”颜色为深绿色（参考色号：#4a7144）；修改“雪顶右部”颜色为浅灰色（参考色号：#cfcfcf），如图 6.3.18 和图 6.3.19 所示。

图6.3.18　执行“水平翻转”命令

图6.3.19　“山”元素绘制效果

06 选择关于“山”元素的四个图层，单击图层面板中的链接图层按钮，将四个图层进行链接；执行“图层复制”命令（组合键：Ctrl+J），将“山”元素复制两个；选择相应图层并执行“自由变换”命令（组合键：Ctrl+T）调整元素大小，如图 6.3.20 所示。

图6.3.20　“山”元素最终效果

关键点拨

在面对图层较多的编辑时，为了让元素调整更加便捷，一般会将一个整体元素涵盖的图层进行链接。链接后移动或放大、缩小一个图层时，链接在一起的图层将被一同编辑。

07 调用“工具栏”→“钢笔工具”，设置属性为“形状”，绘制浅蓝色山坡图形（参考色号：#c2f1ff）；选择图层，右击，在弹出的快捷菜单中执行“创建剪贴蒙版”命令，设置图层名为“左山坡”，效果如图 6.3.21 所示。

08 运用上述同样的方法绘制右边山坡图形，效果如图 6.3.22 所示。

图6.3.21　左边山坡绘制效果

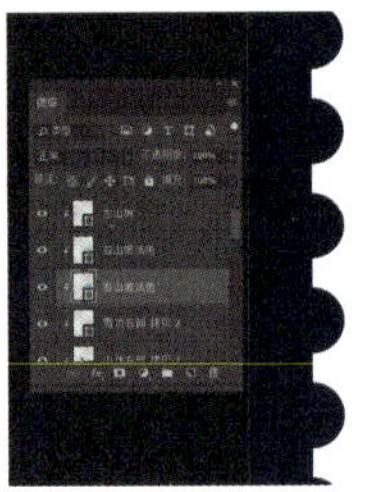

图6.3.22　右边山坡绘制效果

09 调用“工具栏”→“钢笔工具”，设置属性为“形状”，绘制深绿色草丛图形（参考色号：#326b6a）；选择图层，右击，在弹出的快捷菜单中执行“创建剪贴蒙版”命令，设置图层名为“草丛深色”；执行“图层复制”命令（组合键：Ctrl+J），将“草丛深色”图层复制，修改颜色为浅绿色（参考色号：#458887），如图 6.3.23 和图 6.3.24 所示。

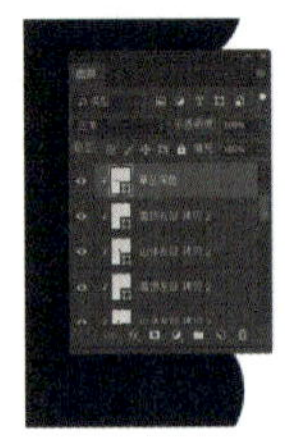

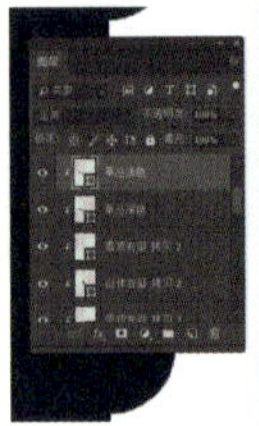

图6.3.23　深色草丛绘制效果

图6.3.24　浅色草丛绘制效果

10 调用“工具栏”→“矩形工具”，绘制一个浅蓝色矩形（参考色号：#669ad6），设置图层名为“湖水”；单击“工具栏”→“钢笔工具”，绘制一个浅蓝色顶部为弧形的矩形（参考色号：#669ad6），设置图层名为“瀑布”；选择这两个图层创建剪贴蒙版，如图 6.3.25 和图 6.3.26 所示。

图6.3.25 湖水绘制效果

图6.3.26 瀑布绘制效果

11 调用“工具栏”→“钢笔工具”，设置属性为“形状”，绘制深红色梯形作为船身（参考色号：#913030）；同样运用钢笔工具绘制一个浅蓝色三角形和一个米黄色三角形分别作为左右船帆（参考色号：#e1f4ff、#f9dcb6），如图 6.3.27 所示。

图6.3.27 帆船绘制效果

12 选择船元素三个图层，执行“图层复制”命令（组合键：Ctrl+J）将其复制；选择复制出的三个图层，执行“合并图层”命令（组合键：Ctrl+E）；修改合并后的图形颜色为灰蓝色（参考色号：#4e7199），并将图层命名为“船阴影”；执行“编辑”→“变换”→“垂直翻转”命令，将船阴影元素镜像置于船元素下方；将鼠标指针移至“船阴影”图层处右击，在弹出的快捷菜单中执行“栅格化图层”命令；运用橡皮擦工具擦出阴影透明渐变的效果，如图 6.3.28 和图 6.3.29 所示。

图6.3.28 垂直翻转阴影效果

图6.3.29 阴影最终效果

13 调用“工具栏”→“圆角矩形工具”“椭圆工具”组合绘制云朵图形，注意绘制时属性保持选择为“合并形状”，如图 6.3.30 和图 6.3.31 所示。

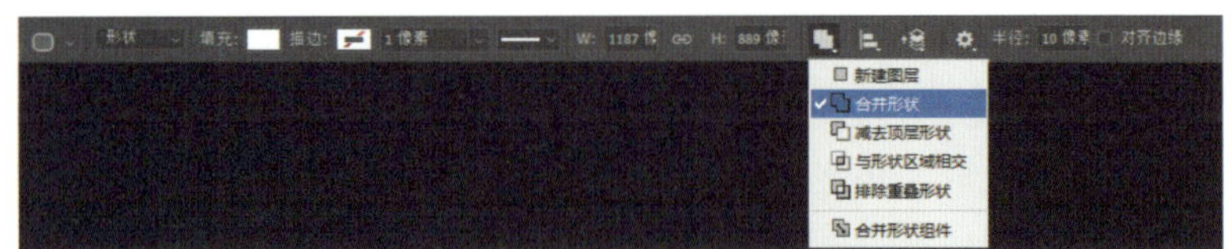

图6.3.30 形状工具属性参数设置

图6.3.31 组合绘制云朵示意

14 将绘制好的云朵复制多个并移动到相应位置；修改部分云朵颜色为浅蓝色(参考色号:#c2f1ff、#45cff8)，提高画面云朵的层次感，如图 6.3.32 所示。

15 调用“工具栏”→“圆角矩形工具”，绘制多条浅蓝色的长条矩形（参考色号：#c1ddfe)，将这些矩形条作为水的高光部分错落有致地置于瀑布和湖水处，如图 6.3.33 所示。

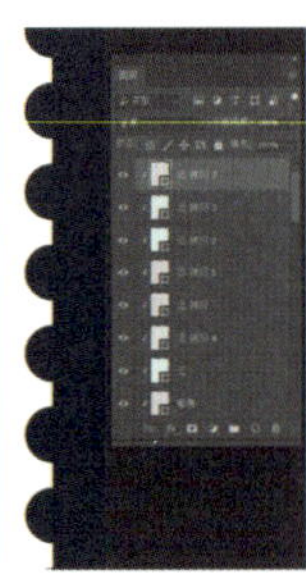

图6.3.32 画面添加云朵效果

图6.3.33 湖水和瀑布添加高光效果

16 调用“工具栏”→“自定形状工具”，在属性栏中选择形状“草2”图形；将鼠标指针移动至左边山坡处，单击拖动绘制三棵深绿色小草（参考色号：#4a7144)，如图 6.3.34 和图 6.3.35 所示。

图6.3.34 选择形状“草2”图形

图6.3.35 绘制小草元素

3．制作邮票文字

01 调用“工具栏”→“横排文字工具”，在邮票左下角白色处单击，输入文字“中国邮政”（参考颜色：黑色；参考字体：幼圆；参考字号：16 点），如图 6.3.36 所示。

02 调用“工具栏”→“横排文字工具”，在“中国邮政”文字下方继续添加文字“CHINA”（参考颜色：黑色；参考字体：Bookman Old Style；参考字号：9 点），如图 6.3.37 所示。

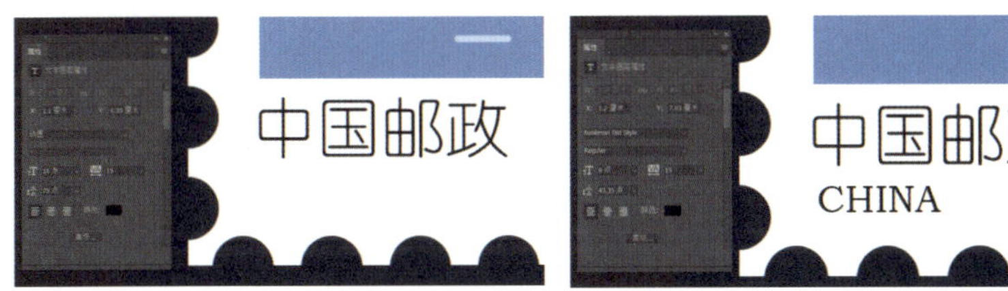

图6.3.36 添加“中国邮政”文字效果 图6.3.37 添加“CHINA”文字效果

03 运用上述同样的方法添加文字“80”（参考颜色：黑色；参考字体：Bookman Old Style；参考字号：34 点）、“分”（参考颜色：黑色；参考字体：幼圆；参考字号：6 点），如图 6.3.38 所示。

图6.3.38 邮票文字添加效果

04 执行“文件”→“存储”命令，完成制作，最终效果如图 6.3.1 所示。

知识链接

1. 形状工具组

Photoshop 软件中“工具栏”的形状工具组中包含矩形工具、圆角矩形工具、椭圆工具、多边形工具、直线工具、自定形状工具六个形状工具，运用这些工具绘图可以绘制出具有矢量属性的图形。

1）调用“工具栏”→“矩形工具”，按住鼠标左键即可显示形状工具组子菜单内的所有工具，如图 6.3.39 所示。

2）选择不同的形状工具，属性栏界面会显示相应工具的属性选项，如图 6.3.40 所示。

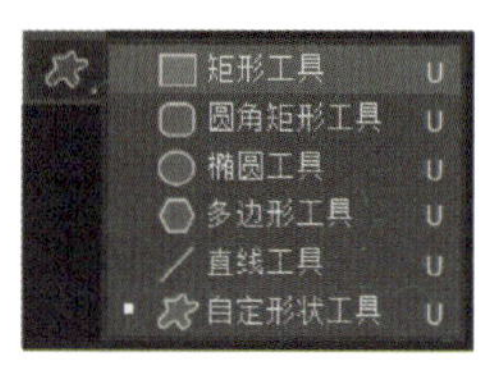

图6.3.39　形状工具组

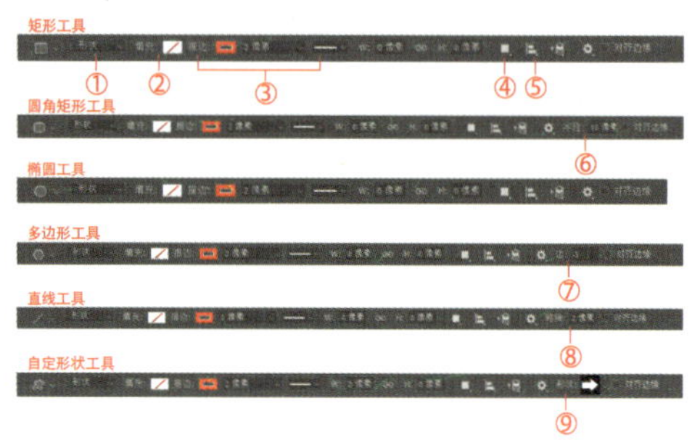

图6.3.40　形状工具属性栏示意

图 6.3.40 中的圈码说明如下：

① 绘制模式：可选择“形状”“路径”“像素”模式进行绘制。

② 填充：单击可对形状颜色进行编辑。

③ 描边：单击可对形状轮廓线的大小、样式和颜色进行编辑。

④ 形状创建方式：单击可弹出快捷菜单，针对形状的创建方式进行选择，如图 6.3.41 所示。

⑤ 路径对齐方式：单击可出现多种对齐方式选择菜单。

⑥ 圆角半径设置：文本框内可通过输入数字来设置圆角矩形圆角的半径大小。

⑦ 多边形边数设置：文本框内可通过输入数字来设置多边形边的数量。

⑧ 直线粗细设置：文本框内可通过输入数字来设置直线的粗细。

⑨ 自定形状选择：单击可调出形状库进行选择。

图6.3.41　形状创建方式选择菜单示意

2. 自定形状的设置

在使用自定形状工具绘制形状或者路径时，除了使用 Photoshop 软件自带的形状样式，还可以将自己绘制的各种形状或路径存储为自定形状，以方便在下一次绘制中可直接选择进行绘制。

1）打开路径面板，选择需要保存为自定形状的路径，如图 6.3.42 所示。

2）执行“编辑”→“定义自定形状”命令，设置形状名称，如图 6.3.43 所示。

3）调用“工具栏”→“自定形状工具”，在属性栏“形状”下拉列表中即可找到已自定完成的形状元素，如图 6.3.44 所示。

图6.3.42　选择需设置的形状路径

图6.3.43　设置形状名称

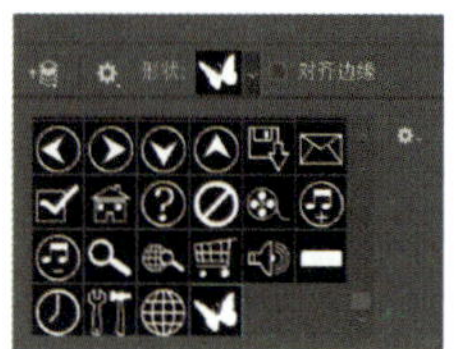

图6.3.44　选择已自定完成的形状元素

学习评价☞

学习目标	自我评价			同学评价		
	达成	基本达成	未达成	达成	基本达成	未达成
了解路径工具组内工具的作用及属性						
了解文字工具组内工具的作用及属性						
了解形状工具组内工具的作用及属性						
掌握路径工具组内工具的基本运用方法						
掌握文字工具组内工具的基本运用方法						
掌握形状工具组内工具的基本运用方法						

教师评价：

教师签字：

思考与练习☞

一、理论题

1．在 Photoshop 软件中，文字工具组的快捷键是________。

2．下列选项中，不属于文字工具组输入文字的工具是（　　）。

A．横排文字工具　　B．直排文字工具

C．钢笔工具　　D．直排文字蒙版工具

3．在 Photoshop 软件中，运用文字工具设置文字的属性，但不能（　　）。

A．设置字体、字号　　B．更改文字方向、对齐

C．设置加粗、下画线　　D．改变字体颜色、变形

4．运用钢笔工具绘制形状或路径时，按住（　　）键的同时单击锚点，可以暂时切换到转换锚点工具。

A．Alt　　B．Ctrl　　C．Shift　　D．F1

5．按住（　　）键可结束钢笔工具的绘制。

A．F3　　B．Tab　　C．Esc　　D．Delete

6．以下关于路径和形状的说法不正确的是（　　）。

A．两者的编辑方法相同　　B．路径可以被打印输出

C．两者的绘制方法相同　　D．形状可以被打印输出

7．可以对位图进行矢量图形处理的是（　　）。

A．路径　　B．选区　　C．通道　　D．图层

二、实训题

1．运用文字工具，结合选框工具和形状工具，制作一张尺寸为 A3 的招聘信息海报，如下图所示。

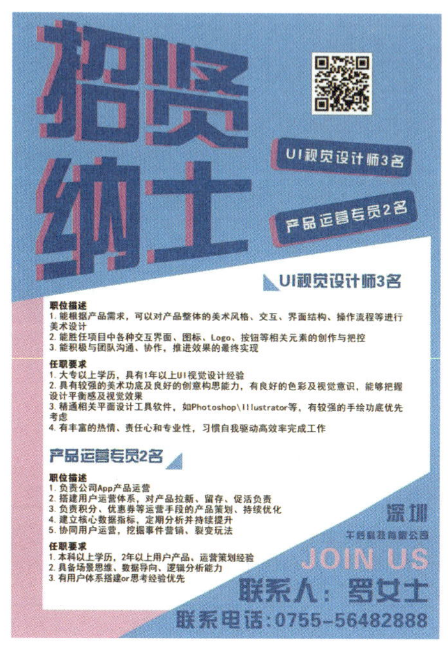

练习效果（1）

2．运用钢笔工具，结合移动工具和套索工具，将“实训题 2”中的素材处理为左下图中的效果［文件尺寸：165（宽）毫米 ×102（高）毫米；分辨率：300 像素 / 英寸］。

3．运用形状工具和钢笔工具制作一款邮票，效果如右下图所示。

练习效果（2）

练习效果（3）

7

单 元

随心所欲用蒙版——应用蒙版与通道

单元导读

在 Photoshop 软件中，蒙版是一种遮罩工具，可以将部分图像遮住，从而控制图像的显示和隐藏，以便轻松合成图像。Photoshop 软件中提供了三种蒙版：图层蒙版、剪贴蒙版和矢量蒙版。本单元主要介绍 Photoshop 软件中蒙版与通道的使用方法。通过对本单元的学习，应掌握通道的基本操作、运算方法及各种使用技巧，从而快速、准确地创作出精美的图像。

学习目标

- 了解蒙版、通道和运算的使用原理；
- 熟悉图层蒙版、剪贴蒙版和矢量蒙版的运用方法；
- 掌握通道的基本运用方法。

思政目标

- 强化创新意识、美学意识和质量意识；
- 提升图片鉴赏与审美能力。

任务 7.1 应用蒙版融合简单元素——制作手机防水创意广告

任务描述

某公司生产的手机需要制作一幅创意广告，该手机除拥有各项基本功能外，最大的卖点就是防水。为了能简单直观地表达这一卖点，本任务将利用 Photoshop 软件的蒙版功能制作一幅手机防水创意广告，效果如图 7.1.1 所示。

图7.1.1　手机防水创意广告

任务分析

蒙版是一种非常重要的图像编辑工具，使用蒙版不仅能避免用户使用橡皮擦工具和删除工具造成的失误操作，还可以应用滤镜制作出一些让人眼前一亮的效果。在图层蒙版中，纯白色区域对应的图像是可见的，灰色区域会使图像呈现出一定程度的透明效果，纯黑色区域会遮住图像。

实践操作

微课：手机防水创意广告

01 前期准备，根据主题寻找素材，将其保存到相应的文件夹。

02 打开 Photoshop 软件，新建文件，将其命名为“防水手机创意广告”，设置尺寸为 1000（宽）像素 ×800（高）像素，分辨率为 300 像素 / 英寸，如图 7.1.2 所示。

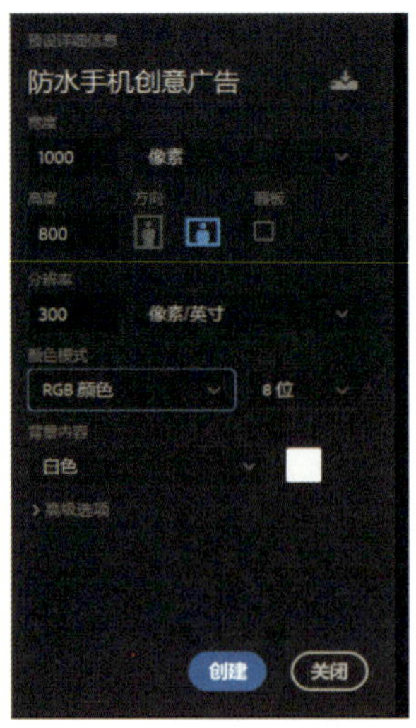

图7.1.2　新建文件参数设置

03 打开“案例素材”→“水”素材，按 Ctrl+T 组合键，对其自由变换，调整合适的大小，旋转，将素材中的水波放置在左边位置，如图 7.1.3 所示。

图7.1.3　置入背景图片

04 执行“滤镜”→“模糊”→“高斯模糊”命令，设置像素，让“水”图层变得模糊一些（参考值：4.6 像素），如图 7.1.4 所示。

05 打开“案例素材”→“手机”素材，运用魔棒工具选取白色的背景后删去，再将“手机”图片拖入正在编辑的文档中。执行“自由变换”命令，调整大小，放置在画面合适的位置，如图 7.1.5 所示。

图7.1.4 设置像素

图7.1.5 添加蒙版

06 按 Ctrl+J 组合键，复制手机图层，然后添加蒙版，如图 7.1.6 所示。

07 打开“案例素材”→“水”素材，或者直接复制“水”素材图层，放置在“图层 3”上方，右击，创建剪贴蒙版，或者按住 Alt 键的同时将鼠标指针放置在“图层 3”“水 2”图层的中间，出现向下的箭头后单击即可创建剪贴蒙版，然后调整“水 2”的大小、位置、方向，特别是水柱的位置要与背景衔接，如图 7.1.7 所示。

图7.1.6 复制图层添加蒙版

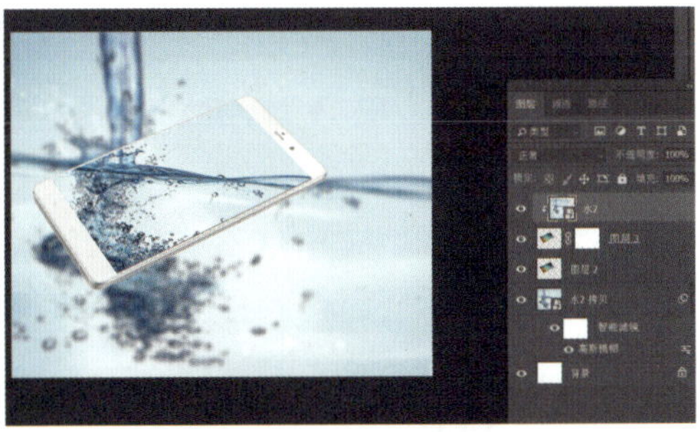

图7.1.7 创建剪贴蒙版

08 打开“案例素材”→“鱼”素材，并复制一层到“图层 1”，如图 7.1.8 所示。

09 选择“通道”图层，在红、绿、蓝三个通道中选择黑白差异最大的一个图层，此处为蓝色通道，如图 7.1.9 所示。

10 复制蓝色通道，按 Ctrl+L 组合键，调整图像色阶，让画面中的黑白色更加分明（参考色号从左到右依次为：147、1.00、

图7.1.8 打开“鱼”素材

255），如图 7.1.10 所示。

图7.1.9　选取蓝色通道

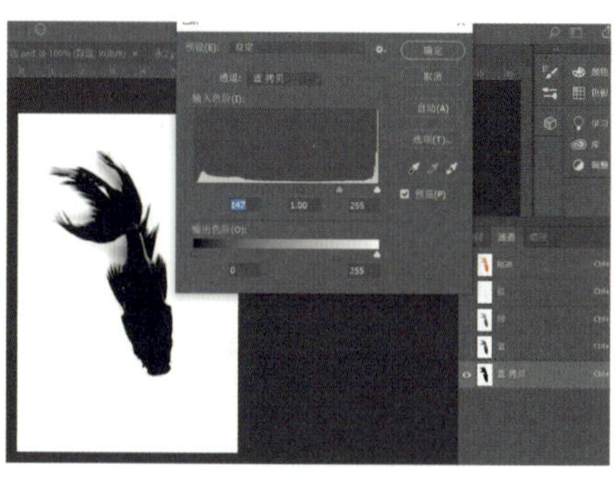

图7.1.10　调整色阶

11 按住 Ctrl 键，单击图层缩览图，建立选区，如图 7.1.11 所示。

12 回到 RGB 通道，在“图层 1”上按 Ctrl+Shift+I 组合键，反选选区，如图 7.1.12 所示。

图7.1.11　建立选区

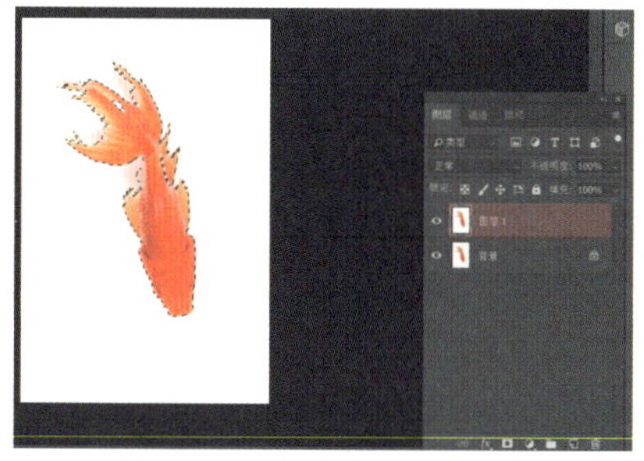

图7.1.12　反选选区

13 按 Ctrl+J 组合键，复制选区到新的图层，得到去掉背景的鱼，如图 7.1.13 所示。

14 将抠好的素材“鱼”拖动到正在编辑的“防水手机创意广告”中，执行“自由变换”命令，调整大小，将其放置在合适的位置，让人感觉鱼是从手机里面跳跃出来的，如图 7.1.14 所示。

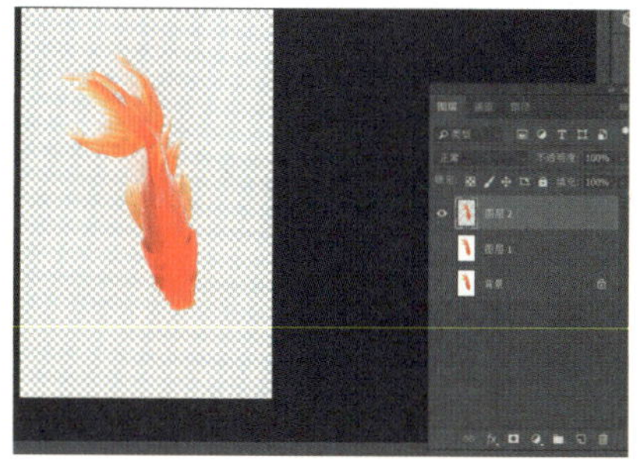

图7.1.13　去掉“鱼”背景

15 打开“案例素材”→“水花”素材，放置在“鱼”图层下方，执行“自由变换”命令，调整大小，让水花和背景自然地融合在一起，有一种迸溅的感觉，如图 7.1.15 所示。

图7.1.14 调整“鱼”的位置

图7.1.15 拖入“水花”素材

16 进行适当的调整，完成广告合成，如图 7.1.1 所示。

知识链接

1. 添加图层蒙版

单击图层面板中的添加图层蒙版按钮，可以创建图层蒙版，如图 7.1.16 所示。按住 Alt 键的同时，单击图层面板中的添加图层蒙版按钮，可以创建一个遮盖全部图层的蒙版，如图 7.1.17 所示。

执行“图层”→“图层蒙版”→“显示全部”命令，可以显示全部图像。执行“图层”→“图层蒙版”→“隐藏全部”命令，可以隐藏全部图像。

2. 隐藏图层蒙版

按住 Alt 键的同时，单击图层蒙版缩览图，图像窗口中的图像将被隐藏，只显示蒙版缩览图中的效果，如图 7.1.18 所示。按住 Alt 键的同时，再次单击图层蒙版缩览图，将恢复图像窗口中的图像效果。按 Alt+Shift 组合键的同时，单击图层蒙版缩览图，将同时显示图像和图层蒙版的内容。

图7.1.16 创建蒙版

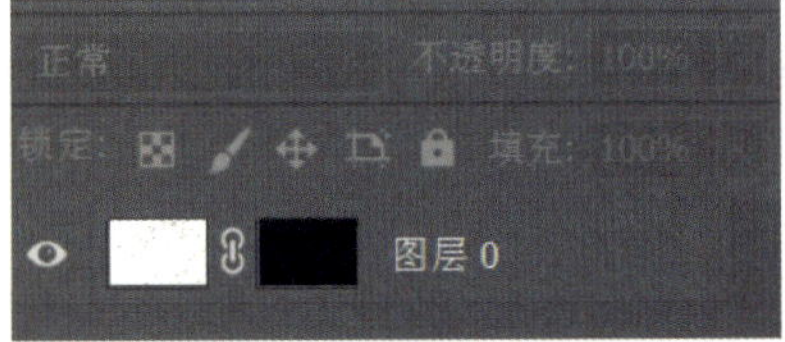

图7.1.17 创建遮盖全部图层的蒙版

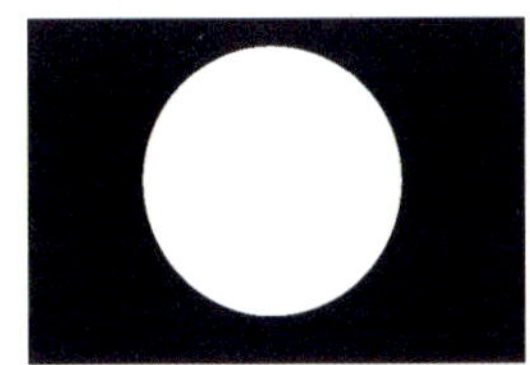
图7.1.18 图层蒙版缩览图

图7.1.19 图层蒙版显示选项

3. 链接图层蒙版

在图层面板中，图层缩览图与图层蒙版缩览图之间存在链接图标，当图层图像与蒙版关联，移动图像，蒙版会同步移动。单击链接图标，将不显示此图标，可以分别对图像与蒙版进行操作。

4. 应用及删除图层蒙版

在通道控制面板中，双击蒙版通道，弹出图层蒙版显示选项，如图 7.1.19 所示，以对蒙版的颜色和不透明度进行设置。

执行“图层”→“图层蒙版”→“停用”命令，或按 Shift 键的同时，单击图层面板中的图层蒙版缩览图，图层蒙版被停用，如图 7.1.20 所示，此时图像将全部显示。按 Shift 键的同时，再次单击图层蒙版缩览图，将恢复图层蒙版效果，如图 7.1.21 所示。

执行“图层”→“图层蒙版”→“删除”命令，或在图层蒙版缩览图上右击，在弹出的快捷菜单中执行“删除图层蒙版”命令，可以将图层蒙版删除。

5. 剪贴蒙版

在编辑文档时，图层面板中有两个或两个以上的图像。单击一个图层，按住 Alt 键的同时，将鼠标指针放置到“图层 2”“图层 1”的中间位置，此时鼠标指针变为左转折的箭头符号，如图 7.1.22 所示。

选中剪贴蒙版组中上方的图层，执行“图层”→“释放剪贴蒙版”命令，或按 Alt+Ctrl+G 组合键，即可释放剪贴蒙版。

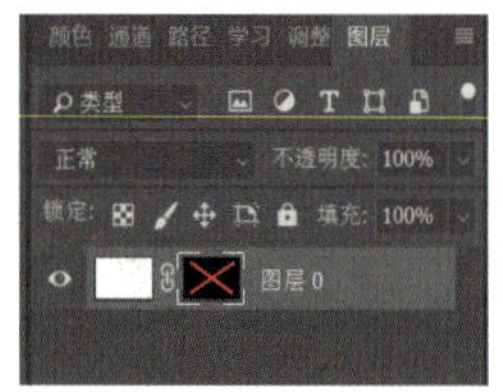

图7.1.20 停用蒙版

图7.1.21 停用、恢复蒙版对比

图7.1.22 剪贴蒙版

关键点拨

为图层创建剪贴蒙版后，若觉得效果不佳，可将剪贴蒙版取消，即释放剪贴蒙版。释放剪贴蒙版的方法如下。

1）通过执行命令：选择要释放的剪贴蒙版，再执行“图层”→“释放剪贴蒙版”命令。

2）通过拖动：按住Alt键，将鼠标指针放到内容图层和基底图层中间的分线上，当鼠标指针变形时单击，释放剪贴蒙版。

任务 7.2 应用通道抠取纱质透明效果——自制婚纱照

☞任务描述

有的女孩会自拍婚纱照，但由于没有摄影棚和聚光灯，拍出来的照片效果不好。为了使婚纱照的效果更好，本任务利用Photoshop软件的通道抠图功能，自制婚纱合成照，效果如图7.2.1所示。

图7.2.1 自制婚纱合成照

☞任务分析

自制婚纱照时，首先，对素材照片进行处理。由于自己拍摄的照片无论是在光线还是色调上，都很难达到精美照片的效果，因此要对照片进行美化。其次，抠取婚纱。该照片的背景是灰色的，人物和婚纱整体与环境的边缘比较清晰，地面和背景差异虽然较大，但是和婚纱的薄纱分界明显，易抠取。较为复杂的部分就是飞舞的头纱，要借助通道、色阶调色后再抠取。

实践操作

01 前期准备，根据主题寻找素材，将其保存到相应的文件夹，安装字体。

02 打开 Photoshop 软件，新建文件，将其命名为“自制婚纱照”，设置尺寸为 3300（宽）像素 ×5200（高）像素，分辨率为 300 像素 / 英寸，如图 7.2.2 所示。

图7.2.2 新建文件参数设置

微课：自制婚纱照

03 打开“案例素材”→“原图”素材，如图 7.2.3 所示。

04 将“背景”图层复制一层，或者按 Ctrl+J 组合键，得到“图层 1”，如图 7.2.4 所示。

图7.2.3　打开拍摄素材

图7.2.4　复制“背景”图层

05 单击通道图层，筛选黑白差异效果最大的通道图层，此处选择红色通道，如图 7.2.5 所示。

06 将红色通道图层复制一层，得到“红 拷贝”图层，如图 7.2.6 所示。

图7.2.5　选择红色通道

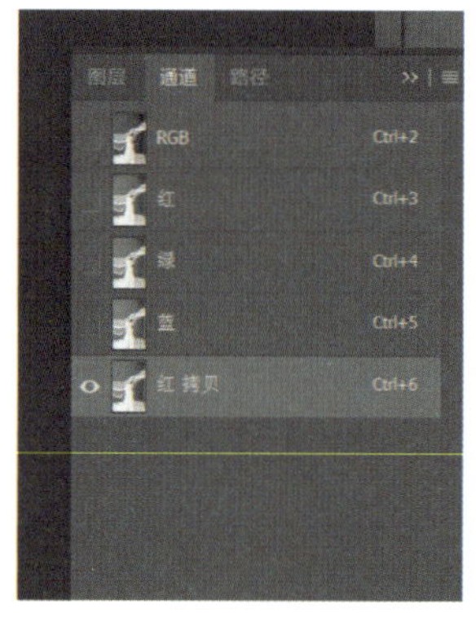

图7.2.6　复制图层

07 执行“图像”→“调整”→“色阶”命令，或者按 Ctrl+L 组合键，调整色阶，拖动三角滑块调整图层的黑白，使效果图更加突出（参考值：42、0.48、255），如图 7.2.7 所示。

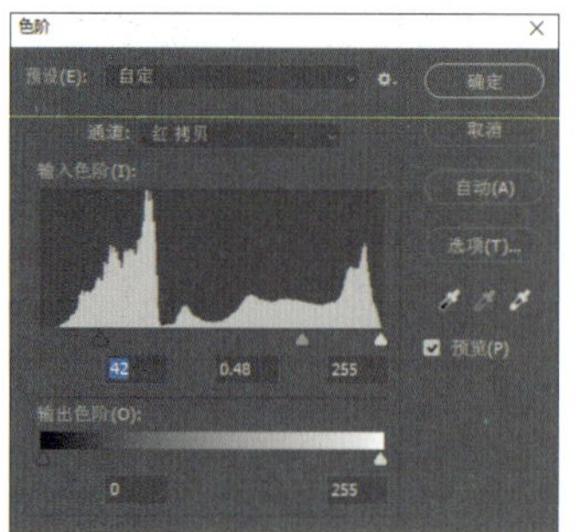

图7.2.7　调整色阶

08 运用画笔工具，或者按住 B 键切换到画笔，设置前景色为黑色，运用柔角画笔均匀涂抹背景和地面部分，如图 7.2.8 所示。

09 运用白色柔角画笔涂抹人物脸部和手臂的部分作为选区，如图 7.2.9 所示。

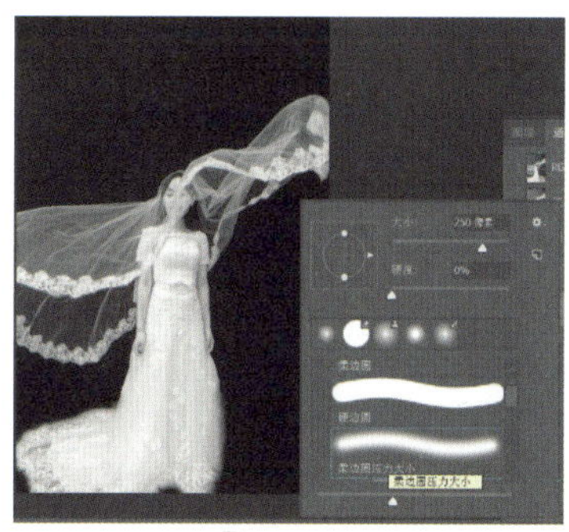

图7.2.8 涂抹背景和地面

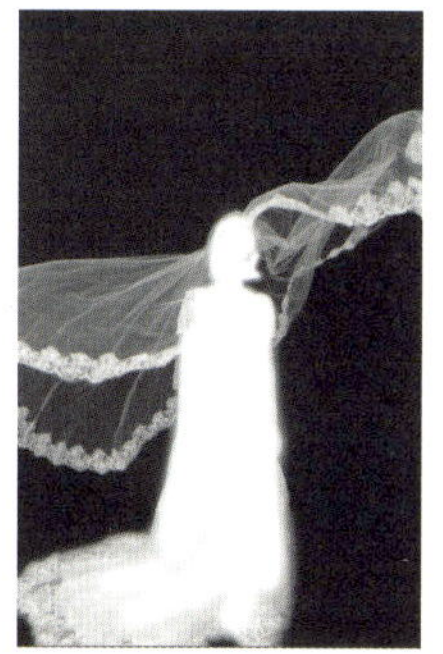

图7.2.9 涂抹人物

关键点拨

为了完整地抠取人物，涂抹时要运用柔角画笔将人物的头发部分涂白。

10 按住 Ctrl 键的同时单击图层缩览图，选取白色选区，如图 7.2.10 所示。

11 单击 RGB 通道图层，将得到选取婚纱的选区，如图 7.2.11 所示。

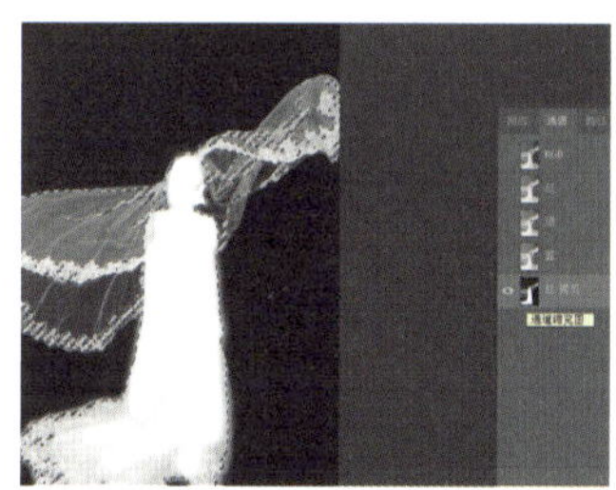

图7.2.10 选取白色选区

图7.2.11 返回RGB图层

12 返回图层面板，按 Ctrl+J 组合键复制所选选区，得到“图层 2”，如图 7.2.12 所示。

13 将抠取好的婚纱拖动到正在编辑的“自制婚纱照”文档中，调整图像大小，如图 7.2.13 所示。

图7.2.12 复制选区

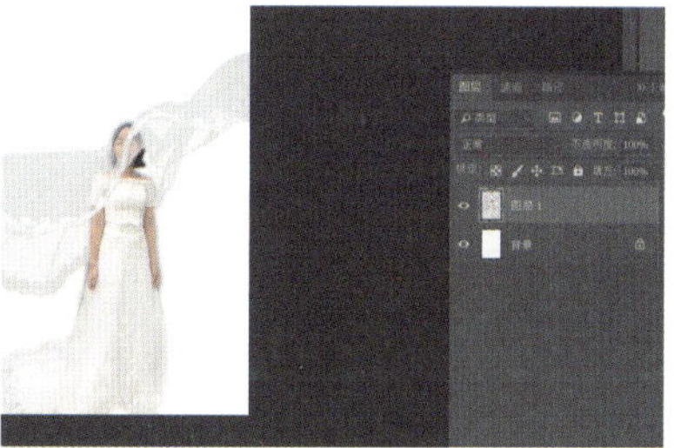

图7.2.13 将婚纱照拖入文档

14 打开“案例素材”→“背景”素材，将抠取好的婚纱“图层 2”放置在“花”“背景”图层之间，让花作为前景显示在画面的前面，调整好大小及位置，如图 7.2.14 所示。

15 为调整好的图片添加文字“HELLO SPRING”，设置为“等线”字体，更改前景色（参考色号：#4e631e），再进行整体调整，得到最终效果，如图 7.2.1 所示。

图7.2.14　拖入背景

知识链接

1．了解通道控制面板

通道控制面板可以管理所有的通道并对通道进行编辑。

执行“窗口”→“通道”命令，弹出通道控制面板，如图 7.2.15 所示。在控制面板中，放置区用于存放当前图像中存在的所有通道。在通道放置区，如果选中的只是其中的一个通道，则只有这个通道处于选中状态，通道上将出现一个蓝色条。如果想选中多个通道，可以按住 Shift 键，再单击其他通道。通道左侧的眼睛图标用于显示或隐藏颜色通道。

通道控制面板的底部有四个工具按钮，如图 7.2.16 所示。

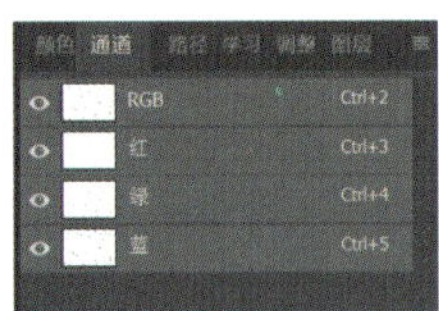

图7.2.15　通道控制面板

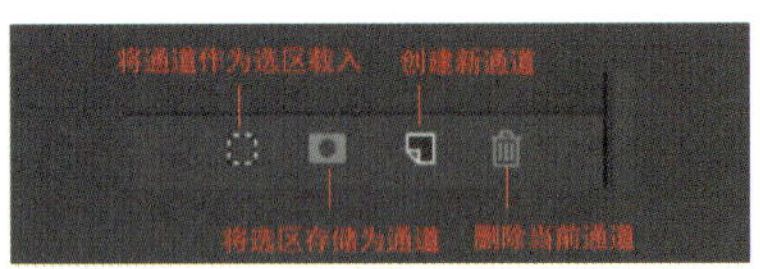

图7.2.16　通道控制面板按钮

1）将通道作为选区载入：用于将通道作为选择区域调出。

2）将选区存储为通道：用于将选择区域存储到通道中。

3）创建新通道：用于创建或复制新的通道。

4）删除当前通道：用于删除图像中的通道。

2．创建新的通道

在编辑图像的过程中可以建立新的通道，单击通道控制面板右上方的图标，弹出面板菜单，执行“新建通道”命令，弹出“新建通道”对话框，如图 7.2.17 所示。

单击通道控制面板下方的创建新通道按钮，也可以创建一个新通道。

1）名称：用于设置当前通道的名称。

2）色彩指示：用于选择保护区域。

3）颜色：用于设置新通道的颜色。

4）不透明度：用于设置当前通道的不透明度。

单击“确定”按钮，通道控制面板中将创建一个新通道，即“Alpha 1”，如图 7.2.18 所示。

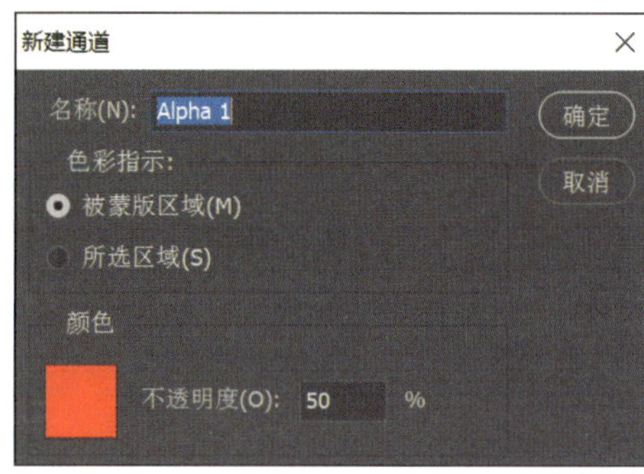

图7.2.17 “新建通道”对话框

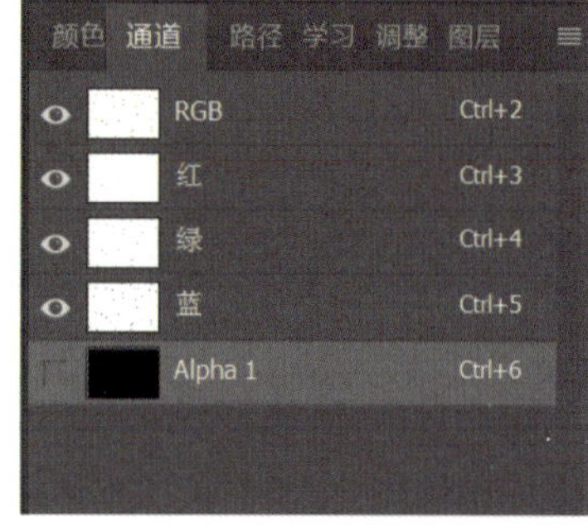

图7.2.18 新建通道示意

3. 复制通道

复制通道用于将现有的通道进行复制，产生相同属性的多个通道。

单击通道控制面板右上方的图标，弹出面板菜单，执行“复制通道”命令，弹出“复制通道”对话框，如图 7.2.19 所示。

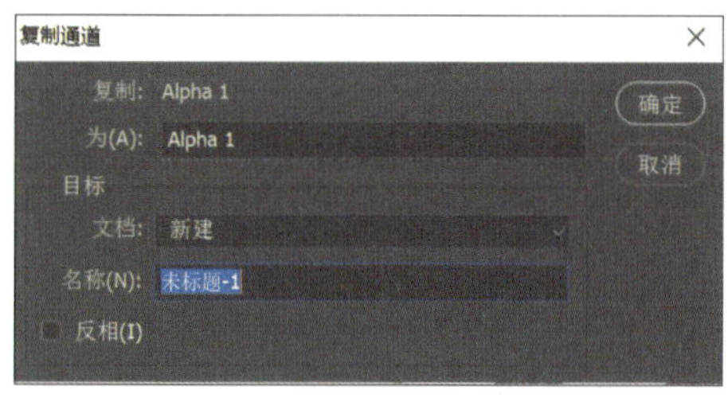

图7.2.19 “复制通道”对话框

1）为：用于设置复制出的新通道的名称。

2）文档：用于设置复制通道的文件来源。

将需要复制的通道拖动到控制面板下方的“创建新通道”按钮上，即可将所选的通道复制为一个新的通道。

4. 删除通道

单击通道控制面板右上方的图标，在弹出的快捷菜单中执行“删除通道”命令，即可将通道删除。

单击通道控制面板下方的“删除当前通道”，弹出提示对话框，单击“是”按钮，可将通道删除，也可将需要删除的通道直接拖动到“删除当前通道”按钮上进行删除。

学习评价

学习目标	自我评价			同学评价		
	达成	基本达成	未达成	达成	基本达成	未达成
了解通道、运算和蒙版的使用原理						
熟悉图层蒙版、剪贴蒙版和矢量蒙版的运用方法						
掌握通道的基本运用方法						

教师评价：

教师签字：

思考与练习

一、理论题

1．按住 ________ 键的同时，单击图层蒙版缩览图，图像窗口中的图像将被隐藏。

2．通道控制面板的底部有 __ 个工具按钮。

3．如何释放剪贴蒙版？

____

____

4．如何复制通道？

____

____

二、实训题

1．根据所学的知识点，打开“实训题 1”中的素材，利用蒙版知识技能，将滑雪的照片添加到相框里面，形成一幅挂在墙上的照片效果，如左下图所示。

2．打开“实训题 2”中的素材，利用所学的通道抠图知识点抠出人物，再结合“背景”素材完成效果，如右下图所示。

练习效果（1）

练习效果（2）

8 单元

我的色彩我做主——应用调色工具

单元导读

Photoshop 软件的核心竞争力在于它具有强大的图像色彩调整功能。执行 Photoshop 软件的众多调色命令可以对照片进行颜色校正、光影明暗调整、色调调整等编辑。对图像的色彩调整编辑可以分为破坏性编辑和非破坏性编辑两种形式。利用破坏性编辑处理图片，原图将受到永久性破坏，而非破坏性编辑则以调整图层的形式对原图进行调整，不会损坏原图本身数据，容错率相对较高。

学习目标

- 了解 Photoshop 软件的常用色彩调整命令原理；
- 掌握常用色彩调整命令的基本运用方法。

思政目标

- 在设计中运用我国传统美学理念，体会意境；
- 感受光影明暗调整中蕴含的哲学思想，增强对我国艺术概念的理解。

任务 8.1　应用破坏性方式调色——制作童话小镇

任务描述

在设计工作中，元素图片常常达不到预期效果，这时候就要对元素图片进行后期处理。本任务要求为某小镇的旅游推广制作宣传图，可是实地拍摄照片时因天气原因，照片的效果未能完全体现出小镇具有的浪漫风情、童话色彩，因此需要将照片进行后期处理。本任务将运用 Photoshop 软件的调色功能将童话小镇重现出来，效果如图 8.1.1 所示。

图8.1.1　童话小镇调色制作效果

任务分析

图像原片整体效果灰暗，明暗对比不强烈，加之色彩饱和度偏低，整个画面较为阴郁。为配合宣传文案，可以提升图片的亮度及明暗对比关系，调高色彩饱和和度；针对天空进行调色，打造出介于现实与梦境的世界。

实践操作

微课：童话小镇

1. 调整图片色调

01 打开 Photoshop 软件，打开“案例素材”→“小镇风景原片”素材，如图 8.1.2 所示。

图8.1.2　打开“小镇风景原片”素材

02 执行“图像”→“调整”→“色阶”命令（组合键：Ctrl+L），如图 8.1.3 和图 8.1.4 所示。

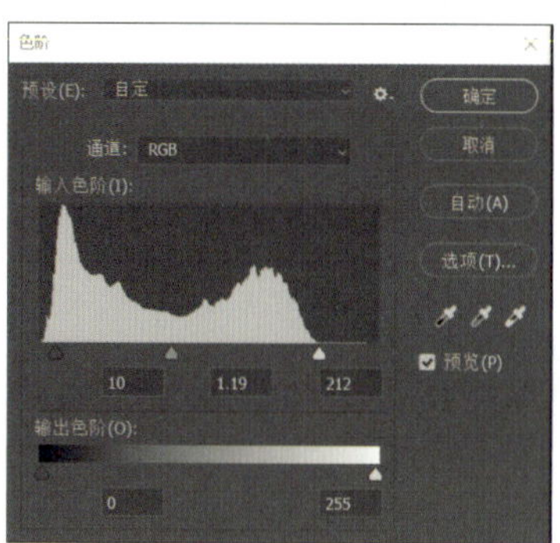

图8.1.3　色阶调整参数设置

图8.1.4　色阶调整后效果

03 执行“图像”→“调整”→“阴影/高光”命令，如图 8.1.5 和图 8.1.6 所示。

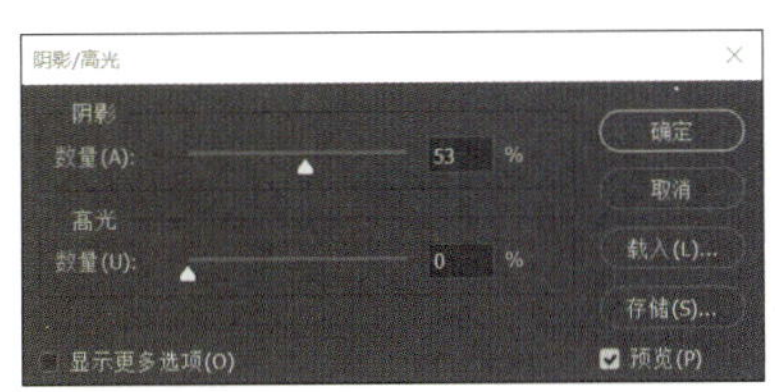

图8.1.5 阴影/高光调整参数设置

图8.1.6 阴影/高光调整后效果

04 执行“图像”→“调整”→“色相/饱和度”命令（组合键：Ctrl+U），如图 8.1.7 和图 8.1.8 所示。

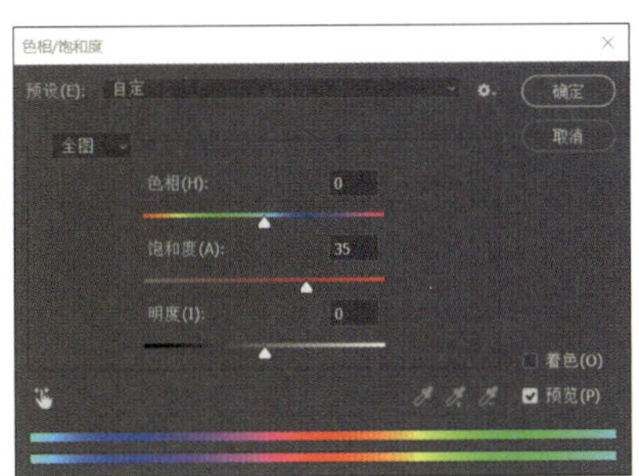

图8.1.7 色相/饱和度调整参数设置

图8.1.8 色相/饱和度调整后效果

关键点拨

色相、明度和饱和度是构成色彩的三个要素，而这三个要素也是使用和感知色彩的主要依据。

1）色相是指色彩的相貌，即区别色彩种类的名称，所以色相也被称为色彩。

2）明度是指色彩的明暗程度。通常用反光率表示明度大小。反光率高，则明度高；反之相反。在红色、橙色、黄色、绿色、青色、蓝色、紫色这些基本色中，黄色的明度最高，橙色、绿色次之，红色、蓝色、紫色的明度最暗。同一色相会因受光强弱的不同而产生不同的明度。

3）饱和度即彩度，是指颜色的纯度，也称色的鲜艳程度。有彩色的各种色都具有彩度值，无彩色的色的彩度值为0。对于有彩色的色的彩度的高低，区别方法是根据色中含灰色的程度来计算。彩度由于色相的不同而不同，而且即使是相同的色相，也会因为明度的不同，彩度随之变化。

05 调用“工具栏”→“魔棒工具”，选择图片中的天空区域；设置选取羽化值为 2，如图 8.1.9 和图 8.1.10 所示。

图8.1.9 选取天空区域

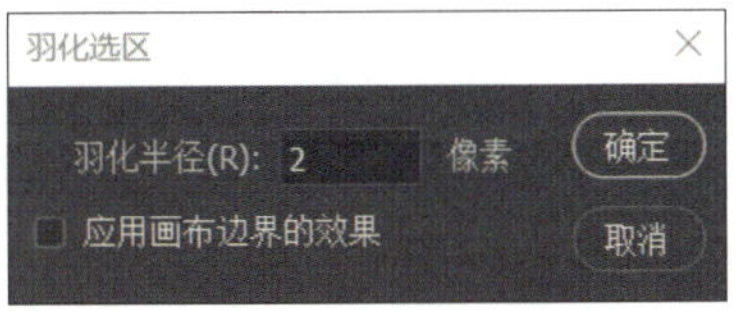

图8.1.10 羽化参数设置

06 执行“图像”→“调整”→“色彩平衡”命令（组合键：Ctrl+B），弹出“色彩平衡”对话框，参数设置及调整效果如图 8.1.11 ～图 8.1.14 所示。

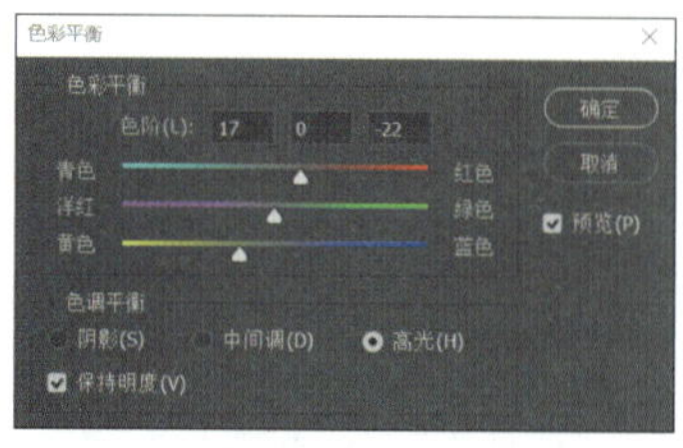

图8.1.11　色彩平衡高光参数设置

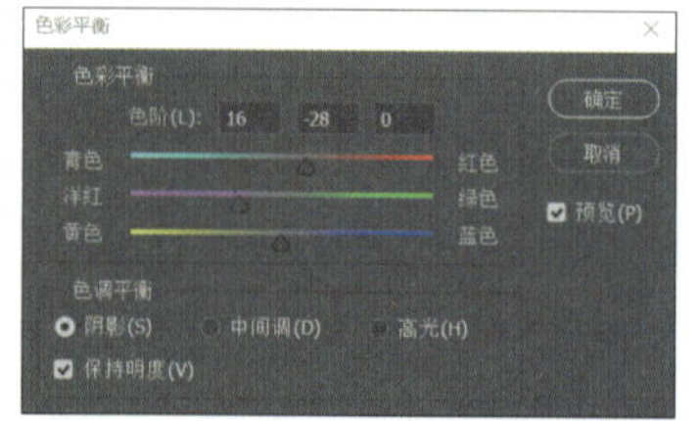

图8.1.12　色彩平衡阴影参数设置

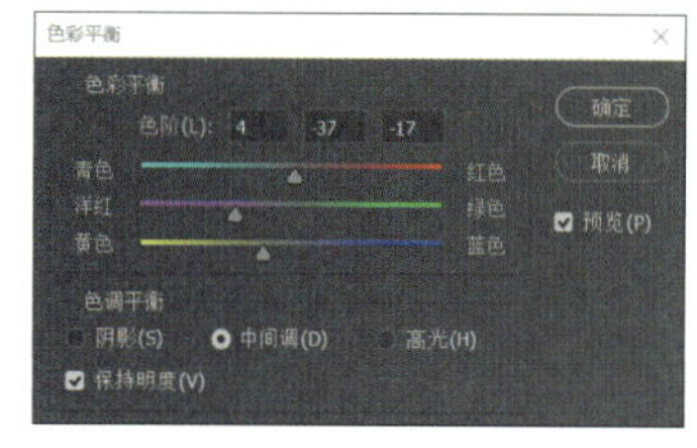

图8.1.13　色彩平衡中间调参数设置

图8.1.14　色彩平衡调整效果

07 执行“图像”→“调整”→“曲线”命令（组合键：Ctrl+M），弹出“曲线”对话框，参数设置及调整效果如图 8.1.15 和图 8.1.16 所示。

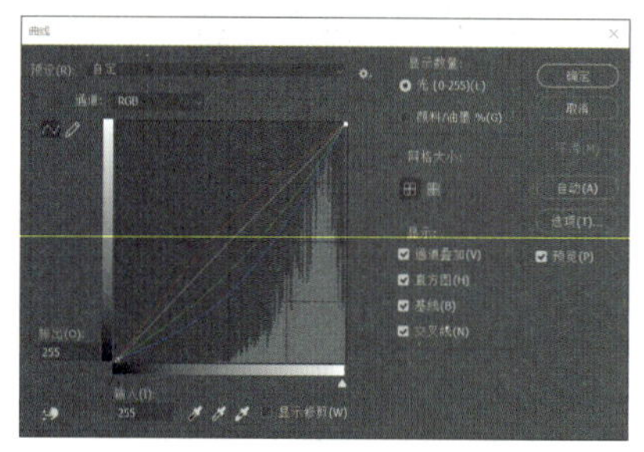

图8.1.15　曲线调整参数设置

图8.1.16　曲线调整效果

08 执行“图像”→“调整”→“可选颜色”命令，弹出“可选颜色”对话框，参数设置及调整效果如图 8.1.17 和图 8.1.18 所示。

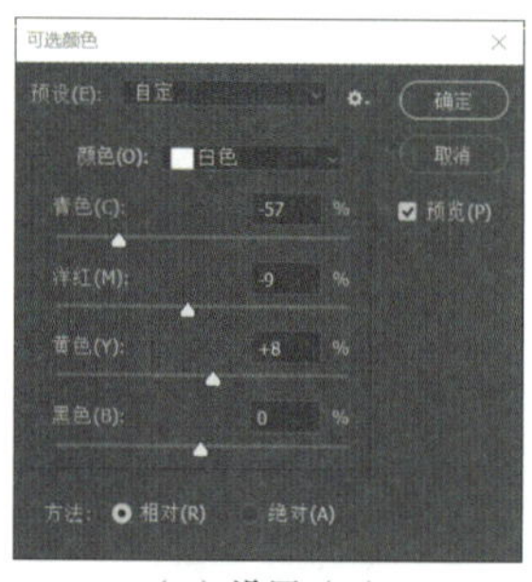

（a）设置（1）

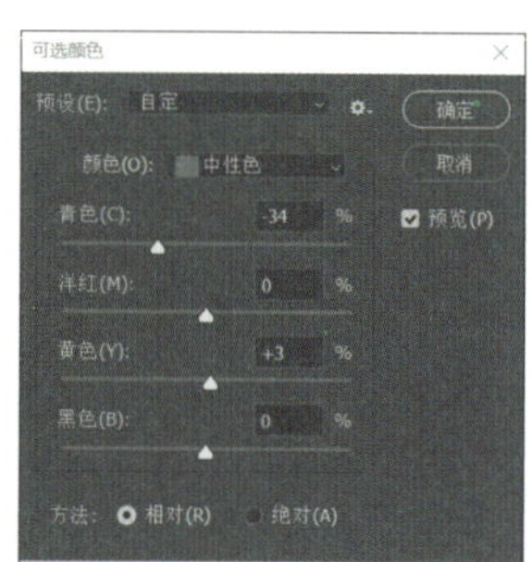

（b）设置（2）

图8.1.17　可选颜色参数设置

图8.1.18　可选颜色调整效果

09 执行“图像”→“调整”→“曲线”命令（组合键：Ctrl+M），弹出“曲线”对话框，参数设置及调整效果如图 8.1.19 和图 8.1.20 所示。

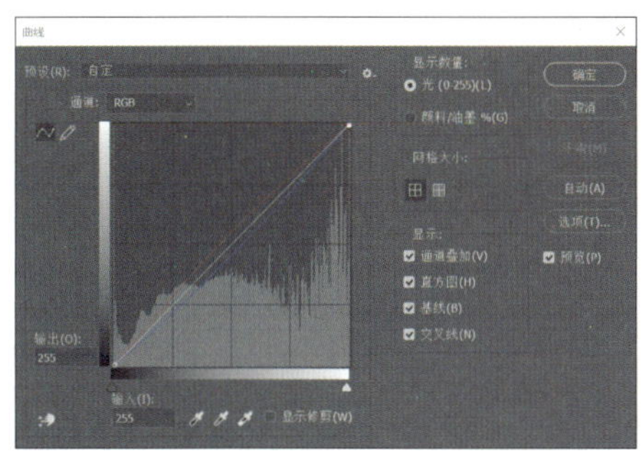

图8.1.19　曲线参数设置

图8.1.20　曲线调整效果

10 执行“图像”→“调整”→“可选颜色”命令，弹出“可选颜色”对话框，参数设置及调整效果如图 8.1.21 和图 8.1.22 所示。

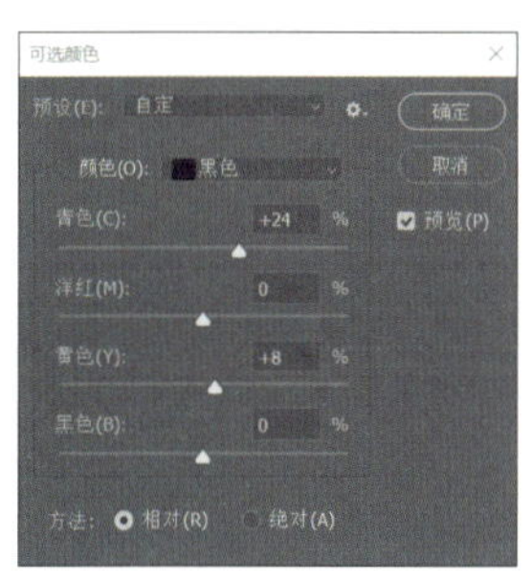

图8.1.21　可选颜色参数设置

图8.1.22　可选颜色调整效果

11 执行“图像”→“调整”→“色阶”命令（组合键：Ctrl+L），弹出“色阶”对话框，参数设置及调整效果如图 8.1.23 和图 8.1.24 所示。

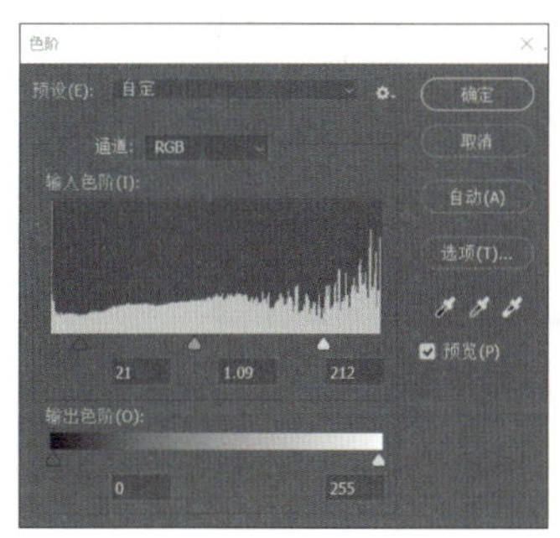

图8.1.23　色阶参数设置

图8.1.24　色阶调整效果

2. 编排画面版式

01 解锁“图层 0”并在其下方新建“背景”图层，填充“背景”图层颜色为白色；将“图层 0”向下移动，使画面中的天空面积更大；添加图层蒙版，适当调整图片边缘衔接处，如图 8.1.25 所示。

02 添加文字“童话小镇。”（参考字体：方正姚体；参考字号：180pt；参考色号：#666768），如图 8.1.26 所示。

图8.1.25 调整画面布局效果

图8.1.26 添加文字效果

03 执行“盖印图层”命令（组合键：Ctrl+Alt+Shift+E）；选择盖印图层，执行“图像”→“调整”→“色相 / 饱和度”命令；执行“滤镜”→“锐化”→“USM 锐化”命令，如图 8.1.27 ～图 8.1.29 所示。

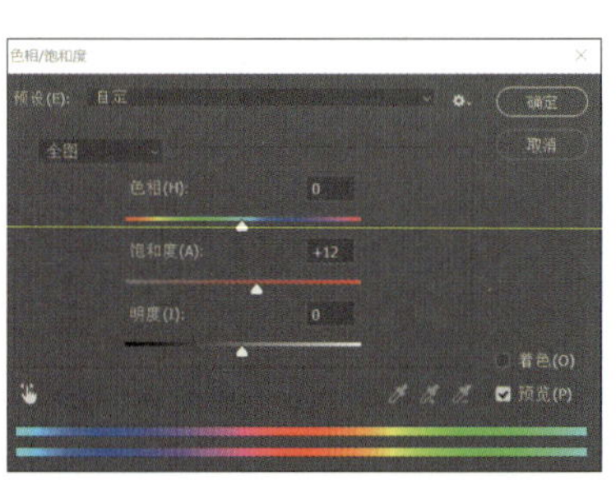

图8.1.27 色相/饱和度参数设置

图8.1.28 USM锐化参数设置

图8.1.29 盖印图层调整效果

04 执行“文件”→“存储为”命令，完成童话小镇调色制作，最终效果如图 8.1.1 所示。

知识链接

两幅内容完全相同的画面，会因为呈现的颜色不同而给人带来不同的视觉感受。在 Photoshop 软件中，用户可以执行软件所提供的各种不同类别的颜色调整命令，对图像的色相、明度、饱和度及明暗对比等色彩关系进行调整。

1. 执行颜色调整命令

执行“图像”→“调整”命令，即可在弹出的快捷菜单中执行相应的颜色调整命令，如图 8.1.30 所示。

2. 认识常用颜色调整命令

1）亮度 / 对比度：执行“图像”→“调整”→“亮度 / 对比度”命令，通过拖动对话框亮度和对比度的滑块可调整图像的亮度和对比度，如图 8.1.31 所示。

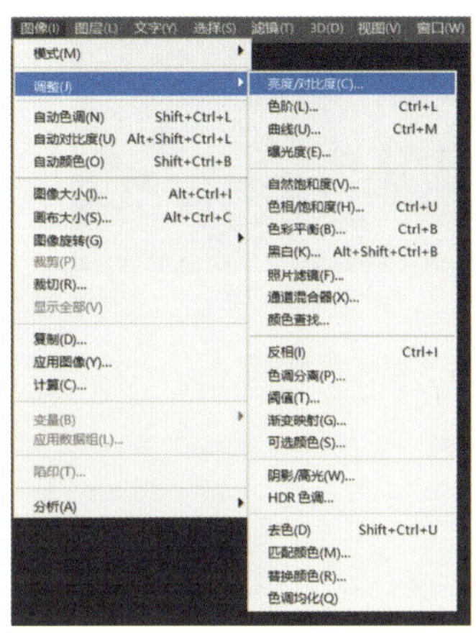

图8.1.30　颜色调整命令的选择路径示意

（a）原图

（b）调整后

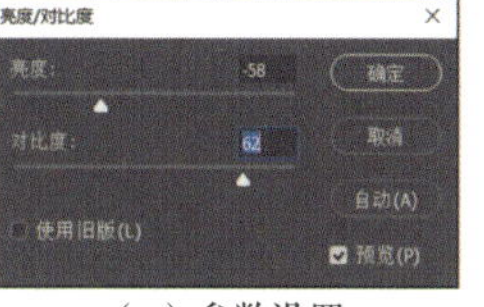

（c）参数设置

图8.1.31　亮度/对比度调整

2）色阶（组合键：Ctrl+L）：执行“图像”→“调整”→“色阶”命令，通过调整“色阶”对话框内的参数既可以调整图像的阴影、中间调和高光的强度，也可以校正图像的色彩范围和色彩平衡，如图 8.1.32 所示。

① 预设：下拉列表中可选择八个预设选项和一个自定选项。

② 通道：可通过下拉列表选择针对某个通道进行调整。

③ 输入色阶：可通过拖动三角滑块或文本框参数输入对图像黑白灰进行调整。

④ 输出色阶：可通过拖动三角滑块或文本框参数输入来调整图像明度。

（a）原图

（b）调整后

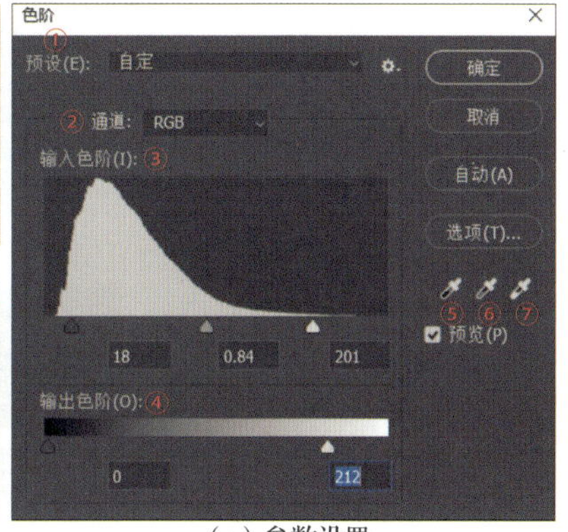

（c）参数设置

图8.1.32　色阶调整

⑤ 在图像中取样以设置黑场：使用该吸管工具在图像中单击，被点中像素和比它暗的像素都会被设置为黑色。

⑥ 在图像中取样以设置灰场：使用该吸管工具在图像中单击，被点中像素会变为灰色，其他中间色调也会做相应调整。

⑦ 在图像中取样以设置白场：使用该吸管工具在图像中单击，被点中像素及亮于它的像素都会被设置为白色。

3）曲线（组合键：Ctrl+M）：执行“图像”→“调整”→“曲线”命令，通过调节对话框内的曲线，可调整图像的整个明暗色调范围或针对图像中的个别颜色进行调整，如图 8.1.33 所示。

① 编辑方式选择：执行“编辑点以修改曲线”或“通过绘画来修改曲线”命令；

② 通道：可通过下拉列表选择针对某个通道进行调整；

③ 输入 / 输出色阶：可通过拖动三角滑块或文本框参数输入对图像黑白灰进行调整。

4）曝光度：执行“图像”→“调整”→“曝光度”命令，通过调整“色阶”对话框内的参数或拖动三角滑块，可以对图像进行阴影、中间调和高光的调整，如图 8.1.34 所示。

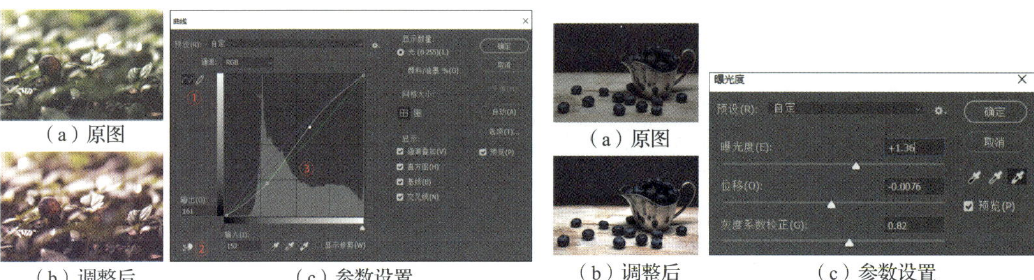

（a）原图　（b）调整后　（c）参数设置

图8.1.33　曲线调整

（a）原图　（b）调整后　（c）参数设置

图8.1.34　曝光度调整

① 曝光度：调整色彩范围的高光度。

② 位移：调整图像的中间调和阴影。

③ 灰度系数校正：利用减淡的乘方函数调整图像灰度系数。

5）色相 / 饱和度（组合键：Ctrl+U）：可调整图像色彩的色相、饱和度和明度，如图 8.1.35 所示。

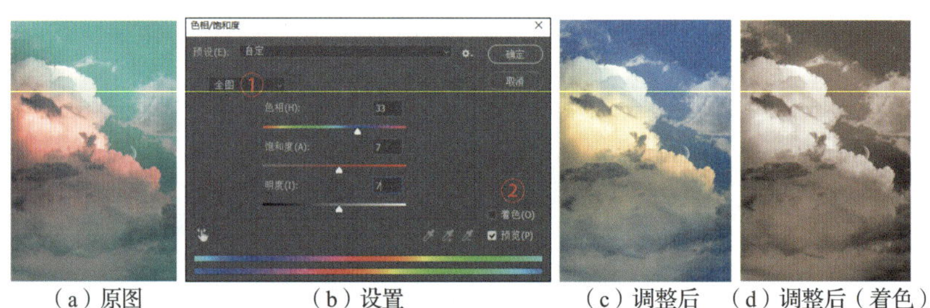

（a）原图　（b）设置　（c）调整后　（d）调整后（着色）

图8.1.35　色相/饱和度调整

（a）原图　（b）调整后　（c）参数设置

图8.1.36　色彩平衡调整

① 编辑范围：通过下拉列表选择针对全图调整还是单独针对某个颜色调整。

② 着色：选中该复选框可将图像转为单色图像进行编辑。

6）色彩平衡（组合键：Ctrl+B）：可以改变图像中多种颜色的混合效果，调整整体图像的色彩平衡，如图 8.1.36 所示。

① 通过拖动三角滑块或文本框参数输入，在画面中以添加或减少某种颜色的形式调节图像颜色。

② 将图像分为高光、中间调和阴影三个部分进行颜色调整。

7）黑白：专门制作黑白照片的命令，既可以针对各个颜色的转换方式进行完全的控制，还可以通过对图像应用色调为灰度图像着色，如图 8.1.37 所示。

8）照片滤镜：模拟传统照相机的滤镜效果处理图像，通过对图像颜色的调整可以产生冷暖调效果，如图 8.1.38 所示。

（a）原图

（b）调整后

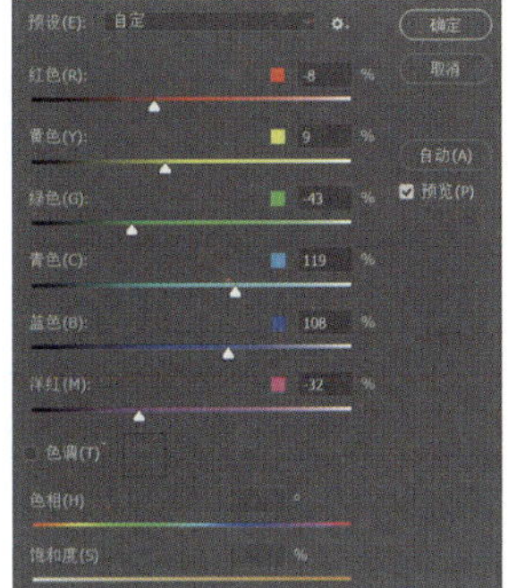

（c）参数设置

图8.1.37 黑白调整

（a）原图

（b）调整后

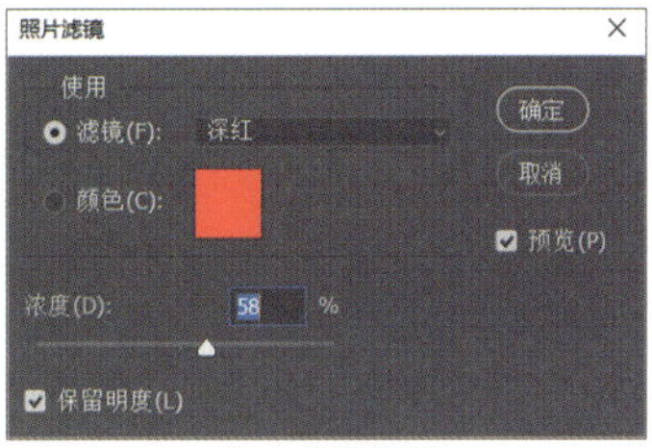

（c）参数设置

图8.1.38 照片滤镜调整

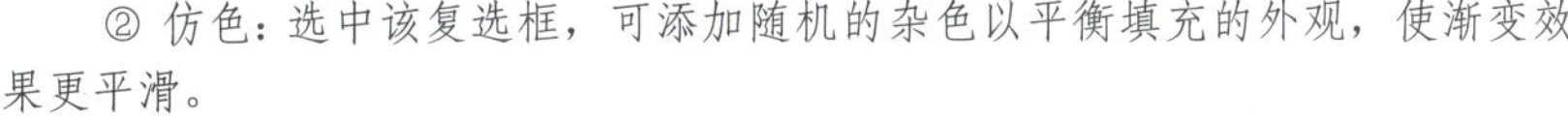

① 滤镜：通过选择过滤模式进行调整。

② 颜色：通过自定义颜色滤镜进行调整。

③ 浓度：通过拖动三角滑块或文本框参数输入调整应用到图像中颜色的数量。

④ 保持明度：通过选中该复选框保持图像亮度不变。

9）渐变映射：将不同亮度映射到不同的颜色上。使用渐变映射工具可以应用渐变重新调整图像，应用于原始图像的灰度细节，加入所选的颜色，如图 8.1.39 所示。

（a）原图　（b）调整后

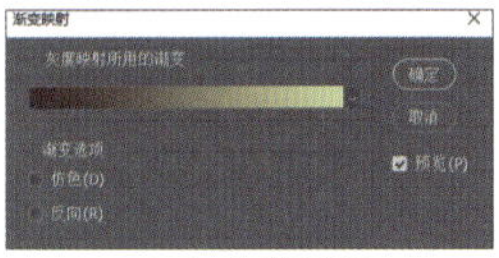

（c）参数设置

图8.1.39 渐变映射

① 灰度映射所用的渐变：用于选择不同的渐变形式。

② 仿色：选中该复选框，可添加随机的杂色以平衡填充的外观，使渐变效果更平滑。

③ 反相：选中该复选框，此项可翻转渐变填充的方向。

10）可选颜色：可选中某一项主要颜色进行调整，而不影响其他主要颜色，如图 8.1.40 所示。

11）阴影 / 高光：可选中某一项主要颜色进行调整，而不影响其他主要颜色，如图 8.1.41 所示。

（a）原图

（b）调整后

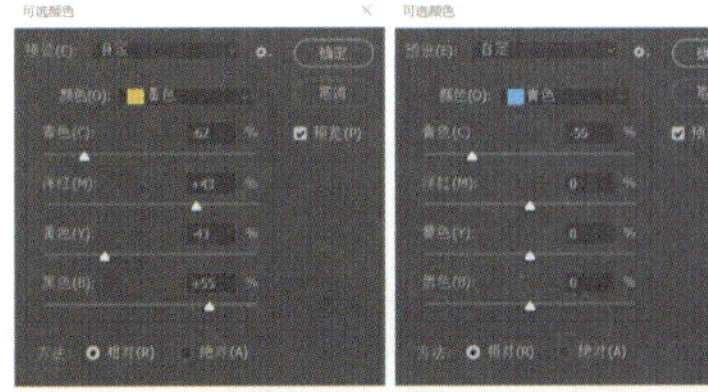

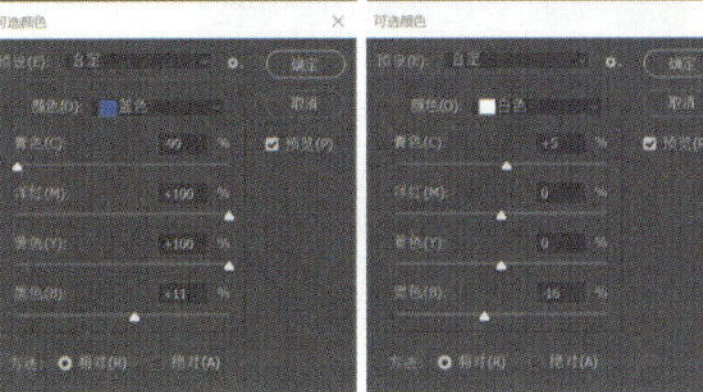

（c）参数设置

图8.1.40 可选颜色调整

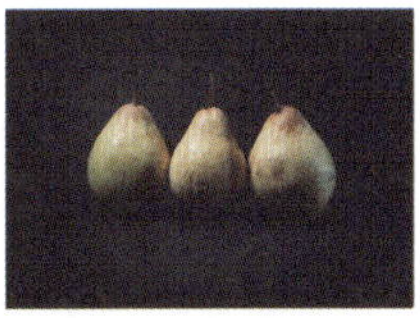

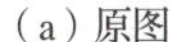

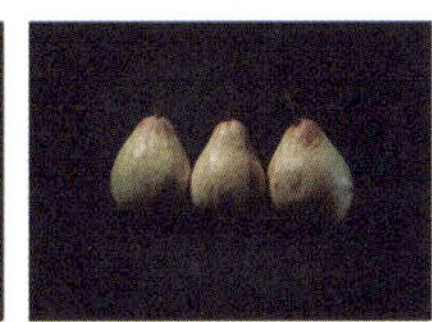

（a）原图　（b）调整后

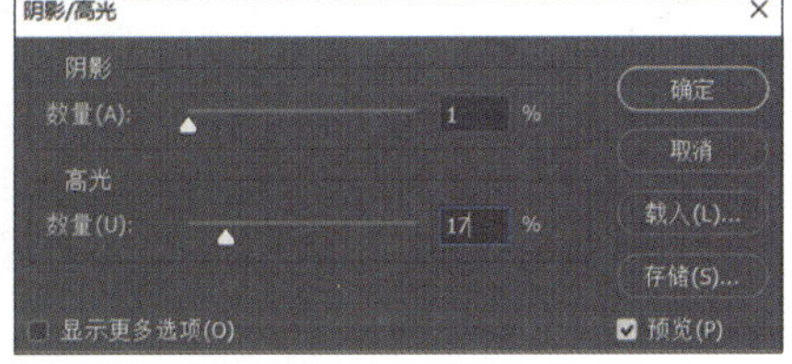

（c）参数设置

图8.1.41 阴影/高光调整

任务 8.2 应用非破坏性方式调色——制作照片调色拼图

任务描述

现代人大部分有在网络社交平台分享照片的经历，而分享的照片也会被精心地挑选修饰。然而现在很多社交App对于个人分享的图片有数量限制，不能满足人们的展示需求，这时很多用户会将多张图片进行拼接排版，以在有限的范围内展示更多的画面内容。本任务将利用Photoshop软件中的非破坏性调色方式对照片进行调色和拼接处理，效果如图8.2.1所示。

图8.2.1 照片调色拼图制作效果

任务分析

为了不对原片造成任何损坏，运用调整图层对原片进行色彩编辑。制作顺序为先将需要调色的四张照片的颜色调整好，然后将其拼接成一张图片。调色的大体思路为先用曲线调整图层对原片亮度进行调整，再利用色彩平衡调整图层对整体色调进行调整，最后运用可选色调整图层对图像中的细节颜色进行调整。

实践操作

1. 调整人像图片色调

微课：照片调色拼图

01 打开 Photoshop 软件，打开“案例素材”→“人像左上”素材，如图 8.2.2 所示。

02 单击图层下方的创建新的填充或调整图层按钮，创建“曲线”调整图层；选择“曲线调整图层蒙版”，运用黑色柔角画笔涂抹人物部分过亮区域，调整效果细节，如图 8.2.3 ～图 8.2.5 所示。

图8.2.2 人像左上原片效果

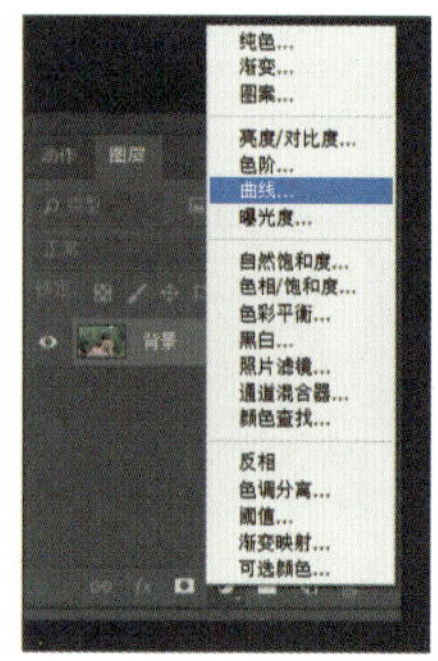

图8.2.3 创建“曲线”调整图层

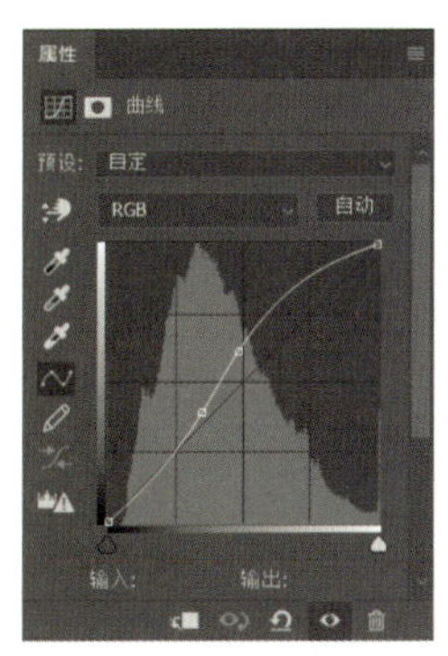

图8.2.4　曲线调整参数设置

图8.2.5　曲线调整效果

关键点拨

调整图层将调整工具当成一个特殊的图层进行调整，它的特点是自带图层蒙版，可以通过在调整图层蒙版上绘制黑色或白色，用来划定需要调整与不需要调整的区域。

当创建调整图层时未出现调整蒙版，可通过单击调整面板右上角的设置菜单进行选择，如图8.2.6所示。

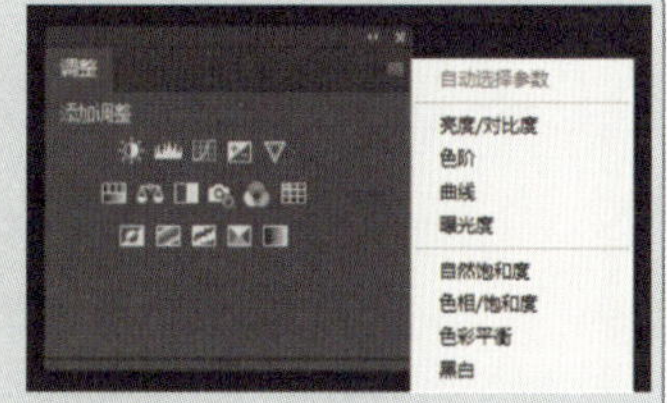

图8.2.6　调整面板设置菜单

03 创建“色彩平衡”调整图层调整画面整体色调；选择“色彩平衡调整图层蒙版”，运用黑色柔角画笔涂抹人物部分，调整效果细节，如图 8.2.7 ～图 8.2.9 所示。

04 创建“可选颜色”调整图层调整画面色调细节，如图 8.2.10 和图 8.2.11 所示。

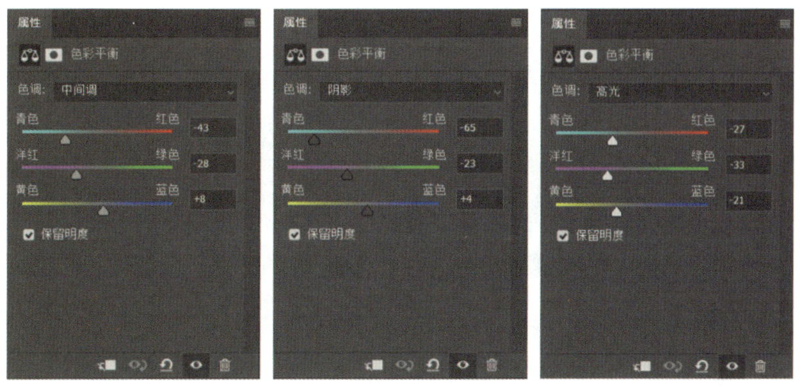

图8.2.7　色彩平衡调整参数设置

图8.2.8 色彩平衡调整后效果

图8.2.9 色彩平衡蒙版调整效果

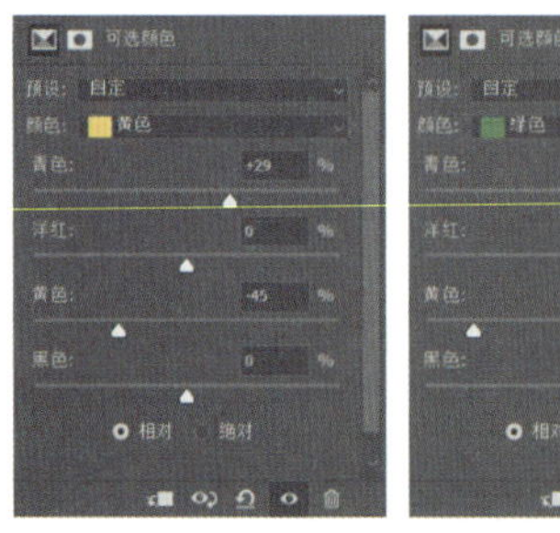
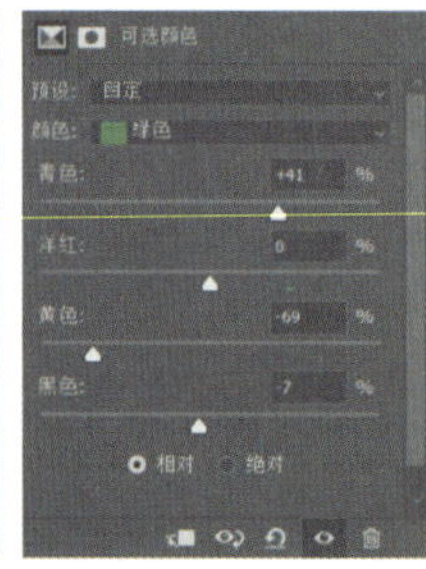
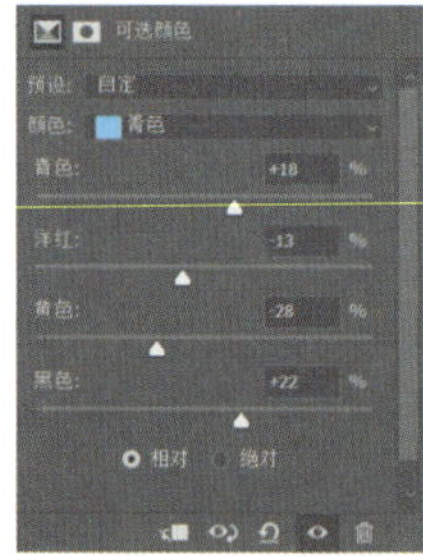
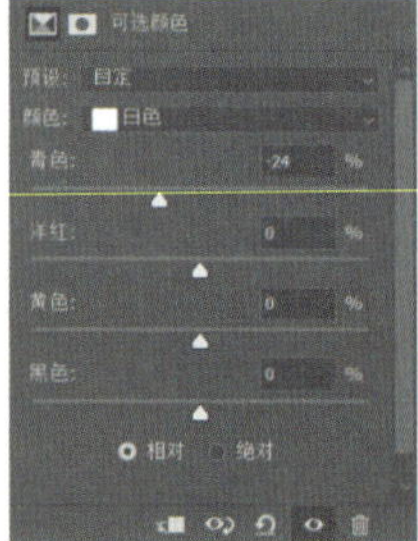

图8.2.10 可选颜色调整参数设置

图8.2.11 可选颜色调整效果

05 执行“盖印图层”命令（组合键：Ctrl+Alt+Shift+E）；创建“可选

颜色”调整图层调整画面整体色调，选择“可选颜色调整图层蒙版”，运用黑色柔角画笔涂抹人物部分，调整效果细节；创建“色相 / 饱和度”调整图层调整画面整体色调，选择“色相 / 饱和度调整图层蒙版”，运用黑色柔角画笔涂抹人物部分，调整效果细节，如图 8.2.12 ～图 8.2.14 所示。

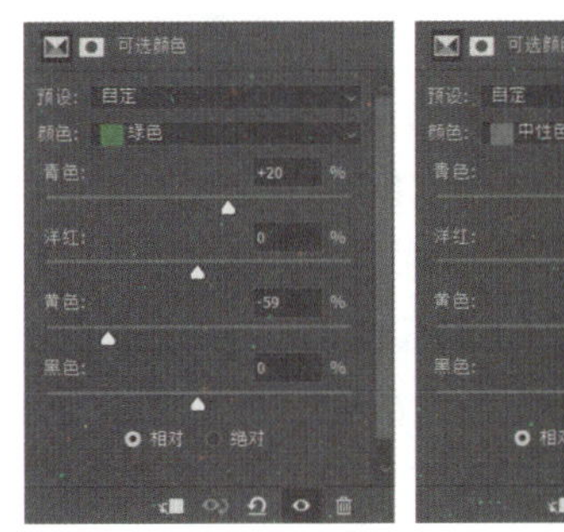

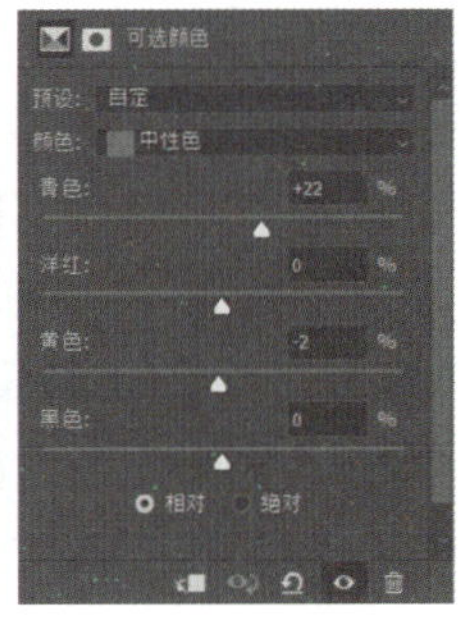

图8.2.12　可选颜色调整参数设置

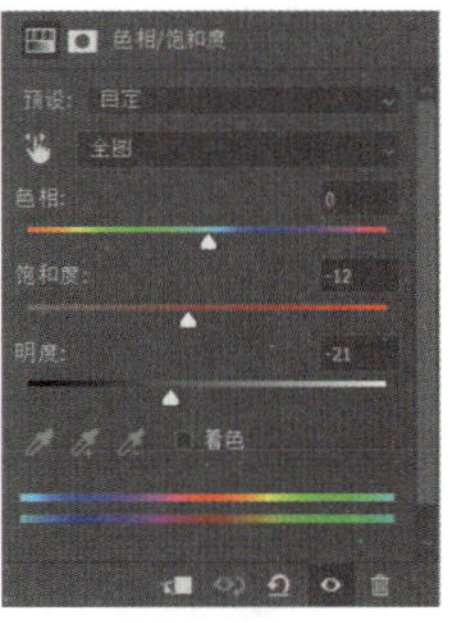

图8.2.13　色相/饱和度调整参数设置（1）

图8.2.14　人像饱和度调整效果（1）

06 创建“色相 / 饱和度”调整图层调整画面整体色调，选择“色相 / 饱和度调整图层蒙版”将蒙版填充成黑色，再运用白色柔角画笔涂抹人物部分，提高人像饱和度，如图 8.2.15 和图 8.2.16 所示。

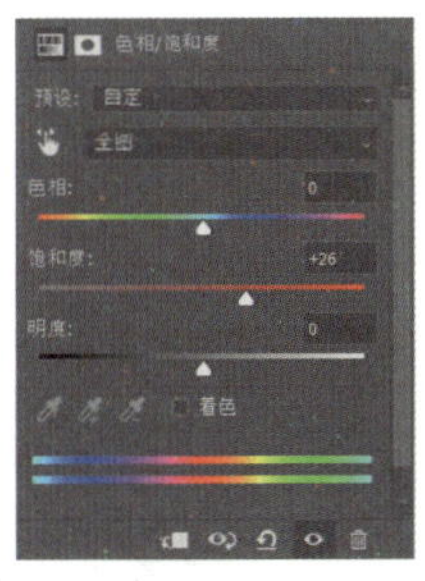

图8.2.15　色相/饱和度调整参数设置（2）

图8.2.16　人像饱和度调整效果（2）

07 执行“文件”→“存储为”命令，将其命名为“人像左上调色”，将文件分别保存为 .psd 与 .jpg 两种格式。

08 打开“案例素材”→“人像右下”素材，运用上述同样的方法进行色调调整，如图 8.2.17 和图 8.2.18 所示。

图8.2.17　人像右下原片效果

图8.2.18　人像右下图片调整效果

图8.2.19　景物右上原片效果

09 执行“文件”→“存储为”命令，将其命名为“人像右下调色”，将文件分别保存为 .psd 与 .jpg 两种格式。

2．调整景物图片色调

01 打开“案例素材”→“景物右上”素材，如图 8.2.19 所示。

02 创建“色彩平衡调整”图层调整图片整体色调，如图 8.2.20 和图 8.2.21 所示。

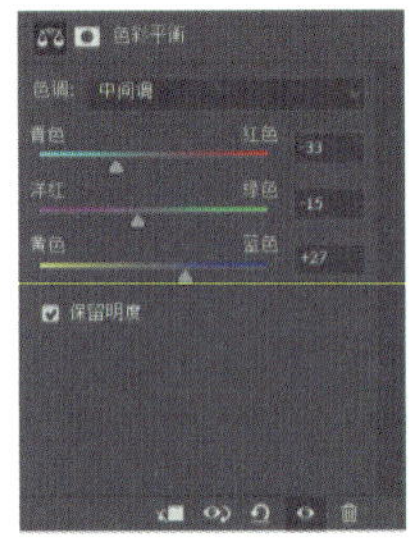
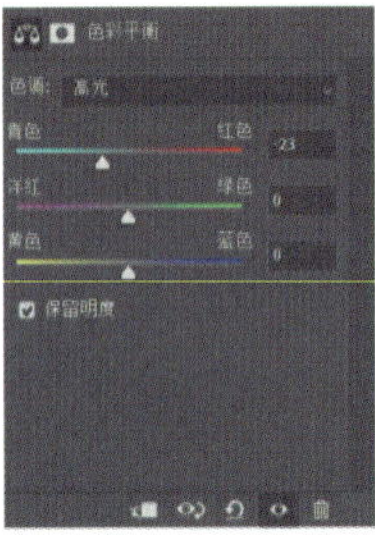
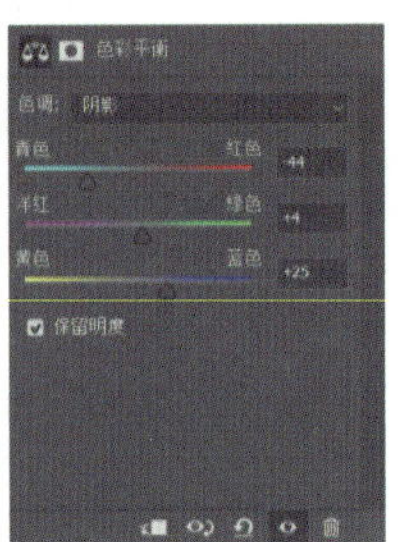
图8.2.20　景物色彩平衡调整参数设置

图8.2.21　景物整体色调调整效果

03 创建“色相 / 饱和度调整”图层调整图片饱和度与色调；创建“可选颜色调整图层”调整图片细节的颜色，如图 8.2.22 ～图 8.2.24 所示。

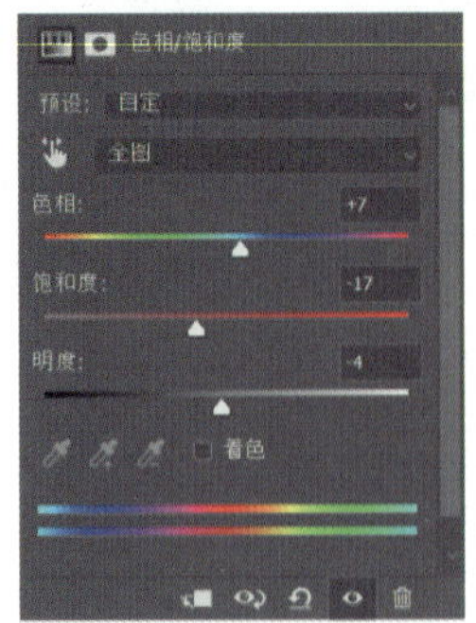
图8.2.22　景物色相/饱和度调整参数设置

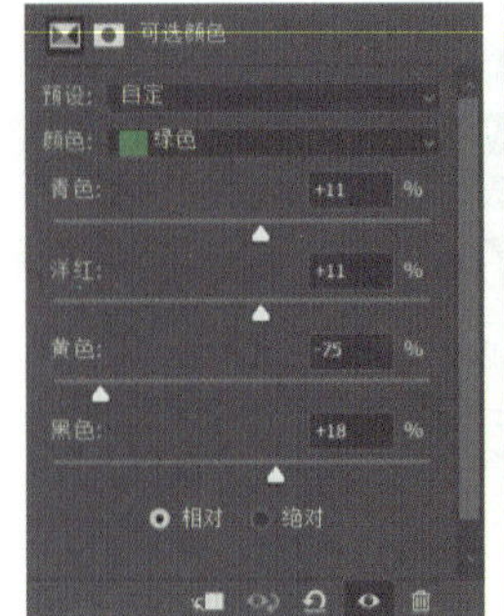
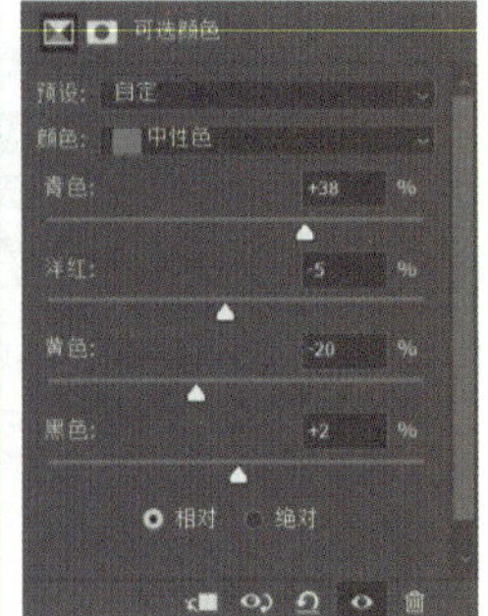
图8.2.23　景物可选颜色调整参数设置

图8.2.24　景物可选颜色调整效果

04 创建“曲线调整”图层降低蓝色通道，如图 8.2.25 和图 8.2.26 所示。

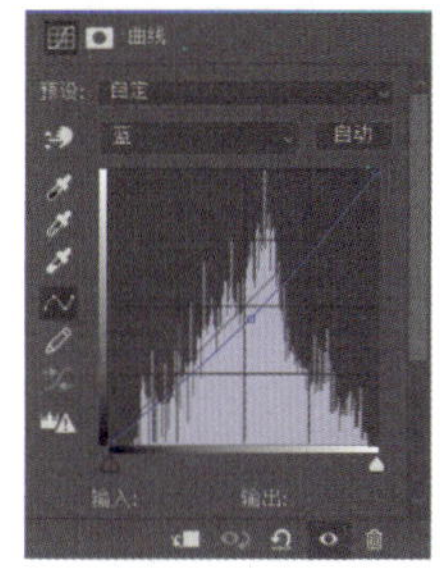

图8.2.25　曲线降低蓝色参数设置

图8.2.26　曲线调整效果

05 执行“文件”→“存储为”命令，将其命名为“景物右上调色”，将文件分别保存为 .psd 与 .jpg 两种格式。

06 打开“案例素材”→“景物左下”素材，运用上述同样的方法进行色调调整，如图 8.2.27 和图 8.2.28 所示。

07 执行“文件”→“存储为”命令，将其命名为“景物左下调色”，将文件分别保存为 .psd 与 .jpg 两种格式。

3．拼合图片

01 打开 Photoshop 软件，新建文件，将其命名为“照片调色拼合”，设置尺寸为 800（宽）像素 ×600（高）像素，分辨率为 72 像素 / 英寸；运用标尺标识出田字格；运用矩形工具绘制四个矩形，如图 8.2.29 所示。

图8.2.27　景物左下原片效果

图8.2.28　景物左下图片调整后效果

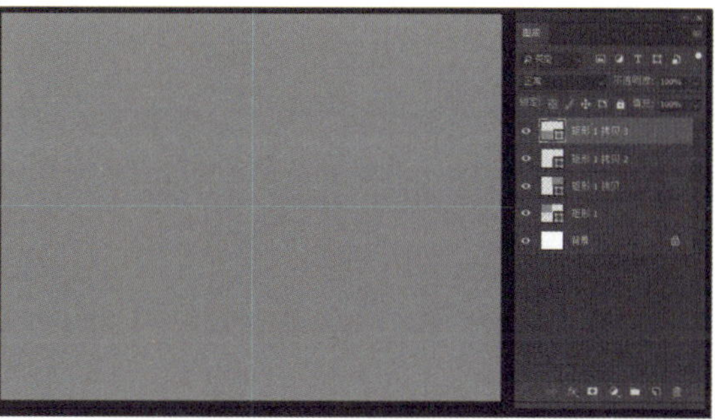

图8.2.29　创建拼合文件

02 导入处理好的四张 .jpg 图片文件，在相应矩形位置创建剪贴蒙版并适当调整图片位置，如图 8.2.30 所示。

图8.2.30　图片拼合效果

03 适当微调图片色调，使拼合后的画面更加统一，如图 8.2.31 所示。

图8.2.31　微调色调效果

04 执行“文件”→“存储为”命令，完成照片调色拼图制作，最终效果如图 8.2.1 所示。

知识链接

在 Photoshop 软件中，除执行菜单栏中的颜色调整命令对图像色彩关系进行调整外，还可以运用调整图层来进行调整。使用调整图层对图像进行调整无须扔掉或永久修改图层数据，可以返回并进行连续的色彩调整。但要注意的是，调整图层会增大图像文件，所以计算机需要有更大的内存来支持。

1. 选择调整图层

1）通过图层面板选择调整图层：单击图层面板中的创建新的填充或调整图层按钮，在弹出的快捷菜单中执行相应调整图层的命令，如图 8.2.32 和图 8.2.33 所示。

2）通过调整面板选择：执行“窗口”→“调整”命令，弹出调整面板执行相应调整图层的命令，如图 8.2.34 所示。

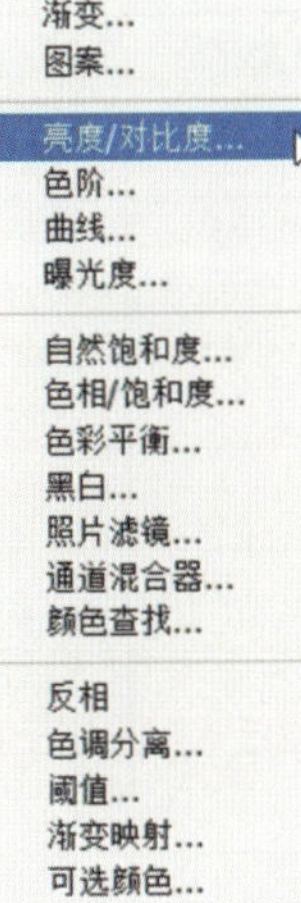

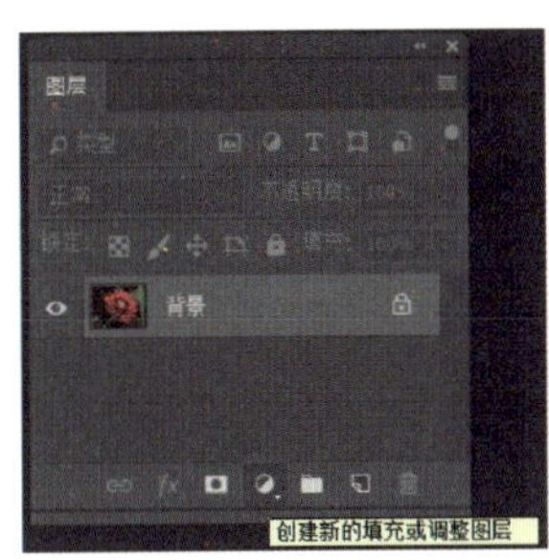

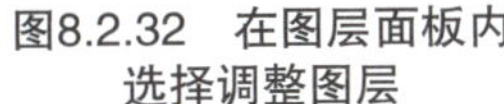

图8.2.32 在图层面板内选择调整图层

图8.2.33 调整图层快捷菜单示意

图8.2.34 调整面板示意

2．认识调整图层

当选择某项调整图层时，软件会自动在图层面板中创建一个调整图层。操作者可通过调整图层相应的属性面板进行图像调整。调整图层的效果既可以作用于它以下所有图层，也可以只作用于它以下第一个图层，如图 8.2.35 所示。

① 调整图层：每个调整图层的创建会自带一个图层蒙版供操作者进行特殊的编辑。

② 调整图层属性面板：通过属性面板进行调整图层参数的设置。

③ 调整图层创建剪贴蒙版：单击创建剪贴蒙版后，调整图层效果只影响它以下第一个图层；反之，则影响调整图层以下所有图层。

④ 查看上一步操作状态：按住鼠标左键可查看在该属性框的上一步调整效果。

⑤ 复位：单击此处可将调整复位到调整默认值。

⑥ 切换图层可见：单击此处可切换调整图层是否可见。

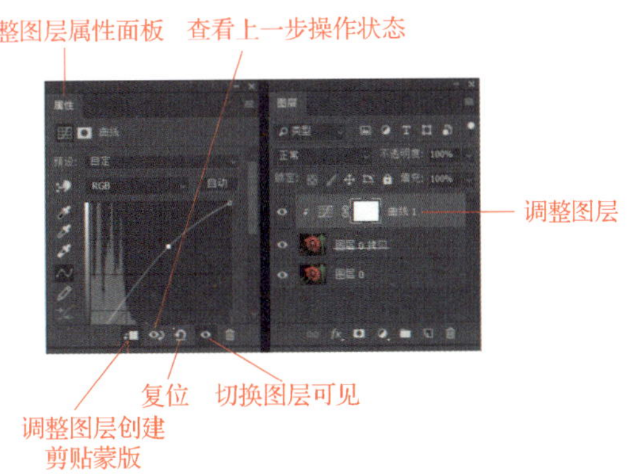

图8.2.35 调整图层操作面板示意（曲线）

学习评价

学习目标	自我评价			同学评价		
	达成	基本达成	未达成	达成	基本达成	未达成
了解 Photoshop 软件的常用色彩调整命令原理						
掌握“亮度 / 对比度”命令的运用方法						
掌握“色阶”命令的运用方法						
掌握“曲线”命令的运用方法						
掌握“曝光度”命令的运用方法						
掌握“色相 / 饱和度”命令的运用方法						
掌握“色彩平衡”命令的运用方法						
掌握“黑白”命令的运用方法						
掌握“照片滤镜”命令的运用方法						
掌握“渐变映射”命令的运用方法						
掌握“可选颜色”命令的运用方法						
掌握“阴影 / 高光”命令的运用方法						
掌握调整图层的应用方法						

教师评价：

教师签字：

思考与练习

一、理论题

1．下列可以用来调整图像色偏差的工具是（　　）。

A．色彩分离　　B．色彩平衡

C．亮度 / 对比度　　D．渐变映射

2．执行（　　）命令可以将彩色图像转换为相同颜色模式下的灰度图像，每个像素的明度值不变。

A．“去色”　B．“反相”　C．“阈值”　D．“渐变映射”

3．（　　）可以设定图像的白场。

A．在图像的高光处调用“工具栏”→“吸管工具”

B．在图像的高光处调用“工具栏”→“颜色取样器工具”

C．在“色阶”对话框中运用白色吸管工具并在图像的高光处单击

D．在“色彩范围”对话框中运用白色吸管工具并在图像的高光处单击

4．在 Photoshop 软件中，以下关于调整图层的描述正确的是（　　）。

A．调整图层可用来对图像进行色彩编辑

B．调整图层除具有调整色彩的功能外，还可以通过调整选择不同的图层混合模式，以及修改图层蒙版来达到特殊的效果

C．调整图层可以在图层面板中更改透明度

D．调节图层不可以随时将其删除，否则会改变图像原始的色彩信息

E．如果当前文件有多个并列的图像图层，当调节图层位于最上面时，调整图层可以对所有图像图层起作用

二、实训题

1．执行“图像”→“调整”命令，使用其中的工具提升下图的曝光度，并对画面的色彩饱和度进行提升，同时对天空色彩进行编辑，使天空更蓝。

练习素材

2．使用调整图层对左下图中的三张素材进行调色，并将其拼接为一张竖图，效果如右下图所示。

（a）素材（1）

（b）素材（2）

（c）素材（3）

练习素材

练习效果

9 单元

文字变变变——制作创意字体

单元导读

文字设计是指对文字按视觉设计规律加以整体的精心安排。经过精心设计的标准字体与普通印刷字体除了外观造型不同，更重要的是它是根据企业或品牌的个性而设计的，对字体的形态、粗细、字间的连接与配置、统一的造型等，都进行了细致严谨的规划，比普通字体更美观、更具特色。本单元将详细介绍借助 Photoshop 软件制作各种精美的创意文字的方法与步骤。

学习目标

- 认识 3D 工作界面和基本操作；
- 认识样式面板的类型；
- 熟练掌握 3D 工具的运用方法；
- 熟练掌握图层样式的运用方法；
- 掌握字体创意设计的基本方法。

思政目标

- 培养团队意识，增强团队凝聚力；
- 增强集体认同感、荣誉感，厚植家国情怀，激发使命担当。

任务 9.1 制作3D立体字——新年海报主题字

☞任务描述

某班级筹备2020年元旦晚会时，为了营造气氛，需要装饰班级，本任务要求利用Photoshop软件制作新年海报，效果如图9.1.1所示。

图9.1.1　新年海报效果

☞任务分析

在制作新年海报时，先将关键字“2020”设计为立体字，填充金色系列的色彩，镶嵌金色的边，使错落有致的立体字营造出设计感与空间感。然后，用装饰花纹点缀，让画面显得温馨、柔和，既要突出主题，又要烘托节日的气氛。

实践操作

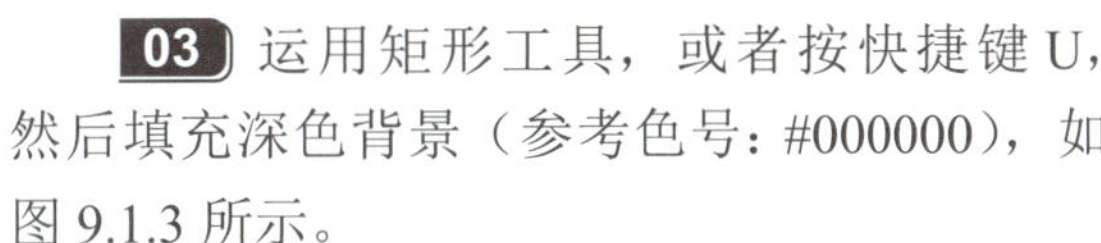

01 前期准备，根据主题寻找纹理素材，将其保存到相应的文件夹。

02 打开 Photoshop 软件，新建文件，将其命名为“2020 立体字”，设置尺寸为 626（宽）像素 × 413（高）像素，分辨率为 300 像素 / 英寸，如图 9.1.2 所示。

微课：新年海报主题字

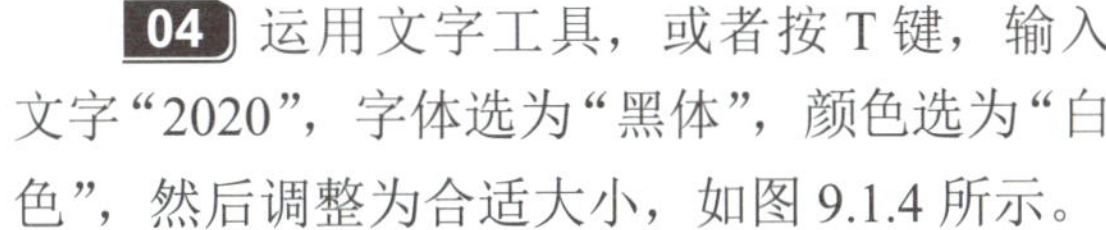

03 运用矩形工具，或者按快捷键 U，然后填充深色背景（参考色号：#000000），如图 9.1.3 所示。

04 运用文字工具，或者按 T 键，输入文字“2020”，字体选为“黑体”，颜色选为“白色”，然后调整为合适大小，如图 9.1.4 所示。

图9.1.2　新建文件参数设置

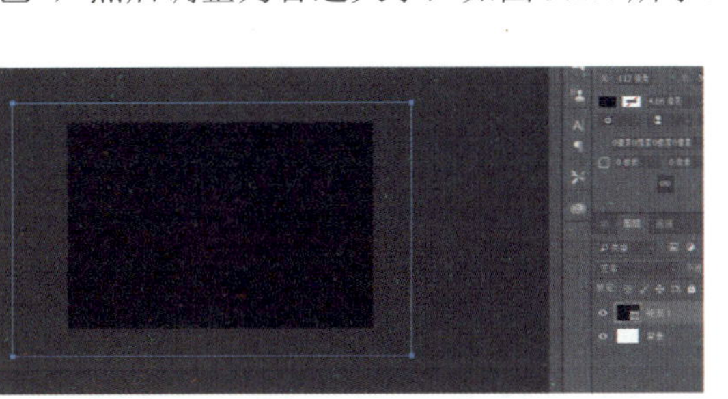

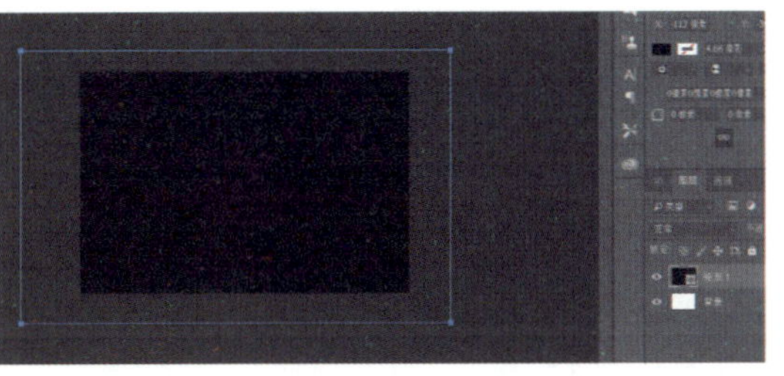

图9.1.3　深色背景

05 执行“窗口”→“3D”命令，弹出“3D”面板，如图 9.1.5 所示。

图9.1.4　输入文字

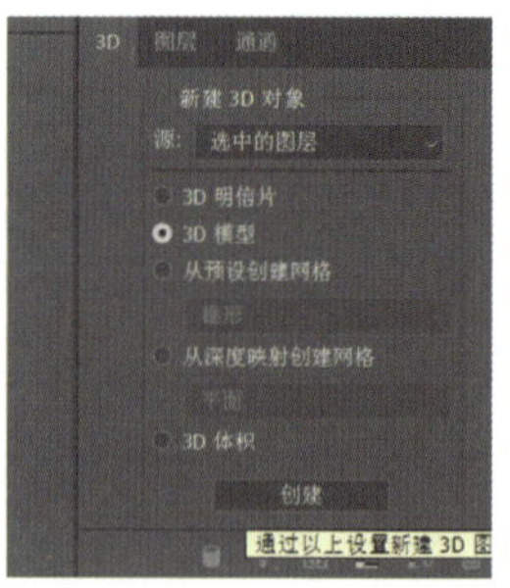

图9.1.5　“3D”面板

06 选择“矩形 1”背景图层，在“3D”面板中选中“3D 模型”单选按钮，单击“创建”按钮，再选择文字“2020”图层，单击“创建”按钮，如图 9.1.6 所示。

07 在图层面板中选择“2020”图层和“矩形 1”图层，按 Ctrl+E 组合键，合并图层，如图 9.1.7 所示。

> **关键点拨**
>
> 两个图层不能在3D建模之前合并，否则无法分离背景和字。

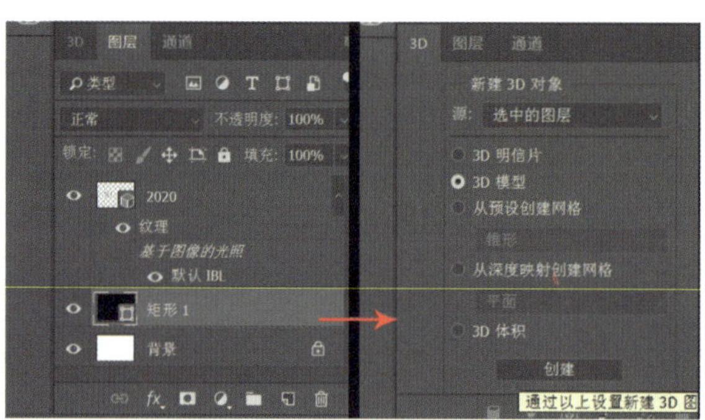

图9.1.6　创建3D文字图层

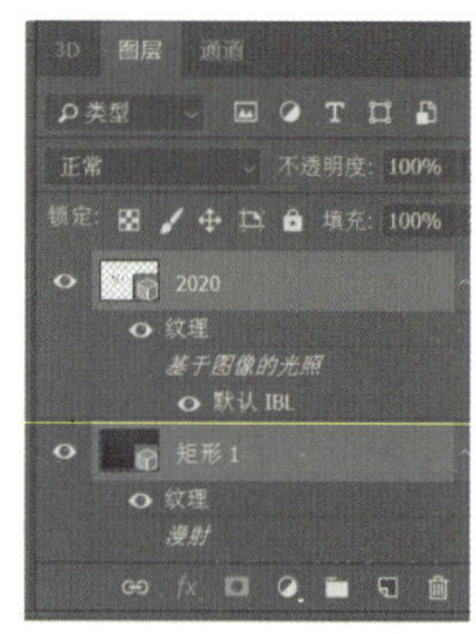

图9.1.7　合并图层

08 合并后的效果，如图 9.1.8 所示。

09 在“3D”面板中选择当前视图后，执行“3D 模式”→“旋转 3D 对象工具旋转视图”命令，方便观察立体字，如图 9.1.9 所示。

图9.1.8　合并后的效果

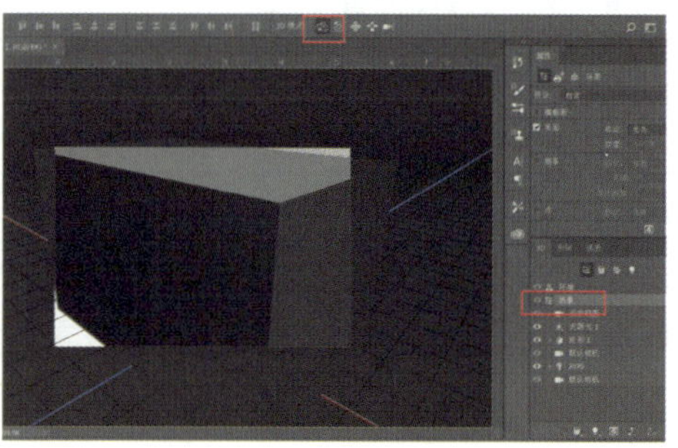

图9.1.9　执行“旋转3D对象工具旋转视图”命令

10 在 3D 图层中，选择“矩形 1”图层，更改凸出深度（参考值：1.49 厘米），如图 9.1.10 所示。

11 在“3D”面板中选择“2020”图层，在视图中选择“在 Z 轴上移动”拖动“2020”到背景的前面，如图 9.1.11 所示。

12 在“属性”面板中，单击“盖子”，调整等高线和强度［参考值：等高线（环形—双）；强度：8%］，如图 9.1.12 所示。

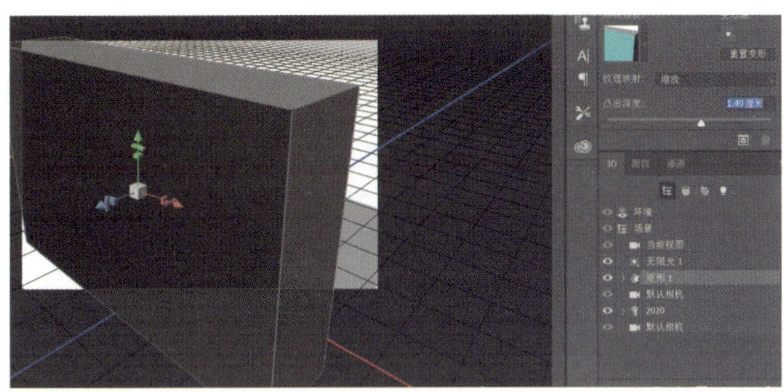

图9.1.10　更改凸出深度

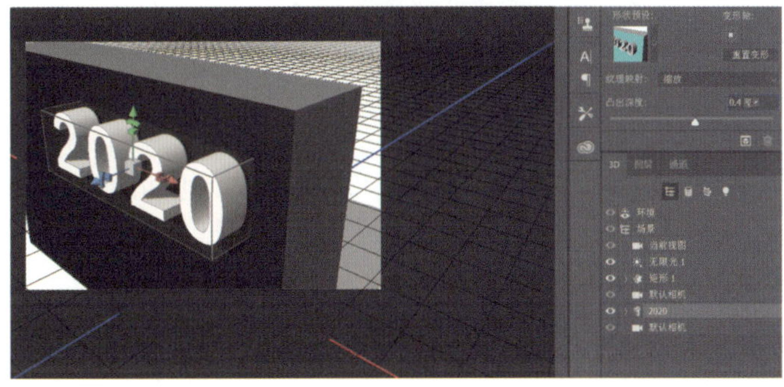

图9.1.11　在Z轴上移动

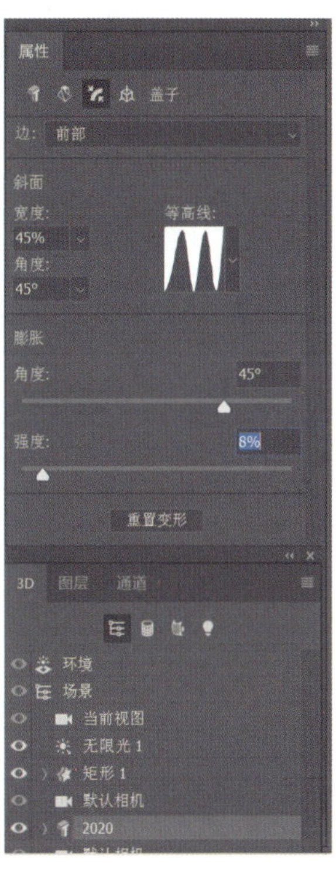

图9.1.12　调整等高线和强度

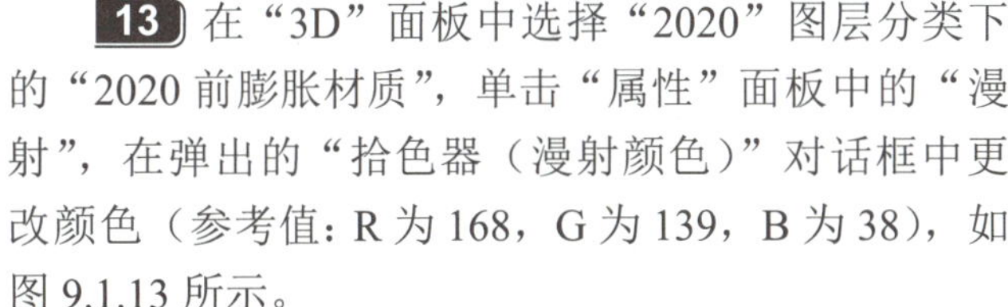

13 在“3D”面板中选择“2020”图层分类下的“2020 前膨胀材质”，单击“属性”面板中的“漫射”，在弹出的“拾色器（漫射颜色）”对话框中更改颜色（参考值：R 为 168，G 为 139，B 为 38），如图 9.1.13 所示。

14 在“属性”面板中，单击“凹凸”后的“文件夹”图标，在弹出的快捷菜单中执行“载入纹理”命令，如图 9.1.14 所示。

15 打开“案例素材”→“纹理 1”素材，如图 9.1.15 所示。

16 在“属性”面板中拖动“凹凸”属性条，增强凹凸感，设置凹凸值（参考值：20%），如图 9.1.16 所示。

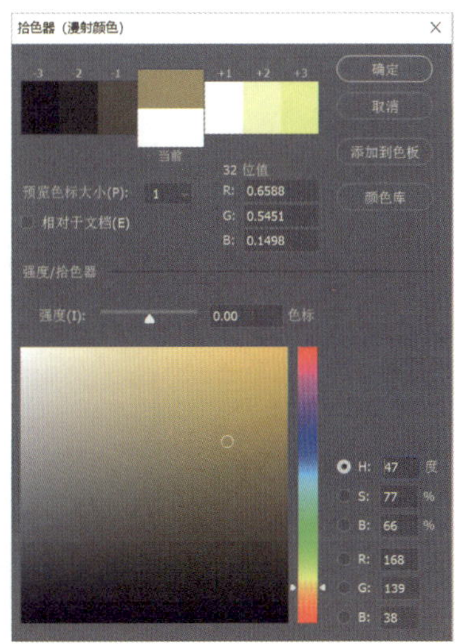

图9.1.13　更改漫射

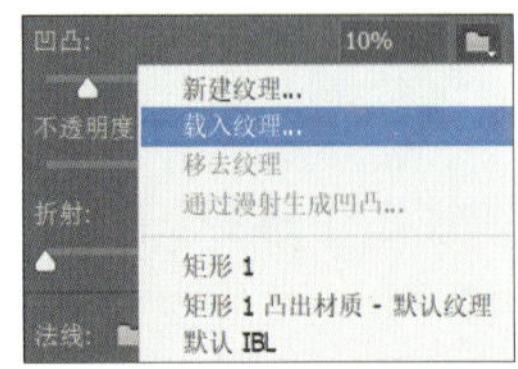

图9.1.14　执行“载入纹理”命令

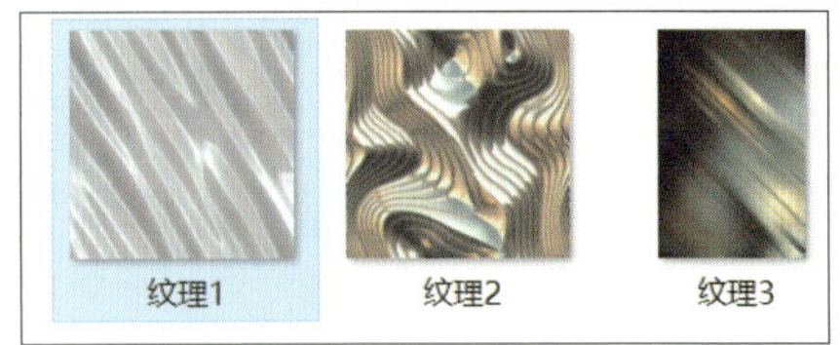

图9.1.15　载入素材

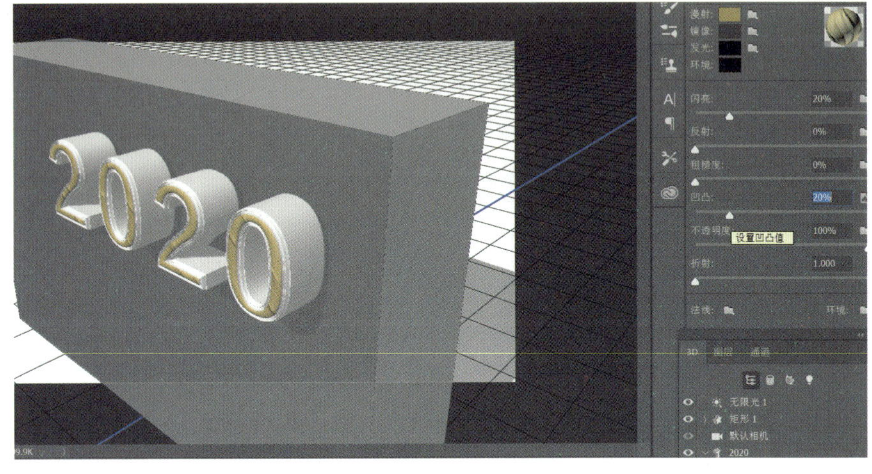

图9.1.16　设置凹凸值

17 在“3D”面板中单击“2020”图层分类，单击“2020 前斜面材质”，在“拾色器（漫射颜色）”对话框中更改前斜面漫射颜色（参考值：R 为 214，G 为 166，B 为 51）。最终效果如图 9.1.17 所示。

18 在“3D”面板中单击“2020”图层分类，选择“2020 凸出材质”后在“属性”面板中凹凸属性条后单击“文件夹”图标，打开“案例素材”→“纹理 2”素材，如图 9.1.18 所示。

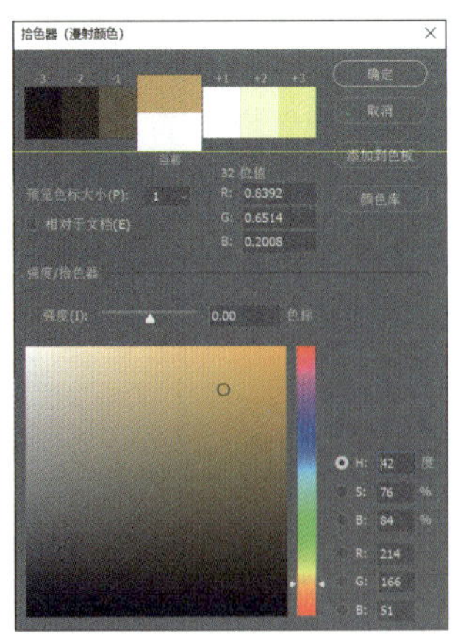

图9.1.17　更改漫射颜色

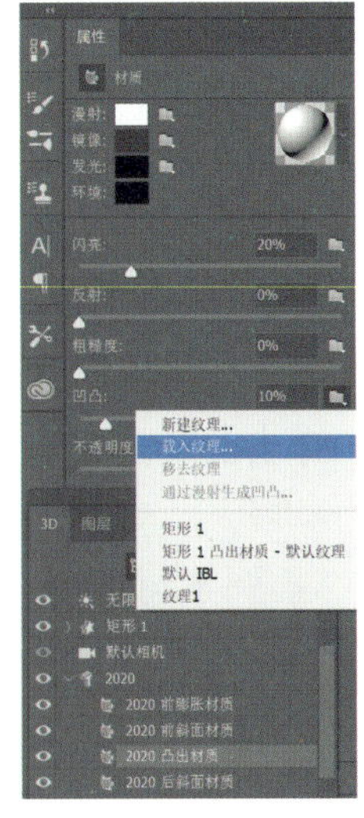

图9.1.18　载入“纹理2”素材

19 载入纹理后，在“属性”面板中单击凹凸后的“文件夹”，在弹出的快捷菜单中执行“编辑 UV 属性”命令，调整缩放“U/X，V/Y”（参考值：U/X 为 1908.8%，V/Y 为 50.4%），如图 9.1.19 所示。

20 单击“2020 凸出材质”图层，在“属性”面板中更改凸出部分的漫射颜色（参考值：R 为 162，G 为 123，B 为 61），如图 9.1.20 所示。

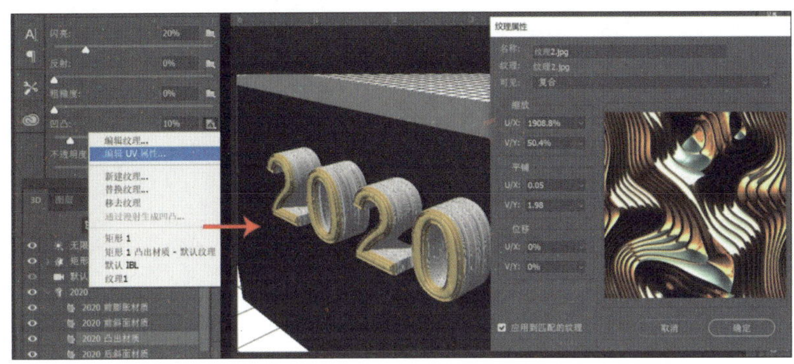

图9.1.19　编辑UV属性

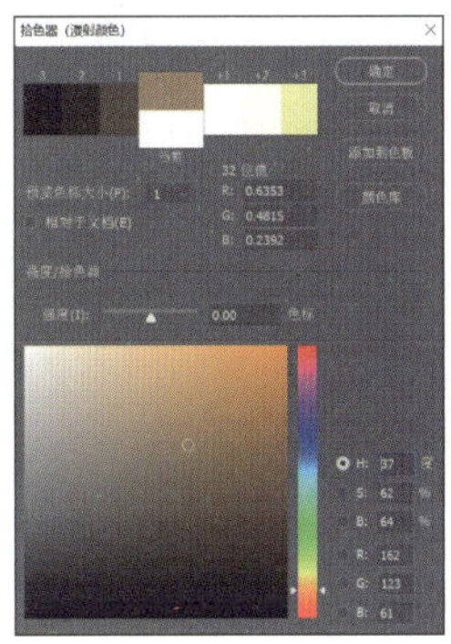

图9.1.20　更改漫射颜色

21 单击“2020 凸出材质”图层，在“拾色器（漫射颜色）”对话框中更改镜像颜色（参考值：R 为 162，G 为 123，B 为 61），如图 9.1.21 所示。

22 在“3D”面板中单击“环境”，之后在“属性”面板中单击基于图像的光照映射按钮，在弹出的快捷菜单中执行“替换纹理”命令，如图 9.1.22 所示。

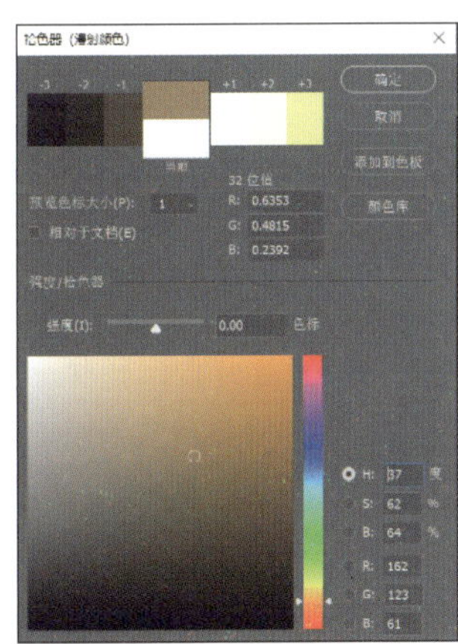

图9.1.21　更改镜像颜色

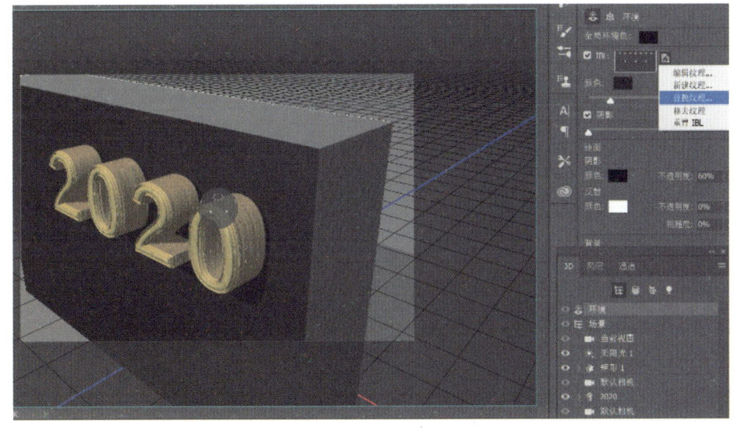

图9.1.22　替换纹理

23 打开“案例素材”→“纹理 3”素材，如图 9.1.23 所示。

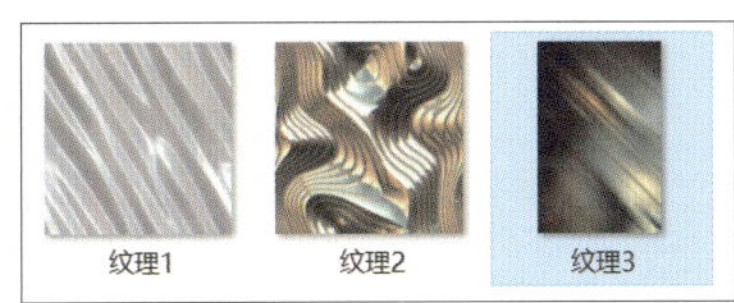

图9.1.23　打开“纹理3”素材

24 在“3D”面板中选择“环境”图层，再在 3D 模型中运用环绕移动 3D 相机工具，调整光线，如图 9.1.24 所示。

25 调整无限光，如图 9.1.25 所示。

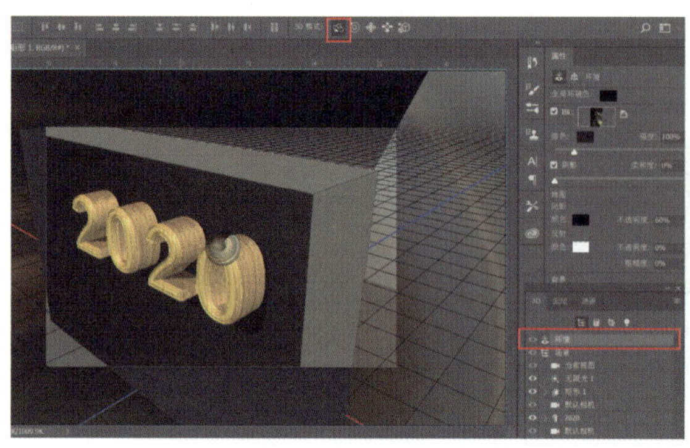

图9.1.24　调整光线

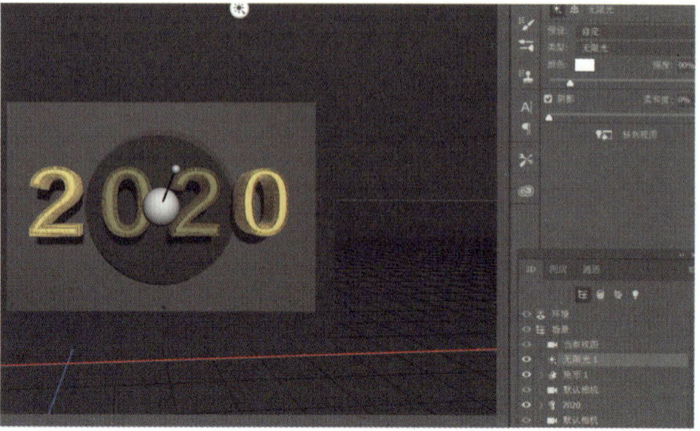

图9.1.25　调整无限光

26 进行各方面的整体调整，效果如图 9.1.26 所示。

27 添加背景，调整图层，得到最终效果，如图 9.1.1 所示。

图9.1.26　效果

知识链接

1. 初识 3D 功能

在 Photoshop 软件中打开 3D 文件时，原有的纹理、渲染及光照信息都会被保留，并且可以通过移动 3D 模型，或对其制作动画、更改渲染模式、编辑或添加光照，或将多个 3D 模型合并为一个 3D 场景等操作编辑 3D 文件。

（1）3D 工作界面

打开（创建或编辑）3D 文件时，会自动切换到 3D 界面中，如图 9.1.27 所示。Photoshop 软件能够保留对象的纹理、渲染和光照信息，并将 3D 模型放在 3D 图层上，在其下面的条目中显示对象的纹理。

（2）旋转 3D 对象

选择旋转 3D 对象工具，在 3D 模型上单击，选择模型，上下拖动可以使模型围绕其 X 轴旋转，两侧拖动可围绕 Y 轴旋转（图 9.1.28），按住 Alt 键的同时拖动则可以转为滚动模式。

关键点拨

在Photoshop软件中可以打开和编辑U3D、3DS、OBJ、KMZ、DAE格式的3D文件。

图9.1.27　3D工作界面

图9.1.28　旋转3D

（3）滚动 3D 对象

使用滚动 3D 对象工具在 3D 对象两侧拖动，可以使模型围绕其 Z 轴旋转，如图 9.1.29 所示。

（4）拖动 3D 对象

使用拖动 3D 对象工具在 3D 对象两侧拖动可沿水平方向移动模型，上下拖动可沿垂直方向移动模型，按住 Alt 键的同时拖动可沿 *X*/*Y* 轴移动，如图 9.1.30 所示。

图9.1.29　滚动3D对象

图9.1.30　拖动3D对象

（5）滑动 3D 对象

使用滑动 3D 对象工具在 3D 对象两侧拖动可沿水平方向移动模型，上下拖动可将模型移近或移远，按住 Alt 建的同时拖动可沿 *X*/*Y* 轴移动，如图 9.1.31 所示。

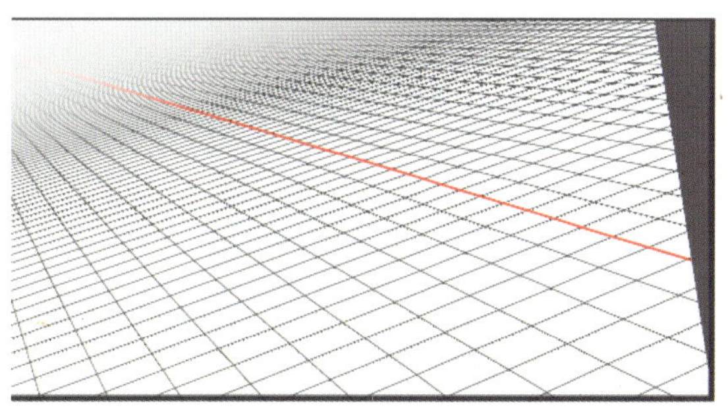

图9.1.31　滑动3D对象

2．使用 3D 面板

选择“3D”图层后，“3D”面板中会显示与之关联的 3D 文件组件。面板顶部包含“场景”“网格”“材质”“光源”按钮。使用这些按钮可以筛选出在面板中的组件。

（1）3D 场景设置

使用 3D 场景设置可以设置渲染模式，选择要在其上绘制的纹理或创建横截面。打开一个 3D 模型，单击“3D”面板中的“场景”，面板中会列出场景中的所有条目，如图 9.1.32 所示。

（2）3D 网格设置

单击“3D”面板顶部的显示所有 3D 网格和 3D 模型按钮，面板中只显示网格组件，此时可在“属性”面板中设置网格属性，如图 9.1.33 所示。

（3）3D 材质设置

单击“3D”面板顶部的材质按钮，面板中会列出在 3D 文件中使用的材质，此时可在“属性”面板中设置材质属性。如果模型包含多个网格，则每个网格可能会有与之关联的特定材质，如图 9.1.34 所示。

图9.1.32　3D场景设置参数面板

图9.1.33　3D网格设置

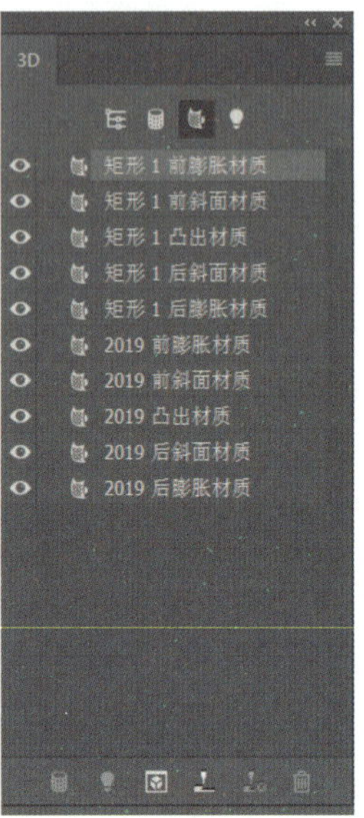

图9.1.34　3D材质面板

（4）3D 光源设置

3D 光源可以从不同角度照亮模型，从而添加逼真的深度和阴影。单击“3D”面板顶部的光源按钮，面板中会列出场景中所包含的全部光源，Photoshop 软件提供了点光、聚光灯和无限光三种光源的选项和设置方法。在“属性”面板中可以调整光源参数，如图 9.1.35 所示。

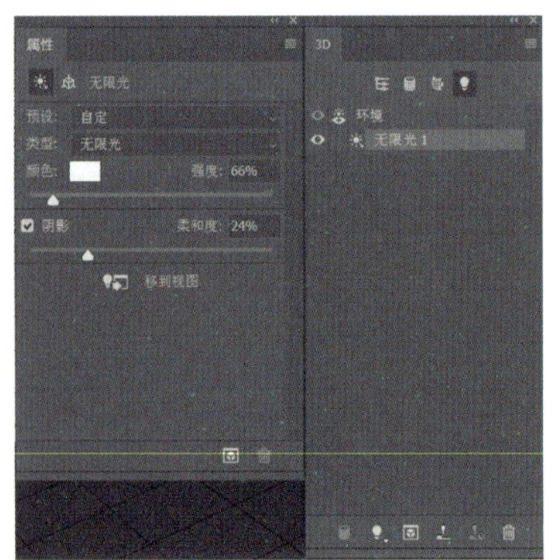

图9.1.35　光源属性面板

1）调整点光：点光在 3D 场景中显示为小球状。它就像灯泡一样，可以向各个方向照射，使用拖动 3D 对象工具和滑动 3D 对象工具可以调整点光的位置。

2）调整聚光灯：聚光灯在 3D 场景中显示为锥形。能射出可调整的锥形光线，使用拖动 3D 对象工具和滑动 3D 对象工具可以调整聚光灯的位置。

3）调整无限光：无限光在 3D 场景中显示为半球状。它像太阳光，可以从一个方向平面照射，使用拖动 3D 对象工具和滑动 3D 对象工具可以调整无限光的位置。无限光只有颜色、强度、阴影等基本属性，没有特殊属性。

（5）创建和编辑 3D 模型的纹理

通常一个 3D 模型是由多个纹理组合成的效果，纹理所提供的丰富类型可以表现逼真的材质效果。新建和编辑纹理主要有以下几种方法。

1）新建纹理：在材料选项面板中单击某类纹理后的按钮，在弹出的快捷菜单中执行“新建纹理”命令，弹出“新建”对话框，在该对话框中设置适当的参数，创建空白的纹理文档，如图 9.1.36 所示。

2）执行“载入纹理”命令，弹出“打开”对话框，在该对话框中选择纹理素材。

3）编辑 3D 模型的纹理：3D 模型的纹理主要通过设置材料选项面板的各选项进行编辑，或者在该选项面板的菜单中执行“打开纹理”命令，将当前纹理在新图像窗口中打开并进行编辑。

（6）输出和存储 3D 文件

1）输出 3D 文件：在图层面板中选择要导出的 3D 图层，执行“3D”→“导出 3D 图层”命令，弹出“存储为”对话框，在“格式”下拉列表中选择一个格式，单击“保存”按钮即可。

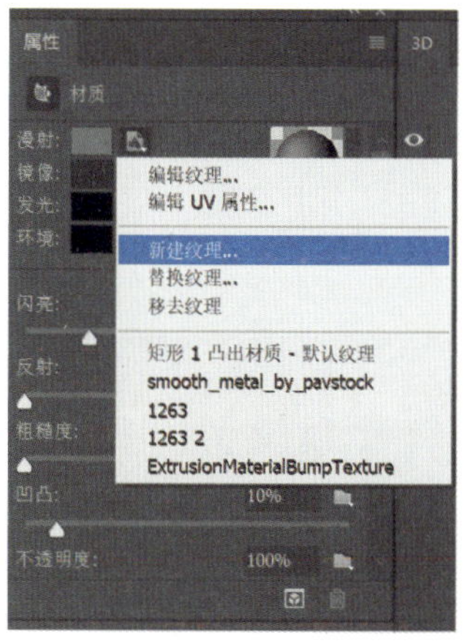

图9.1.36 新建纹理

2）存储 3D 文件：编辑完成后，若要保存 3D 文件，执行“文件”→“存储”命令或“存储为”命令，弹出“存储为”对话框，在“格式”下拉列表中选择 PSD、PDF 或 TIFF 文件格式，单击“保存”按钮即可。

任务 9.2 制作创意字体——金属火焰字

☞任务描述

某班级为了增强团队凝聚力，想要设定一个具有创意的团队名称，同学们结合网络词汇确定了“倔强青铜”这个名称。本任务要求利用Photoshop软件的“图层样式”功能制作海报，效果如图9.2.1所示。

图9.2.1 金属火焰字效果

☞任务分析

“倔强青铜”文字具有极强的金属效果，这主要是通过“图层样式”的斜面、浮雕、内发光、投影等命令来添加的。为了使整体画面和谐统一，对火焰素材执行“自由变换”命令，并利用曲线对背景图层的光线进行调整，让画面更加具有金属感。

实践操作

微课：制作金属火焰字

1. 制作背景

01 打开 Photoshop 软件，新建文件，将其命名为"金属火焰字"，设置尺寸为 800（宽）像素 ×600（高）像素，分辨率为 72 像素 / 英寸，如图 9.2.2 所示。

图9.2.2　新建文件参数设置

02 打开"案例素材"→"背景"素材，将其拖入新建的"金属火焰字"文档中，通过执行"自由变换"命令将其放置在合适的位置，如图 9.2.3 所示。

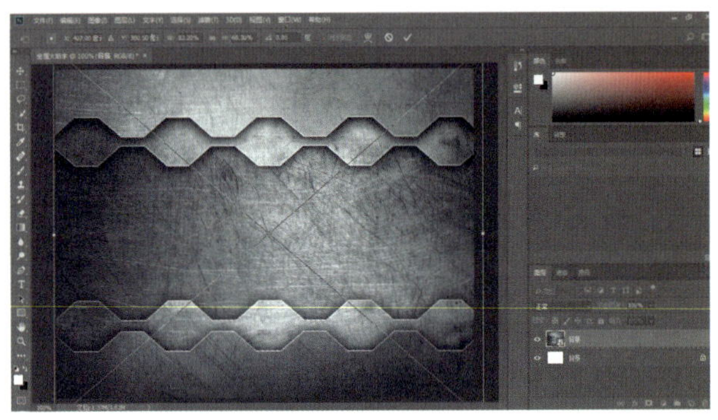

图9.2.3　自由变换

03 创建曲线调整图层，将曲线向右下方拖动，使其达到背景画面中间亮、四周暗的效果（参考值：输入为 140，输出为 89），如图 9.2.4 所示。

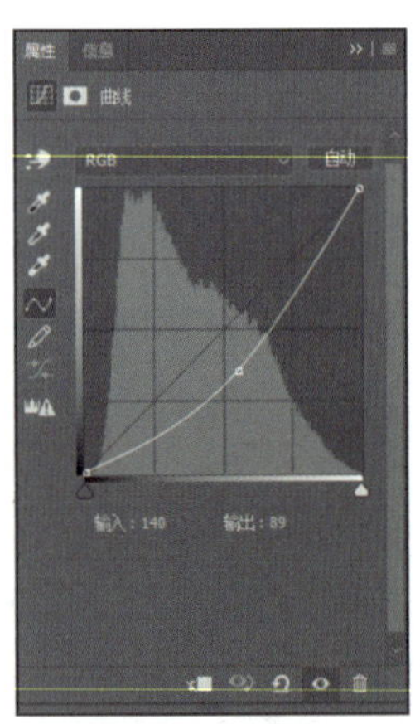

图9.2.4　创建曲线调整图层

2. 制作金属字

01 调用"工具栏"→"横排文字工具"，输入"倔强青铜"四个字，在工具属性栏中选择自己喜欢的笔锋硬朗型字体［参考值：华康新综艺 W7（P）］，设置字号为 150 点，并设置文字填充颜色为金属色（参考色号：#f9c267），如图 9.2.5 所示。

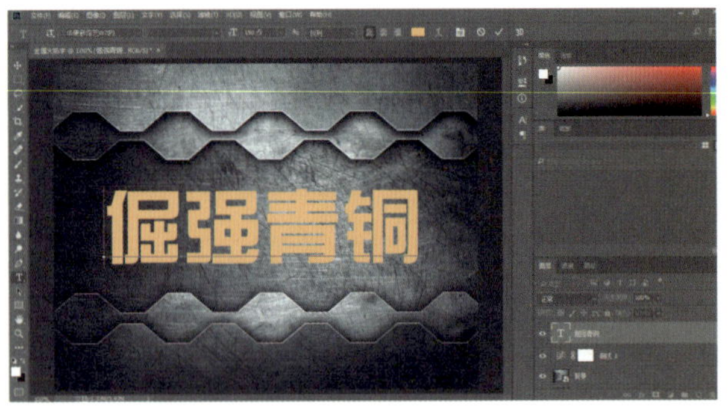

图9.2.5　文字输入

02 选择文字图层并单击图层面板中的添加图层样式按钮，在弹出的快捷菜单中执行“斜面和浮雕”命令，在弹出的“图层样式”对话框中，设置样式为“内斜面”，方法为“平滑”，深度为“1000%”，方向为“上”，大小为“5 像素”，软化为“0 像素”，阴影角度为“90 度”，高度为“30 度”，光泽等高线为“线性”，取消选中“消除锯齿”复选框，高光模式为“滤色”，不透明度为“75%”，阴影模式为“叠加”，不透明度为“48%”，如图 9.2.6 所示。

03 在“图层样式”对话框中选中“内发光”复选框，设置混合模式为“正片叠底”，不透明度为“29%”，颜色改为黑色（参考色号：#030303），图素大小为“13 像素”，如图 9.2.7 所示。

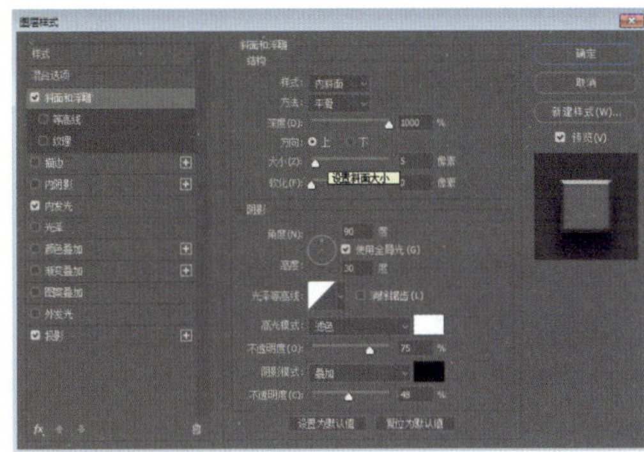

图9.2.6 斜面和浮雕参数设置

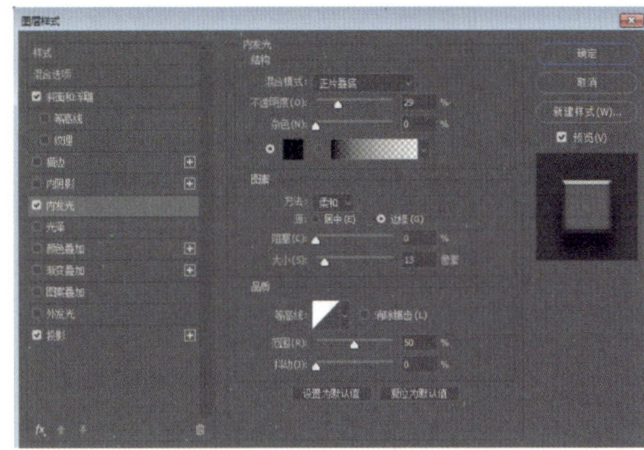

图9.2.7 内发光参数设置

04 在“图层样式”对话框中选中“投影”复选框，设置混合模式为“正片叠底”，颜色为黑色（参考色号：#040404），不透明度为“100%”，距离为“22 像素”，扩展为“6%”，大小为“21 像素”，如图 9.2.8 所示。

05 打开“案例素材”→“黑色背景”素材，创建文字剪贴蒙版，将其调整到合适的位置，如图 9.2.9 所示。

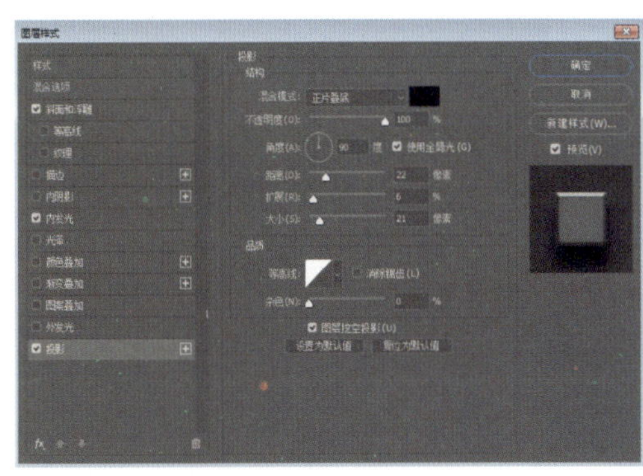

图9.2.8 投影参数设置

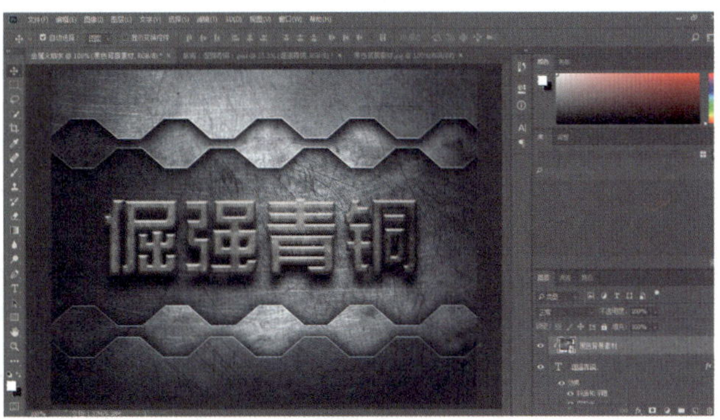

图9.2.9 创建文字剪贴蒙版

06 将“倔强青铜”文字图层复制一层，然后将最下面的文字图层拖动到整个图层顺序的最上面，降低不透明度（参考值：91%）和填充值（参考值：88%），如图 9.2.10 所示。

07 在该图层的“图层样式”对话框中，先取消选中该图层的“内发光”复选框，再将投影的不透明度降低到“40%”，扩展改为“0%”，大小改为“16 像素”，让字体具有立体感，如图 9.2.11 所示。

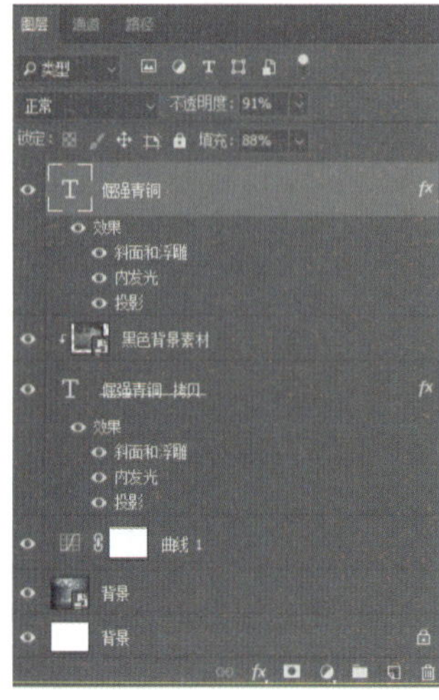

图9.2.10　复制文字图层

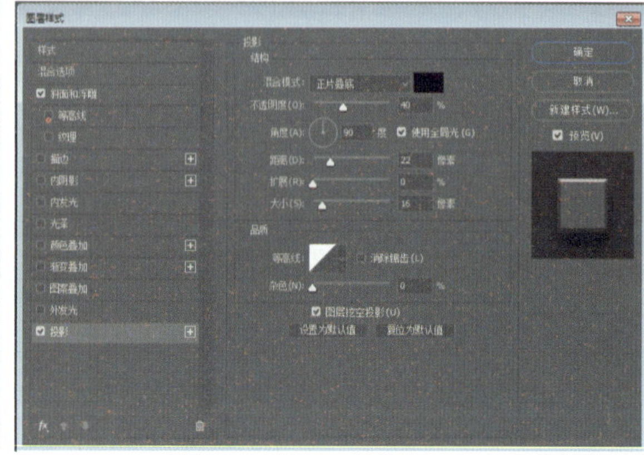

图9.2.11　设置不透明度值

08 打开“案例素材”→“蓝色背景”素材，创建文字剪贴蒙版，执行“自由变换”命令，调整到合适的位置，如图 9.2.12 所示。

09 将“倔强青铜”文字图层再复制一层，形成“倔强青铜 拷贝 2”图层，再将该图层拖动到整个图层顺序的最上面，将填充值改为“0%”，增加整个文字的立体效果，如图 9.2.13 所示。

图9.2.12　创建文字剪贴蒙版

图9.2.13　调整图层顺序

图9.2.14　添加裂纹效果

3．制作岩浆火焰

01 打开“案例素材”→“岩浆裂纹”素材，将其放在蓝色背景素材上面，创建剪贴蒙版，根据自己的需求调整位置，为文字添加裂纹效果，如图 9.2.14 所示。

02 按住 Alt 键，拖动岩浆裂纹，进行多次复制，执行“自由变换”命令，随意让裂纹出现在每个文字上面，如图 9.2.15 所示。

03 添加火焰效果，从相应的素材文件夹中选取自己需要的火焰，带黑底的火焰混合模式需要改为“滤色”，如图 9.2.16 所示。

图9.2.15　随意布局岩浆裂纹

图9.2.16　黑底火焰混合模式更改为“滤色”

04 执行“编辑”→“变换”→“变形”命令，对火苗进行变形处理，让其与裂缝合理结合，或者利用图层蒙版遮罩多余的火苗，也可以执行“滤镜”→“液化”命令，涂抹出自己想要的火苗细节，如图 9.2.17 ～图 9.2.19 所示。

图9.2.17　火焰变形

图9.2.18　蒙版遮罩火苗

图9.2.19　液化涂抹火苗方向

关键点拨

1）火焰是向上的，有飘逸的感觉，所以要设定一个统一的方向。

2）火焰和裂缝需要合理结合，要让人感觉火苗是从裂缝中冒出来的。

05 充分结合图层样式的滤色、蒙版、自由变换、降低透明度等，从火焰素材里面选择自己所喜欢的样式进行融合，既可以让火焰平铺在字面上，也可以让火焰围绕文字穿插，将火焰和裂缝融洽地结合，如图 9.2.20 所示。

图9.2.20 调整火焰

06 执行“文件”→“存储”命令，完成制作，最终效果如图 9.2.1 所示。

知识链接

图层样式，实际上就是由投影、内阴影、外发光、内发光、斜面和浮雕、光泽、颜色叠加、图案叠加、渐变叠加、描边等图层效果组成的集合，能够在顷刻间将平面图形转化为具有材质和光影效果的立体物体。

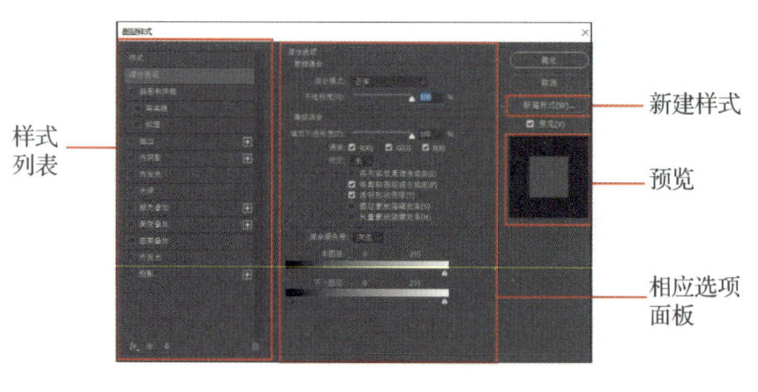

图9.2.21 “图层样式”对话框

1. 了解“图层样式”对话框

执行“图层”→“图层样式”→“混合选项”命令，弹出“图层样式”对话框，如图 9.2.21 所示。

1）样式列表：提供样式、混合选项和各种图层样式选项的设置。选中样式中的复选框可应用该样式，单击样式名称可切换到相应的选项面板。

2）新建样式：将自定义效果保存为新的样式文件。

3）预览：通过预览形态显示当前设置的样式效果。

4）相应选项面板：在该区域显示当前选择的选项对应的参数设置。

2. 添加图层样式

要为图层添加样式，可以选择这一图层，采用以下任意一种方式弹出“图层样式”对话框。

1）执行“图层”→“图层样式”中的样式命令，如图 9.2.22 所示，可弹出“图层样式”对话框，并进入相应的样式设置面板。

2）在图层面板中单击添加图层样式按钮，在弹出的快捷菜单中选择一个样式选项，如图 9.2.23 所示，也可以弹出“图层样式”对话框，并进入相应的样式设置面板。

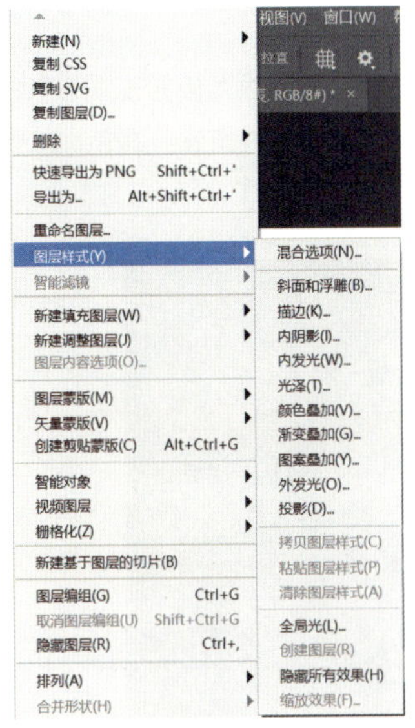

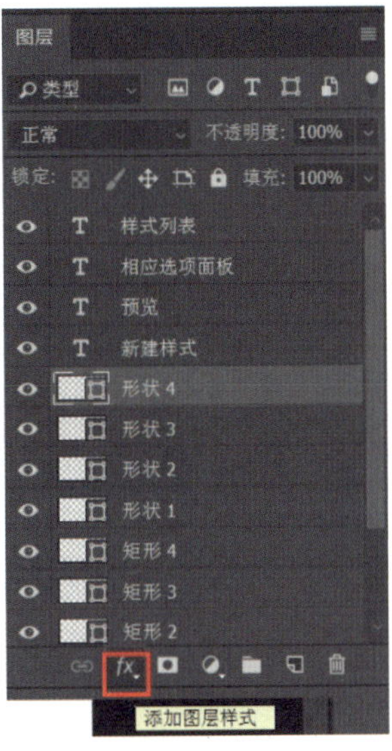

图9.2.22 “图层样式”下拉菜单　　图9.2.23 添加图层样式

3）双击需要添加样式的图层，可弹出“图层样式”对话框，在对话框左侧可以选择不同的图层样式选项，如图 9.2.24 所示。

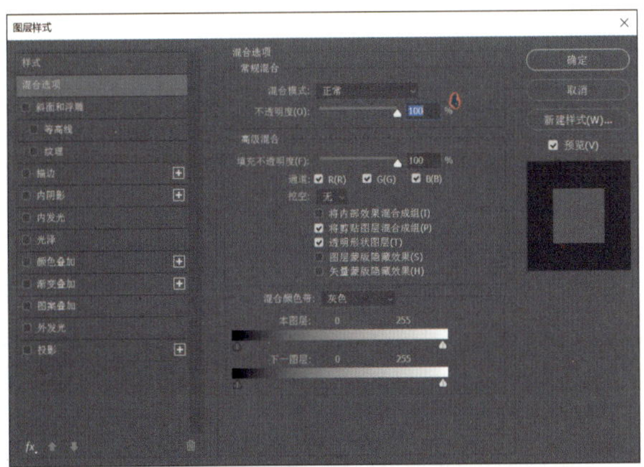

图9.2.24 双击添加图层样式

3. 混合选项面板

默认情况下，在弹出“图层样式”对话框后将切换到面板中，此面板主要可对一些常见的选项（如混合模式、不透明度、混合颜色等）进行设置，如图 9.2.25 所示。

1）“混合模式”文本框：单击右侧的下拉按钮，可弹出下拉列表，在下拉列表中任意选择一个选项，即可使当前图层按照选择的混合模式与下层图层叠加在一起。

2）“不透明度”文本框：通过拖动三角滑块或直接在文本框中输入数值，设置当前图层的不透明度。

3）“填充不透明度”文本框：通过拖动三角滑块或直接在文本框中输入数值，设置当前图层的填充不透明度。填充不透明度会影响图层中绘制的像素或图层中绘制的形状，但不影响已经应用图层的任何图层效果的不透明度。

4）“通道”复选框：可选择当前显示出不同的通道效果。

5）“挖空”选项组：可以指定图层中哪些图层是“穿透”的，从而使其他图层中的内容显示出来。

6）“混合颜色带”选项组：通过单击“混合颜色带”右侧的下拉按钮，在弹出的下拉列表中选择不同的颜色选项，然后拖动下方的三角滑块，调整当前图层对象的相应颜色。

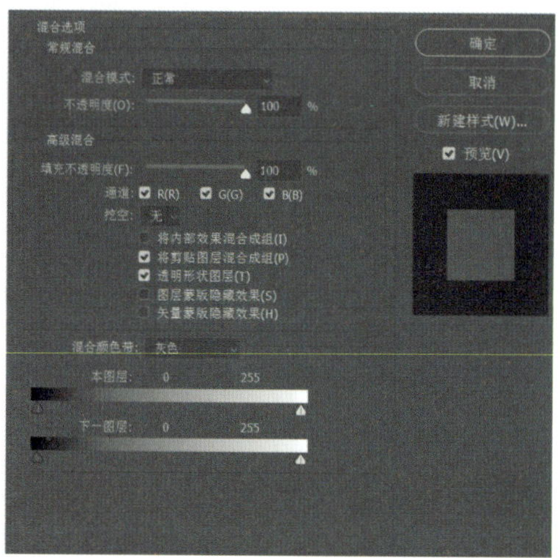

图9.2.25 “混合选项”面板

4. 认识“样式”面板

单击“图层样式”对话框后左侧样式列表中的“样式”，即可切换至“样式”面板，在“样式”面板中显示当前可应用的图层样式，图 9.2.26 为默认的样式，单击样式图标即可应用该样式。

5. 存储样式库

在“样式”面板中创建了大量的自定义样式，可以将这些样式保存为一个独立的样式库。

执行“样式”→“存储样式”命令，如图 9.2.27 所示，弹出“存储”对话框，输入样式库名称和保存位置，单击“保存”按钮，即可将面板中的样式保存为一个样式库，如果将自定义的样式库保存在 Photoshop 软件程序文件夹的“Presete> Styles”文件夹中，则重新运行 Photoshop 软件后，该样式库的名称会出现在“样式”面板菜单的底部。

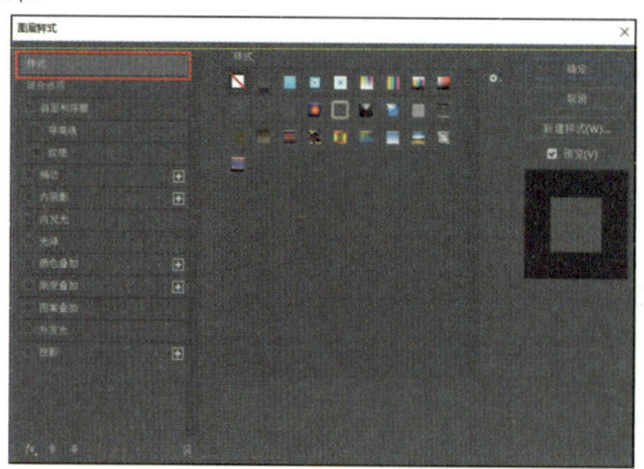

图9.2.26 “样式”面板

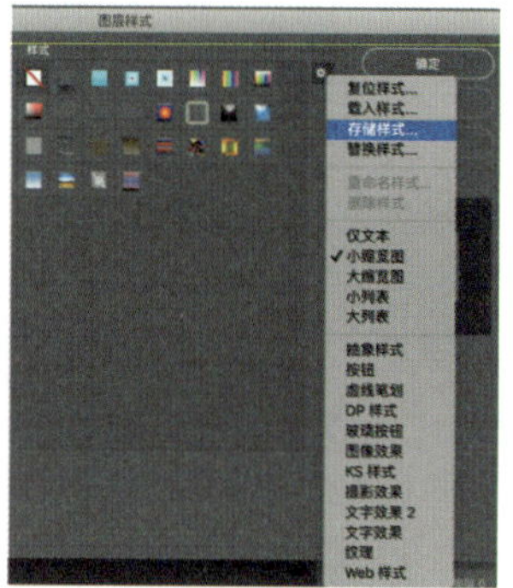

图9.2.27 存储样式库

6. 删除、隐藏与修改样式

1）删除图层样式：添加图层样式的图层右侧会显示图标，单击该图标可以展开所有添加的图层效果，拖动该图标或“效果”栏至面板底端删除按钮，可以删除图层样式，如图 9.2.28 所示。

2）删除图层效果：拖动效果列表中的图层效果至删除按钮，可以删除该图层效果，如图 9.2.29 所示。

3）隐藏样式效果：单击图层样式效果左侧的眼睛图标，可以隐藏该样式效果，如图 9.2.30 所示。

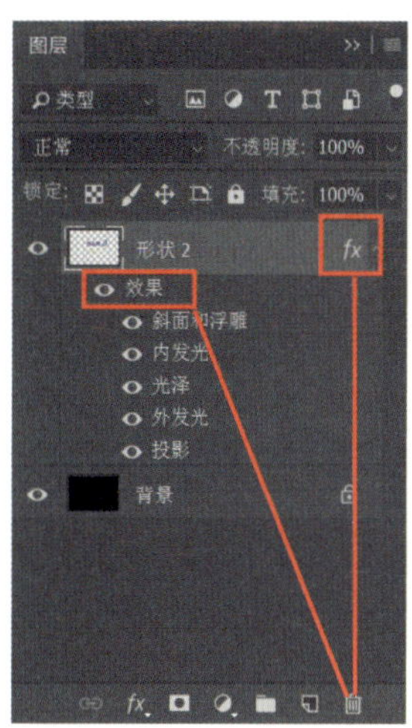

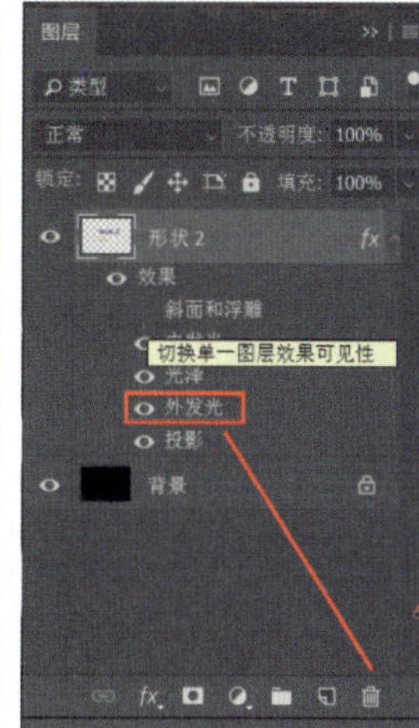

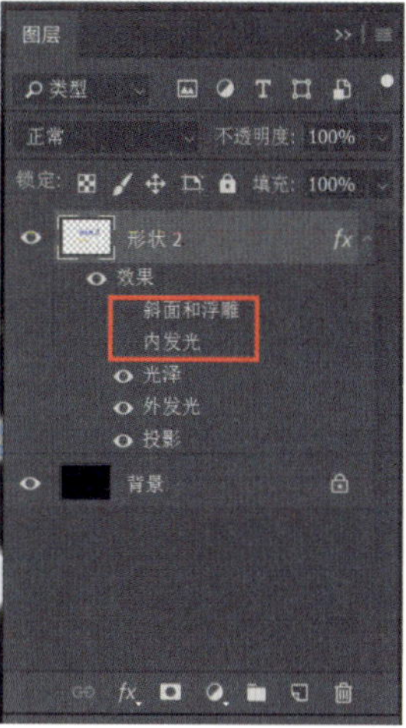

图9.2.28 删除图层样式　图9.2.29 删除图层效果　图9.2.30 隐藏样式效果

4）修改图层样式：在图层面板中，双击一个效果的名称，可以弹出“图层样式”对话框，进入该效果的设置面板便可修改图层样式参数。

7. 复制和粘贴样式

快速复制图层样式，有鼠标拖动和执行命令两种方法可供选用。

（1）鼠标拖动

展开图层面板图层效果列表，拖动“效果”项或图标至另一个图层上方，即可移动图层样式至另一个图层，此时鼠标指针显示为手抓形状，同时在鼠标指针下方显示“fx”标记。

如果在拖动时按住 Alt 键，则可以复制该图层样式至另一图层，此时鼠标指针显示为棒形，如图 9.2.31 所示。

（2）执行命令

在具有图层样式的图层上右击，在弹出的快捷菜单中执行“复制图层样式”命令，然后在需要粘贴样式的图层上右击，在弹出的快捷菜单中执行“粘贴图层样式”命令即可。

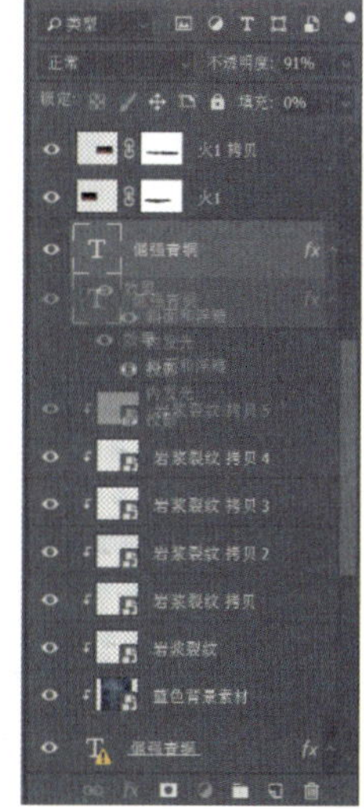

图9.2.31 用鼠标拖动复制

任务 9.3 设计变形字体——毕业设计展宣传海报

☞任务描述

毕业季到了，学生为了将自己的毕业作品展示出来，开展了一场毕业作品展览活动。本任务将利用Photoshop软件的各项功能设计一张宣传海报，将其张贴在校园里，以便人们参观浏览，如图9.3.1所示。

图9.3.1 毕业设计展宣传海报

☞任务分析

设计海报时要运用多方面、多层次的主题元素。本任务的主要的目的是宣传毕业设计展，“锋芒毕露”四个字既展示了自己的作品，也展示了当代年轻人的个性，但是过于常规的字体也不足以表达该主题，因此应将文字进行变形，先绘制草图，然后将其导入电脑里面，再利用Photoshop软件的各项功能来设计字体。

实践操作

微课：毕业设计展宣传海报制作

01 绘制变形字体草图，拍照保存，将其存储在相应的文件夹，安装相关字体。

02 打开 Photoshop 软件，新建文件，将其命名为“毕业设计展宣传海报”，设置尺寸为 60（宽）厘米 ×90（高）厘米，分辨率为“150 像素 / 英寸”，模式为“CMYK 颜色”，如图 9.3.2 所示。

03 打开“案例素材”→“草图”素材，将其拖动到正在编辑的文档中，如图 9.3.3 所示。

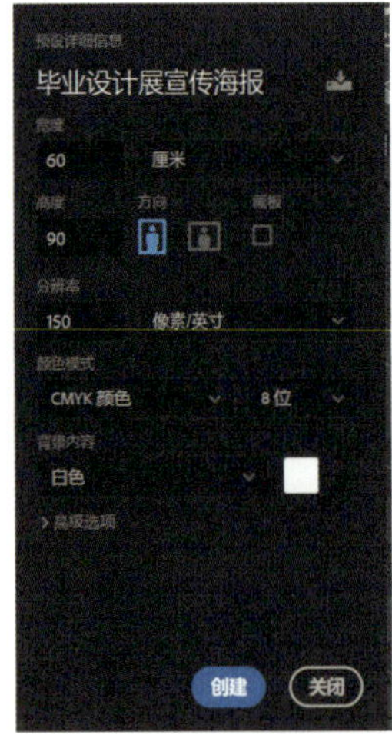

图9.3.2 新建文件参数设置

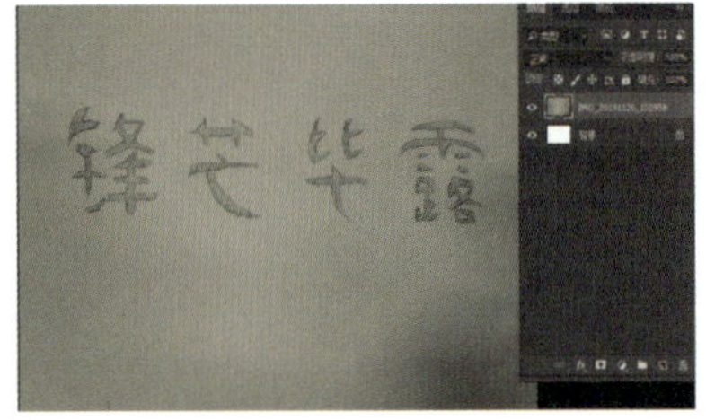

图9.3.3 “草图”素材

04 运用文字工具写上“锋芒毕露”，设置前景色为黑色，字体为黑体，放置在草稿图层上与之对齐，如图 9.3.4 所示。

05 右击文字图层，在弹出的快捷菜单中执行“转换为形状”命令，如图 9.3.5 所示。

06 在文字图层上，执行“直接选择工具”命令，这时每个文字将会出现各种小节点，如图 9.3.6 所示。

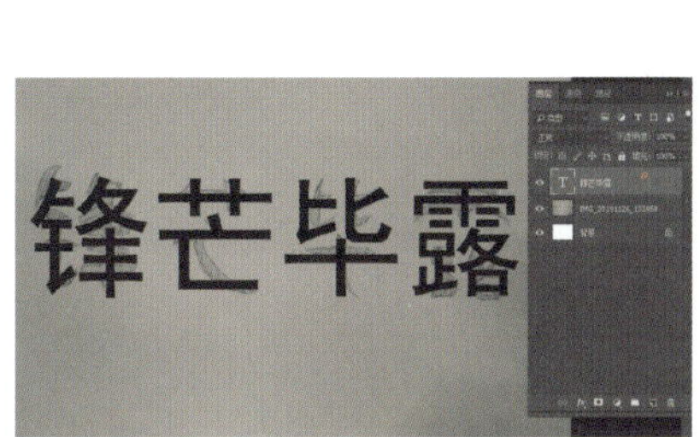

图9.3.4 输入文字

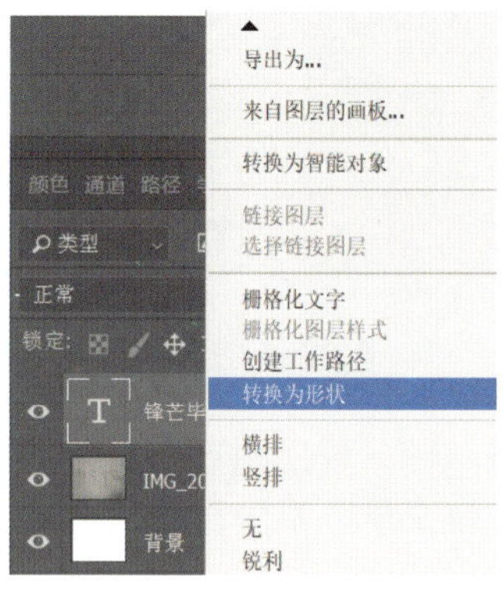

图9.3.5 文字转换为形状

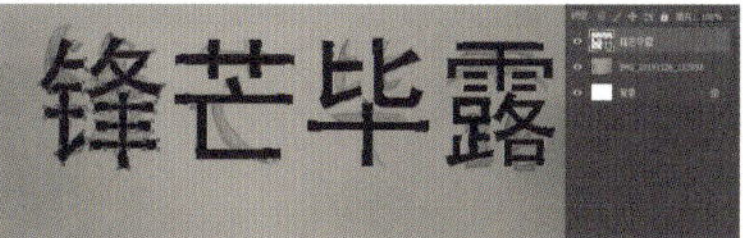

图9.3.6 执行“直接选择工具”命令

07 将“锋芒毕露”图层的填充度调整为“50%”，以便拖动节点时可以看到下面的草图临摹，如图 9.3.7 所示。

08 根据草图，拖动字体上的节点到相应的位置，必要时可以删除多余的锚点，采用“依葫芦画瓢”的方式逐个拖动节点，如图 9.3.8 所示。

图9.3.7 调整填充度

图9.3.8 拖动节点

关键点拨

拖动节点的技巧在于合理利用杠杆，将曲线调整到草图位置，必要时可以删除锚点（图9.3.9）或者添加锚点。

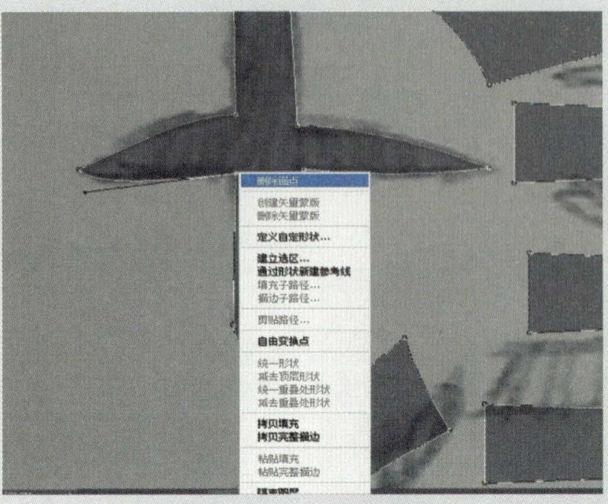

图9.3.9 删除锚点

09 参照草图，依次拖动每个字的节点，如图 9.3.10 所示。

10 完成每个字的描绘，制作字体变形效果，如图 9.3.11 所示。

11 将变形的字体填充为“黑色”，透明度调回到“100%”，并调整文字位置为上下两行，如图 9.3.12 所示。

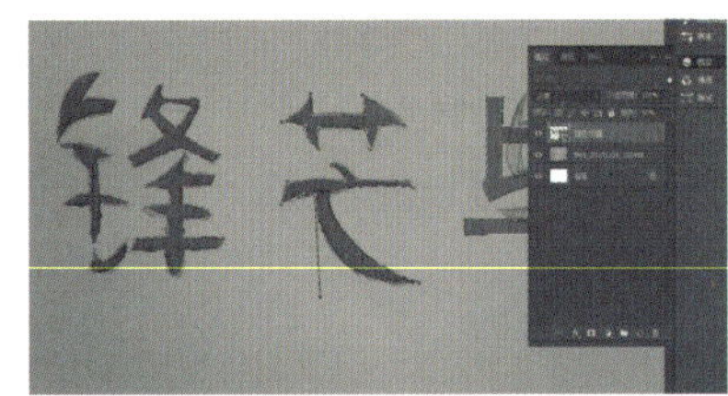

图9.3.10 拖动每个字的节点

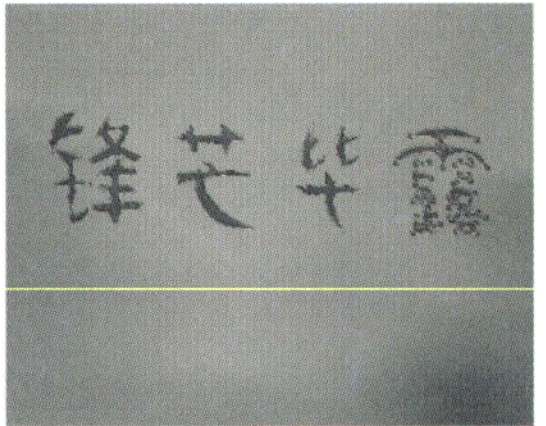

图9.3.11 完成变形

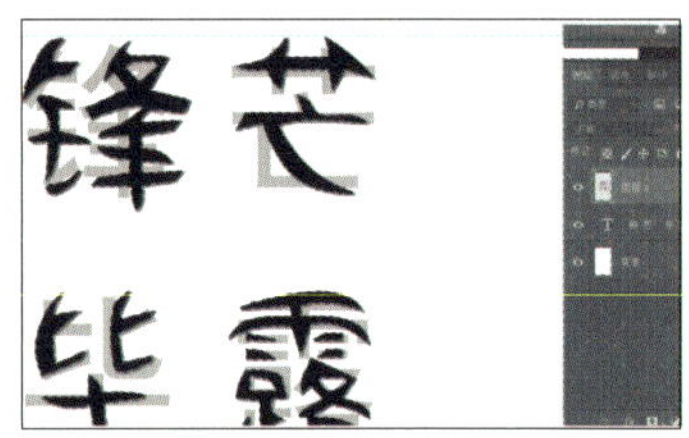

图9.3.12 填充文字

12 打开“案例素材”→“背景”素材，执行“自由变换”命令，将其调整到合适的位置大小，如图 9.3.13 所示。

13 单击变形文字图层，为其添加图层样式，选中“渐变叠加”复选框，选择“透明彩虹渐变”，如图 9.3.14 所示。

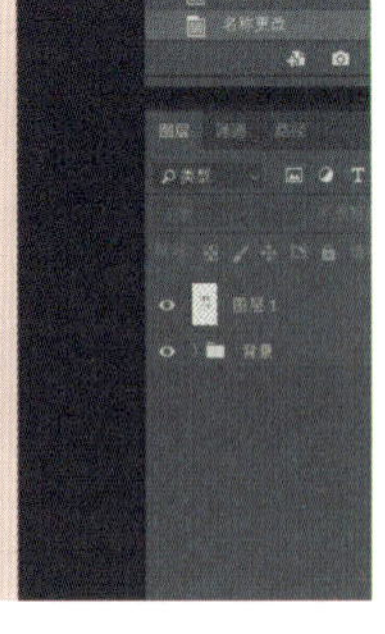

图9.3.13 拖入背景

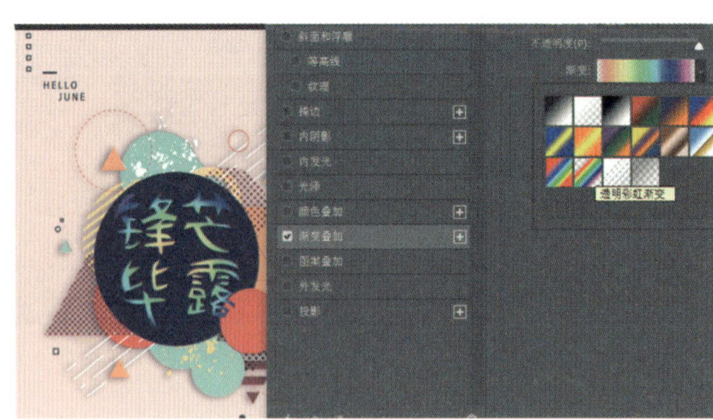

图9.3.14 设置图层样式

14 在“背景”图层上添加文字，如“毕业设计展”和时间，以及装饰文字等，如图 9.3.15 所示。

15 进行各方面的整体调整，得到最终效果，如图 9.3.1 所示。

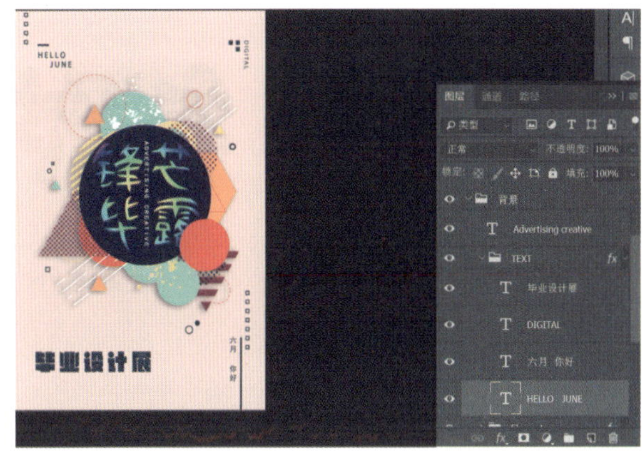

图9.3.15 添加文字

知识链接

字体创意设计的方法主要有以下几种。

1. 替换法

替换法是在统一形态的文字元素中加入另类的图形元素或文字元素。将文字的局部替换，使文字的内涵外露，在形象和感官上增加一定的艺术感染力，如图 9.3.16 所示。

2. 共用法

共用法即“笔画共用”，是文字图形化创意设计中广泛运用的形式。文字是一种视觉图形，它的线条有着强烈的构成性，可以从单纯的构成角度看到笔画之间的异同，寻找笔画之间的内在联系，找到它们可以共同利用的条件，把它提取出来合并为一，如图 9.3.17 所示。

3. 叠加法

叠加法是将文字的笔画互相重叠或将字与字、字与图形相互重叠的表现手法。叠加能使图形产生三度空间感，通过叠加处理的实形和虚形，增加设计的内涵和意念，以图形的巧妙组合与表现，使单调的形象丰富起来，如图 9.3.18 所示。

图9.3.16 替换法运用示例 图9.3.17 共用法运用示例 图9.3.18 叠加法运用示例

4. 分解重构法

分解重构法是指将熟悉的文字或图形打散后，通过不同的角度审视并重新组合处理，主要目的是破坏其基本规律并寻求新的设计创意，如图 9.3.19 所示。

5．俏皮设计法

俏皮设计法是指把横中间拉成圆弧，角也用圆处理。重要的是，在利用该方法时，一定要注意色彩搭配，字体处理加上色彩的搭配才能做出俏皮可爱的字体，如图 9.3.20 所示。

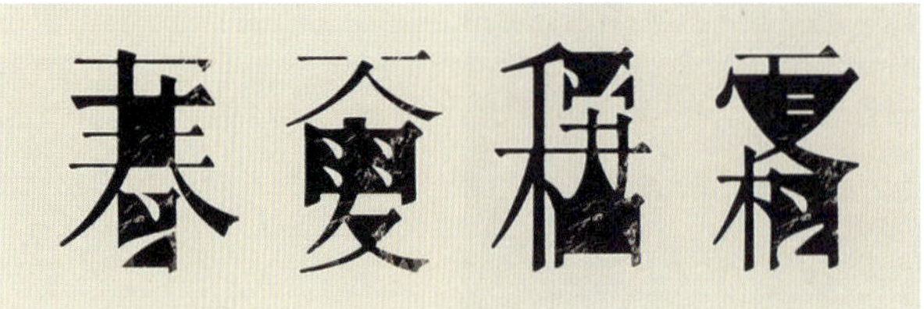

图9.3.19　分解重构法运用示例

图9.3.20　俏皮设计法运用示例

6．尖角法

尖角法是指把字的角变成直尖、弯尖、斜卷尖；既可以是竖的角，也可以是横的角，这样文字看起来比较硬朗，如图 9.3.21 所示。

7．断肢法

断肢法是指把一些封合包围的字，适当地断开一口，或把左边断一截，或把右边去一截。注意：要在能识别的情况下适当断肢，如图 9.3.22 所示。

图9.3.21　尖角法运用示例

图9.3.22　断肢法运用示例

8．减细法

减细法是指将字体的横和竖变细，使字体更加简洁、自然，如图 9.3.23 所示。

9．错落摆放法

错落摆放法是指把左右改为左上左下，上下排，或斜排（一边高一边低），使文字排列错落有致，如图 9.3.24 所示。

图9.3.23　减细法运用示例

图9.3.24　错落摆放法运用示例

学习评价☞

学习目标	自我评价		同学评价	
	合格	不合格	合格	不合格
认识 3D 工作界面和基本操作				
认识样式面板的类型				
熟练掌握 3D 工具的运用方法				
熟练掌握图层样式的运用方法				
掌握字体创意设计的基本方法				

教师评价：

教师签字：

思考与练习☞

一、理论题

1. 运用滑动 3D 对象工具在 3D 对象两侧拖动可沿水平方向移动模型，上下拖动可将模型移近或移远，按住 ________ 键的同时拖动可沿 *X*/*Y* 轴移动。

2. 图层样式可以用于“背景”图层吗？

____

____

3. “斜面和浮雕”面板有什么作用？

____

____

4. 如何复制图层样式？

____

____

5. 字体创意设计的基本方法有哪些？举例说明。

____

____

二、实训题

1. 结合本单元所讲的 3D 知识，打开“实训题 1”的素材制作一个如下图所示的立体字。

3D立体字

2. 利用所学的图层样式知识点，打开“实训题 2”里的素材，制作一幅如下图所示的金属文字图。

练习效果

3. 根据所学的字体设计知识点，打开“实训题 3”的素材设计出一款字体，制作一幅招牌海报，如下图所示。

招牌海报

10 单元 炫酷美图——制作特效图片

单元导读

滤镜是 Photoshop 软件中非常强大的图像处理工具。在 Photoshop 软件中，有多种类型的滤镜，通过不同的参数设置，可以制作出不同的效果，如模糊、锐化、变形等。滤镜可以应用于图层蒙版、快速蒙版和通道。滤镜与图层、蒙版、通道等工具联合使用，可以把普通图像变为具有非凡视觉效果的艺术品。

学习目标

- 了解滤镜菜单内常用滤镜命令的作用；
- 掌握滤镜库的运用方法；
- 掌握常用滤镜组内命令的运用方法。

思政目标

- 传承中华优秀传统文化，坚定文化自信、民族自信；
- 强化创新思维，提升创新能力。

任务 10.1 制作水墨效果——年年有余

☞任务描述

水墨画是中国画的一种表现形式，用墨色的焦、浓、重、淡、清产生的丰富变化，表现物象，有独到的艺术效果。本任务要求使用 Photoshop 软件制作水墨效果，如图 10.1.1 所示。

图10.1.1　水墨年年有余效果

☞任务分析

制作分为两个部分：一部分为制作水墨画；另一部分为制作文字。

制作水墨画的思路：首先，将荷花图片运用黑白调整图层调整为黑白效果，注意黑白灰的参数调整将影响水墨效果的产生；其次，运用滤镜最小值结合蒙版制作出部分线性效果；最后，执行滤镜库中的“喷溅”命令打造出墨水在纸上的晕染感。淡彩效果部分利用画笔在图层混合模式为“颜色”的图层上涂抹来制作。

制作文字部分利用书法笔画素材，结合自由变换工具的变形功能进行字体拼接制作。

实践操作

微课：水墨年年有余

1. 制作水墨画

01 打开 Photoshop 软件，新建文件，将其命名为“水墨年年有余”，设置尺寸为 35（宽）厘米 ×45（高）厘米，分辨率为 300 像素 / 英寸，如图 10.1.2 所示。

02 打开“案例素材”→“荷花”素材，运用钢笔工具选取出不需要的背景部分并删除，如图 10.1.3 所示。

图10.1.2　新建文件参数设置

图10.1.3　添加荷花元素效果

03 打开“案例素材”→“鱼群”素材，运用套索工具复制两个锦鲤，并执行“自由变换”命令，逐个调整鲤鱼在画面中的位置，如图 10.1.4 所示。

图10.1.4　添加“鱼群”元素

04 选择“荷花”图层，添加“黑白”调整图层，为了制作方便，先将“鱼群”图层设置为不可见，如图 10.1.5 和图 10.1.6 所示。

05 执行“盖印图层”命令，并将盖印图层复制两层；选择图层“盖印图层　拷贝 2”，修改图层混合模式“颜色减淡”，并执行“反相”命令（组合键：Ctrl+I）；执行“滤镜”→“其他”→“最小值”命令；将图层向下合并，修改图层名为“线效果”，如图 10.1.7 ～图 10.1.9 所示。

图10.1.5　荷花黑白效果

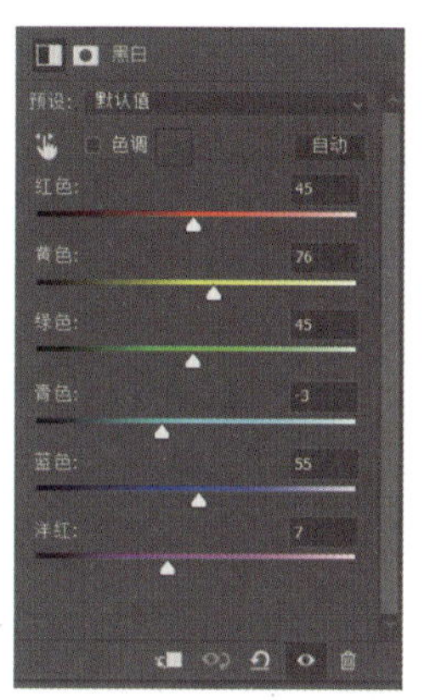

图10.1.6　荷花黑白效果参数设置

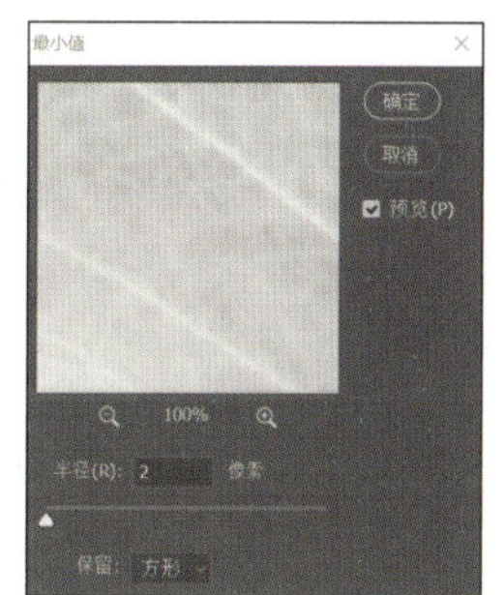

图10.1.7　执行“最小值”命令后效果

图10.1.8　最小值参数设置

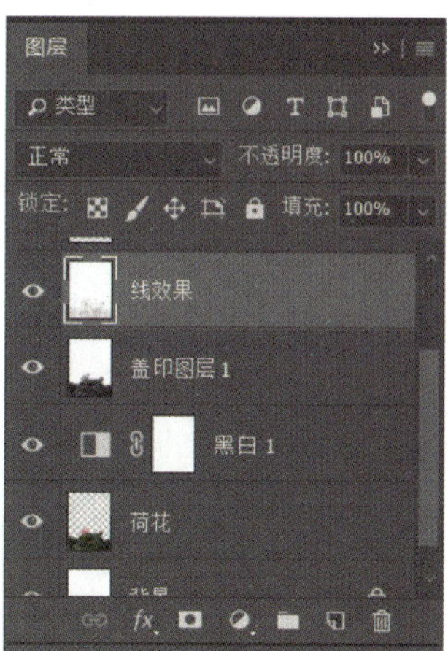

图10.1.9　合并后图层参数设置

关键点拨

Photoshop软件的滤镜中的“最小值”命令可以对画面中的暗区进行扩大，对画面中的亮区进行缩小。在指定的半径中，搜索像素中的最小值并利用该像素替换其他的像素。RGB颜色值越小，颜色越暗；值越大，颜色越亮。实际上，最小值就是用比较暗的颜色来替换比较亮的颜色。

06 选择“盖印图层 1”图层，并将图层“线效果”设置为不可见；执行“滤镜”→“滤镜库”→“画笔描边”→“喷溅”命令，如图 10.1.10 和图 10.1.11 所示。

图10.1.10　制作喷溅效果

图10.1.11　喷溅效果参数设置

07 选择“线效果”图层并添加“图层蒙版”；运用柔角画笔涂抹“图层蒙版”，制作出初步的水墨效果，如图 10.1.12 所示。

图10.1.12 荷花初步的水墨效果

08 新建名为“颜色”的图层，并将其图层的混合模式修改为“颜色”，运用画笔工具在荷花和莲蓬处添加淡彩效果，如图 10.1.13 所示。

图10.1.13 添加淡彩效果

09 选择所有与荷花有关的图层并将其合并为“荷花”图层组（组合键：Ctrl+G）；选择“鱼群”图层并复制两层，选择“鱼群 拷贝 2”图层，将图层混合模式修改为“颜色减淡”，并执行“反相”命令；执行“滤镜”→“其他”→“最小值”（参考半径：2 像素）命令；将图层向下合并，修改图层名为“鱼群线效果”，修改图层不透明度为“70%”，如图 10.1.14～图 10.1.16 所示。

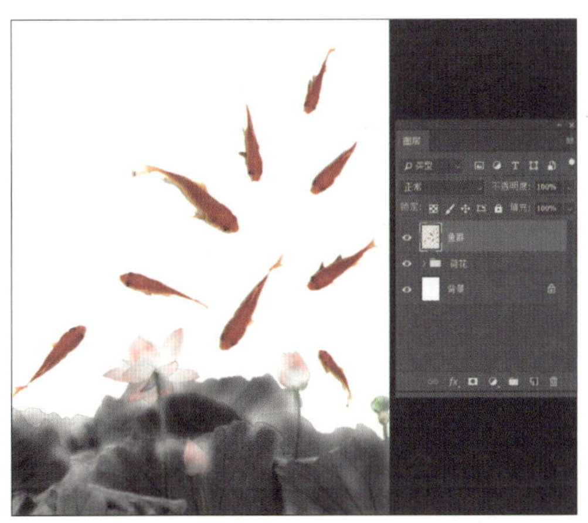

图10.1.14 群组荷花图层显示鱼群图层示意

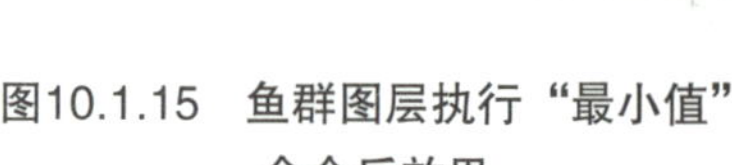

图10.1.15 鱼群图层执行“最小值”命令后效果

图10.1.16 鱼群线效果

10 选择“鱼群”图层并将图层“鱼群线效果”设置为不可见；执行“滤镜”→“滤镜库”→“画笔描边”→“喷溅”命令，如图10.1.17和图10.1.18所示。

图10.1.17 鱼群喷溅效果

图10.1.18 鱼群喷溅参数设置

11 选择“鱼群线效果”图层并添加图层蒙版，运用柔角画笔将其与“鱼群”图层进行融合；将“鱼群线效果”“鱼群”合并为图层组；创建“色相/饱和度”调整图层，降低鱼群色彩饱和度，并在其自带蒙版上运用柔角画笔涂抹每条鱼的鱼背，使每条鱼达到背部色彩饱和度较高、其余地方饱和度偏低的效果；创建“色阶”调整图层，调整鱼群明暗关系，如图 10.1.19 ～图 10.1.21 所示。

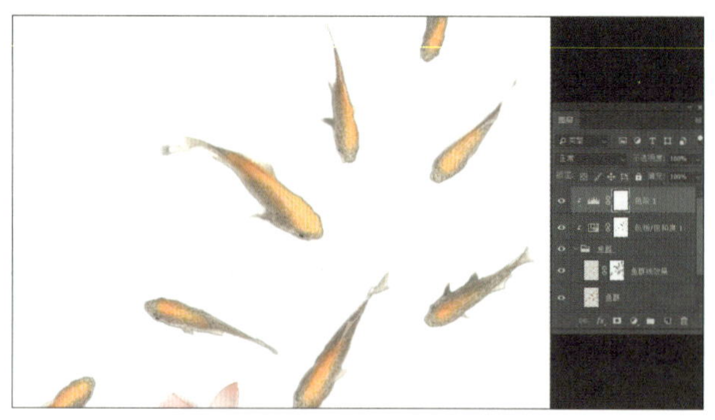

图10.1.19 鱼群调整效果

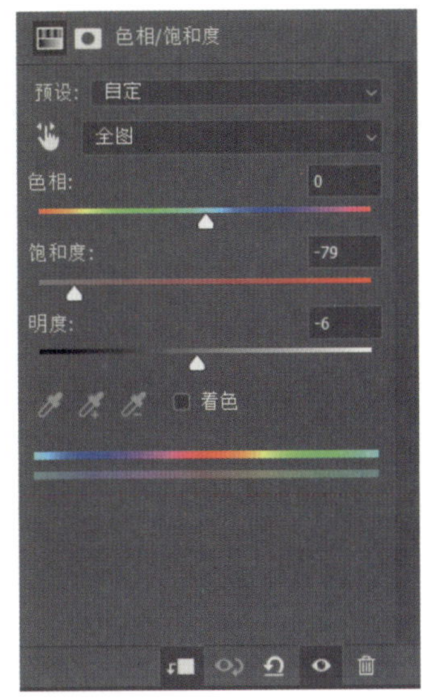

图10.1.20　鱼群色相/饱和度调整参数设置

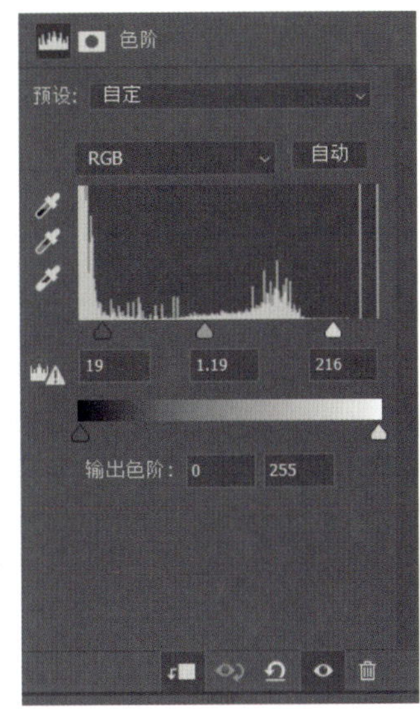

图10.1.21　鱼群色阶调整参数设置

12 新建名为“鱼背与鱼眼”的图层，运用柔角画笔强调红色鱼背和画出黑色鱼眼，如绘画颜色过重可调整图层不透明度，如图 10.1.22 所示。

图10.1.22　绘画鱼背与鱼眼效果

13 执行“盖印图层”命令，执行“滤镜”→“Camera Raw 滤镜”→“浏览配置文件”→“艺术效果 04”命令；单击图层面板中的“创建新的填充或调整图层”，在弹出的下拉列表中执行“照片滤镜”命令，如图 10.1.23 ～图 10.1.25 所示。

图10.1.23 Camera Raw滤镜效果

图10.1.24 Camera Raw滤镜参数设置

2. 制作文字

01 打开 Photoshop 软件，新建文件，将其命名为“文字制作”，设置尺寸为 21（宽）厘米 × 29.7（高）厘米，分辨率为 300 像素 / 英寸；输入文字“年年有余”，如图 10.1.26 所示。

图10.1.25 照片滤镜效果

02 打开“案例素材”→“书法笔画”素材，选择单个笔画并将其置于文字上方，执行“自由变换”→“变形”命令，将笔画元素按文字笔画形态进行变形，如图 10.1.27 ～图 10.1.32 所示。

03 运用上述同样的方法制作其余几个字；合并文字组并添加调整图层“色阶”；新建“衔接”图层，运用黑色画笔涂抹笔画衔接处，使其融合得更自然，如图 10.1.33 ～图 10.1.35 所示。

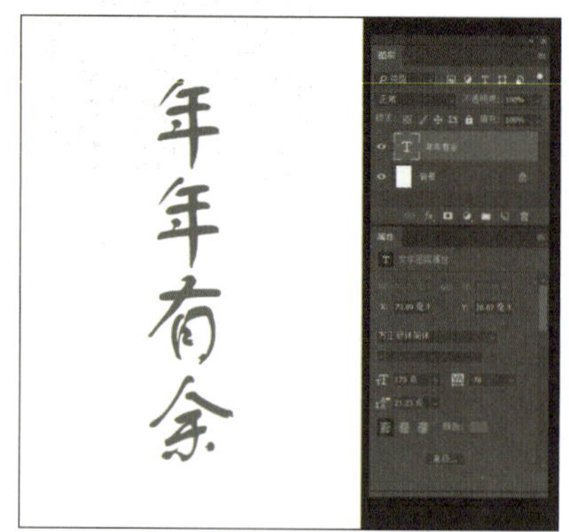

图10.1.26 输入文字效果

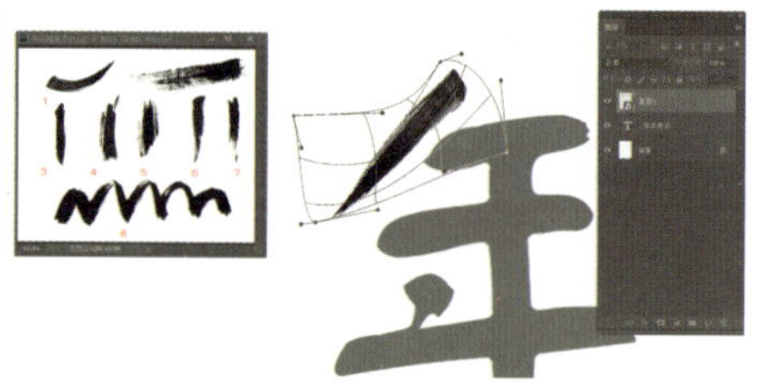

图10.1.27 制作年字笔画（1）

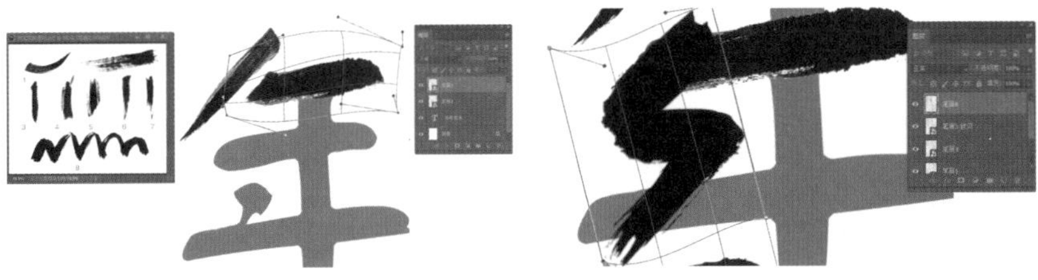

图10.1.28 制作年字笔画（2） 图10.1.29 制作年字笔画（3）

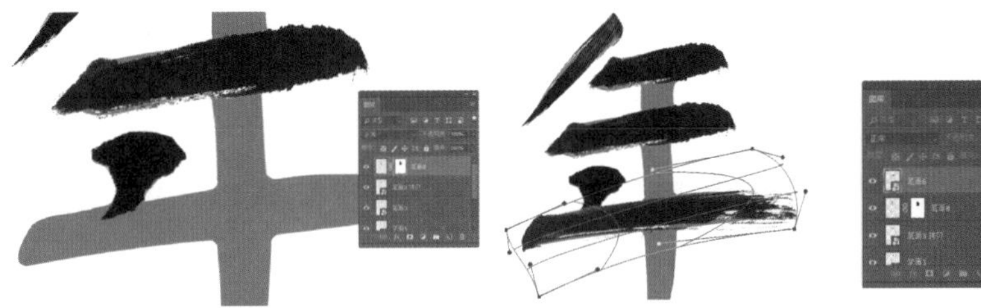

图10.1.30 制作年字笔画（4） 图10.1.31 制作年字笔画（5）

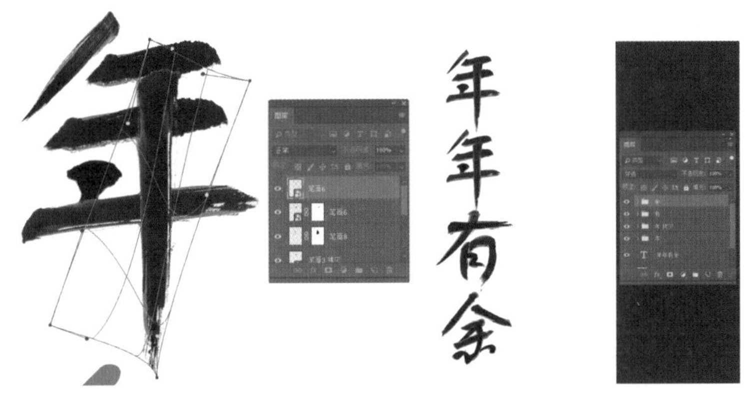

图10.1.32 制作年字笔画（6） 图10.1.33 文字拼接效果

图10.1.34 调整文字色阶效果

图10.1.35 涂抹文字笔画衔接效果（局部）

图10.1.36　添加文字与印章效果

04 将制作好的文字拖入“水墨年年有余”文件内；打开“案例素材”→“印章”素材；执行“盖印图层”命令，如图 10.1.36 所示。

05 执行“盖印图层”命令；执行“滤镜”→“滤镜库”→“纹理”→“纹理化”命令，如图 10.1.37 和图 10.1.38 所示。

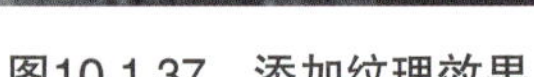

图10.1.37　添加纹理效果

图10.1.38　添加纹理参数设置

06 执行“文件”→“存储”命令，完成水墨年年有余的制作，最终效果如图 10.1.1 所示。

知识链接

滤镜库是指将常用滤镜组合到一个面板中，以折叠菜单的形式呈现。滤镜库提供直观的效果预览，并能同时为图像叠加多种滤镜，可以减少应用滤镜的次数，节省操作时间。

图10.1.39　滤镜库界面示意

1. 认识滤镜库界面

执行“滤镜”→“滤镜库”命令即可弹出滤镜库界面，如图 10.1.39 所示。

① 效果预览框：可显示滤镜应用后的效果。

② 滤镜列表：每个滤镜组下面包含多个路径，单击所需要的滤镜组可选择相应滤镜，并预览滤镜在图像中的应用效果。

③ 参数设置区：针对所选择的滤镜进行参数值的设定。

④ 效果图层区：可新建效果图层或删除效果图层，实现滤镜库内多种效果的叠加运用。

2. 认识滤镜库内的滤镜组

（1）“风格化”滤镜组

“风格化”滤镜组包含“照亮边缘”滤镜，此滤镜可以搜索主要颜色的变化区域，并强化其过渡像素以产生轮廓发光的效果，如图 10.1.40 所示。

（2）“画笔描边”滤镜组

“画笔描边”滤镜组内滤镜的主要功能为模拟使用不同的画笔和油墨描边，创造出的绘画效果如图 10.1.41 所示。

（a）原图 （b）处理后 （c）参数设置

图10.1.40 照亮边缘效果展示

成角的线条效果 墨水轮廓效果 喷溅效果 喷色描边效果

强化的边缘效果 深色线条效果 烟灰墨效果 阴影线效果

图10.1.41 “画笔描边”滤镜组效果展示

（3）“扭曲”滤镜组

“扭曲”滤镜组内滤镜可制作类似玻璃或者波纹样式的扭曲变形效果，如图 10.1.42 所示。

（4）“素描”滤镜组

“素描”滤镜组内滤镜可打造出多种绘画艺术效果，如图 10.1.43 所示。

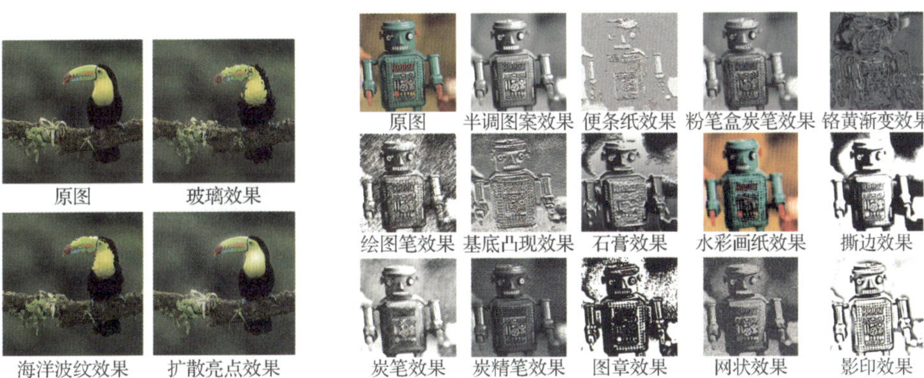

原图 玻璃效果

海洋波纹效果 扩散亮点效果

图10.1.42 “扭曲”滤镜组效果展示

原图 半调图案效果 便条纸效果 粉笔盒炭笔效果 铬黄渐变效果

绘图笔效果 基底凸现效果 石膏效果 水彩画纸效果 撕边效果

炭笔效果 炭精笔效果 图章效果 网状效果 影印效果

图10.1.43 “素描”滤镜组效果展示

（5）“纹理”滤镜组

“纹理”滤镜组内滤镜主要用于打造各种纹理材质效果，如图 10.1.44 所示。

原图 龟裂缝效果 颗粒效果

马赛克拼贴效果 拼缀图效果 染色玻璃效果 纹理化效果

图10.1.44 “纹理”滤镜组效果展示

（6）“艺术效果”滤镜组

“艺术效果”滤镜组内滤镜可为图像打造出不同风格的艺术效果，如图 10.1.45 所示。

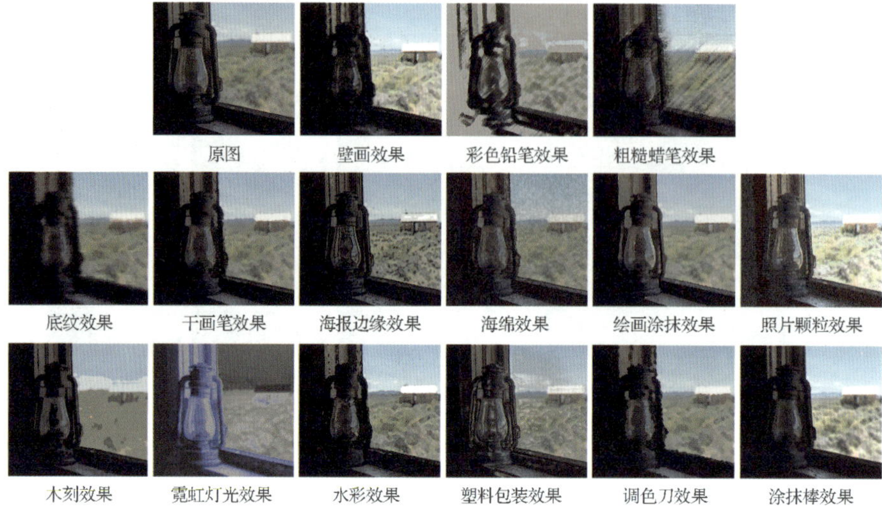

图10.1.45　“艺术效果”滤镜组效果展示

3．了解滤镜的叠加方式

执行“滤镜库”→“新建效果图层”命令，为图像叠加多个滤镜效果，如图 10.1.46～图 10.1.49 所示。

图10.1.46　图像原图效果

图10.1.47　创建“绘画涂抹”效果

图10.1.48　叠加创建“纹理化”效果

图10.1.49　叠加创建“海报边缘”效果

任务 10.2 制作光束效果——光之韵舞蹈社招新Banner

☞任务描述

光束效果是在设计中运用得比较广泛的效果元素，能营造画面绚丽、动感的氛围。本任务要为光之韵舞蹈社设计一款社团线上招新Banner，效果如图10.2.1所示。

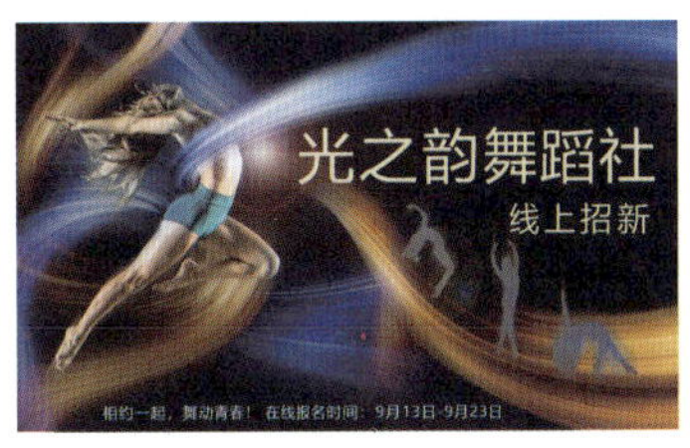

图10.2.1　舞蹈社招新Banner制作效果

☞任务分析

本次 Banner 设计分为制作光束底纹和制作人物与光束两个部分。利用滤镜菜单内“渲染”“模糊”“扭曲”等多种特效命令制作出光束彩带效果，结合舞蹈人物及剪影，突出“光”“韵”，为主题营造出一种炫彩的韵律感，体现出校园舞蹈社团的青春与活力。

实践操作

1. 制作光束底纹

微课：光之韵舞蹈社招新Banner

01 打开 Photoshop 软件，新建文件，将其命名为“舞蹈社招新 Banner”，设置尺寸为 1007（宽）像素 ×600（高）像素，分辨率为 72 像素/英寸，如图 10.2.2 所示。

02 执行“滤镜”→“渲染”→“云彩”命令，如图 10.2.3 和图 10.2.4 所示。

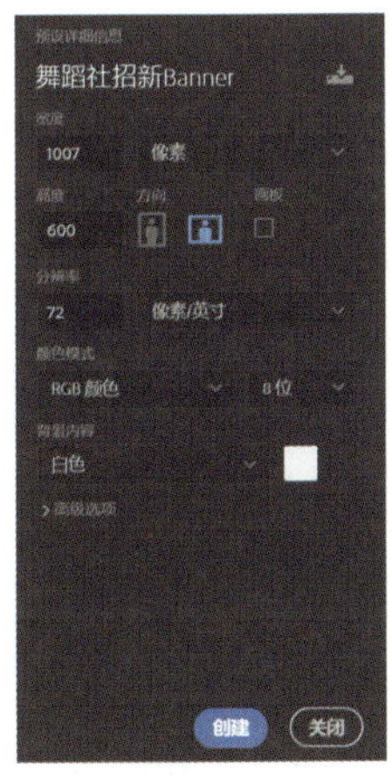

图10.2.2　新建文件参数设置

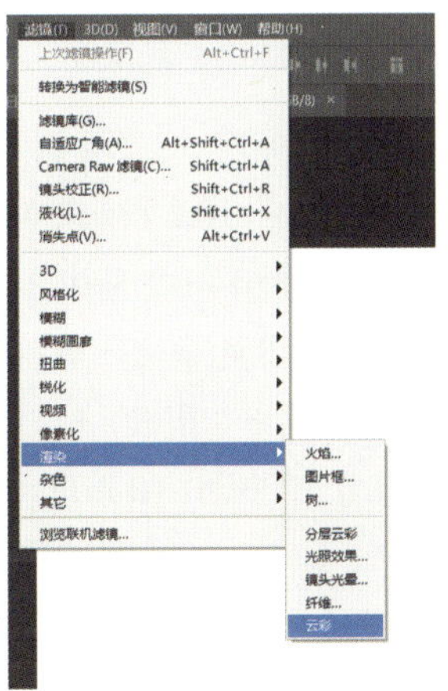

图10.2.3　执行“滤镜”→“渲染”→“云彩”命令

图10.2.4　“云彩”滤镜效果

关键点拨

在 Photoshop 软件的滤镜中，“云彩”滤镜能够使前景色与背景色在图像中随机产生一种云彩效果。本任务因为需制作出黑白云彩效果，所以在执行“云彩”命令时要确保工具栏中的前景色与背景色保持为白色和黑色。

03 执行“滤镜”→“像素化”→“铜版雕刻”命令，如图 10.2.5 和图 10.2.6 所示。

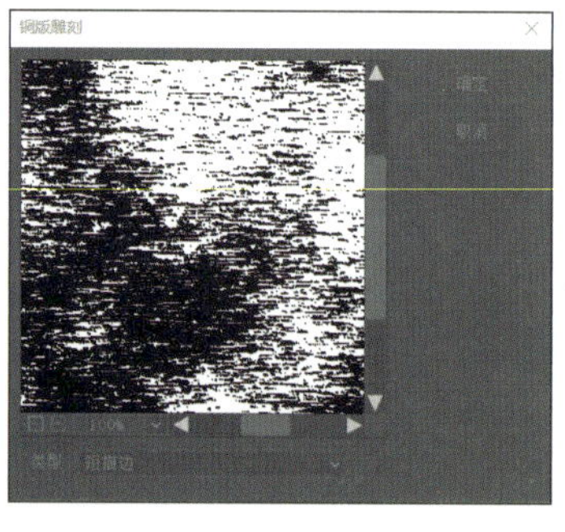

图10.2.5　铜版雕刻滤镜参数设置

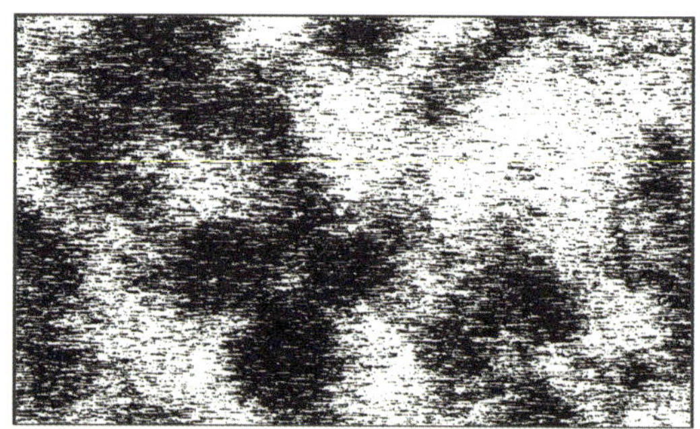

图10.2.6　铜版雕刻滤镜效果

04 执行“滤镜”→“模糊”→“径向模糊”命令两次，如图 10.2.7 ～图 10.2.9 所示。

05 修改图层名为“光束 1”，并将图层复制一层命名为“光束 2”；选择“光束 1”图层，执行“滤镜”→“扭曲”→“旋转扭曲”命令，如图 10.2.10 和图 10.2.11 所示。

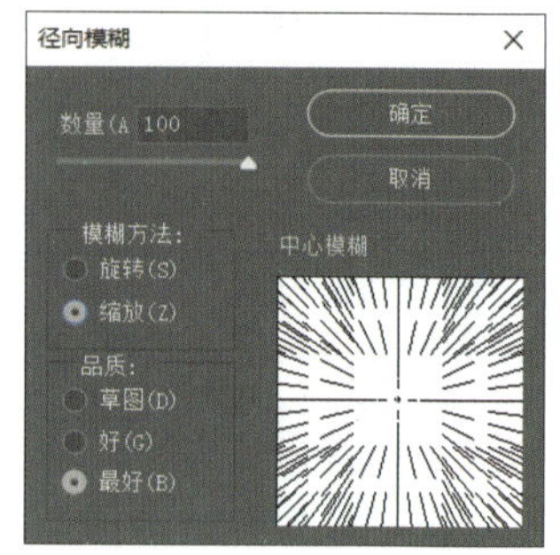

图10.2.7　径向模糊滤镜参数设置

06 选择“光束 2”图层，执行“滤镜”→“扭曲”→“旋转扭曲”命令，并将图层混合模式修改为“变亮”，如图 10.2.12

和图 10.2.13 所示。

图10.2.8 径向模糊一次效果

图10.2.9 径向模糊两次效果

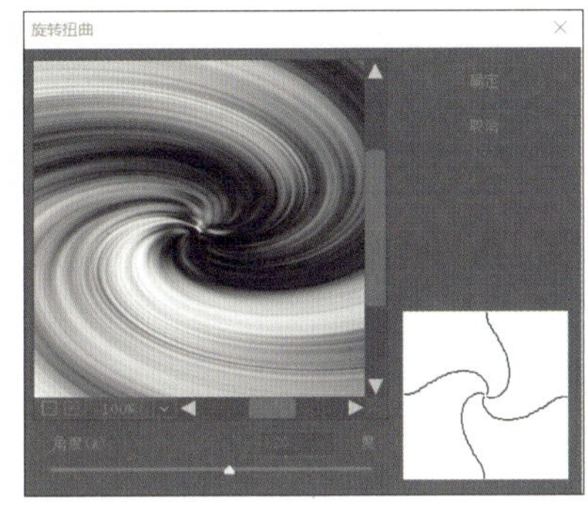

图10.2.10 旋转扭曲滤镜参数设置（1）

图10.2.11 旋转扭曲滤镜效果（1）

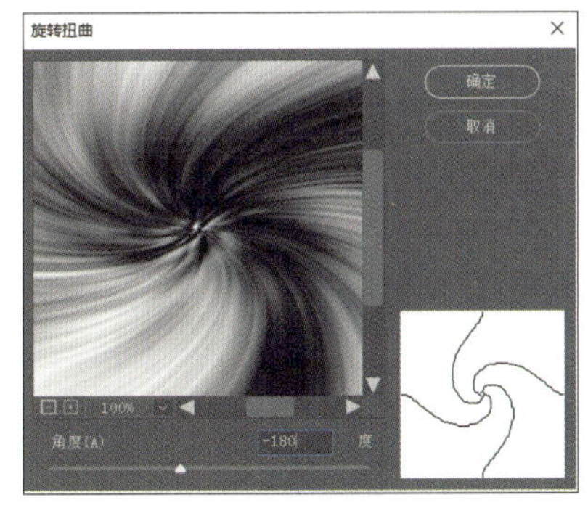

图10.2.12 旋转扭曲滤镜参数设置（2）

图10.2.13 旋转扭曲滤镜效果（2）

07 选择“光束 1”图层，执行“图像”→“调整”→“色相 / 饱和度”命令（组合键：Ctrl+U），将图层内的元素调整为蓝色；选择“光束 2”图层，执行“图像”→“调整”→“色相 / 饱和度”命令，将图层内的元素调整为黄色，如图 10.2.14～图 10.2.16 所示。

08 执行“盖印图层”命令，并将盖印出的新图层命名为“光束背景”；新建“背景色”图层并将其填充为黑色，置于图层底层；将图层“光束 1”“光束 2”设为不可见，如图 10.2.17 所示。

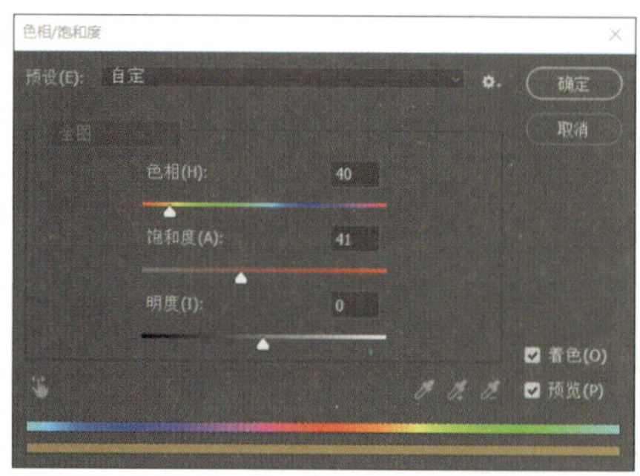

图10.2.14　调整黄色参数设置

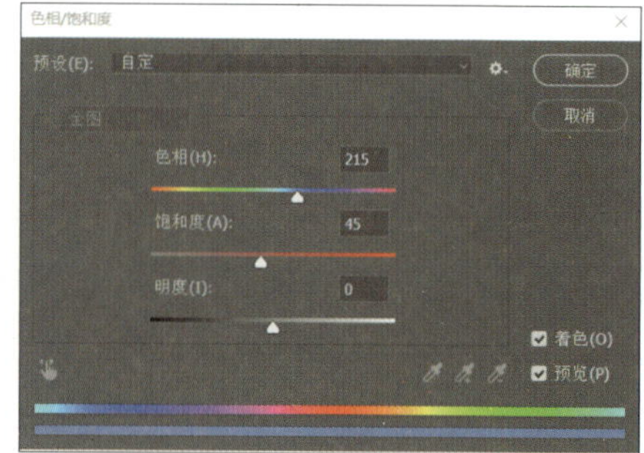

图10.2.15　调整蓝色参数设置

图10.2.16　整体颜色效果

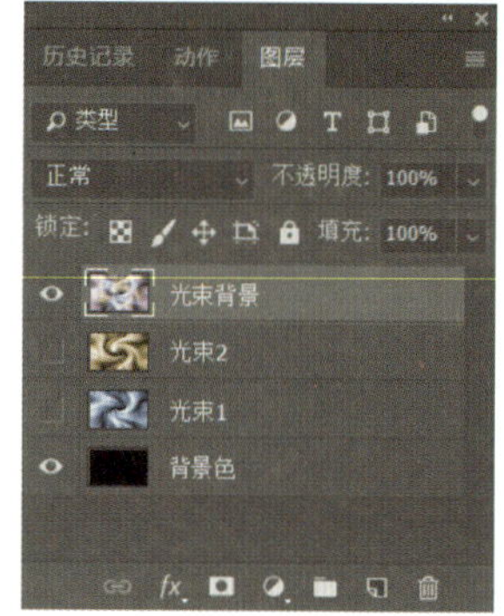

图10.2.17　整理图层后效果

09 选择“光束背景”图层，执行“图像”→“调整”→“色阶”命令（组合键：Ctrl+L）；移动图层到画面左边，并执行“自由变换”命令，调整画面角度及大小，如图 10.2.18 和图 10.2.19 所示。

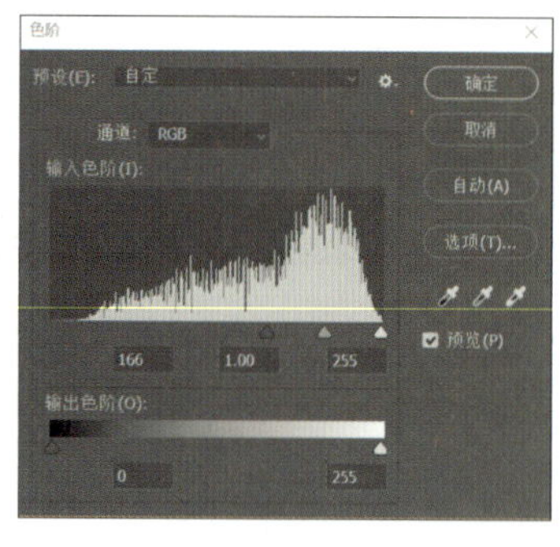

图10.2.18　色阶参数设置（1）

图10.2.19　色阶及图片位置大小调整效果

10 选择“光束背景”图层，再次执行“图像”→“调整”→“色阶”命令（组合键：Ctrl+L）；添加“图层蒙版”，运用黑色柔角画笔将不需要的元素隐藏，如图 10.2.20 和图 10.2.21 所示。

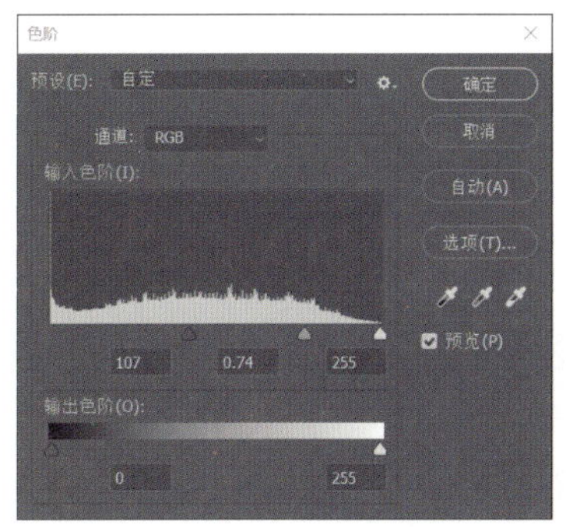

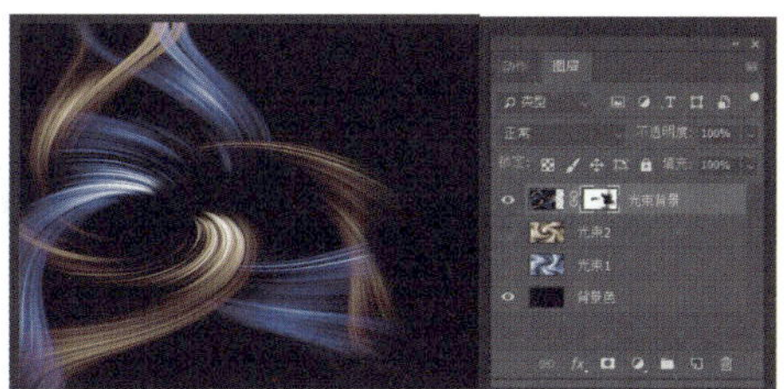

图10.2.20 色阶参数设置（2） 图10.2.21 色阶和图层蒙版设置后效果

11 复制“光速背景”图层;对“光束背景”图层执行“滤镜”→“模糊”→“动感模糊”命令；设置“光束背景 拷贝”图层的不透明度为“50%”，图层混合模式为“滤色”，如图 10.2.22 和图 10.2.23 所示。

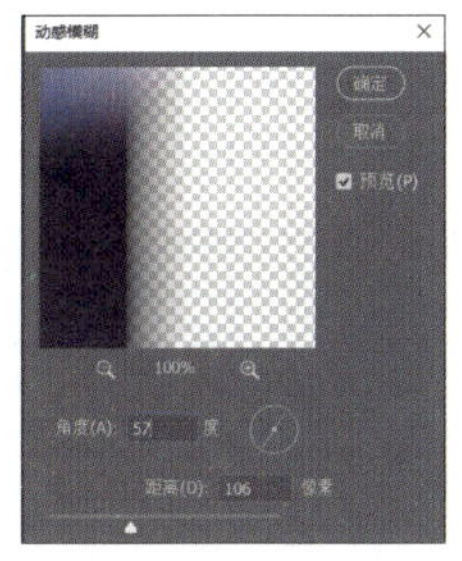

图10.2.22 动感模糊参数设置 图10.2.23 光束背景处理后效果

2．制作人物与光束

01 选择“光束 2”图层，运用钢笔工具勾选出部分光束，并复制一个图层（组合键：Ctrl+J），将图层命名为“光束黄”;“光束黄”图层置于“光束背景拷贝”图层上方，运用移动工具将其移动到画面右下方，执行“自由变换”命令将其调整为合适形状，如图 10.2.24 和图 10.2.25 所示。

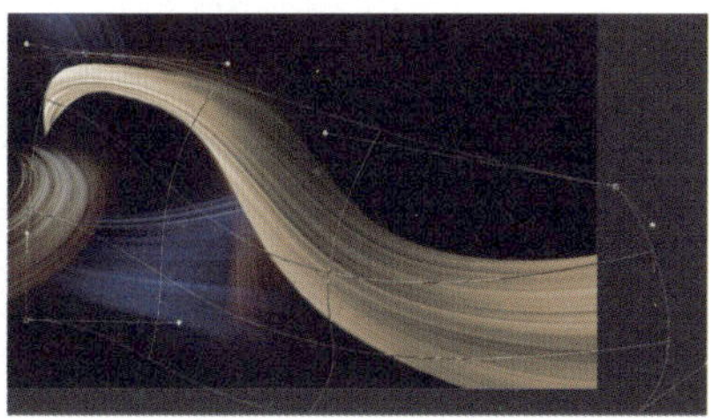

图10.2.24 勾选部分光元素 图10.2.25 光元素变形

02 运用“色阶”“图层蒙版”对“光束黄”图层进行调整，如图 10.2.26 和图 10.2.27 所示。

03 打开“案例素材”→“舞者 1”素材，并将其置于合适位置，如图 10.2.28 所示。

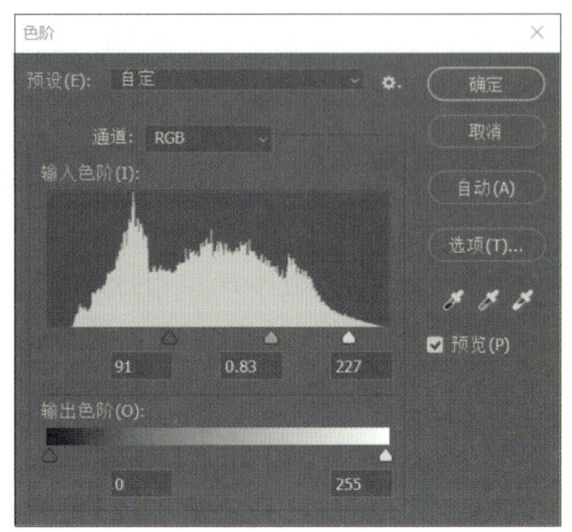

图10.2.26 调整“光束黄”色阶参数设置

图10.2.27 “光束黄”元素调整效果

图10.2.28 添加“舞者1”元素效果

04 运用制作“光束黄”的方法制作“光束蓝”，如图 10.2.29 ～图 10.2.31 所示。

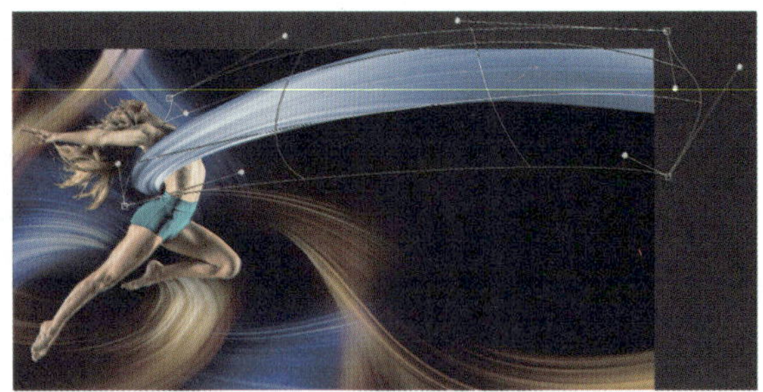

图10.2.29 “光束蓝”形状参考

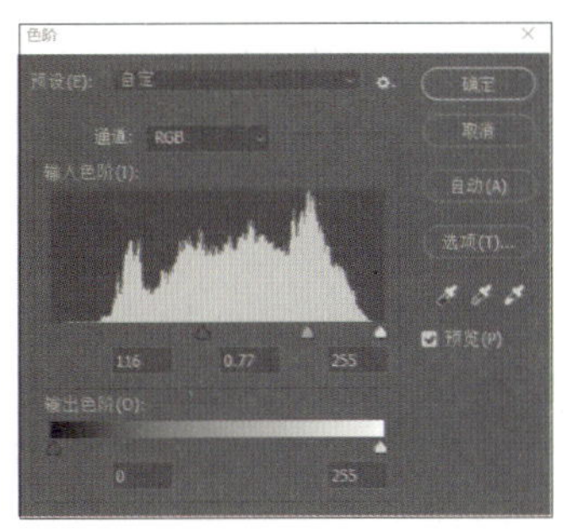

图10.2.30 “光束蓝”色阶参数设置

图10.2.31 “光束蓝”制作效果

05 将“舞者 1”图层复制一层，命名为“舞者 1 拷贝”；选择“舞者 1”图层，执行“滤镜”→“模糊”→“动感模糊”命令；为“舞者 1”图层创建图层蒙版，运用黑色柔角画笔将人物边缘不需要的动感模糊效果进行遮挡，如图 10.2.32 和图 10.2.33 所示。

06 打开“案例素材”→“舞者 2”“舞者 3”“舞者 4”素材，并将其置于画面合适位置，如图 10.2.34 所示。

图10.2.32 动感模糊参数设置

图10.2.33 人物动感模糊制作效果

图10.2.34 添加多个人物剪影效果

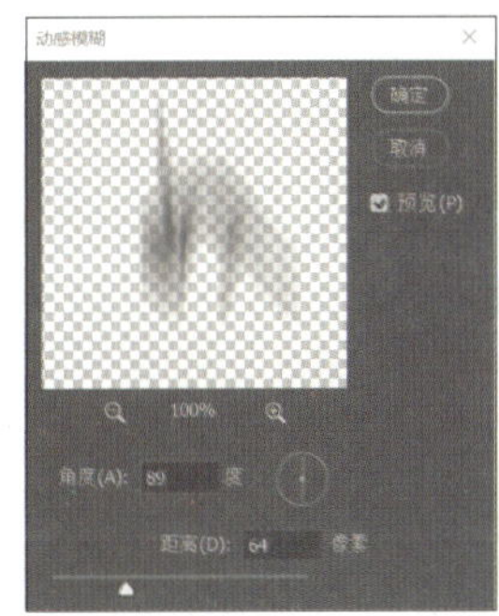

图10.2.35 舞者2动感模糊参数设置

07 复制“舞者 2”图层将其命名为“舞者 2 拷贝”；单击“舞者 2”图层，执行“滤镜”→“模糊”→“动感模糊”命令，如图 10.2.35 和图 10.2.36 所示。

08 运用上述同样的方法为“舞者 3”“舞者 4”图层元素添加动感模糊效果，如图 10.2.37 所示。

图10.2.36　舞者2动感模糊效果

图10.2.37　为剪影人物添加动感模糊效果

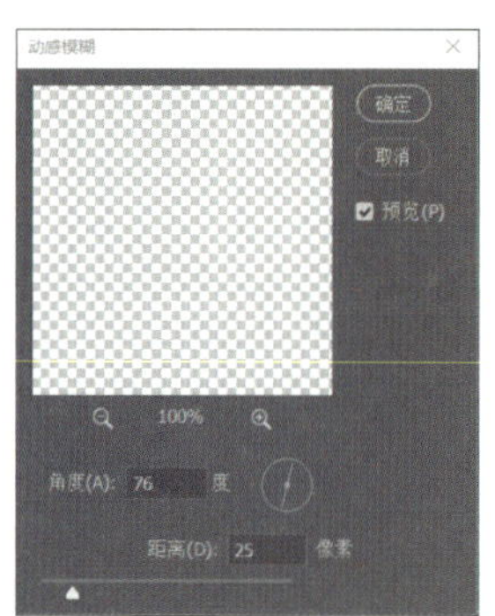

图10.2.38　“光束蓝”图层动感模糊参数设置

09 复制“光束蓝”图层并命名为“光束蓝 拷贝”；选择“光束蓝”图层，执行“滤镜”→“模糊”→“动感模糊”命令；选择“光束蓝 拷贝”图层，将图层混合模式调整为滤色，如图 10.2.38 和图 10.2.39 所示。

10 运用调整“光束蓝”的方法调整“光束黄”元素，如图 10.2.40 所示。

图10.2.39　“光束蓝拷贝”图层属性调整后效果

图10.2.40　“光束黄”元素调整后效果

11 在“舞者 1 拷贝”图层上方新建图层，并将其命名为“人物环境光”，设置图层混合模式为“颜色”；运用蓝色柔角画笔将人物身体靠近蓝色光束区域涂抹出蓝色环境色（画笔参考设置：硬度为“0%”，不透明度为“20%”，颜色为 #a6cbee），如图 10.2.41 所示。

12 在“舞者 4 拷贝”图层上方新建图层并命名为“舞者剪影炫光”，设置图层混合模式为“颜色”；运用柔角画笔，选择蓝色、黄色等色彩在该图层涂抹出舞者剪影炫光效果。最终效果如图 10.2.42 所示。

图10.2.41 “舞者1”元素添加环境光效果

图10.2.42 人物剪影元素炫光效果

13 运用文字工具添加文案信息“光之韵舞蹈社线上招新”“相约一起，舞动青春！”“在线报名时间：9月13日-9月23日”（参考字体：微软雅黑；参考大小：86点/48点/22点；参考色号：浅蓝 #bcddff、浅黄 #ece1c1），如图10.2.43所示。

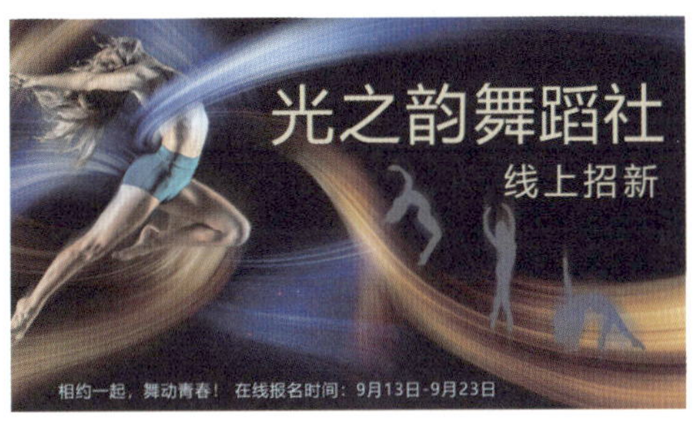

图10.2.43 添加文案效果

14 新建“镜头光晕”图层并将其置于图层最上方，将图层填充为黑色，设置图层混合模式为“滤色”；执行“滤镜”→“渲染”→“镜头光晕”命令；利用图层蒙版调整镜头晕染效果，如图10.2.44和图10.2.45所示。

15 适当微调画面中的各元素的位置，执行“文件”→“存储”命令完成舞蹈社招新 Banner 制作，最终效果如图10.2.1所示。

图10.2.44 镜头光晕参数设置

图10.2.45 添加镜头光晕效果

知识链接

Photoshop 软件中的“滤镜”菜单栏中提供了多种滤镜。滤镜的操作非常简单，但是实际应用时很难恰到好处。如果想应用滤镜，需要用户熟悉滤镜及具备操控能力，甚至需要具有丰富的想象力。

1. 执行“滤镜”命令

执行“滤镜”命令，在弹出的菜单中执行相应的滤镜命令，如图 10.2.46 所示。

2. 认识“模糊”滤镜

1）执行“滤镜”→“模糊”命令即可弹出子菜单，“模糊”滤镜子菜单中有 11 个模糊命令可供选择，如图 10.2.47 所示。

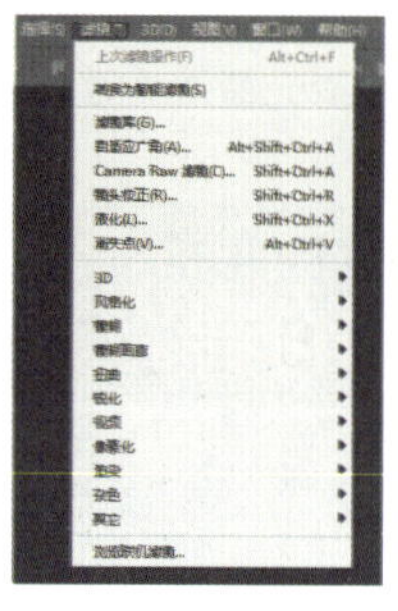

图10.2.46　“滤镜”菜单示意

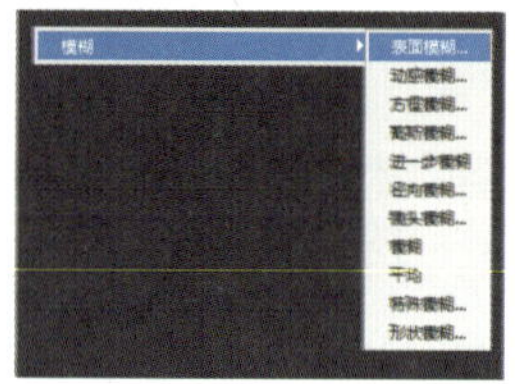

图10.2.47　“模糊”滤镜子菜单示意

2）执行不同的模糊命令会弹出相应的对话框，在对话框中可以进行参数设置（“进一步模糊”“模糊”“平均”三个命令无须参数设置，单击即可），如图 10.2.48 ～图 10.2.51 所示。

图10.2.48　原图效果

表面模糊　动感模糊

方框模糊　高斯模糊

图10.2.49　模糊效果（1）

图10.2.50　模糊效果（2）

图10.2.51　模糊效果（3）

3．认识“扭曲”滤镜

1）执行“滤镜”→“扭曲”命令，可弹出子菜单，“扭曲”滤镜子菜单内有九个扭曲命令可供选择，如图 10.2.52 所示。

2）执行不同的扭曲命令，可弹出相应的对话框，在对话框中可以进行参数设置，如图 10.2.53～图 10.2.56 所示。

图10.2.52 “扭曲”滤镜子菜单示意

图10.2.53 原图效果

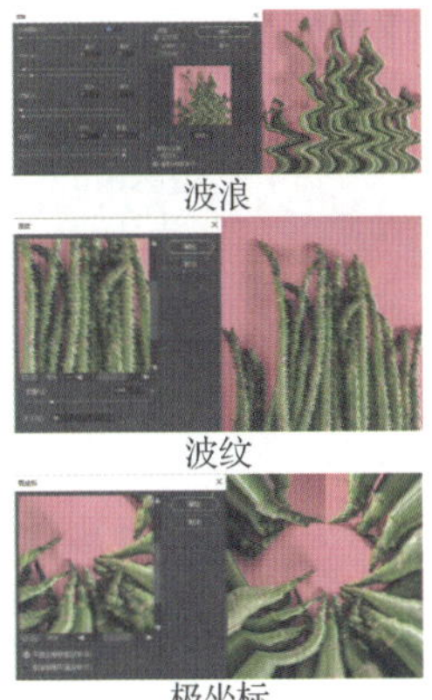

图10.2.54 扭曲效果（1）

图10.2.55 扭曲效果（2） 图10.2.56 扭曲效果（3）

4．认识“像素化”滤镜

1）执行“滤镜”→“像素化”命令即可弹出子菜单，“像素化”滤镜子菜单内有七个命令可供选择，如图 10.2.57 所示。

2）执行不同的“像素化”命令，可弹出相应的对话框，在对话框中可对命令进行参数设置（彩块化、碎片这两个命令无须参数设置，单击即可执行），如图 10.2.58 ～图 10.2.60 所示。

图10.2.57 “像素化”滤镜子菜单示意

图10.2.58 原图效果

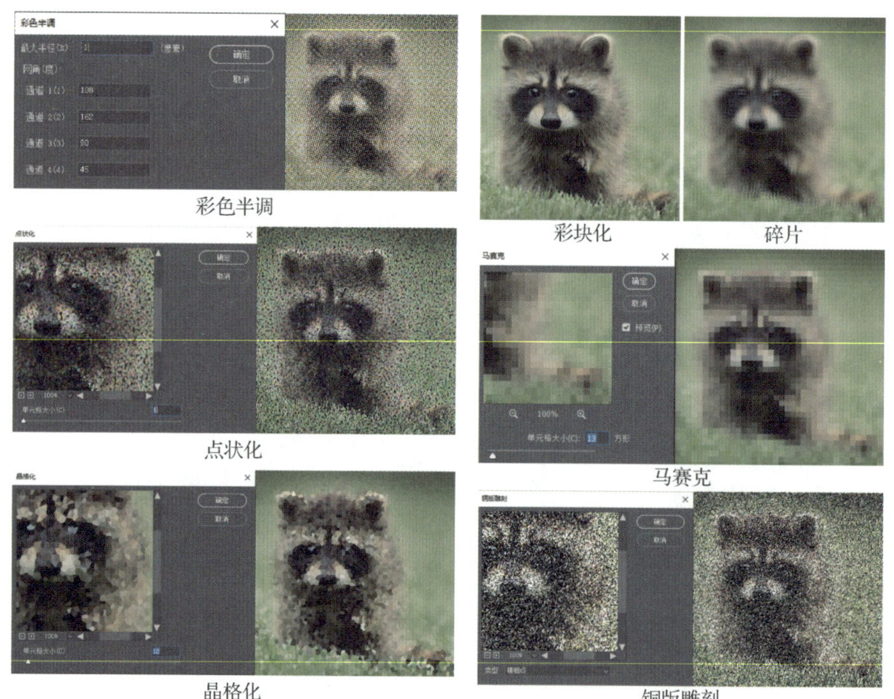

图10.2.59 像素化效果（1）

图10.2.60 像素化效果（2）

5. 认识“渲染”滤镜

1）执行“滤镜”→“渲染”命令即可弹出子菜单，“渲染”滤镜子菜单内有八个命令可供执行，如图 10.2.61 所示。

2）执行不同的渲染命令，可弹出相应的对话框，在对话框中可对命令进行参数设置（分层云彩、云彩这两个命令无须设置参数，单击即可执行），如图 10.2.62 ～图 10.2.66 所示。

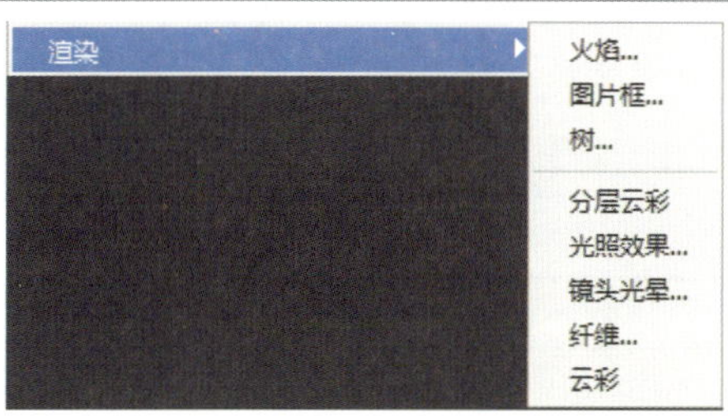

图10.2.61　“渲染”滤镜子菜单示意

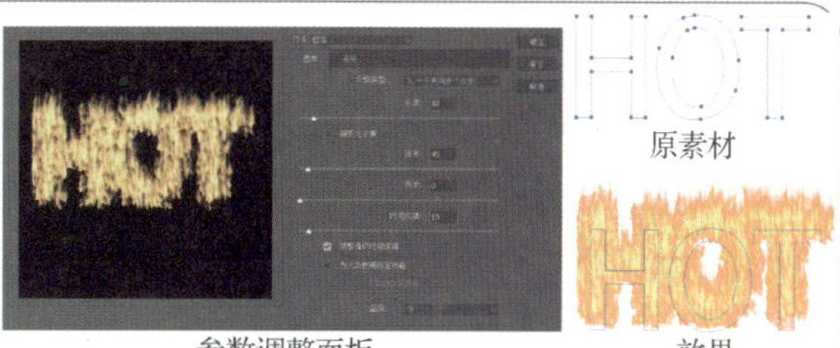

图10.2.62　火焰效果

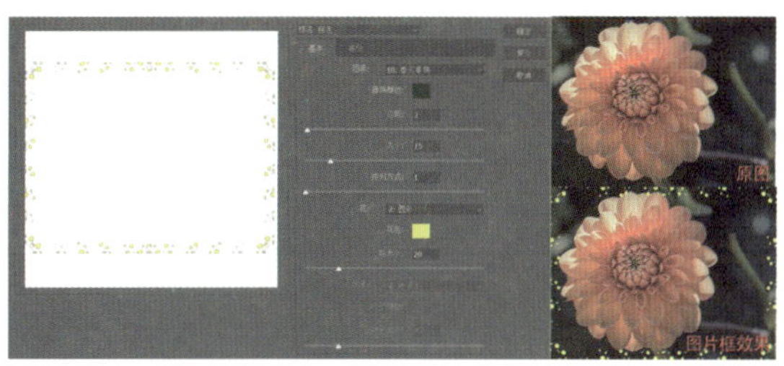

图10.2.63　图片框效果

图10.2.64　树制作界面

（a）分层云彩效果

（b）云彩效果

图10.2.65　分层云彩效果和云彩效果

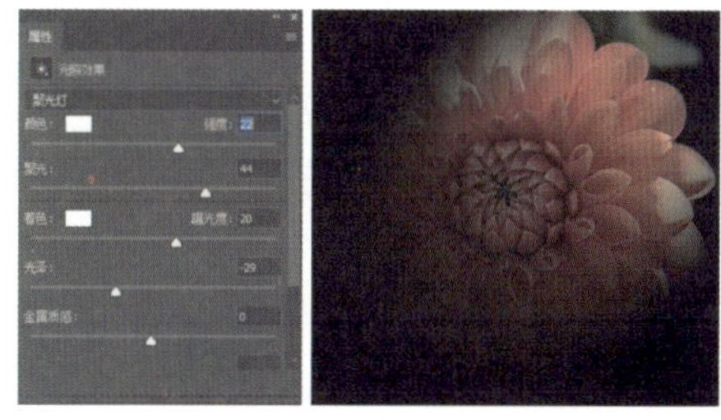

（a）光照效果

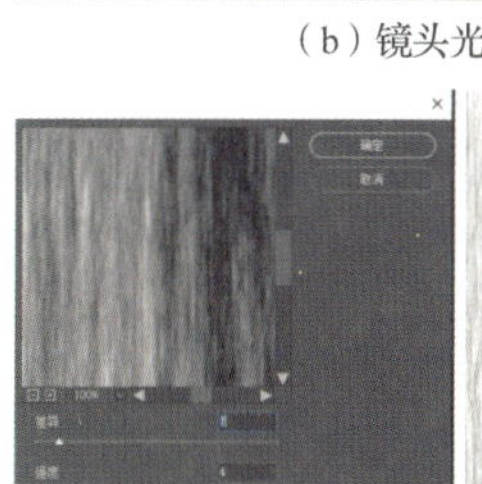

（b）镜头光晕效果

（c）纤维效果

图10.2.66　光照效果、镜头光晕效果和纤维效果

学习评价☞

学习目标	自我评价			同学评价		
	达成	基本达成	未达成	达成	基本达成	未达成
了解滤镜菜单内常用滤镜命令的作用						
掌握滤镜库的运用方法						
掌握“模糊”滤镜组内命令的运用方法						
掌握“扭曲”滤镜组内命令的运用方法						
掌握“像素化”滤镜组内命令的运用方法						
掌握“渲染”滤镜组内命令的运用方法						

教师评价：

教师签字：

思考与练习☞

一、理论题

1．下列不属于模糊滤镜的是（　　）。

A．动感模糊　B．高斯模糊　C．进一步模糊　D．模糊化

2．下面只对 RGB 图像起作用的滤镜是（　　）。

A．波纹　B．马赛克　C．光照效果　D．浮雕效果

3．简要说明 Photoshop 软件的滤镜库中默认包括的滤镜组。

____

____

二、实训题

1．打开“实训题 1”中的素材，结合滤镜库制作一个尺寸为 350（宽）毫米 ×350（高）毫米、分辨率为 72 像素 / 英寸的水墨牡丹，效果如下图所示。

练习效果（1）

2．利用 Photoshop 软件“滤镜”菜单内的命令为“光之韵舞蹈社”制作一张招新 Banner，效果如下图所示。

制作规格：尺寸为 1007（宽）像素 ×600（高）像素，分辨率为 72 像素 / 英寸。

练习效果（2）

11 单元

让美变得更简单——照片处理美化

单元导读

在进行创作时会遇到画面倾斜、色彩偏差或构图不够完美的情况，这时就要对照片进行后期的美化处理。使用Photoshop 软件加工和处理数码影像时，可以进行剪裁、重新构图，加入不同的滤光效果，调整画面色调或改变光影效果等，还可以通过对图像的选择、复制、粘贴或采用各种特殊效果，实现对数码影像的调整、拼贴、合成，从而生成各种生动、有趣、新颖的影像。本单元将详细介绍照片的后期美化处理及相册设计、排版。

学习目标

- 了解 Photoshop 软件美化照片的方式；
- 掌握图像运算、计算等方法；
- 理解色彩知识并调整图片色彩；
- 掌握影像后期处理的方式；
- 掌握相册排版的设计技巧。

思政目标

- 全面提升美学修养与艺术修养，兼顾设计的整体性与协调性、艺术性与装饰性；
- 树立服务意识、质量意识，强化整体意识、创新意识。

任务 11.1 祛痘美颜——自制证件照

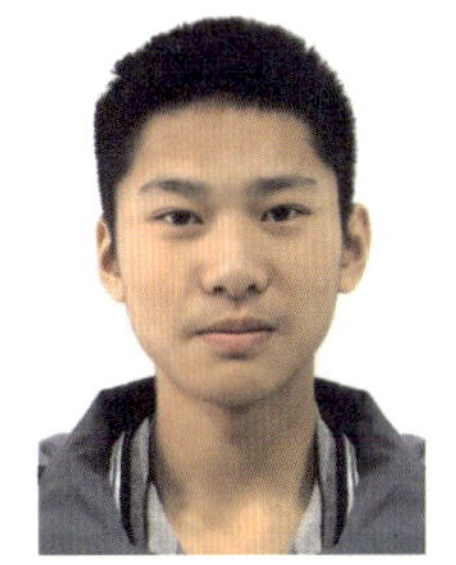

图11.1.1 2寸白底证件照效果

☞任务描述

某学校学生需要填写电子档案资料，要求上传2寸白底的电子证件照，可是很多学生没有电子版照片，本任务将借助照相机拍摄照片，再利用所学的Photoshop软件知识、技巧，自制一张证件照，效果如图11.1.1所示。

☞任务分析

根据需求，证件照是2寸的，所以在新建文档的时候要按照2寸照片来设定；另外，照片需要使用白底，所以拍摄的时候，为了减少后期的处理次数，学生应在一面白墙前拍摄，后期仅需要提升亮度；某位学生的脸上有很多痘痘和斑点，这些需要借助液化工具和滤镜工具，通过图像计算、运算等美化面部的皮肤。

实践操作

微课：自制证件照

01 前期准备，根据主题寻找素材，将其保存到相应的文件夹，安装字体。

02 打开 Photoshop 软件，新建文件，将其命名为“自制证件照”，设置尺寸为 3.5（宽）厘米 ×5.3（高）厘米，分辨率为 300 像素 / 英寸，如图 11.1.2 所示。

03 打开“案例素材”→“照片”素材，将其置入正在编辑的文档中，如图 11.1.3 所示。

图11.1.2 新建文件参数设置

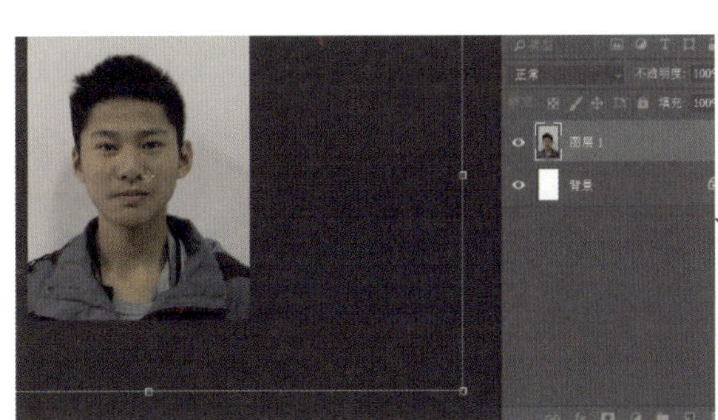

图11.1.3 置入文件

04 在“图层 1”图层上，按 Ctrl+J 组合键，复制图层，得到“图层 1 拷贝”图层，如图 11.1.4 所示。

05 执行“滤镜”→“液化”命令，调用“向前变形工具”，将人物的左侧耳朵和头发部分做适当的调整，使画面和谐，如图 11.1.5 所示。

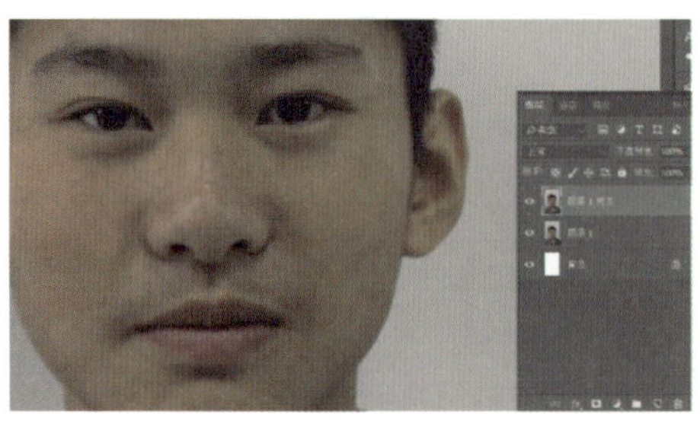

图11.1.4　复制图层

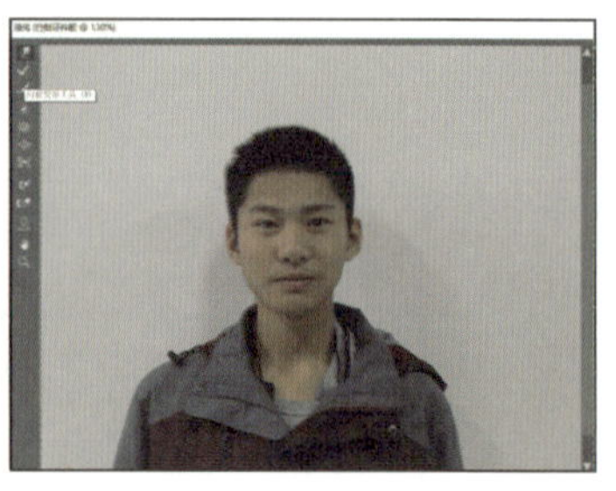

图11.1.5　滤镜液化

06 运用套索工具，选取人物左侧的衣服并复制一层，如图 11.1.6 所示。

07 将所选的衣服执行“自由变换”命令，按 Ctrl+T 组合键，再水平翻转，将其调整到合适的大小位置，如图 11.1.7 所示。

08 进行适当调整，让两边对称自然，如图 11.1.8 所示。

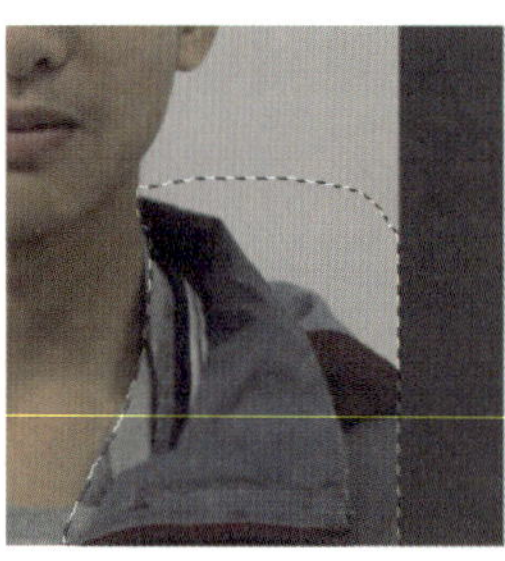

图11.1.6　建立选区

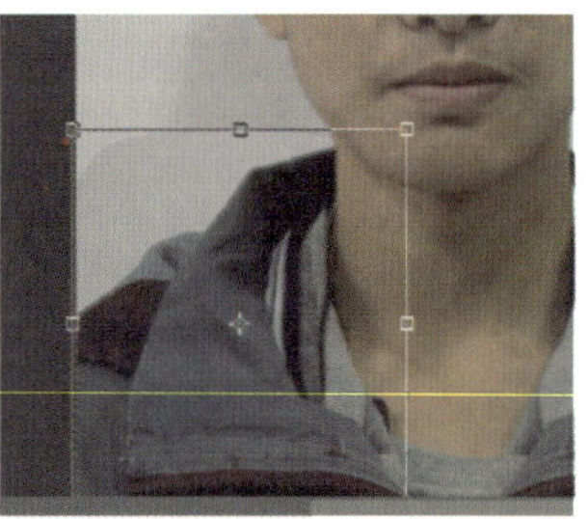

图11.1.7　水平翻转

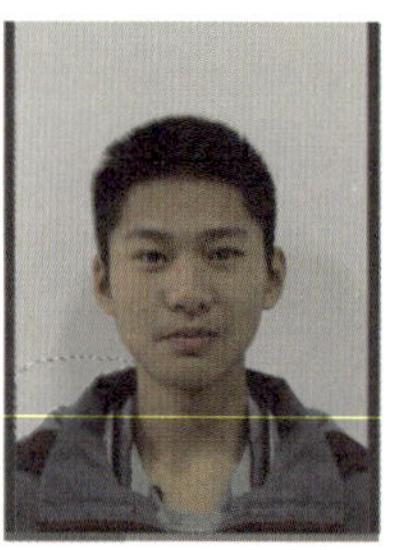

图11.1.8　进行适当调整

09 选择“图层 2”“图层 1　拷贝”，右击，在弹出的快捷菜单中执行“合并图层”命令，如图 11.1.9 所示。

10 选择“通道”面板，选择蓝色通道，按 Ctrl+J 组合键复制，得到蓝色通道拷贝图层，如图 11.1.10 所示。

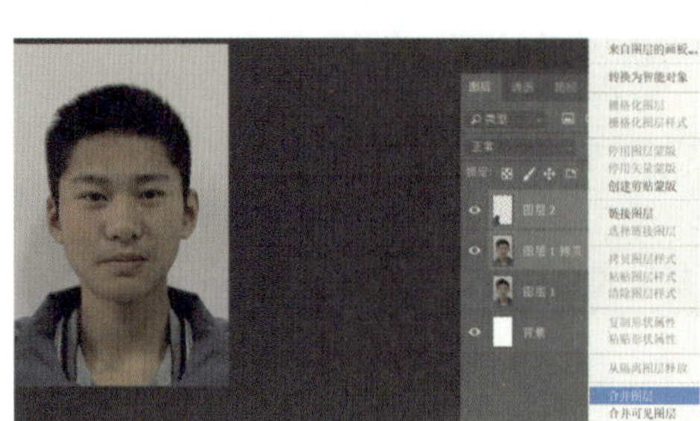

图11.1.9　合并图层

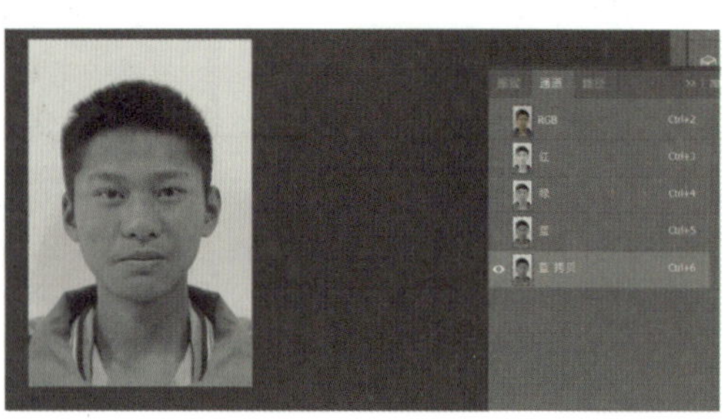

图11.1.10　复制通道

关键点拨

选择红、绿、蓝通道时，要选择黑白对比差异比较明显的。每张图片都不同，用户要根据每张图片的实际情况进行选择。

11 执行“滤镜”→“其他”→“高反差保留”命令，在弹出的“高反差保留”对话框中设置半径（参考值：3 像素），如图 11.1.11 所示。

12 执行“图像”→“计算”命令，在弹出的“计算”对话框中设置各项参数，混合模式改为“叠加”，如图 11.1.12 所示。

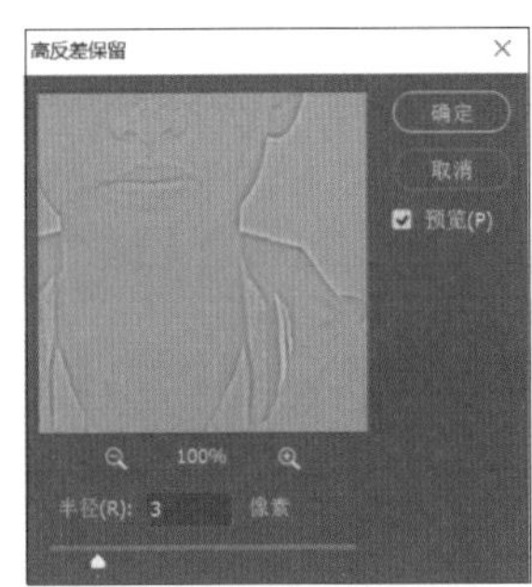

图11.1.11 高反差保留

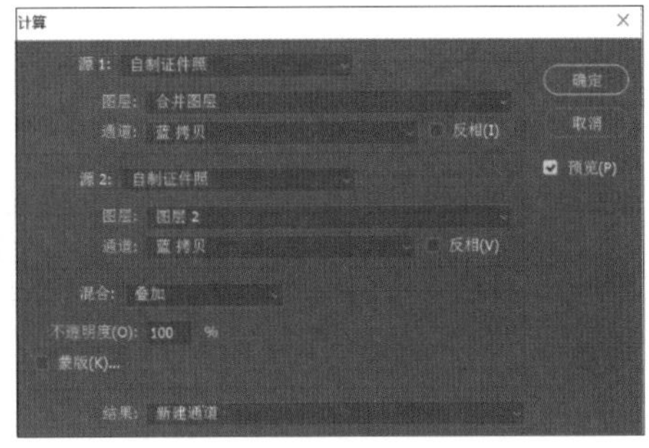

图11.1.12 计算设置

13 重复以上操作进行三次叠加，得到图 11.1.13。

14 在“通道”面板图层，选择“Alpha 3”图层，运用画笔工具或按 B 键，选择黑色硬画笔，涂抹除人脸和脖子以外的区域，如图 11.1.14 所示。

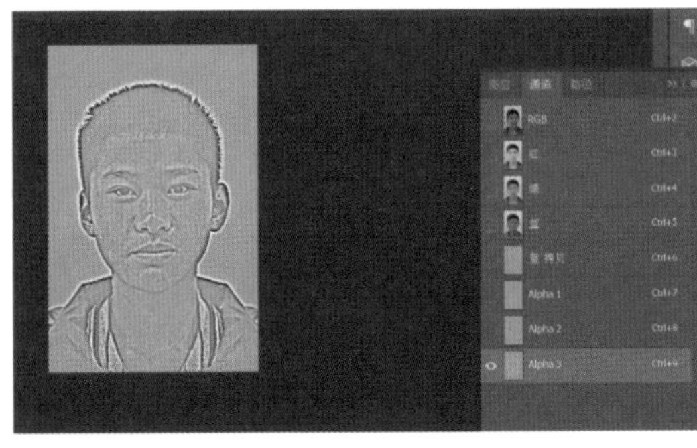

图11.1.13 重复三次操作

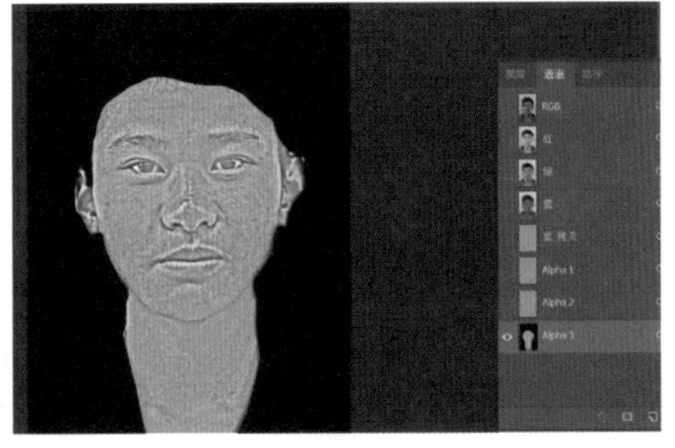

图11.1.14 画笔涂抹多余区域

15 使用小画笔均匀涂抹鼻孔、眼睛、嘴唇，如图 11.1.15 所示。

16 按住 Ctrl 键，单击“通道缩览图”，建立选区，如图 11.1.16 所示。

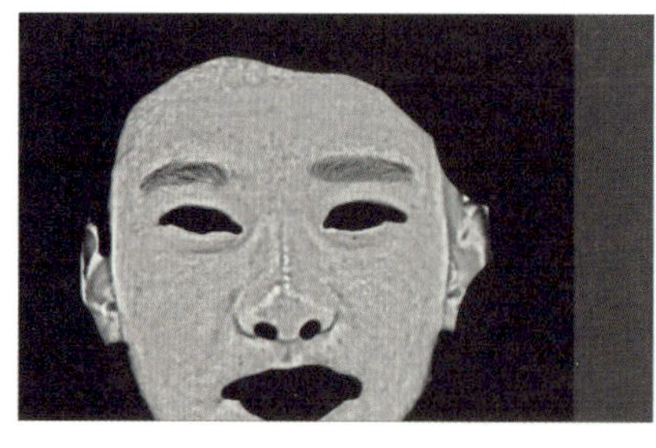

图11.1.15　涂抹五官

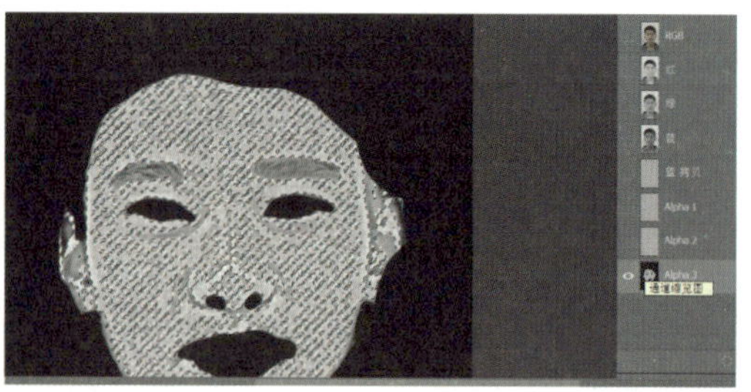

图11.1.16　建立选区

17 返回图层面板，按 Ctrl+Shift+I 组合键进行反选，如图 11.1.17 所示。

18 按 Ctrl+J 组合键复制选区，得到“图层 3”，如图 11.1.18 所示。

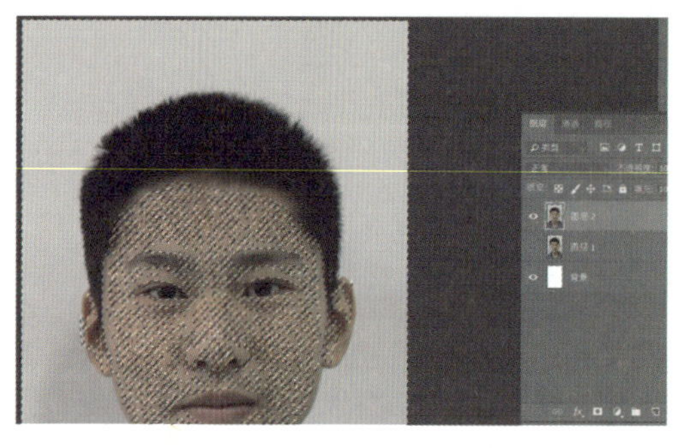

图11.1.17　反选选区

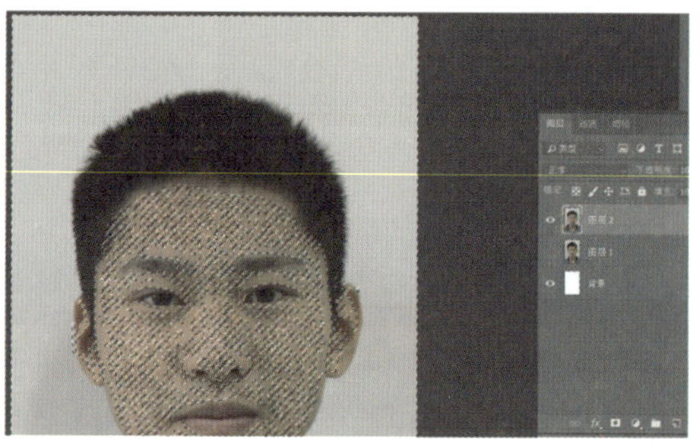

图11.1.18　复制选区

19 创建新的“曲线 1”调整图层，按住 Ctrl 键，将鼠标指针放在“曲线”“图层 2”图层中间，创建“图层 3”图层的剪贴蒙版，调整曲线，提高人脸的亮度，如图 11.1.19 所示。

20 执行“图像”→“调整”→“色阶”命令，或者按 Ctrl+L 组合键，调整色阶，使人物整体看起来更加明亮，如图 11.1.20 所示。

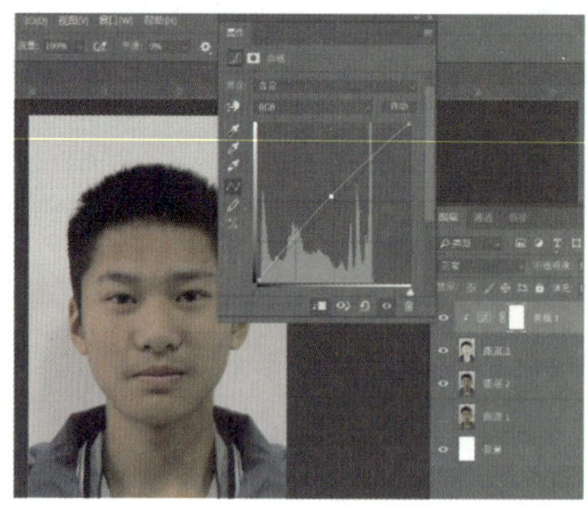

图11.1.19　创建曲线调整图层

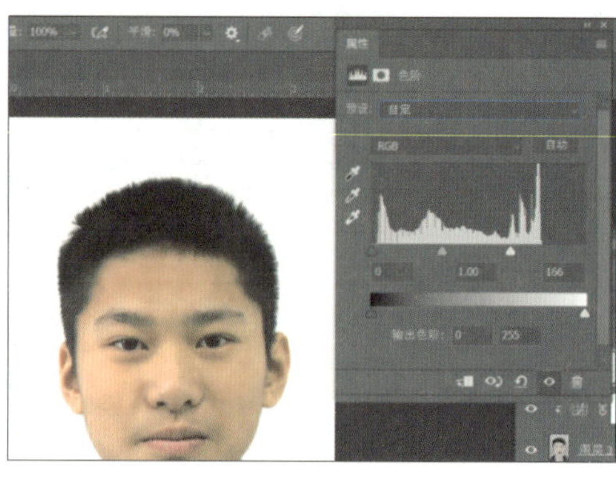

图11.1.20　调整色阶

21 建立新的“曲线 2”图层，调整画面整体的亮度，如图 11.1.21 所示。

22 新建“色相 / 饱和度 1”调整图层，将饱和度降低到“-12”，如图 11.1.22 所示。

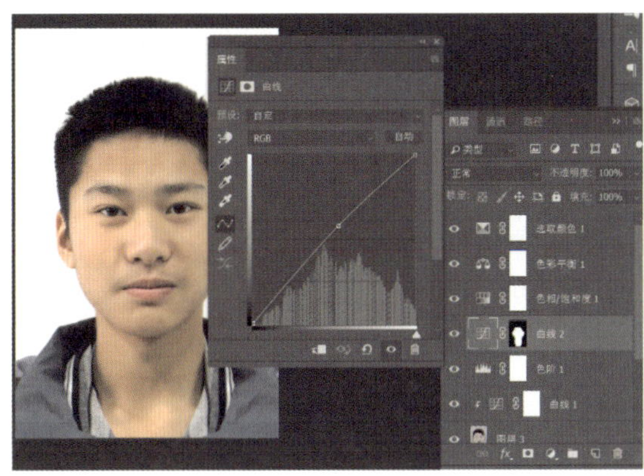

图11.1.21 创建“曲线2”

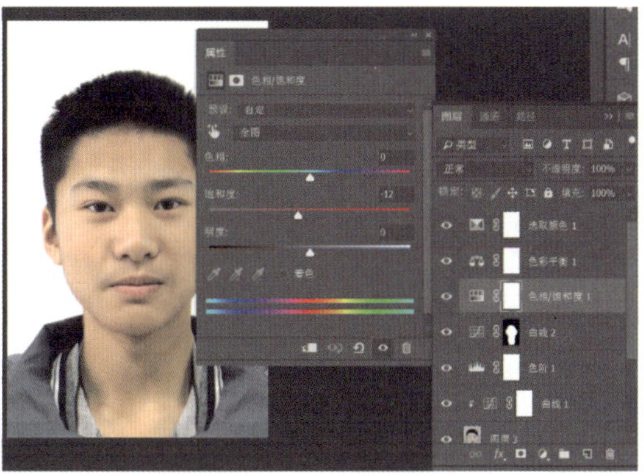

图11.1.22 调整色相 / 饱和度

23 新建“色彩平衡 1”调整图层，色调为“中间调”，将红色降低到“-2”，增加蓝色到“+9”，如图 11.1.23 所示。

24 新建“选取颜色 1”调整图层，颜色选择“黄色”，降低黄色到“-15%”，降低黑色到“-28%”，如图 11.1.24 所示。

25 进行各方面的整体调整，完成照片的美化处理，得到一张证件照，效果如图 11.1.1 所示。

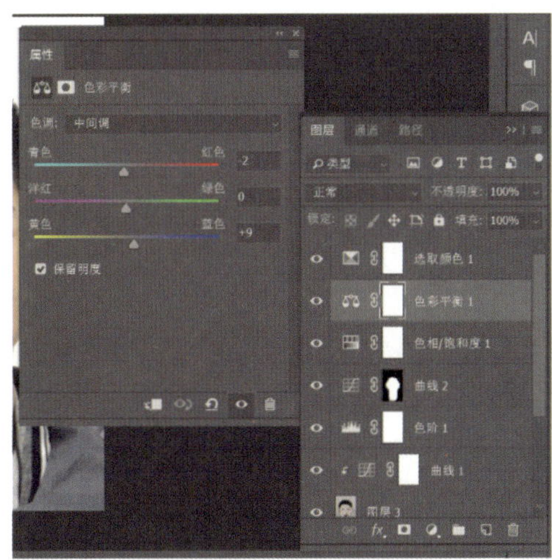

图11.1.23 调整色彩平衡

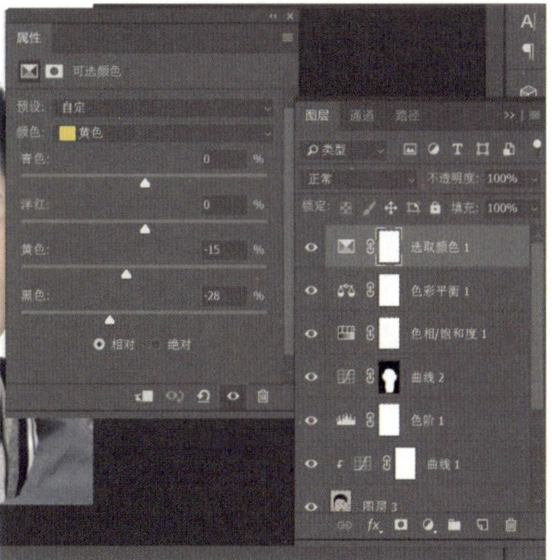

图11.1.24 调整选取颜色

知识链接

1. 通道运算

通道运算可以按照各种合成方式合成单个或几个通道中的图像。通道运算的图像尺寸必须一致。

（1）应用图像

执行“图像”→“应用图像”命令，弹出“应用图像”对话框，如图 11.1.25 所示。

1）源：用于选择源文件。

2）图层：用于选择源文件的层。

3）通道：用于选择源通道。

4）反相：用于再处理前先反转通道内的内容。

5）目标：能显示出目标文件的文件名、层、通道及色彩模式等信息。

6）混合：用于选择混色模式，即选择两个通道对应像素的计算方法。

7）不透明度：用于设定图像的不透明度。

8）蒙版：用于加入蒙版以限定选区。

关键点拨

“应用图像”命令要求源文件与目标文件的尺寸必须相同，因为参加计算的两个通道内的像素是一一对应的。

（2）计算

执行“图像”→“计算”命令，弹出“计算”对话框，如图 11.1.26 所示。

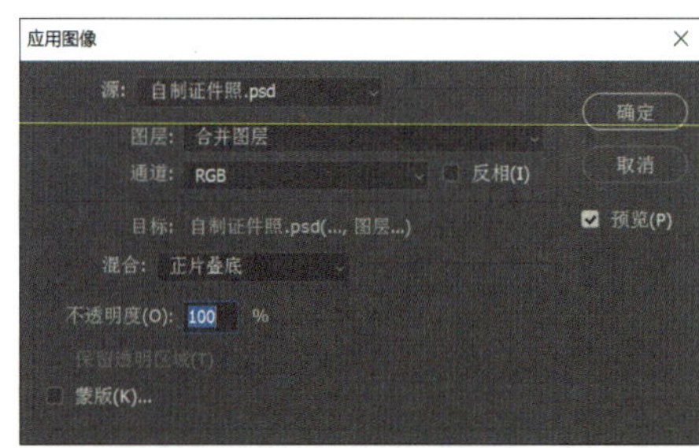

图11.1.25 “应用图像”对话框

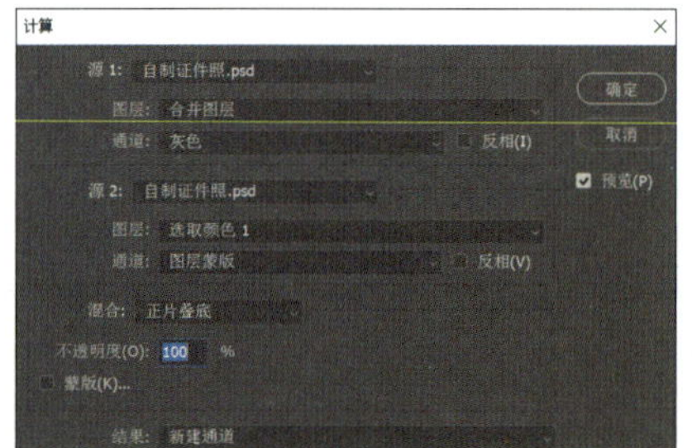

图11.1.26 “计算” 对话框

第 1 个选项组的“源 1”选项用于选择源文件 1，“图层”选项用于选择源文件 1 中的图层，“通道”选项用于选择源文件 1 中的通道，“反相”复选框用于反转。

第 2 个选项组的“源 2”“图层”“通道”“反相”复选框用于选择源文件 2 的相应信息。

第 3 个选项组的“混合”选项用于选择混色模式；“不透明度”选项用于设定不透明度；“结果”选项用于指定处理结果的存放位置。

关键点拨

“计算”命令虽然与“应用图像”命令都对两个通道的相应内容进行计算处理，但是二者也有区别：执行“应用图像”命令处理后的结果可作为源文件或目标文件使用；执行“计算”命令处理后的结果存成一个通道，如存成 Alpha 通道，使其可转变为选区以供其他工具使用。

2.“其他”滤镜组

“其他”滤镜组中包含六种滤镜，如图 11.1.27 所示。其中，有些滤镜允许用户自定义滤镜效果；有些滤镜可以修改蒙版，在图像中使选区发生位移和快速调整图像颜色。

（1）“HSB/HSL”滤镜

“HSB/HSL”滤镜是通过“HSB”颜色模式与“HSL”颜色模式运算得出的图像效果，该滤镜通过不同的颜色运算可以计算出不同的颜色效果。

（2）“高反差保留”滤镜

“高反差保留”滤镜可以在具有强烈颜色变化的地方按指定的半径来保留边缘细节，并且不显示图像的其余部分，如图 11.1.28 所示。

通过设置“半径”值可调整原图像保留的程度：该值越大，保留的原图像越多；如果该值为 0，则整个图像会变为灰色。

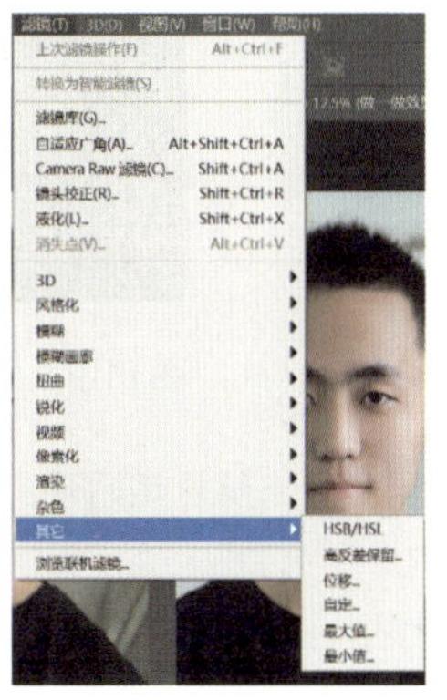

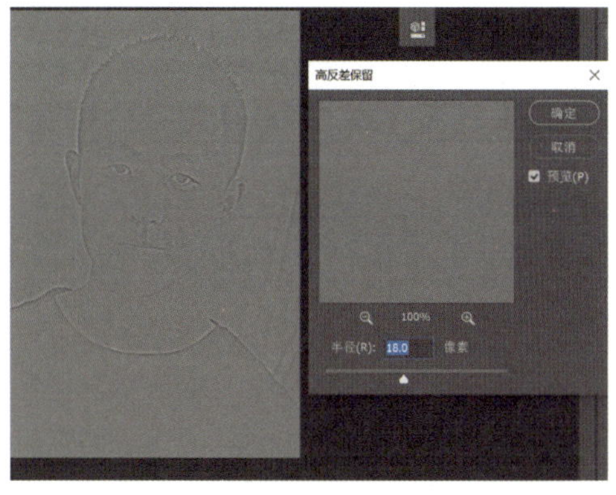

图11.1.27 “其他”滤镜组 图11.1.28 “高反差保留”滤镜参数设置及效果

（3）“位移”滤镜

“位移”滤镜可以在水平或垂直方向上偏移图像，“位移”对话框如图 11.1.29 所示。

1）水平：设置水平偏移的距离，正值向右偏移，左侧留下空缺；负值向左偏移，右侧留下空缺。

2）垂直：设置垂直偏移的距离，正值向下偏移，上侧留下空缺；负值向上偏移，下侧留下空缺。

3）未定义区域：设置偏移图像后产生的空缺部分的填充方式。选中“设置为背景”单选按钮以背景色填充空缺部分。选中“重复边缘像素”单选按钮可在图像边缘不完整的空缺部分填入扭曲边缘的像素颜色；选中“折回”单选按钮，则在空缺部分填入溢出图像之外的图像内容。

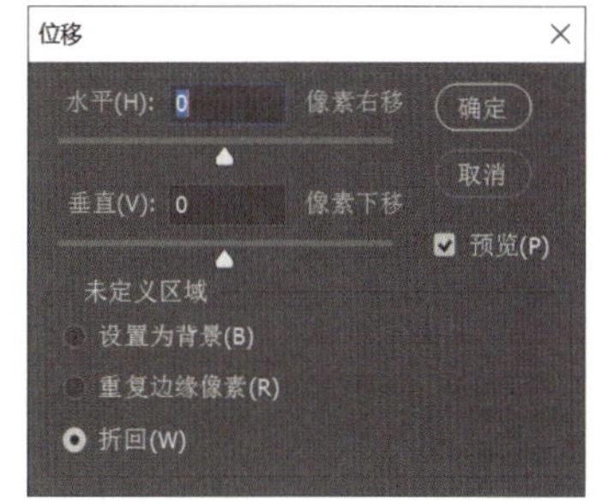

图11.1.29 “位移”对话框

（4）“自定”滤镜

“自定”滤镜使 Photoshop 软件提供可以自定义滤镜效果的功能，它根据预定义的数学运算更改图像中每个像素的亮度值，这种操作与通道的加、减计算类似，用户可以存储创建的自定滤镜，并将它们用于 Photoshop 软件的其他图像。

（5）“最大值”“最小值”滤镜

“最大值”滤镜对于修改蒙版非常有用，该滤镜可以在指定的半径范围内，用周围像素的最高亮度值替换当前像素的亮度值。“最小值”滤镜对于修改滤镜蒙版非常有用，该滤镜具有伸展功能，可以扩展黑色区域，收缩白色区域。

任务 11.2 复古情调——制作人像油画

图11.2.1 油画效果照片

任务描述

如今，各类摄影风格的照片层出不穷，风格迥异。一般在棚内拍摄的照片要经过后期的处理美化，如此才能制作出精美的效果。某摄影工作室的一位顾客想要使照片达到暗黑系列的画布效果，让后期处理师将照片制作成一幅具有油画效果的人像图片，如图11.2.1所示。

任务分析

根据客户的要求，照片要充满复古情调，富有浓郁的油画感，所以摄影师在拍摄的时候对于光线的运用要把握到位，注重刻画人物眼神，体现清澈有神的艺术肖像风格。

利用现场环境和布光，摄影师将照片打造出经典油画般的艺术效果。但是为了增强效果，还需要后期处理，首先要对照片进行分析，该照片本身所拍摄的场景很暗，背景和服装的颜色很接近，所以要提亮对比效果，增加光源，让人脸更清晰；然后加入滤镜，制作出令顾客满意的油画效果。

实践操作

微课：人像油画效果

01 打开 Photoshop 软件，打开“案例素材”→“素材”素材，如图 11.2.2 所示。

02 选择“背景”图层，右击，在弹出的快捷菜单中执行“复制图层”命令，或者按 Ctrl+J 组合键复制图层，得到“图层 1”，如图 11.2.3 所示。

图11.2.2 打开“素材”

图11.2.3 复制图层

03 运用画笔工具，画笔样式选择“柔边圆角”，切换到“画笔设置”面板，更改画笔笔尖形状，调整角度为“-63°”，圆度为“53%”，如图 11.2.4 所示。

04 右击，放大画笔，或者按住] 键放大画笔，将画笔不透明度更改为“60%”，在画面的右上角画出光线，如图 11.2.5 所示。

图11.2.4　画笔设置

图11.2.5　绘制光线

05 更改“图层 1”的混合模式为“柔光”，如图 11.2.6 所示。

06 单击图层面板中的创建新的填充或调整图层按钮，如图 11.2.7 所示。在弹出的快捷菜单中执行“纯色”命令，创建一个新的“纯色”图层。

图11.2.6　更改图层模式

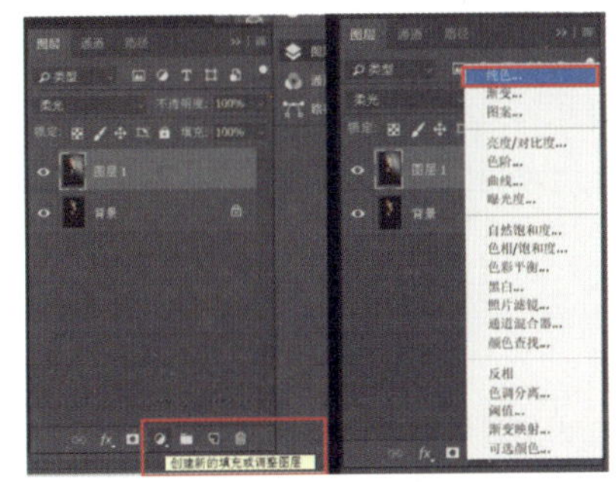

图11.2.7　创建纯色图层

07 为“纯色”图层填充一个肉粉颜色（参考色号：#f9b5b5），如图 11.2.8 所示。

08 将“纯色”图层的混合模式更改为“叠加”，设置不透明度为“59%”，填充为“60%”，如图 11.2.9 所示。

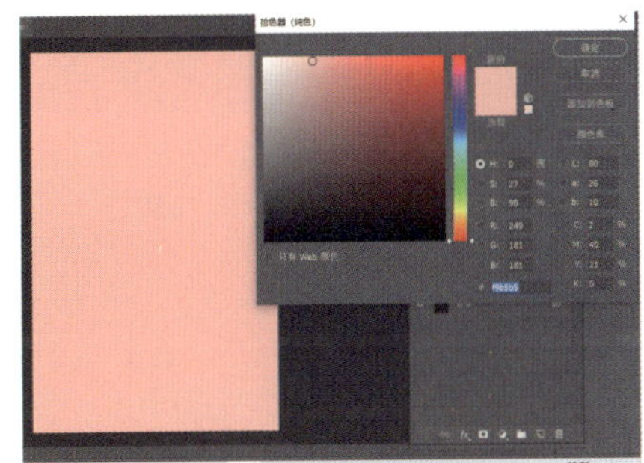

图11.2.8　填充颜色

图11.2.9　更改模式、不透明度、填充

09 执行“滤镜”→“滤镜库”→“艺术效果”→“粗糙蜡笔”命令，设置描边长度为“6”，描边细节为“4”，纹理为“画布”，凸现为“20”，如图 11.2.10 所示。

10 进行各方面的适当调整，完成图像调色，效果如图 11.2.1 所示。

图11.2.10　滤镜参数设置

知识链接

1．颜色搭配

影楼后期制作人员在进行颜色搭配时应注意如下事项。

1）一个版面内不应超过四种颜色，否则会太花哨和凌乱，没有主体。

2）色调分为冷色调和暖色调，冷色调包括蓝色、青色等，暖色调包括红色、黄色等。

3）运用颜色时要根据客片适当突出一种色调。

4）版面主体颜色必须亮丽、柔和。婚纱照多选用淡雅的颜色，给人庄重、温馨的感觉；艺术照则多从艺术角度考虑，可以大胆运用色彩。

5）儿童照应色彩鲜明、活泼。

6）有时背景颜色要依据客片的背景颜色适当地进行变化，既可以节省抠图时间，又可以更好地把图像融合，体现数码的感觉。

7）一本相册中，相同或相近的颜色版面不能超过三张，可以进行单色变化。

8）调色时注意顾客身体的颜色和整体颜色，不要过分追求亮度而使颜色太白，不要过分追求颜色效果而使人物变色（发青、发黄等）。

9）要结合摄影师的拍摄手法，运用色彩表现出摄影师的思想，烘托出气氛。

2．设计师应注意的事项

1）设计师的心态绝对要摆正，当顾客没有认同自己的作品时，说明设计有问题。

2）设计师的作品要对得起顾客，但更要对得起自己，不能践踏自己的作品。

3）不要花太多的时间去思考同一个问题，否则会浪费时间，有时候第一感觉很重要。

4）当设计师感觉作品做得很好的时候，还是会有不足，所以要精益求精。

5）当设计师为顾客设计时，也是自我提升、自我锻炼的过程。

6）设计师不仅要做好自己的本职工作，还要注重集体利益、团队精神。

7）敢于创新，敢于正视、突破自己。

8）不要总想怎么逃避问题，而要想怎么解决问题。

任务 11.3 花海丽人——相册设计与排版

☞任务描述

现在人们拍摄照片的技术越来越专业，很多人喜欢把自己拍摄的生活照或者艺术照进行排版后印刷成相册或者台历等。本任务将进行相册的设计与排版，效果如图11.3.1所示。

图11.3.1 设计效果

☞任务分析

设计相册时，要与顾客进行沟通，了解顾客的需求。首先，要使用大幅的人物照片作为界面主体，突出主题。其次，界面设计要以设计照片为主，醒目直观。再次，设计简单、直观的界面元素，让人一目了然。根据顾客所提供的照片，我们发现背景是清新淡雅的花海，所以为了呼应主题，装饰小元素都使用了绿色系列。最后，考虑设计的规格，按照尺寸要求来设计。

实践操作

01 前期准备，根据主题寻找素材，将其保存到相应的文件夹，安装相应字体，如图 11.3.2 所示。

微课：相册设计与排版

1

2

3

4

5

6

7

8

9

图11.3.2 前期准备

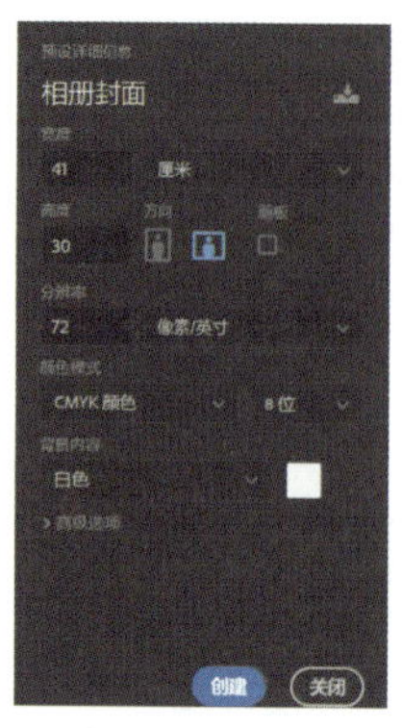

图11.3.3　新建文件参数设置

02 打开 Photoshop 软件，新建文件，将其命名为“相册封面”，设置尺寸为 41（宽）厘米 ×30（高）厘米，分辨率为“72 像素 / 英寸”，颜色模式为“CMYK 颜色”，如图 11.3.3 所示。

03 拖动辅助线到画面居中位置，调用“椭圆工具”，绘制一个适当大小的正圆在画面的右边，注意不要超出辅助线的位置，填充颜色和描边（参考值：前景色颜色色号 #3b6d40，描边颜色色号 #d5d7b8，大小为“12 像素”），如图 11.3.4 所示。

图11.3.4　画圆

04 打开“案例素材”→“5”素材，置入其中，如图 11.3.5 所示。

05 将照片“5”进行自由变换，按 Ctrl+T 组合键，调整照片大小，使其遮盖已画好的圆形，如图 11.3.6 所示。

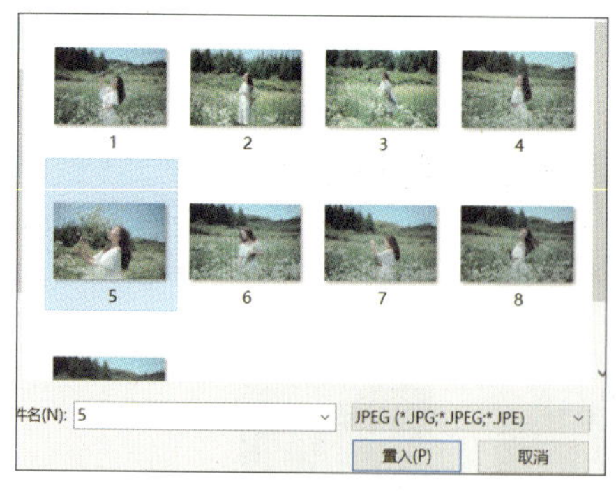

图11.3.5　置入照片

图11.3.6　调整照片大小

06 在照片“5”图层上，按 Ctrl+Alt+G 组合键创建剪贴蒙版，将照片剪贴到形状图层中，并调整到合适的位置，如图 11.3.7 所示。

07 拖入“花朵”素材，放置在画面左边空白处，调整位置和不透明度（参考值：不透明度为“22%”），如图 11.3.8 所示。

图11.3.7 剪贴照片

图11.3.8 拖入“花朵”素材

08 运用文字工具，写上文字“SUMMER”，字体选用素材里面的“Segoe Script”字体，并设置其颜色和大小（参考值：颜色色号为 #94a475，大小为“82.9 点”），并调整到适当的位置，如图 11.3.9 所示。

09 打开“案例素材”→“英文素材 3”素材，添加到编辑的文档中，调整大小，更改不透明度（参考值：50%），如图 11.3.10 所示。

图11.3.9 添加文字

图11.3.10 添加“英文素材3”

10 选择“花朵”“Summer”“英文素材 3”三个图层，执行“水平居中对齐”命令，如图 11.3.11 所示。

图11.3.11 调整位置

11 将已编辑好的文档保存，如图 11.3.12 所示。

12 新建“第一页”文档，各项参数与“相册封面”一致，如图 11.3.13 所示。

图11.3.12　保存

图11.3.13　新建第一页

13 运用矩形工具，分别在中心线左右绘制两个适当大小的矩形，填充任意色（参考色号：#e1dbcb），如图 11.3.14 所示。

14 打开“案例素材”→“4”“5”素材，将其添加到编辑的文档中，按 Ctrl+T 组合键进行自由变换，调整照片大小，按 Ctrl+Alt+G 组合键创建剪贴蒙版，将照片剪贴到形状图层中，并调整到合适的位置，如图 11.3.15 所示。

图11.3.14　画矩形

图11.3.15　拖入照片

15 将已保存好的“相册封面 .psd”中的“Summer”文字图层拖动到正在编辑的文档中，调整到合适的位置，如图 11.3.16 所示。

图11.3.16　拖入“Summer”文字图层

16 打开“案例素材”→“叶子”素材，执行“自由变换”命令，调整位置、大小、不透明度（参考值：41%），如图 11.3.17 所示。

17 执行“文件”→“保存”→“成图”命令，完成排版，最终效果如图 11.3.18 所示。

18 依据前面文档大小和操作步骤、方法，运用相同的素材，分别完成“第二页”～“第五页”的内容，如图 11.3.19 所示。

19 每页内容完成后，保存文件，最后进行拼接展示，完成一套完整的相册设计与排版，如图 11.3.1 所示。

图11.3.17　拖入叶子

图11.3.18　保存

图11.3.19　排版其他页

知识链接

进行排版设计首先必须明确顾客的目的，并深入了解、观察、研究与设计有关的方方面面。简要的咨询是设计的良好开端。版面离不开内容，更要体现内容的主题思想，用以提高读者的注意力与理解力。只有做到主题鲜明突出、一目了然，才能达到版面构成的最终目标。具体的形式可以归纳为以下几种。

1. 上下排版

上下排版是较为常见的形式，指将版面分成上下两部分，其中一部分配置文字，会让整个版面显得安静平稳，但也会稍显呆板。所以选用的图片应尽量活泼，让画面富有动感。

2. 左右排版

左右排版指将版面分成左右两部分，会给人肃穆崇高之感。由于视觉原因，图片应配置在左侧，右侧配置小图片或文字，若两侧阴暗对比强烈，效果会更好。

3. 倾斜 / 斜向排版

斜向排版指将图片倾斜放置或将画面斜向分割，可以产生动感。例如，对于汽车或较为呆板的产品，倾斜放置的效果较生动。

4. 螺旋形排版

螺旋形排版是指将图片由大到小、由外向内有规律地渐变配置，形成螺旋形，使人的视觉轨迹由外向内旋动，最终落到中心点，形成一定的动感。这种方式适合多幅图片的编排，而且中心点一般是广告中最重要的图片。

5. 以中心为重点的排版

以中心为重点的排版是指将图片或重点突出的元素配置在画面的中心，起到强调的作用。如果中心向四周放射，可达到统一的效果。

6. 三角形排版

三角形排版为具有稳定感的金字塔形排版样式。

7. 重复排版

重复排版是指把内容相同或有着内在联系的图片重复，会使读者产生冷静的畅快感和调和感。

8. 并列排版

并列排版是指把相同内容的图片以大小相同的面积放置在一起。

9. 包围式排版

包围式排版是指用图案或图形将四周围起来，使画面产生喧闹、热烈的气氛。

版面的装饰因素是由文字、图形、色彩等通过点、线、面的组合与排列构成的，并采用夸张、比喻、象征的手法来体现视觉效果，既美化了版面，又提高了传达信息的功能。装饰是运用审美特征构造出来的。不同类型的版面的信息具有不同方式的装饰形式，它不仅起到突出版面信息的作用，又能使读者从中获得美的享受。

学习评价

学习目标	自我评价			同学评价		
	达成	基本达成	未达成	达成	基本达成	未达成
了解 Photoshop 软件美化照片的方式						
掌握图像运算、计算等方法						
理解色彩知识并调整图片色彩						
掌握图像后期处理的方式						
掌握相册排版的设计技巧						

教师评价：

教师签字：

思考与练习

一、理论题

1．“应用图像”命令与“计算”命令的区别是什么？

2．想要拥有一张完美的摄影棚内照片，摄影师应该具备哪些条件？

3．排版设计的形式有哪些？举例说明。

二、实训题

1．打开“实训题 1”中的素材，将照片进行美化处理，原图及效果如左下图所示。
2．打开“实训题 2”中的素材，将照片处理成暗黑效果，如右下图所示。

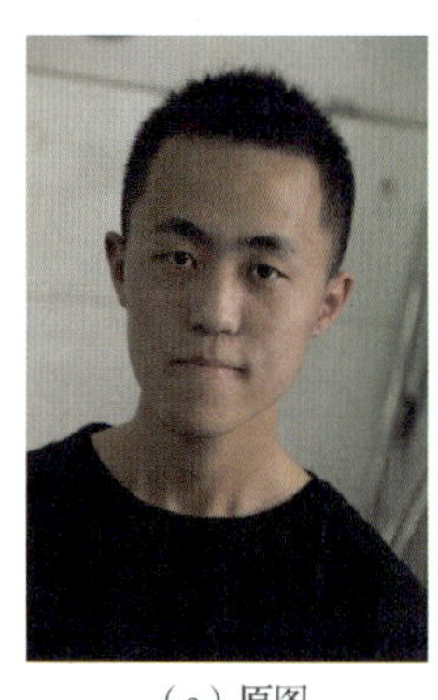

（a）原图

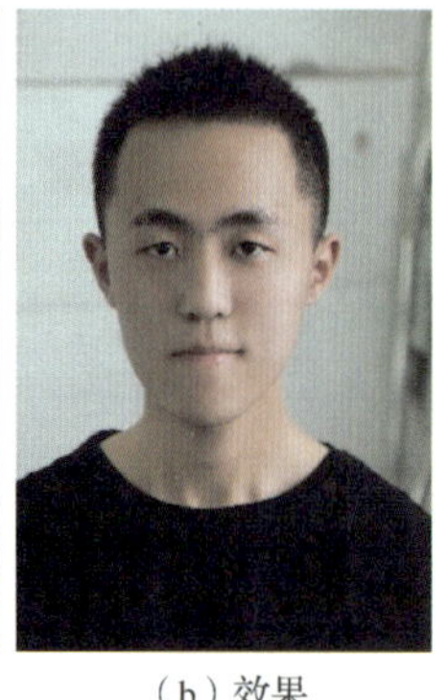

（b）效果

练习原图和效果

练习效果（1）

3．打开“实训题 3”中的素材，将猫咪照片进行排版，并印刷成相册，效果如下图所示。

练习效果（2）

12 单元 奇趣世界——制作创意合成特效

单元导读

Photoshop 软件中的合成功能融图像抠取、素材拼接、光影搭建、色调为一体，可以说是 Photoshop 软件的综合运用。本单元将利用 Photoshop 软件创造奇趣世界。

学习目标

- 了解图像合成的基本流程及思路；
- 掌握图像合成的基本制作方法。

思政目标

- 强化创新思维，提升想象力和创新能力；
- 树立以人为本、敬畏自然、人与自然和谐共生的理念与人文情怀。

任务 12.1 制作趣味合成图——逃出侏罗纪

☞任务描述

电影《侏罗纪公园》中的科学家利用凝结在琥珀中的史前蚊子体内的恐龙血液提取出恐龙的遗传基因，将已绝迹的史前庞然大物复生，使整个努布拉岛成为恐龙的乐园。如果电影中的恐龙想要逃出荧幕，从显示屏里来到现实世界会是怎样的画面呢？本任务将创造一幅这样的画面，效果如图 12.1.1 所示。

图12.1.1　逃出侏罗纪合成效果

☞任务分析

本任务分为绘制草图与收集素材、搭建元素、调整光影与色调三个部分。第一部分主要进行画面的构思，通过构思草图收集相应的合成素材；第二部分主要进行抠图和元素拼接，在拼接过程中要注意元素在画面中的大小比例关系及画面的透视感；第三部分主要利用调整图层对整个画面的光影和色调进行整体调整。

实践操作

微课：逃出侏罗纪（1）

微课：逃出侏罗纪（2）

1. 绘制草图与收集素材

图12.1.2　初步思路呈现

01 将画面构思以草图的形式初步呈现出来，以便收集素材，如图 12.1.2 所示。

02 依据草图收集相应的制作素材，如图 12.1.3 所示。

2．搭建元素

01 打开 Photoshop 软件，新建文件，将其命名为“逃出侏罗纪”，设置尺寸为 1080（宽）像素 ×600（高）像素，分辨率为 72 像素 / 英寸，如图 12.1.4 所示。

图12.1.3　收集素材

图12.1.4　新建文件参数设置

02 设置前景色为浅绿色（参考色号：#d7e2c4），将背景图层填充为浅绿色，如图 12.1.5 所示。

03 打开“案例素材”→“平板”素材，将其置于画面合适的位置，如图 12.1.6 所示。

图12.1.5　填充背景层

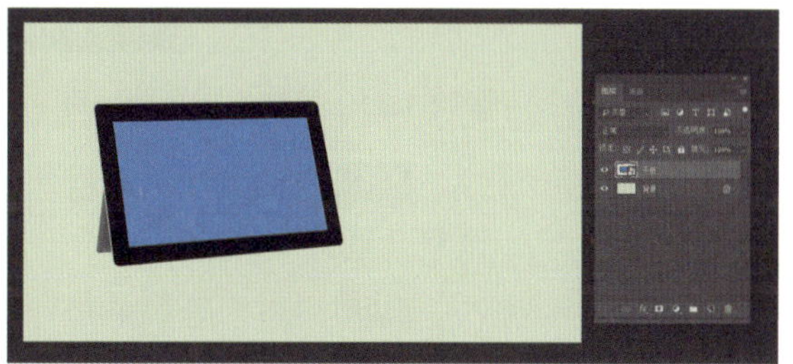
图12.1.6　添加“平板”元素

04 新建名为“平板阴影”的图层，将其置于“平板”图层下方；运用多边形套索工具，选取阴影范围并填充灰色渐变，修改图层混合模式为“正片叠底”，图层不透明度为“50%”，如图 12.1.7 和图 12.1.8 所示。

图12.1.7　选取阴影范围

图12.1.8　制作阴影效果

05 打开“案例素材”→“山路”素材，将其置于“平板”元素上方；运用魔棒工具选出蓝色屏幕区域，在“山路”图层利用屏幕选区创建图层蒙版，将元素多余部分遮挡；运用白色画笔工具涂抹图层蒙版，将屏幕外需要露出的山路区域显示出来，如图 12.1.9 ～图 12.1.11 所示。

06 打开“案例素材”→“土壤”素材，执行“自由变换”→“垂直翻转”命令，将其置于“山路”图层下方；运用图层蒙版将其与“山路”元素进行融合，如图 12.1.12 所示。

图12.1.9　选出屏幕区域

图12.1.10　创建图层蒙版

图12.1.11　涂抹出屏幕外山路

图12.1.12　融合土壤与山路效果

07 打开“案例素材”→“草 1”“草 2”素材，执行“自由变换”命令，调整合适大小，将其置于山路两边，如图 12.1.13 所示。

08 打开“案例素材”→“草 3”素材，将其放置于“山路”图层上方，执行“自由变换”命令，调整合适大小，创建剪贴蒙版，将其置于“山路”图层内，放置到屏幕左下角，如图 12.1.14 所示。

图12.1.13　添加“草”元素效果（1）

图12.1.14　添加“草”元素效果（2）

09 打开“案例素材”→“石头”素材，将其放置于“草 1”图层下方，执行“自由变换”命令，调整合适大小，如图 12.1.15 所示。

10 打开“案例素材”→“落石”素材并复制一个图层，分别命名为“落石 1”“落石 2”；将这两个图层放置于“土壤”图层上方，执行“自由变换”命令，运用图层蒙版调整落石的大小、方向与数量，如图 12.1.16 所示。

图12.1.15 添加“石头”元素效果

图12.1.16 添加“落石”元素效果

11 打开“案例素材”→“恐龙 1”“恐龙 2”素材，执行“自由变换”命令，调整元素大小，将其置于画面合适的位置，如图 12.1.17 所示。

12 打开“案例素材”→“恐龙 3”素材，执行“自由变换”命令，调整大小与角度；运用图层蒙版将“恐龙 3”左边两只脚出屏幕部分遮挡，如图 12.1.18 所示。

图12.1.17 添加“恐龙”元素效果（1）

图12.1.18 添加“恐龙”元素效果（2）

13 打开“案例素材”→“恐龙 4”“恐龙 5”“恐龙 6”素材，执行“自由变换”命令，调整大小与角度，将其置于画面合适的位置，如图 12.1.19 所示。

14 打开“案例素材”→“云 1”“云 2”素材，修改图层混合模式为“滤色”；执行“自由变换”命令，调整大小与角度，将其置于画面合适的位置，如图 12.1.20 所示。

图12.1.19 添加“恐龙”元素效果（3）

图12.1.20 添加“云”元素效果

15 微调各元素之间的位置，完成元素搭建，如图 12.1.21 所示。

图12.1.21　元素搭建最终效果

3. 调整光影与色调

01 选择“土壤”图层，执行“色相 / 饱和度”命令（组合键：Ctrl+U），调整土壤色调；添加“亮度 / 对比度 1”调整图层，将调整图层自带蒙版填充为黑色，运用白色柔角画笔涂抹土壤左边区域，调整土壤明暗光影关系，如图 12.1.22 ～图 12.1.24 所示。

图12.1.22　土壤颜色调整效果

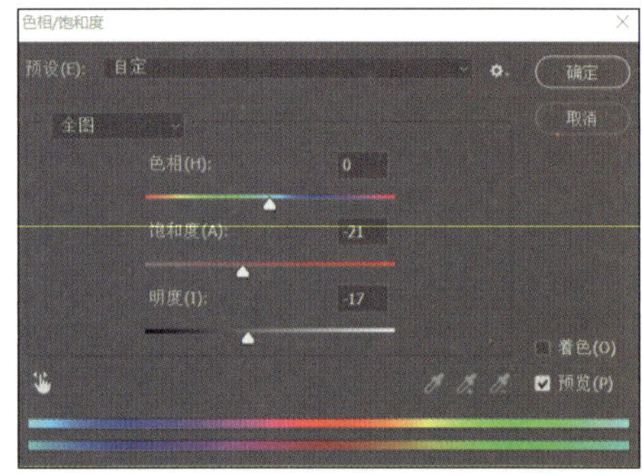

图12.1.23　土壤颜色参数设置

图12.1.24　土壤光影关系参数设置

02 选择“落石 1”图层，执行“色相 / 饱和度”命令，调整土壤右边部分的落石色调，如图 12.1.25 和图 12.1.26 所示。

图12.1.25　落石色调调整（1）

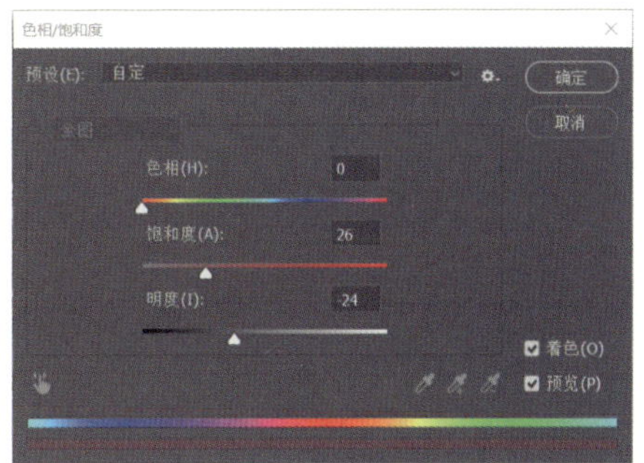

图12.1.26　落石色调调整参数设置（1）

03 选择“落石 2”图层，执行“色相 / 饱和度”命令，调整土壤左边部分的落石色调，如图 12.1.27 和图 12.1.28 所示。

图12.1.27　落石色调调整（2）

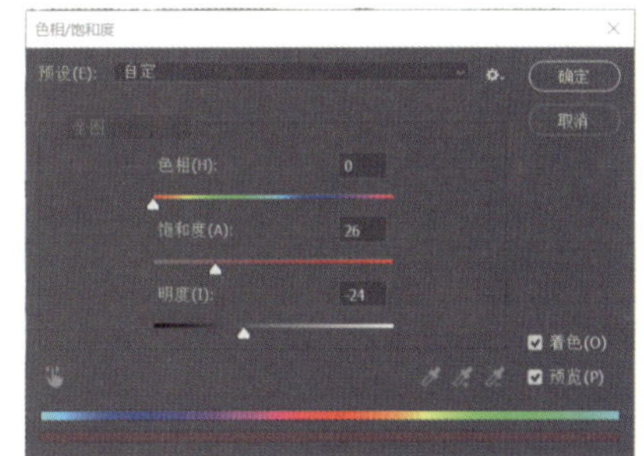

图12.1.28　落石色调调整参数设置（2）

04 为“落石 2”图层添加“亮度 / 对比度 2”调整图层，将调整图层自带蒙版填充为黑色，运用白色柔角画笔涂抹“落石 2”左边区域，调整土壤左边落石的明暗光影关系，如图 12.1.29 所示。

图12.1.29　落石光影关系调整

05 选择“山路”图层，添加“色彩平衡 1”调整图层，将调整图层自带蒙版填充为黑色，运用白色柔角画笔涂抹山路伸出屏幕区域，如图 12.1.30 和图 12.1.31 所示。

图12.1.30　山路色调调整

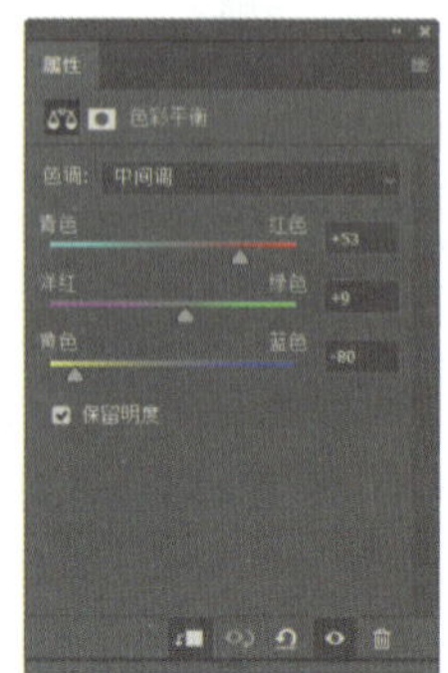

图12.1.31　山路色调调整参数设置

06 选择“山路”图层，调用“套索工具”，选取画面远景区域，为选区添加羽化（参考值：20）；执行“滤镜”→“模糊”→“高斯模糊”命令，如图 12.1.32 ～图 12.1.34 所示。

图12.1.32　山路模糊选区

图12.1.33　山路模糊参数设置

图12.1.34　山路模糊效果

关键点拨

在生活中常常会出现以下现象：同样的物体处于不同位置，会出现近大远小，而且越远越小的变化，这种变化称为透视现象。我们可以从以下两个方面来了解透视现象。

1）由于人的眼睛具有特殊的生理结构和视觉功能，因此任何一个客观事物在人的视野中都具有近大远小、近长远短、近清晰远模糊的变化规律。

2）人与物之间由于空气对光线的阻隔，物体的远、近在明暗、色彩等方面也会有不同的变化。同样颜色的物体距离近，则色彩鲜明；距离远，则色彩灰淡，形成近实远虚的效果。

在合成图像中，合理地运用透视现象可以拉深画面的景深，提高画面的空间感。

07 选择“草 1”图层，执行“色彩平衡”命令（组合键：Ctrl+B），调整左边草堆部分的色调，如图 12.1.35 和图 12.1.36 所示。

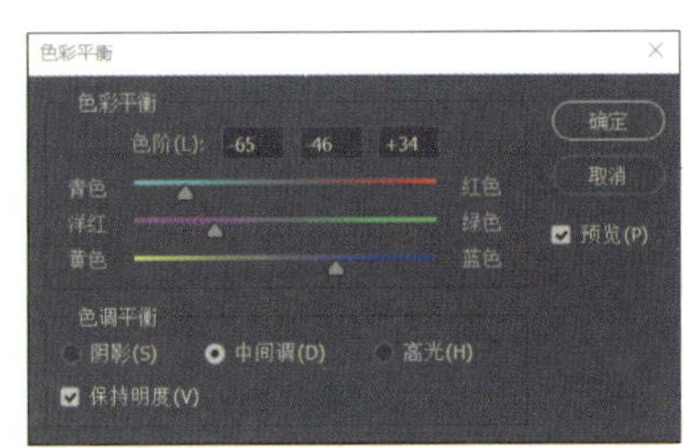

图12.1.35　草元素调色（1）　　图12.1.36　草元素调色参数设置（1）

08 选择“草 2”图层，执行“色彩平衡”命令（组合键：Ctrl+B），调整右边草堆部分的色调，如图 12.1.37 和图 12.1.38 所示。

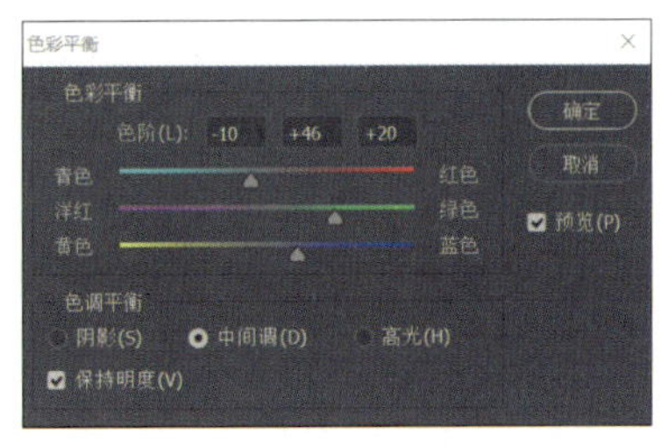

图12.1.37　草元素调色（2）　　图12.1.38　草元素调色参数设置（2）

09 选择“草 3”图层，执行“亮度 / 对比度”命令，调整屏幕左下角草堆的亮度，如图 12.1.39 和图 12.1.40 所示。

图12.1.39　草元素亮度调整　　　图12.1.40　草元素亮度调整参数设置

10 选择“恐龙 1”图层，执行“色相 / 饱和度”命令（组合键：Ctrl+U），调整恐龙偏黄色调，如图 12.1.41 和图 12.1.42 所示。

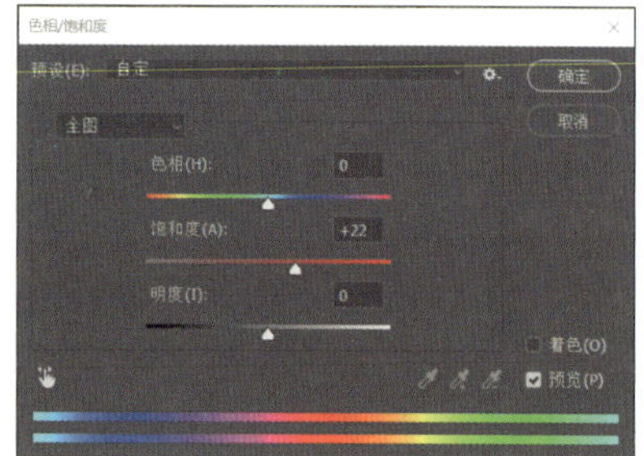

图12.1.41　恐龙色调调整　　　图12.1.42　恐龙色调调整参数设置

11 为“恐龙 1”图层添加调整图层“亮度 / 对比度 3”，将调整图层自带蒙版填充为黑色，运用白色柔角画笔涂抹恐龙左边区域，将恐龙的左边区域调整为暗部，如图 12.1.43 和图 12.1.44 所示。

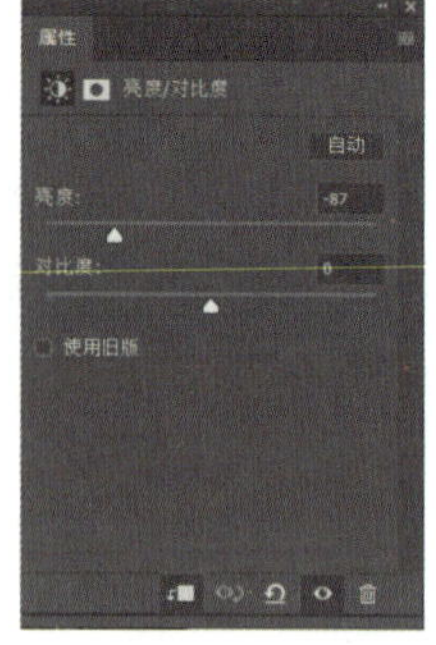

图12.1.43　恐龙暗部调整　　　图12.1.44　恐龙暗部调整参数设置

12 为“恐龙 1”图层添加调整图层“曲线 1”，将调整图层自带蒙版填充为黑色，运用白色柔角画笔涂抹恐龙头顶等区域，强调恐龙的亮部，如图 12.1.45 和图 12.1.46 所示。

图12.1.45 恐龙亮部调整（1）

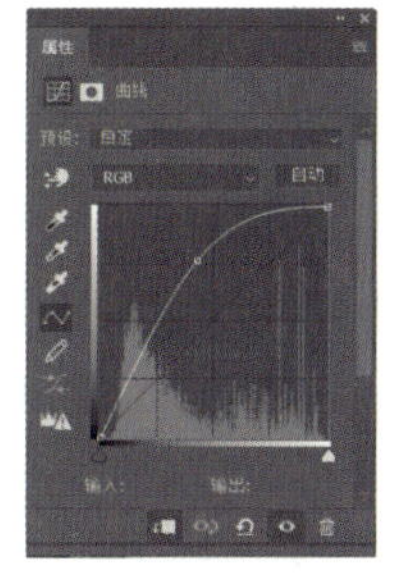

图12.1.46 恐龙亮部调整参数设置

13 运用上述同样的方法对“恐龙 2”“恐龙 3”元素的明暗部分进行调整，如图 12.1.47 所示。

14 选择“恐龙 4”图层，执行“滤镜”→“模糊”→“高斯模糊”命令，如图 12.1.48 所示。

图12.1.47 恐龙亮部调整（2）

图12.1.48 远景恐龙模糊效果

15 打开“案例素材”→“光效”素材，修改图层混合模式为“滤色”，将其置于画面合适位置，如图 12.1.49 所示。

16 新建名为“阴影”的图层，将其置于“草 3”图层上方，设置前景色为深灰色（参考色号：#434343），运用硬度为“0”的画笔在“恐龙”“草”“石头”元素下方涂抹出阴影效果；修改“阴影”图层的图层混合模式为“正片叠底”，图层不透明度为“90%”，如图 12.1.50 所示。

图12.1.49 添加光效效果

图12.1.50 添加阴影效果

17 运用钢笔工具绘制屏幕高光图形，利用图层蒙版调整图形渐变透明效果，修改图层不透明度为“70%”，如图 12.1.51 和图 12.1.52 所示。

图12.1.51　屏幕高光形状绘制

图12.1.52　屏幕高光效果

18 新建“暗角效果”图层，设置前景色为深灰色（参考色号：#5b5b5b），添加图层蒙版，利用黑白镜像渐变制作中间亮、四角暗的画面效果，修改图层混合模式为“线性加深”，图层不透明度为“70%”，效果如图 12.1.53 所示。

图12.1.53　暗角效果

19 执行“文件”→“存储”命令，完成画面合成，最终效果如图 12.1.1 所示。

知识链接

在运用 Photoshop 软件进行图片合成的过程中，遇到需要给元素添加投影或者元素图片光源与合成画面光源不一致的情况时，就需要利用软件来制作投影或者改变元素图片的光影关系。

1. 认识光与影

影由光生，无光既无影。在运用 Photoshop 软件为物体制作阴影部分时，首先应知道光源从哪个方向来，才能判断出阴影部分出现的位置，这对于制作阴影部分很重要，如图 12.1.54 所示。

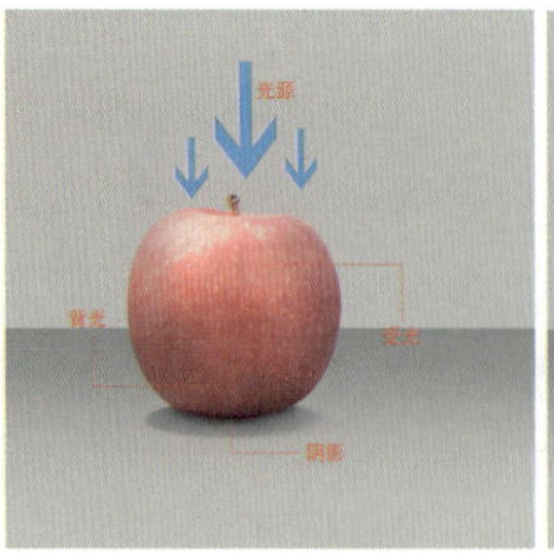

图12.1.54　光与影的关系示意

2．了解制作阴影的注意事项

（1）阴影的形态

物体的形状直接影响投影的形状，投影所处的位置如果是平面，则形状完整而规则；投影所处的位置如果有起伏变化，则形状不确定、不规则。光源越集中，形状越明显，如图 12.1.55 所示。

（2）阴影的深浅变化

越接近物体的投影部分，颜色越深，制作时要注意明暗变化的过渡。光源越强，投影越深，如图 12.1.56 所示。

图12.1.55 形态各异的阴影

图12.1.56 阴影的深浅变化

3．了解调整物体光源的方法

1）执行“文件”→“打开”命令，打开“知识链接”→“南瓜”素材，分析图像投影可知画面的光源为右上角，南瓜的右边应为受光部分，而左边应为背光部分，图像上南瓜的受光部分与背光部分刚好相反，如图 12.1.57 所示。

2）创建“曲线 1”调整图层并创建剪贴蒙版；向上拉动曲线将南瓜颜色调亮；单击“曲线 1”调整图层蒙版，用黑色填充蒙版将曲线调亮的效果遮挡，再用白色画笔在蒙版上涂抹南瓜右边，将南瓜右边部分提亮，如图 12.1.58 所示。

图12.1.57 南瓜光源

图12.1.58 提亮南瓜右边部分效果

3）创建“亮度 / 对比度调整图层”并创建剪贴蒙版；拖动“亮度”三角滑块将南瓜颜色进一步提亮；单击“亮度 / 对比度调整图层”蒙版，用黑色填充蒙版将进一步提亮的效果遮挡，再用白色画笔在蒙版上涂抹南瓜右上部分，将南瓜右上部分进一步提亮，如图 12.1.59 所示。

4）创建“曲线 2”调整图层并创建剪贴蒙版；向下拉动曲线将南瓜颜色调暗；单击“曲线 2”调整图层蒙版，用黑色填充蒙版将曲线调暗的效果遮挡，再用白色画笔在蒙版上涂抹南瓜左边，将南瓜左边部分压暗，如图 12.1.60 和图 12.1.61 所示。

图12.1.59　南瓜右边进一步提亮效果

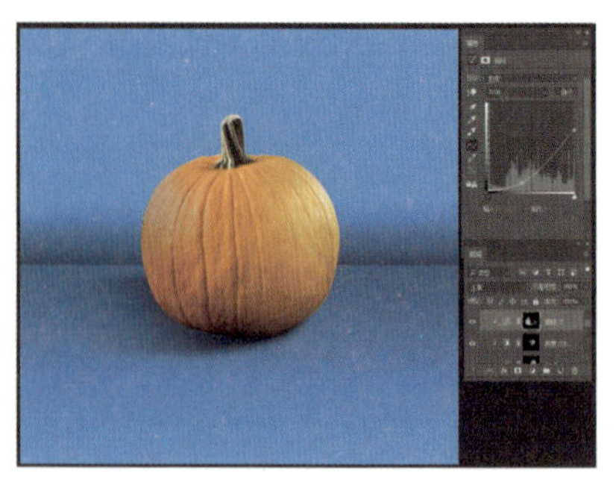

图12.1.60　南瓜左边压暗效果

（a）调整前

（b）调整后

图12.1.61　调整前后效果对比

任务 12.2　制作创意场景合成图——遇见海龟岛

任务描述

旅行往往是一件让人心情愉悦的事情，对于景点的选择，不同的人有不同的喜好。有人喜欢游览历史人文景点，有人喜欢游览自然景点，近年来还有一种游览方式叫作“网红地打卡”。无论选择什么样的旅行方式，大部分人都会拍照记录旅行中美好的片段，或与人分享或自己珍藏。那么你尝试过在梦境里旅行吗？那些奇幻的梦境画面你是否也想要呈现出来与人分享呢？本任务将运用 Photoshop 软件将奇幻的梦境画面呈现出来，效果如图 12.2.1 所示。

图12.2.1　遇见海龟岛合成效果

☞任务分析

本任务分为绘制草图与收集素材、搭建前景、合成海龟岛、调整光影与色彩四个部分。第一部分主要进行画面的构思，通过构思草图收集相应的合成素材；第二部分针对前景画面进行抠图和元素拼接；第三部分针对画面中的海龟岛画面进行抠图和元素拼接；第四部分利用调整图层对整个画面的光影和色调进行整体调整。

实践操作

1．绘制草图与收集素材

微课：遇见海龟岛（1）

01 将画面构思以草图的形式初步呈现出来，以便收集素材，如图 12.2.2 所示。

02 依据草图收集相应的制作素材，如图 12.2.3 所示。

微课：遇见海龟岛（2）

图12.2.2　初步思路呈现

图12.2.3　收集素材

微课：遇见海龟岛（3）

2．搭建前景

01 打开 Photoshop 软件，新建文件，将其命名为“遇见海龟岛”，设置尺寸为 1920（宽）像素 ×1000（高）像素，分辨率为 72 像素 / 英寸，如图 12.2.4 所示。

02 打开“案例素材”→“海水”素材并复制一个，分别置于画面左右方，运用图层蒙版将两张“海水”素材进行融合，效果如图 12.2.5 所示。

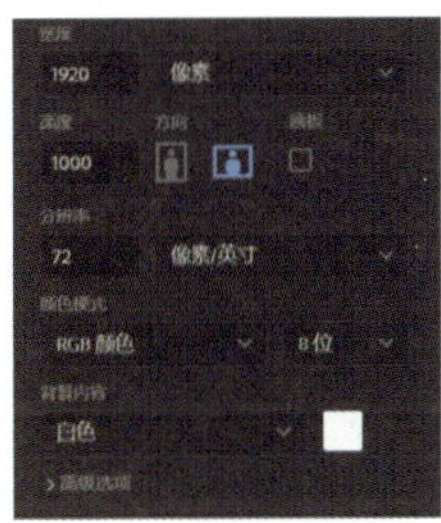

图12.2.4　新建文件参数设置

图12.2.5　海水融合效果

03 打开“案例素材”→“天空”素材，执行“自由变换”→“水平翻转”命令，运用图层蒙版将“天空”“海水”素材进行融合，效果如图 12.2.6 所示。

04 选择“天空”“海水”图层并将其合并到一个图层组（组合键：Ctrl+G），修改图层组名为“海水与天空”，如图 12.2.7 所示。

图12.2.6　天空效果

图12.2.7　图层建组

05 打开“案例素材”→“瀑布岛”素材，执行“自由变换”→“水平翻转”命令，运用钢笔工具、画笔工具，结合图层蒙版将素材与“海水”素材进行融合，如图 12.2.8 和图 12.2.9 所示。

图12.2.8　去除岛屿素材上部天空

图12.2.9　融合岛屿素材下部海水

06 打开“案例素材”→“前景树林”素材，运用套索工具，结合图层蒙版将不需要的元素去除，如图 12.2.10 和图 12.2.11 所示。

图12.2.10　选取不需要的元素

图12.2.11　去除不需要的元素

07 打开“案例素材”→“人”素材，执行“自由变换”命令，结合图层蒙版将其调整到“瀑布岛”上方合适的位置，如图 12.2.12 所示。

08 将人物元素载入选区（组合键：Ctrl+ 图层略览图），新建图层并将其命名为“人投影”，填充为黑色；执行“自由变换”→“垂直翻转”命令，将投影翻转至人物下方；运用图层蒙版为投影制作渐变的透明效果，如图 12.2.13 ～图 12.2.16 所示。

图12.2.12　添加人物元素

图12.2.13　载入人物选区

图12.2.14　填充选区为黑色

图12.2.15 变换投影位置

图12.2.16 添加投影透明感

09 打开“案例素材”→“海水”素材，提取出素材中的“船”元素，执行“自由变换”命令和利用图层蒙版将其与“海水”融合，调整到合适位置，如图 12.2.17 所示。

图12.2.17 添加“船”元素

10 调整元素至画面合适的位置，完成前景搭建，如图 12.2.18 所示。

图12.2.18 前景搭建效果

3．合成海龟岛

01 打开“案例素材”→“海龟”素材，执行“自由变换”命令，将其调整到画面合适的位置，如图 12.2.19 所示。

图12.2.19　添加“海龟”元素

02 运用套索工具，结合图层蒙版将“乌龟”元素的下半部分与“海水”元素进行融合，如图 12.2.20 和图 12.2.21 所示。

图12.2.20　建立选区

图12.2.21　隐藏选区内图像

03 打开“案例素材”→“草地”素材，执行“创建剪贴蒙版”命令（组合键：Ctrl+ Alt+G）；执行“自由变换”命令，结合图层蒙版将“草地”“海龟”元素进行融合，如图 12.2.22 所示。

图12.2.22 融合“草地”与“海龟”元素

04 打开“案例素材”→“城市”素材，执行“自由变换”命令，将其调整到海龟背部位置；运用图层蒙版将“城市”元素底部与草地进行融合，如图 12.2.23 和图 12.2.24 所示。

05 打开“案例素材”→“树”素材，执行“自由变换”命令，并利用图层蒙版将其与其他元素相融合，如图 12.2.25 所示。

06 打开“案例素材”→“海水”素材，选取素材中的树林元素并将其复制到“遇见海龟岛”文件内；执行“自由变换”→“水平翻转”命令，结合图层蒙版将其与其他元素进行融合，如图 12.2.26 ～图 12.2.28 所示。

图12.2.23 添加“城市”元素

图12.2.24 融合“城市”与“草地”元素

图12.2.25 融合“树”元素

图12.2.26 选取“树林”元素

图12.2.27　编辑“树林”元素

图12.2.28　融合“树林”元素

07 打开“案例素材”→“浪花 1”“浪花 2”“浪花 3”素材，执行“自由变换”命令，运用蒙版工具将其与“海龟”“海水”元素相结合，如图 12.2.29 所示。

08 微调各元素之间的融合效果，完成海龟岛合成，如图 12.2.30 所示。

图12.2.29　添加浪花效果

图12.2.30　海龟岛合成效果

4. 调整光影与色彩

01 选择“海水与天空”图层组，在“海水”图层上方新建“色彩平衡 1”调整图层，如图 12.2.31 和图 12.2.32 所示。

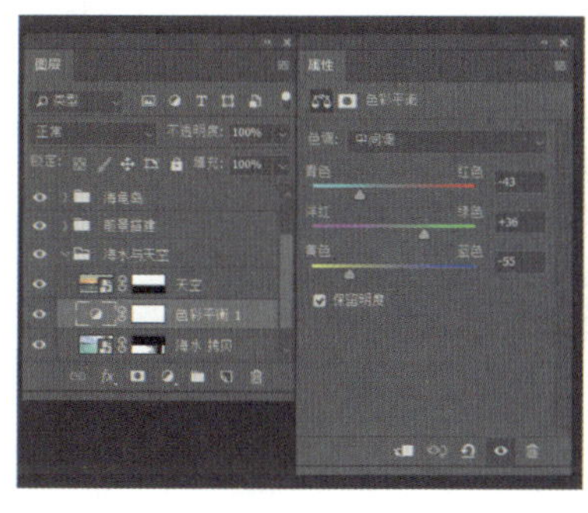

图12.2.31　色彩平衡参数设置

图12.2.32　调整海水色调

02 打开“案例素材”→“火烧云”素材并复制一层，分别置于“天空”

左右两边；执行“自由变换”命令，运用蒙版工具将其与“天空”元素进行融合，如图 12.2.33 所示。

图12.2.33　添加火烧云效果

关键点拨

物体表现出的色彩由光源色、环境色、固有色三个颜色混合而成。其中，环境色指在光照下的物体受环境影响改变固有色而显现出的与环境一致的颜色。

在图像合成中，由于不同的素材来自不同的图片环境，将这些素材进行融合时除要考虑元素与元素之间的衔接、光影关系外，还要考虑环境色的影响，需要利用Photoshop软件中的调色工具对元素色调进行统一。

03 选择“前景搭建”图层组中的“瀑布岛”图层；添加“曲线 1”调整图层并创建剪贴蒙版；将调整图层自带蒙版填充为黑色，运用白色柔角画笔涂抹岛屿下半部分背光区域，如图 12.2.34 所示。

04 添加“亮度 / 对比度”调整图层并创建剪贴蒙版；将调整图层自带蒙版填充为黑色，运用白色柔角画笔涂抹岛屿右上部分受光区域，如图 12.2.35 所示。

图12.2.34　岛屿背光区域调整效果

图12.2.35　岛屿受光区域调整效果

05 选择“人”图层，添加“亮度 / 对比度”调整图层并创建剪贴蒙版；将调整图层自带蒙版填充为黑色，运用白色柔角画笔涂抹人物左半部分背光区域，如图 12.2.36 所示。

06 添加“曲线 2”调整图层并创建剪贴蒙版；将调整图层自带蒙版填充为黑色，运用白色柔角画笔涂抹人物右半部分受光区域强调人物亮部，如图 12.2.37 所示。

图12.2.36　人物背光区域调整效果

图12.2.37　人物受光区域调整效果

07 选择“前景树林”图层，运用上述同样的方法调整前景树林的明暗关系，如图 12.2.38 和图 12.2.39 所示。

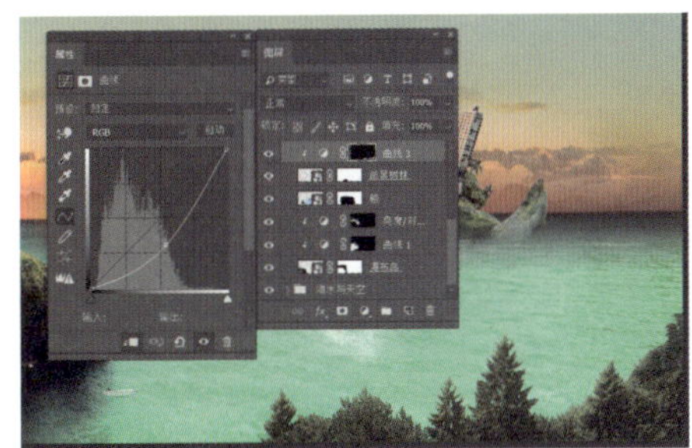

图12.2.38　前景树林背光区域调整效果

图12.2.39　前景树林受光区域调整效果

08 选择“海龟岛”图层组中的“城市”图层；添加“亮度 / 对比度”调整图层并创建剪贴蒙版；将调整图层自带蒙版填充为黑色，运用白色柔角画笔涂抹高楼右半部分及城市下半部分背光区域，如图 12.2.40 所示。

09 添加“曲线 4”调整图层并创建剪贴蒙版；将调整图层自带蒙版填充为黑色，运用白色柔角画笔涂抹高楼左半部分受光区域强调城市亮部，如图 12.2.41 所示。

图12.2.40　城市背光区域调整效果

图12.2.41　城市亮光区域调整效果

10 选择“树林”图层；添加“曲线”调整图层并创建剪贴蒙版；将

调整图层自带蒙版填充为黑色，运用白色柔角画笔涂抹树林左下部分背光区域，调整树林元素的明暗与色调，如图 12.2.42 所示。

11 选择“海龟”图层，运用上述同样的方法调整色彩及明暗关系，如图 12.2.43 和图 12.2.44 所示。

12 选择“草地”图层，运用上述同样的方法调整明暗关系，如图 12.2.45 所示。

图12.2.42 树林色调及明暗调整效果

图12.2.43 海龟背光调整效果

图12.2.44 海龟受光与色调调整效果

图12.2.45 草地明暗关系调整效果

13 打开“案例素材”→“光”素材，将其放置于画面太阳处，修改图层混合模式为“滤色”；运用图层蒙版调整元素周围边缘使其与画面自然融合，如图 12.2.46 所示。

14 打开“素材”→“飞鸟”素材，将其放置于画面右上部，如图 12.2.47 所示。

图12.2.46 添加“光”元素效果

图12.2.47 添加“飞鸟”元素效果

15 执行“盖印图层”命令（组合键：Ctrl+Alt+Shift+E）；执行“滤镜”→“Camera Raw 滤镜”→“浏览配置文件”命令，弹出“Camera Raw”对话框，选择“艺术效果 02”，调整画面整体色调，如图 12.2.48 和图 12.2.49 所示。

图12.2.48 运用“Camera Raw”滤镜（1）

图12.2.49 运用“Camera Raw”滤镜（2）

16 执行“滤镜”→“USM 锐化”命令，为画面添加锐化效果，提升画面清晰度，如图 12.2.50 所示。

17 执行“文件”→“存储”命令，完成海龟岛合成，最终效果如图 12.2.1 所示。

图12.2.50 添加USM锐化效果

知识链接

“Camera Raw”滤镜使用有关照相机的信息及图像元数据来构建和处理色彩图像。

1. 认识“Camera Raw”滤镜操作面板

执行“滤镜”→“Camera Raw 滤镜”命令即可弹出“Camera Raw”对话框，如图 12.2.51 所示。

① 图像调整选项卡：包含“基本”“色调曲线”“细节”“HSL”“分离色调”“镜头校正”“效果”“校准”“预设”等选项卡。

② 参数设置区：针对不同的选项卡提供不同的参数调整。

③ 编辑工具区：提供不同的快速编辑工具。

2. 了解“Camera Raw”滤镜调整选项卡

（1）“基本”选项卡

单击“Camera Raw”滤镜界面的“基本”选项卡按钮，显示出“基本”选项卡的参数调整项目，可对图像的色彩及明暗关系做调整，如图 12.2.52 所示。

图12.2.51 添加选区与减去选区

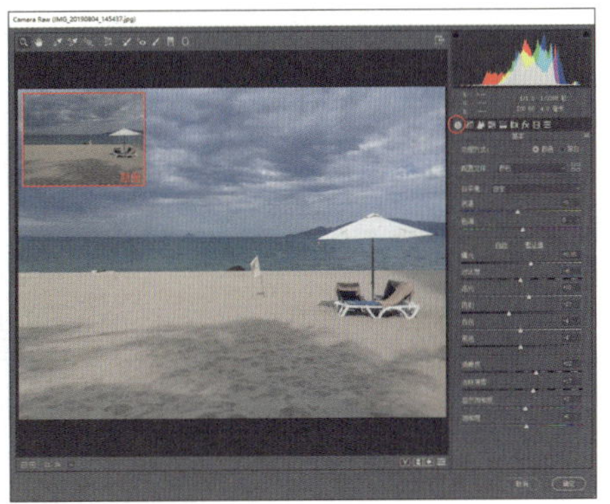

图12.2.52 基本调整界面

（2）“色调曲线”选项卡

单击“Camera Raw”滤镜界面的“色调曲线”选项卡按钮，显示出“色调曲线”选项卡的调整界面，可通过“点”或“参数”的形式对图像的色彩明暗关系做调整，如图 12.2.53 所示。

（3）“细节”选项卡

单击“Camera Raw”滤镜界面的“细节”选项卡按钮，显示出“细节”选项卡的调整界面，可对图像的锐化程度进行调整及减少杂色，如图 12.2.54 所示。

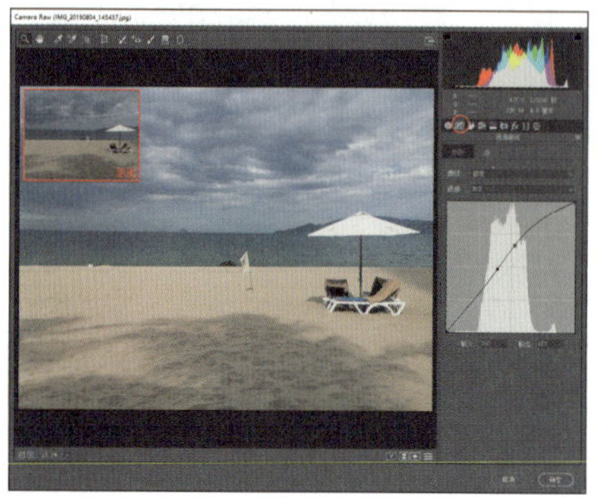

图12.2.53　色调曲线调整界面

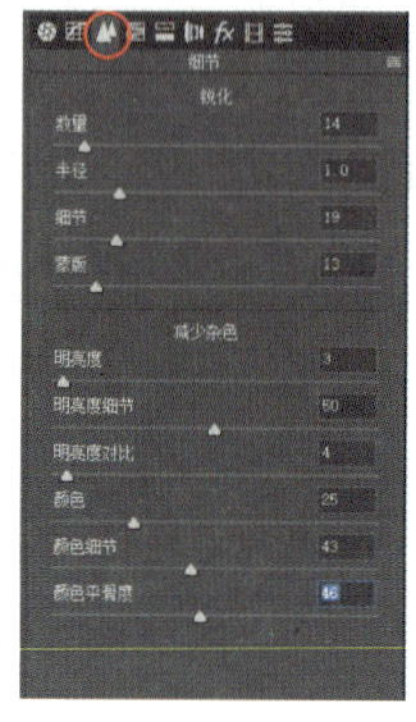

图12.2.54　细节调整界面

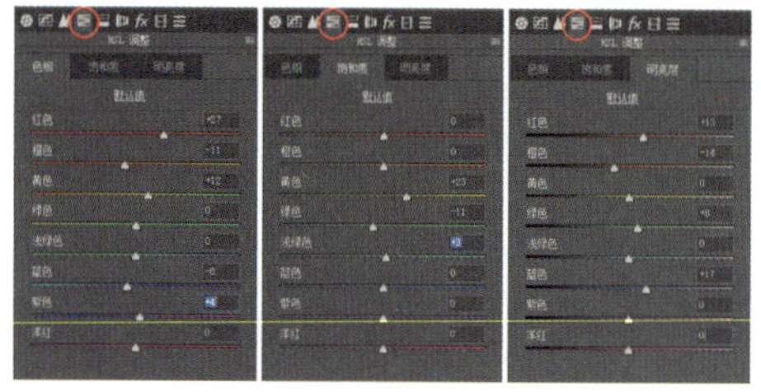

图12.2.55　HSL调整界面

（4）“HSL”选项卡

单击“Camera Raw”滤镜界面的“HSL”选项卡按钮，显示出“HSL”选项卡的调整界面，可对图像的 H（色相）、S（饱和度）、L（明亮度）进行调整，如图 12.2.55 所示。

（5）“分离色调”选项卡

单击“Camera Raw”滤镜界面的“分离色调”选项卡按钮，显示出“分离色调”选项卡的调整界面，可对照片的高光和阴影分别添加不同的色彩，如图 12.2.56 所示。

（6）“镜头校正”选项卡

单击“Camera Raw”滤镜界面的“镜头校正”选项卡按钮，显示出“镜头校正”选项卡的调整界面，可对图像的扭曲度、去边、晕影进行调整，如图 12.2.57 所示。

图12.2.56　分离色调调整界面

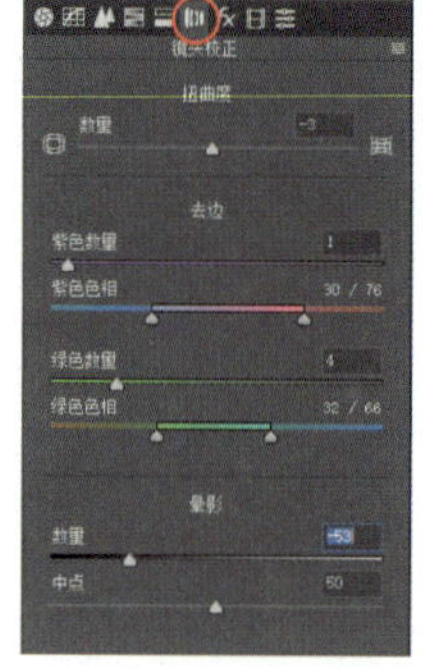

图12.2.57　镜头校正调整界面

（7）“效果”选项卡

单击“Camera Raw”滤镜界面的“效果”选项卡按钮，显示出“效果”选项卡的调整界面，可针对图像颗粒和裁剪后的晕影进行设置，如图 12.2.58 所示。

（8）“校准”选项卡

单击“Camera Raw”滤镜界面的“校准”选项卡按钮，显示出“校准”选项卡的调整界面，可针对图像的阴影色调、三原色的色相和饱和度进行设置，如图 12.2.59 所示。

（9）“预设”选项卡

单击“Camera Raw”滤镜界面的“预设”选项卡按钮，显示出“预设”选项卡的调整界面。在进行预设时，既可以选择软件自带预设好的效果参数，也可以将调整好的效果参数保存为预设，在再次使用时可直接选择以提高工作效率，如图 12.2.60 所示。

图12.2.58 效果调整界面

图12.2.59 校准调整界面

图12.2.60 预设调整界面

3. 认识“锐化”滤镜组

在 Photoshop 软件中，除“Camera Raw”滤镜中的“细节”选项卡可对图像锐化程度进行调整外，菜单栏“滤镜”菜单中也有针对锐化调整的滤镜组。

1）执行“滤镜”→“锐化”命令即可弹出“锐化”命令快捷菜单，“锐化”滤镜子菜单内有六个锐化命令可供选择，如图 12.2.61 所示。

2）执行“滤镜”→“锐化”→“USM 锐化”命令，弹出“USM 锐化”对话框，可通过增加图像边缘的对比度来锐化图像，如图 12.2.62 所示。

图12.2.61 “锐化”快捷菜单示意

图12.2.62 USM锐化效果示意

学习评价

学习目标	自我评价			同学评价		
	达成	基本达成	未达成	达成	基本达成	未达成
了解图像合成的基本流程及思路						
掌握图像合成的基本制作方法						

教师评价：

教师签字：

思考与练习

一、理论题

参考本单元任务 12.1 和任务 12.2 的图的制作步骤归纳合成图像制作的基本流程和思路。

____

____

____

二、实训题

1．利用 Photoshop 软件，打开“实训题 2”素材，将其合成一张创意海报，素材及效果如下图所示。

练习素材示意（1）

练习效果（1）

2. 利用 Photoshop 软件，打开“实训题 2”中的素材，将其合成一张创意场景海报，素材及效果如下图所示。

练习素材示意（2）

练习效果（2）

13 单元 制作动态标识——应用时间轴

单元导读

如今无论是在电脑还是手机上，我们都会看到各式各样的图像动画，如滚动的画面、旋转的小球、跳动的按钮等。动画为网页增添了动感和趣味。根据格式的不同，网页中的动画大致可分为两大类，一类是 Flash 动画，另一类便是 GIF 动画。Flash 动画为矢量动画，因此可以任意放大或缩小而不失真，同时文件较小，可带有同步音频，具有良好的交互特性，可用于制作教学课件及动画片等。GIF 动画为像素动画，动画的每一帧都是一张位图。使用 Photoshop 软件的“动画”面板，可以直接制作 GIF 动画。本单元将介绍利用 Photoshop 软件制作动画效果的方法与步骤。

学习目标

- 认识视频模式时间轴面板；
- 了解视频模式时间轴面板的各项功能；
- 掌握帧模式时间轴面板的运用方法。

思政目标

- 从生活体验与感悟中汲取设计灵感，树立艺术源于生活的理念；
- 传承和发扬一丝不苟、精益求精的工匠精神。

任务 13.1 制作动态标识——闪烁灯牌

☞任务描述

无论是在网络中还是生活中，发光的招牌都是引人注目的。网络上的动态图要做出发光的效果，一般要借助动画功能。本任务将利用 Photoshop 软件的视频时间轴功能制作一个循环发光的动态图，效果如图 13.1.1 所示。

图13.1.1　循环发光的动态图效果

☞任务分析

根据任务需求，该动态图有两个关键点：一是发光，二是循环。因此在制作的时候，首先要借助图层样式，设置每个字或者图像的发光效果；其次，利用时间轴面板中的视频时间轴功能，设置发光的图层顺序、方式、时间等。

实践操作

1．前期准备

根据主题寻找素材，将其保存到相应的文件夹。

微课：制作闪烁灯牌

2．制作背景

01 打开 Photoshop 软件，新建文件，将其命名为“动态标识”，设置尺寸为 4500（宽）像素 ×4000（高）像素，分辨率为 72 像素 / 英寸，如图 13.1.2 所示。

02 新建一个图层，将其填充为黑色背景，默认名称为“图层 1”，如图 13.1.3 所示。

03 执行“渐变”→“可编辑颜色”命令，选择“前景色到透明渐变”的预设模式，更改前景色（参考色号:#5e52ff)，单击“确定”按钮，如图 13.1.4 所示。

04 在“图层 2”上，运用线性渐变工具，从画面的左上往右下拖拉渐变效果，如图 13.1.5 所示。

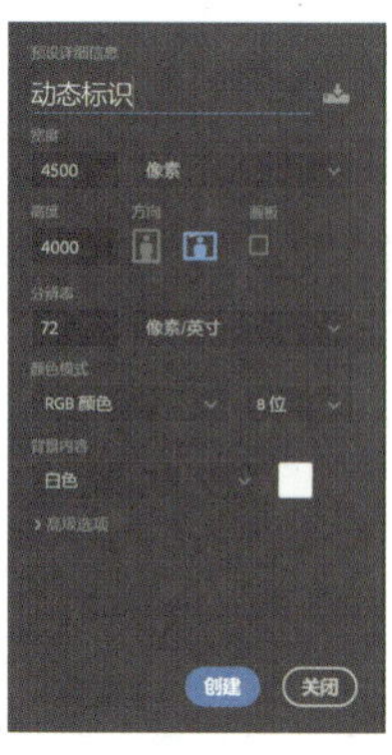
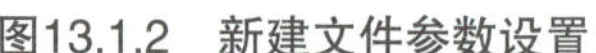

图13.1.2　新建文件参数设置

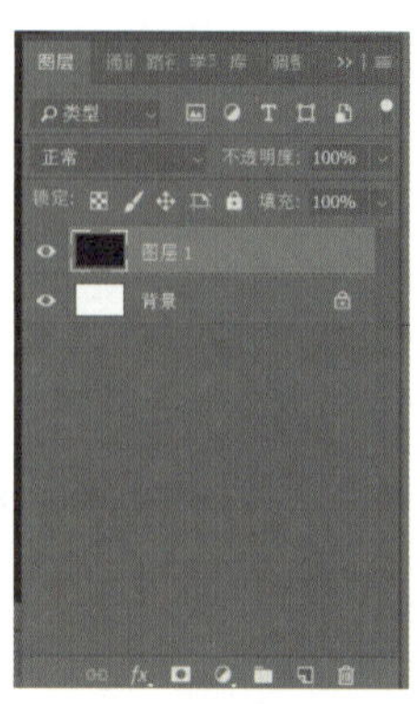

图13.1.3　新建图层

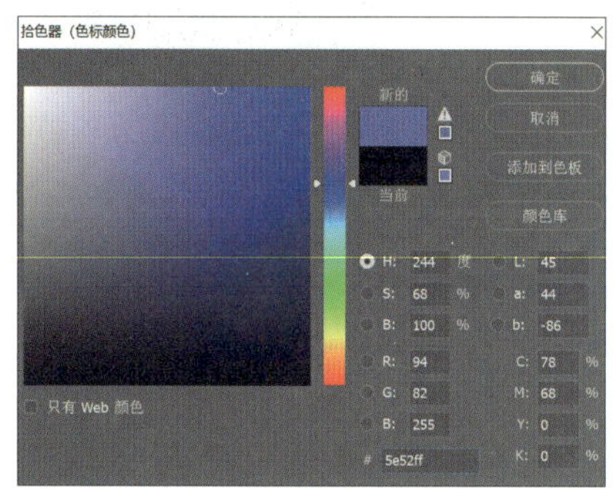

图13.1.4　渐变更改颜色

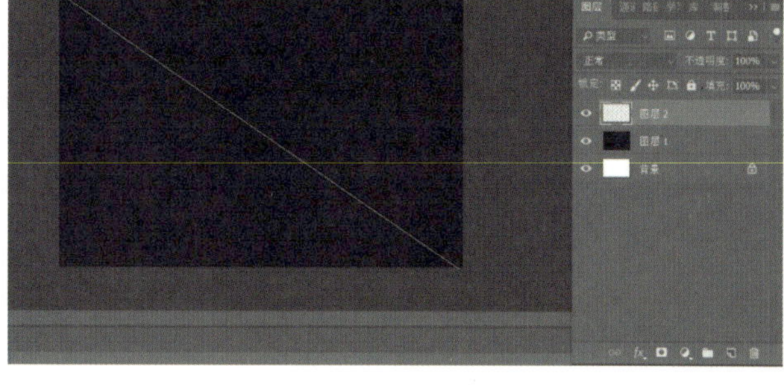

图13.1.5　使用渐变

05 再次执行“渐变”→“可编辑颜色”命令，选择“前景色到透明渐变”的预设模式，更改前景色（参考色号：#ff5252），单击“确定”按钮，从画面的右下往左上拖动，如图 13.1.6 所示。

06 选择“图层 2”，按 Ctrl+J 组合键，将“图层 2”复制得到“图层 2 拷贝”，调整图像大小，将图层样式改为“柔光”模式，如图 13.1.7 所示。

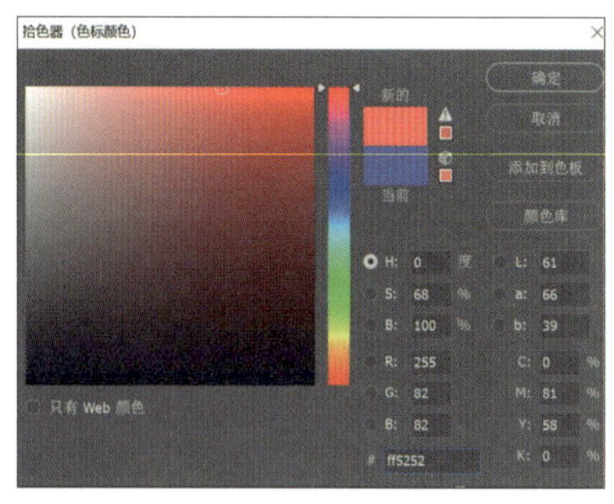

图13.1.6　更改渐变颜色

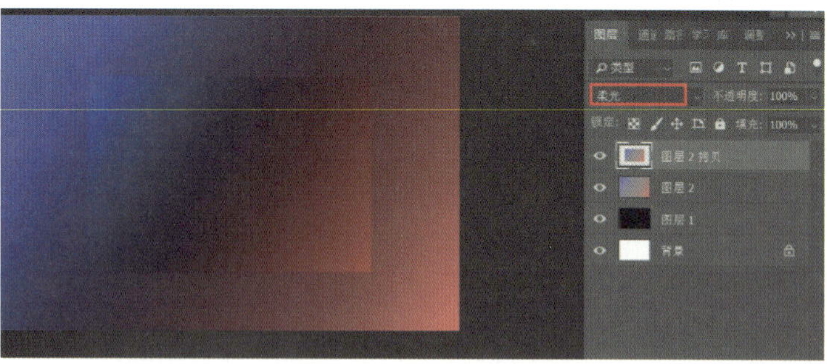

图13.1.7　复制图层并更改大小和图层样式

3. 制作文字

01 运用文字工具，输入文字“全新升级”，并执行“自由变换”命令，旋转文字，如图 13.1.8 所示。

02 在“全新升级”的文字图层上按 Ctrl+J 组合键，将文字复制两层，或者直接将“全新升级”图层拖动到图层面板中的“创建新图层”图标处，同样复制两次。然后更改复制图层里的文字为“绽放光彩”“NEW”，如图 13.1.9 所示。

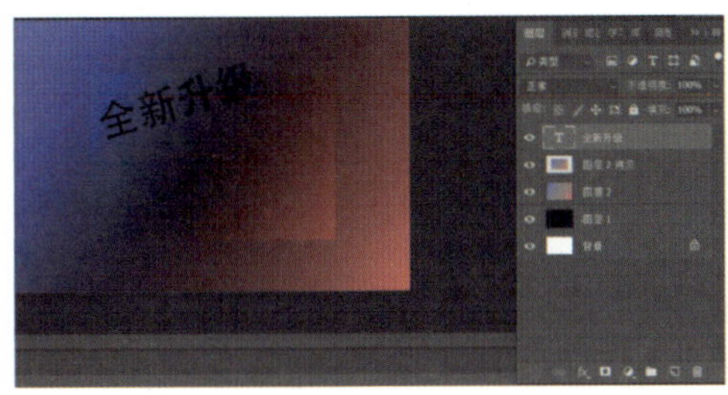

图13.1.8 输入文字

图13.1.9 复制文字并更改内容

03 同时选择“全新升级”“绽放光彩”“NEW”三个文字图层，将字体填充改为“0”，如图 13.1.10 所示。

04 双击“全新升级”图层，在“图层样式”上添加描边效果并更改描边颜色（参考色号：#b297ff），如图 13.1.11 所示。

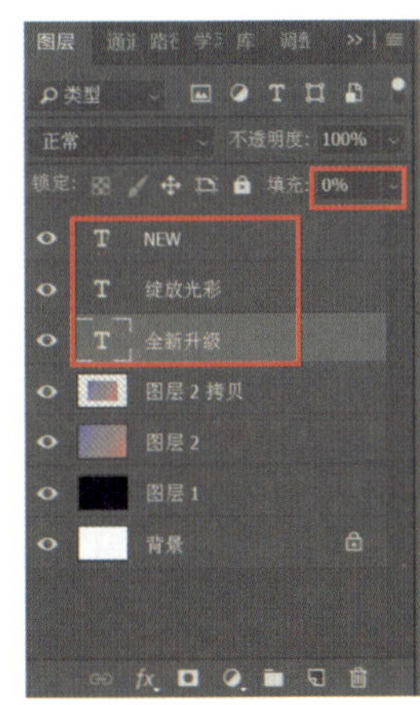

图13.1.10 字体填充改为“0”

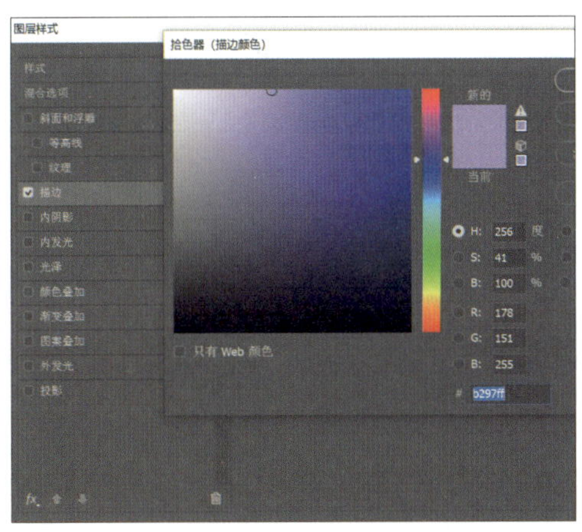

图13.1.11 更改描边颜色

关键点拨

如果需要同时选择多个图层，则可以按住Shift键，单击连续选用的图层；如果不需要连续选择，则可以按住Ctrl键，单击想要选择的图层，即可选中不连续的多个图层。

05 在“图层样式”面板中，选中“外发光”复选框，设置混合模式为“滤色”，不透明度为“24%”，扩展为“13”，大小为“142”，并更改外发光颜色（参考色号：#0c34ff），如图 13.1.12 所示。

06 双击“绽放光彩”图层，在“图层样式”上添加描边效果并更改描边颜色（参考色号：#ff97cf），如图 13.1.13 所示。

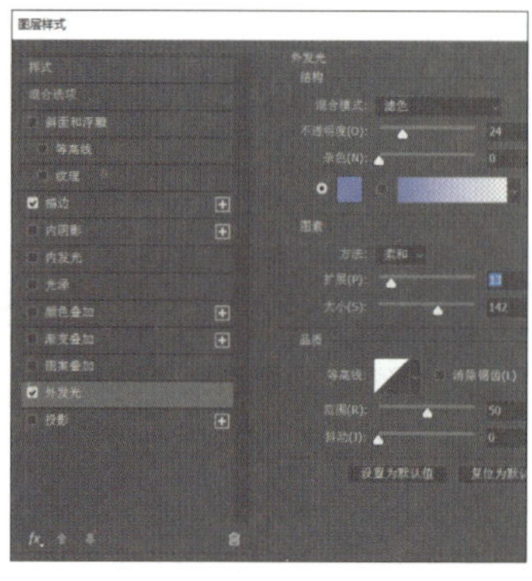

图13.1.12　“全新升级”添加外发光

图13.1.13　“绽放光彩”添加描边

07 在“图层样式”面板中，选中“外发光”复选框，设置混合模式为“滤色”，不透明度为“24%”，扩展为“13”，大小为“142”，并更改外发光颜色（参考色号：#ff65f6），如图 13.1.14 所示。

08 双击“NEW”图层，在“图层样式”上添加描边效果并更改描边颜色（参考色号：#fffb97），如图 13.1.15 所示。

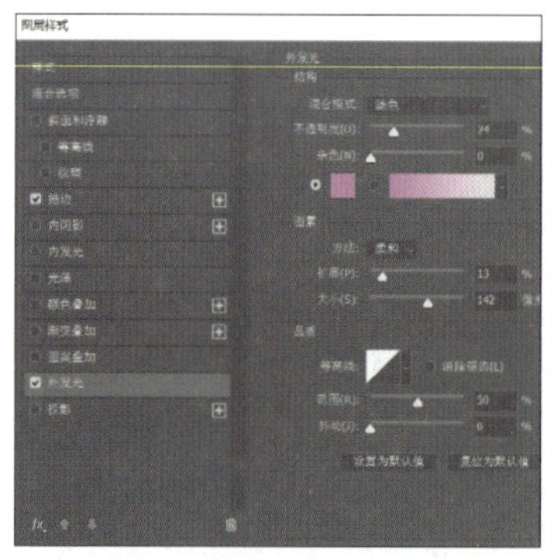

图13.1.14　“绽放光彩”添加外发光

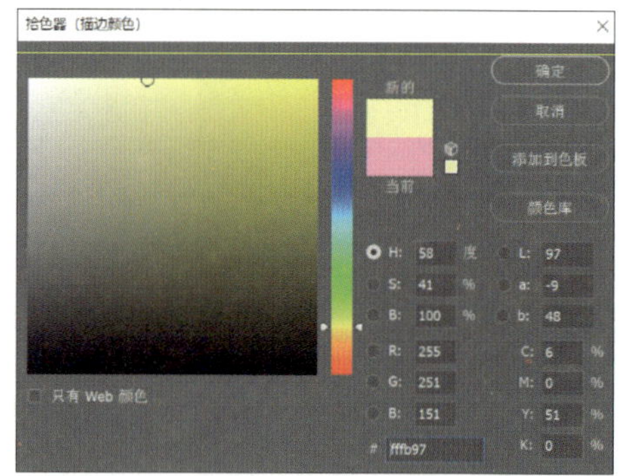

图13.1.15　“NEW”添加描边

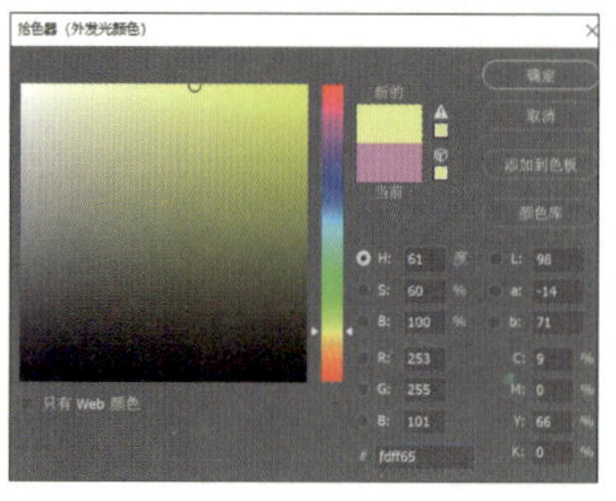

图13.1.16　添加外发光并更改颜色

09 在“图层样式”面板中，选中“外发光”复选框，设置混合模式为“滤色”，不透明度为“24%”，扩展为“13”，大小为“142”，并更改外发光颜色（参考色号：#fdff65），如图 13.1.16 所示。

4．设置时间轴

01 执行“窗口”→“时间轴”命令，弹出时间轴界面，单击“创建视频时间轴”，如图 13.1.17 所示。

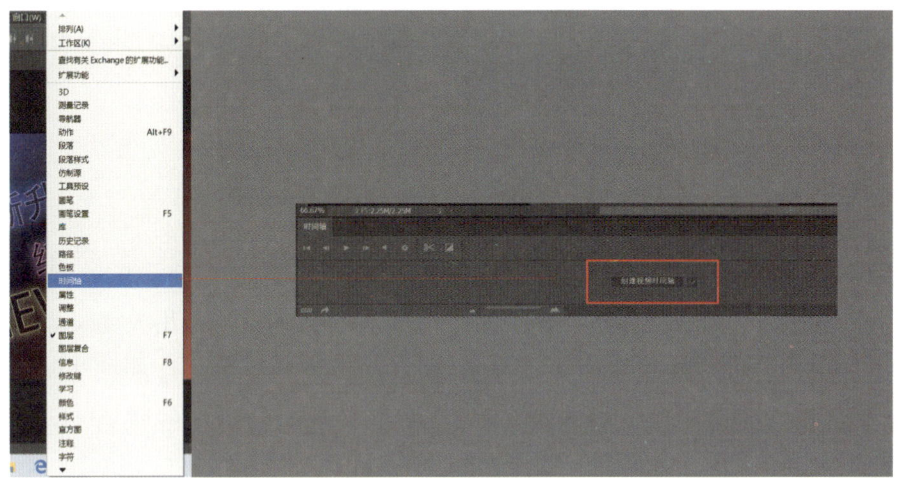

图13.1.17　打开时间轴界面

02 单击“控制时间轴显示比例”的下拉按钮，更改时间轴长短，将其拉到最右边，如图 13.1.18 所示。

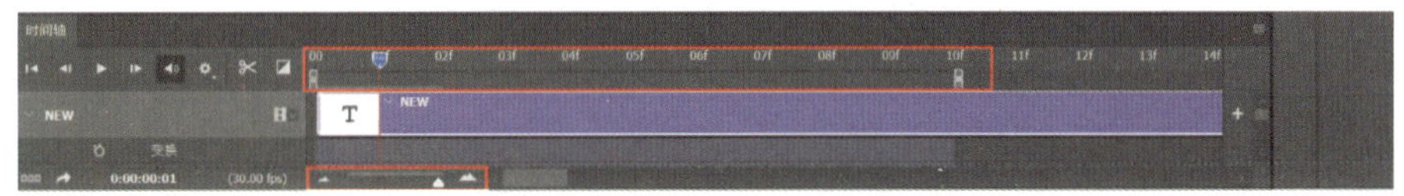

图13.1.18　更改时间轴长短

03 在“NEW”时间轴图层上的样式时间轴中单击“启用关键帧动画”图标，创建一个初始时间点，如图 13.1.19 所示。

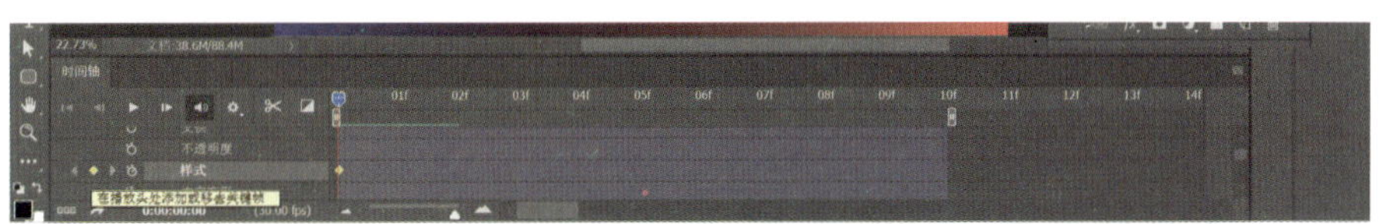

图13.1.19　样式创建时间点

04 在“NEW”时间轴图层上的样式时间轴中单击“启用关键帧动画”图标，并更改“NEW”图层样式中的外发光和描边颜色（参考色号：#fcff12），如图 13.1.20 所示。

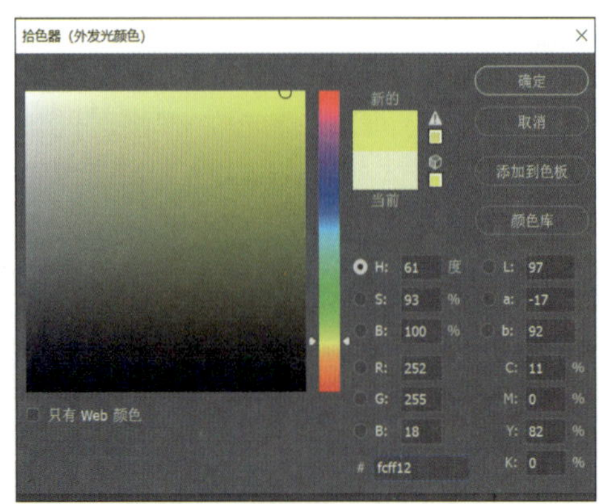

图13.1.20 添加时间点并更改描边和外发光颜色

05 在“NEW”时间轴图层上的样式时间轴中单击“启用关键帧动画”图标，并更改“NEW”图层样式中的外发光和描边颜色，如图 13.1.21 所示。

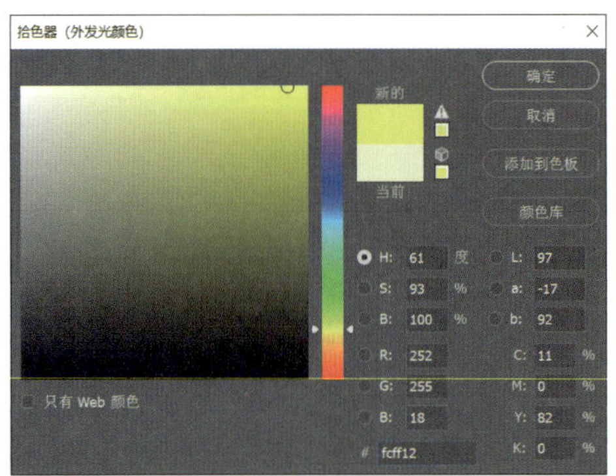

图13.1.21 添加时间点并更改描边和外发光颜色

06 在“NEW”时间轴图层上的样式时间轴中单击“启用关键帧动画”图标，创建一个初始时间点，如图 13.1.22 所示。

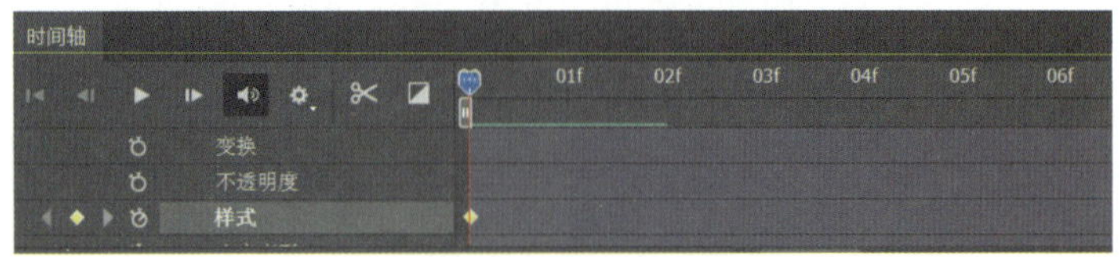

图13.1.22 创建初始时间点

07 在“绽放光彩”时间轴图层上的样式时间轴中单击“启用关键帧动画”图标，并更改“绽放光彩”图层样式中的外发光和描边颜色（参考色号：#ed36e2），如图 13.1.23 所示。

图13.1.23　更改图层样式

08 在“全新升级”时间轴图层上的样式时间轴中单击“启用关键帧动画”图标，创建一个初始时间点，如图 13.1.24 所示。

图13.1.24　创建初始时间

09 在“绽放光彩”时间轴图层上的样式时间轴中单击“启用关键帧动画”图标，并更改“绽放光彩”图层样式中的外发光和描边颜色（参考色号：#0c34ff），如图 13.1.25 所示。

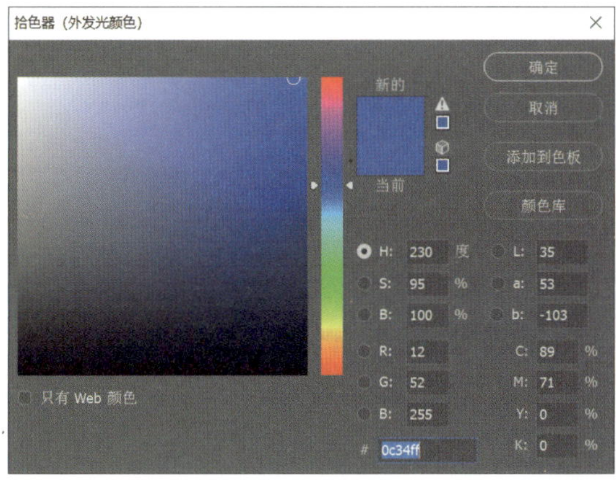

图13.1.25　添加时间点并更改描边和外发光颜色

10 在“绽放光彩”时间轴图层上的样式时间轴中单击“启用关键帧动画”图标，并更改“绽放光彩”图层样式中的外发光和描边颜色（参考色号：#203bc4），如图 13.1.26 所示。

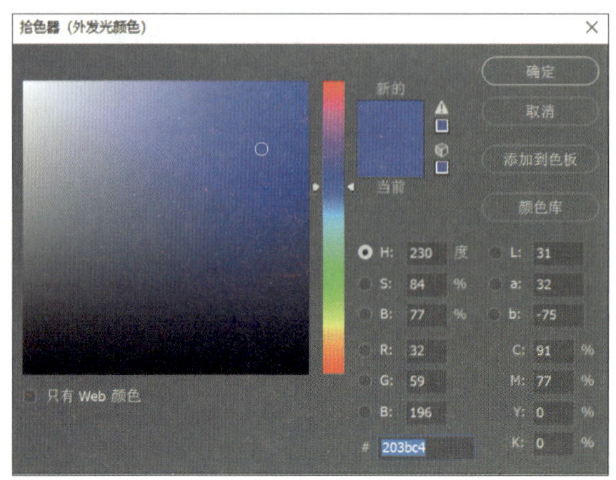

图13.1.26　添加外发光并更改外发光颜色

11 选中时间轴图层中的“NEW”图层，选择时间轴图层中的关键帧，右击，在弹出的快捷菜单中执行“拷贝”命令，如图 13.1.27 所示。

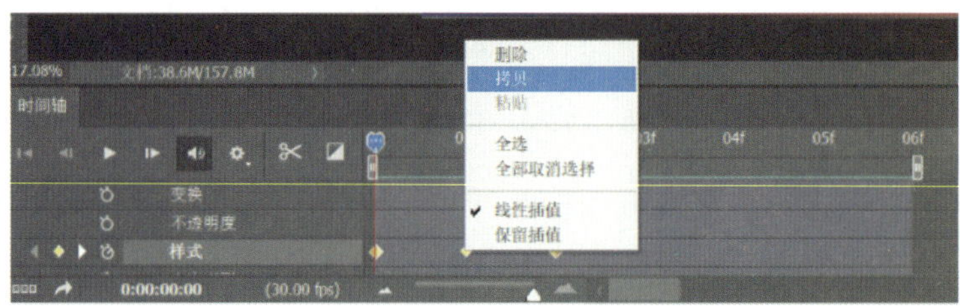

图13.1.27　执行“拷贝”命令

12 在时间轴图层“NEW”样式时间轴中创建一个关键帧，右击，在弹出的快捷菜单中执行“粘贴”命令，如图 13.1.28 所示。

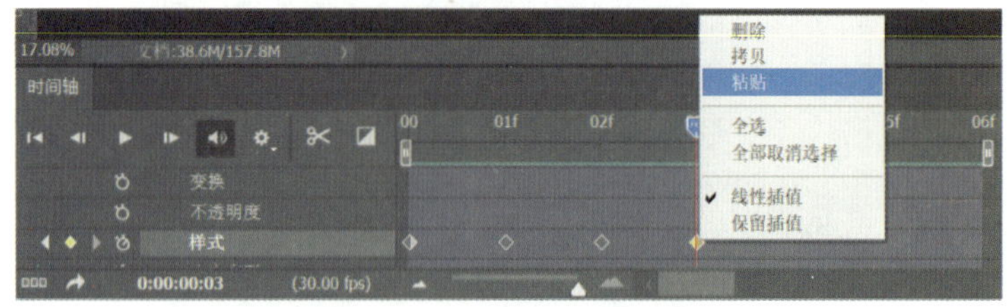

图13.1.28　创建时间点并粘贴

13 重复上面的步骤，分别为“绽放光彩”“全新升级”添加时间轴，如图 13.1.29 所示。

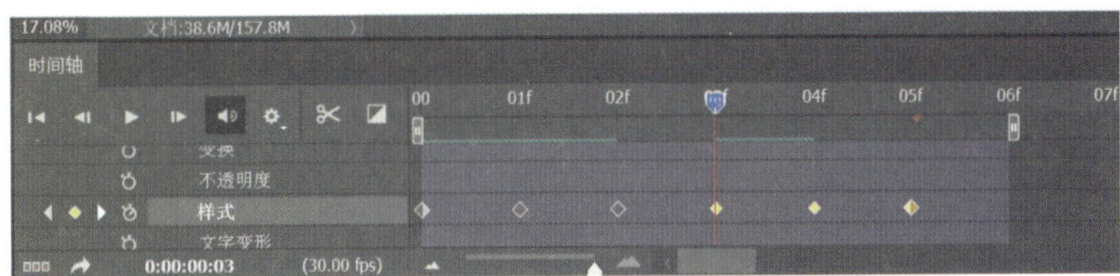

图13.1.29 复制粘贴

14 调整“时间轴显示比例”放大时间轴显示比例，如图 13.1.30 所示。

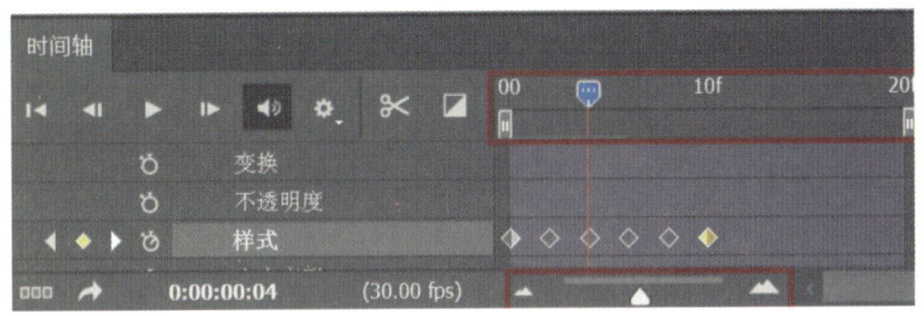

图13.1.30 调整时间轴的长短

15 分别调整时间轴中“NEW”“绽放光彩”“全新升级”图层样式时间轴中的关键帧位置，如图 13.1.31 所示。

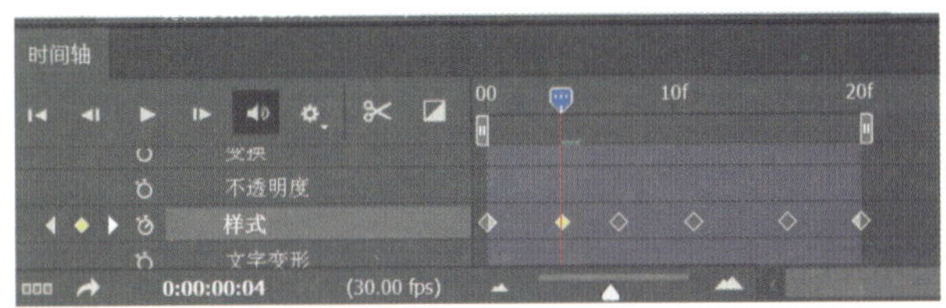

图13.1.31 调整时间轴点位置

16 调整好各项参数后进行循环播放，得到最终效果，如图 13.1.32 所示。

图13.1.32 最终效果

知识链接

视频模式时间轴面板介绍如下。

1. 认识界面

执行“窗口”→“时间轴”命令，弹出时间轴面板，如图 13.1.33 所示。

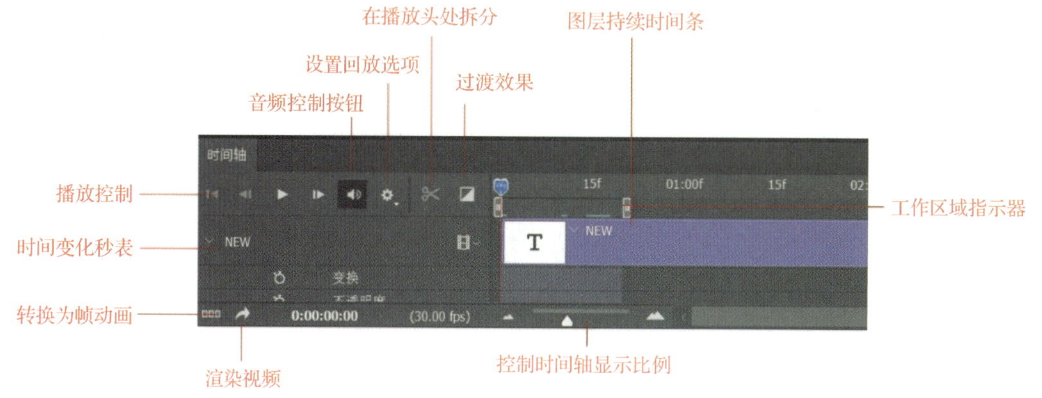

图13.1.33 时间轴面板

面板中显示视频的持续时间，使用面板底部的工具可以浏览各个帧，放大或缩小时间显示，删除关键帧和预览视频。

2. 了解功能

1）播放控制：提供了用于控制视频播放的按钮，包括转到第一帧、转到上一帧、播放和转到下一帧。

2）音频控制按钮：单击该按钮，可以关闭或启用音频效果。

3）设置回放选项：单击该选项对应的下拉按钮，可以弹出回放选项下拉列表，在下拉列表中可设置分辨率，以及是否循环播放。

4）在播放头处拆分：单击该按钮，可在当前时间指示器所在位置拆分视频或音频，如图 13.1.34 所示。

5）过渡效果：单击该按钮，弹出下拉列表，执行下拉列表中的命令即可为视频添加过渡效果，从而创建专业的淡化和交叉淡化效果，如图 13.1.35 所示。

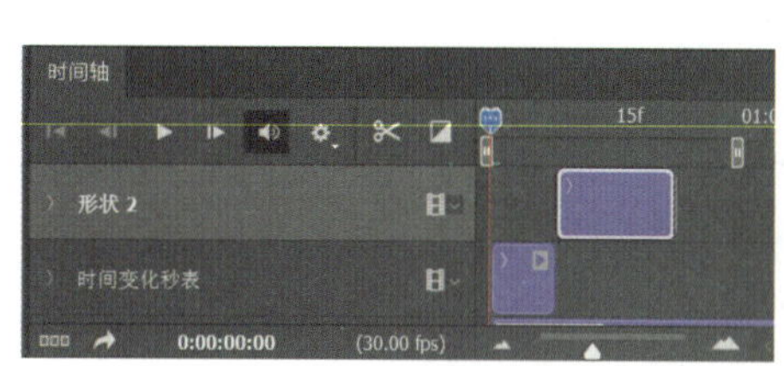

图13.1.34 在播放头处拆分

图13.1.35 过渡效果选项框

6）工作区域指示器：如果要预览或导出部分视频，可拖动位于顶部轨道两端的标签进行定位，如图 13.1.36 所示。

7）图层持续时间条：指定图层在视频中的时间位置。要将图层移动到其他时间位置，可拖动该时间条，如图 13.1.37 所示。

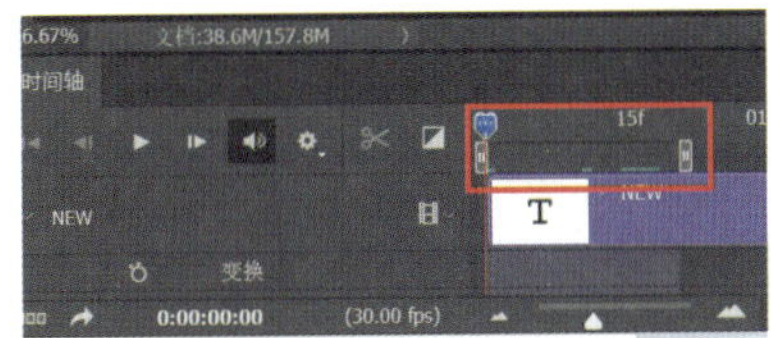

图13.1.36 工作区域指示器

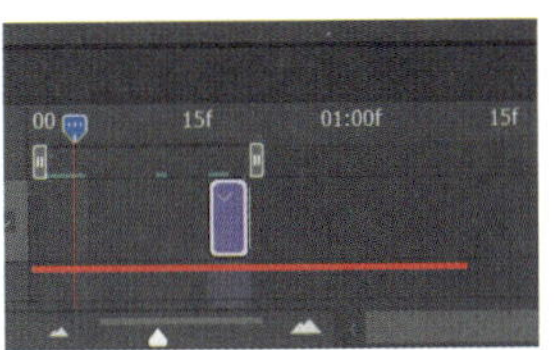

图13.1.37 拖动图层条

8）时间变化秒表：可启用或停用图层属性的关键帧设置。

9）转换为帧动画：单击该按钮，可以将时间轴面板切换为帧动画模式。

10）渲染视频：单击该按钮，可以弹出“渲染视频”对话框。

11）控制时间轴显示比例：可以放大或缩小时间轴。

任务 13.2 制作动态聊天表情

任务描述

随着时代的发展，人们的网络生活越来越丰富。在网络聊天中，可以使用文字、图片、语音、视频等进行沟通。表情包是一种利用静态或动态的图片表达心情的方式。当前，表情包已发展为日益多元的网络表情文化。网络上，基本人人都使用表情包。本任务将利用Photoshop软件的时间轴功能制作一款表情包，效果如图13.2.1所示。

图13.2.1 “太阳哥”表情包

任务分析

表情包的作用就是，一个表情就可以让他人知道自己的心情，比叙述或者描写方便、快捷、形象。很多时候你可能需要表达出自己兴奋或者开心或者悲伤的情绪，如果没有表情包，你可能只能通过大量的文字来表达这种心情，而文字难以完全描述出来，但一个形象的表情就能够准确地表达出来。

本任务选择了一个妖娆的“太阳哥”，将一棵向日葵拟人化，其炫酷、骄傲的表情和灵活的“手臂”展现出非常得意的心情，再配上直观的文字，展现出收到“红包”的开心、喜悦的心情。

实践操作

微课：制作太阳哥表情包

01 前期准备，确定主题，绘制草图，如图 13.2.2 所示。

02 打开 Photoshop 软件，新建文件，将其命名为“表情包—太阳哥”，设置尺寸为 3000（宽）像素 ×3000（高）像素，分辨率为 300 像素 / 英寸，如图 13.2.3 所示。

03 打开相应素材文件中的“草图”素材，将其拖动到正在编辑的新文档中，并进行自由变换，调整到合适的位置，如图 13.2.4 所示。

图13.2.2 绘制草图

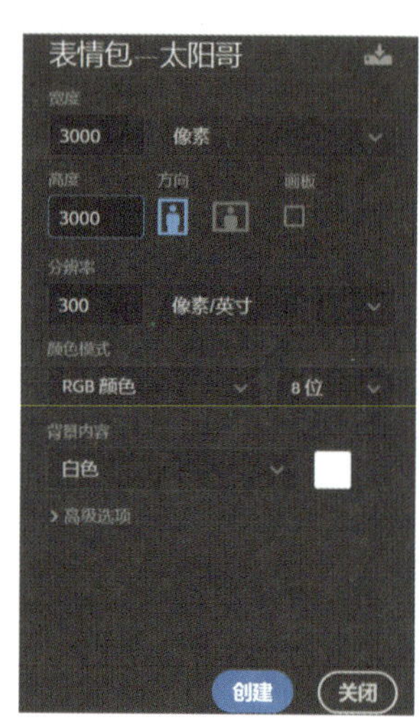

图13.2.3 新建文件参数设置

图13.2.4 拖入草图

04 运用钢笔工具，在属性栏中设置填充为“无”，描边为“黑色”，大小为“10 像素”，根据草图，绘制出“太阳哥”的大致轮廓，如图 13.2.5 所示。

图13.2.5 绘制轮廓

05 运用钢笔工具，根据花的不同部位建立不同的图层，分别绘制出“根”“叶”“脸”三个图层，如图 13.2.6 所示。

图13.2.6 完成轮廓绘制

06 运用油漆桶工具，分别设置前景色（花瓣参考色号：#ffb400；花叶参考色号：#0a8b06；花心参考色号：#3a180c），并将其填充到相应的部位，如图 13.2.7 所示。

图13.2.7 填充颜色

关键点拨

油漆桶工具只能填充前景色，按住Alt键的时候，可以吸取画面中的其他颜色变成前景色，然后在画面中填充。

07 新建“眼镜”图层，运用钢笔工具和油漆桶工具，完成眼镜的绘制（边框参考色号：#d30000；镜片参考色号：#000000），如图 13.2.8 所示。

图13.2.8　绘制眼镜

08 选择绘制好的所有图层，按 Ctrl+G 组合键，将它们编为图层组，命名为“花 1”，如图 13.2.9 所示。

09 选择“花 1”图层组，按 Ctrl+J 组合键或者直接将其拖动到新建图层的小图标处，得到所复制的图层组，命名为“花 2”，如图 13.2.10 所示。

10 选择“花 2”图层组，右击，在弹出的快捷菜单中执行“合并图层”命令，或者按 Ctrl+G 组合键进行合并，并命名为“动作 1”，如图 13.2.11 所示。

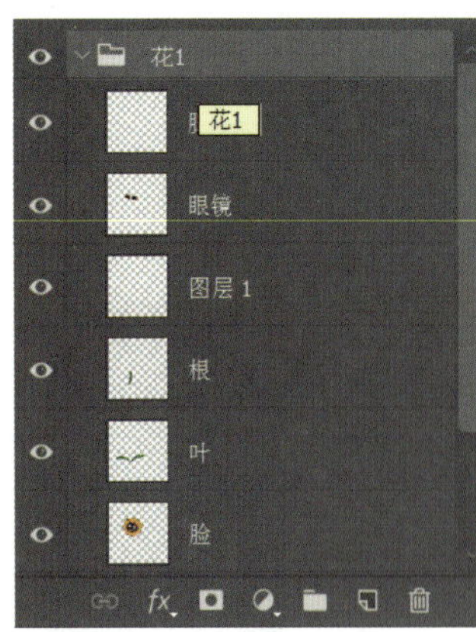

图13.2.9　组合图层

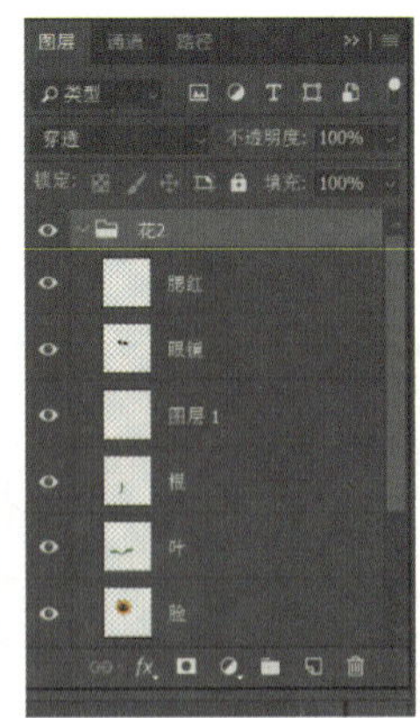

图13.2.10　复制图层组

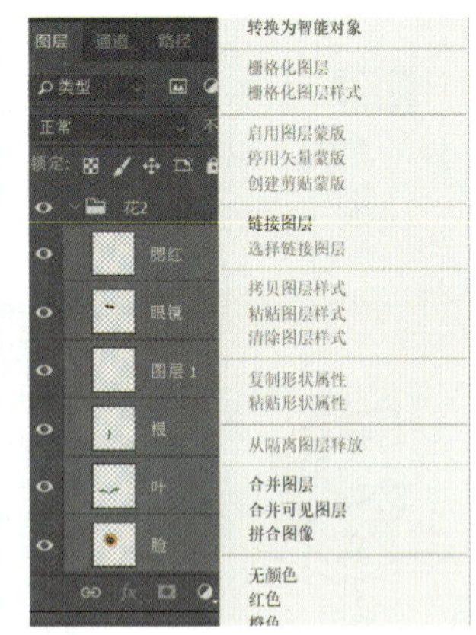

图13.2.11　合并“花2”为“动作1”

11 选择“花 1”图层组，删除“叶”图层，再将整个图层组复制为“花 3”，如图 13.2.12 所示 。

12 按 Ctrl+G 组合键，将“花 3”图层组中的“腮红”“眼镜”“根”“脸”合并，如图 13.2.13 所示。

13 双击合并后的“花 3”图层，修改图层名字为“动作 2”，如图 13.2.14 所示。

图13.2.12　复制“花1”得到“花3”

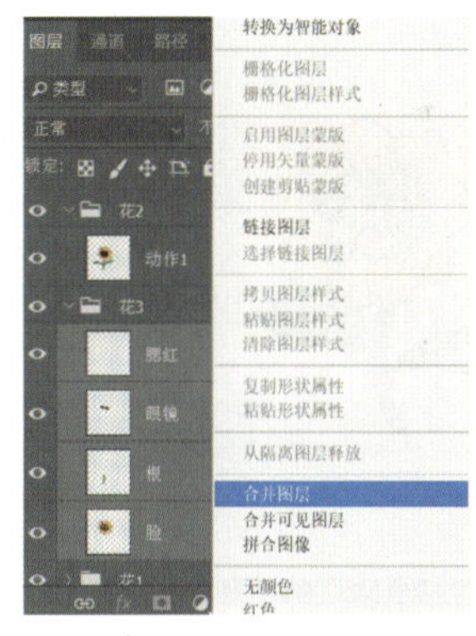

图13.2.13　合并图层

图13.2.14　合并为“动作2”

14 选择“花 1”“花 2”图层组，右击，在弹出的快捷菜单中执行“取消图层编组”命令，如图 13.2.15 所示。

15 选择“花 1”中“叶”图层，按 Ctrl+J 组合键，复制到“动作 2”图层的下方，如图 13.2.16 所示。

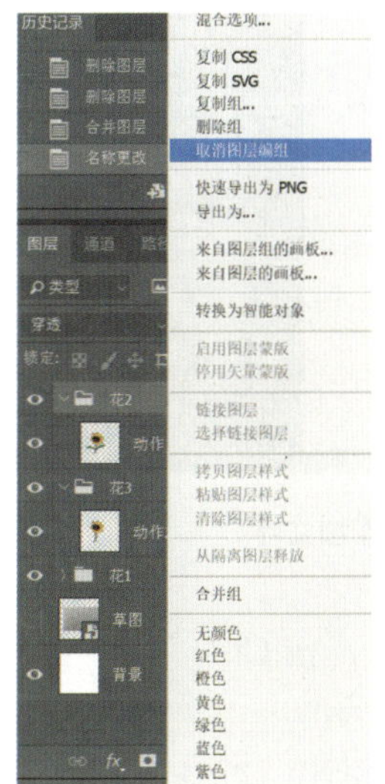

图13.2.15　取消图层编组

图13.2.16　复制叶

16 执行“编辑”→“自由变换”命令，或者按 Ctrl+T 组合键进行自由变换，将鼠标指针放置在框外，变成两端都有三角形的曲线时，自由旋转画面到合适的位置即可，如图 13.2.17 所示。

17 选择“动作 2”“叶 拷贝”，右击，在弹出的快捷菜单中执行“合并图层”命令，将其命名为“动作 2”，如图 13.2.18 所示。

图13.2.17 旋转花叶

图13.2.18 完成“动作2”

18 运用文字工具，或者按 T 键，在“太阳哥”的右边写上文字“噻唷啦啦～”，如图 13.2.19 所示。

图13.2.19 添加文字

19 选择“噻唷啦啦～”文字图层，按 Ctrl+J 组合键复制，得到“噻唷啦啦～ 拷贝”图层，如图 13.2.20 所示。

20 将两个文字图层分别合并到“动作 1”“动作 2”中，如图 13.2.21 所示。

21 隐藏“图层 2”，即关闭“图层 2”的“眼睛”图标，然后执行“窗口”→“时间轴”命令，选择“创建帧动画”，如图 13.2.22 所示。

图13.2.20 复制文字图层

图13.2.21 合并文字到动作图层

图13.2.22 创建帧动画

22 在“创建帧动画”面板中，选择第一帧，单击“复制所选帧”按钮，将得到第二帧，然后在图层面板中隐藏“动作 1”图层，显示“动作 2”图层，如图 13.2.23 所示。

图13.2.23 复制帧

23 在“创建帧动画”面板中，将第一帧和第二帧的“帧延迟时间”更改为“0.2”秒，将“循环选项”更改为“永远”，如图 13.2.24 所示。

图13.2.24　更改帧延迟时间和循环选项

24 执行“文件”→“导出”→“存储为 Web 所用格式”命令，或者按 Alt+Shift+Ctrl+S 组合键，选择格式为“GIF”，单击“存储”按钮将其保存到相应位置，即完成表情包制作，如图 13.2.25 所示。

25 运用上述同样的方法，完成“太阳哥”的表情包制作，如图 13.2.26 所示。

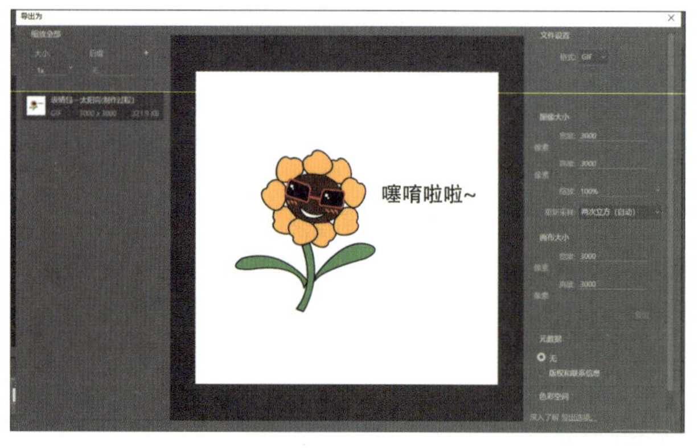

图13.2.25　存储文件

图13.2.26　“太阳哥”表情包

知识链接

帧模式时间轴面板介绍如下。

执行“窗口”→“时间轴”命令，弹出时间轴面板。时间轴面板以帧模式出现，并显示动画中每个帧的缩览图。使用面板底部的工具可浏览各个帧，设置循环选项，添加和删除帧及预览动画，如图 13.2.27 所示。

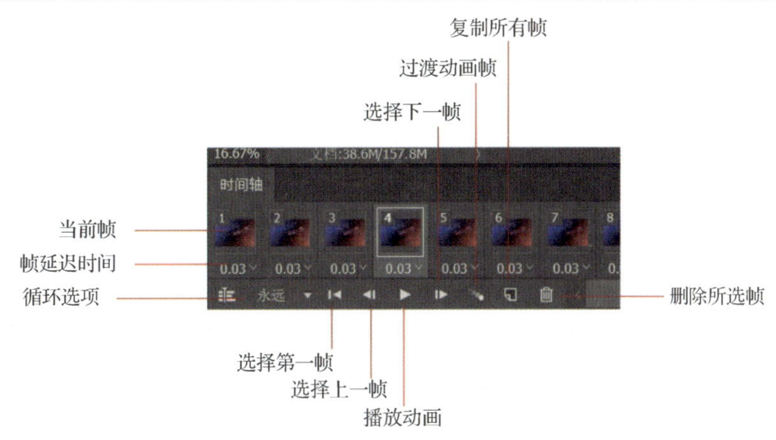

图13.2.27　时间轴面板

①“当前帧”按钮：选择当前的帧。

②“帧延迟时间”按钮：设置帧在回放过程中的持续时间。

③“循环选项”按钮：设置动画在作为 GIF 文件时的播放次数。

④“选择第一帧”按钮：单击该按钮，可自动选择序列中的第一个帧作为当前帧。

⑤“选择上一帧”按钮：单击该按钮，可选择当前帧的前一帧。

⑥“播放动画”按钮：单击该按钮，可在窗口中播放动画，再次单击可停止播放。

⑦“选择下一帧”按钮：单击该按钮，可选择当前帧的下一帧。

⑧“过渡动画帧”按钮：单击该按钮，可以弹出“过渡”对话框，在该对话框中可以在两个现有帧之间添加一系列过渡帧，让帧之间的图层属性均匀变化。

⑨“复制所选帧”按钮：单击该按钮，可向面板中添加帧。

⑩“删除所选帧”按钮：单击该按钮，可删除选择的帧。

学习评价☞

学习目标	自我评价			同学评价		
	达成	基本达成	未达成	达成	基本达成	未达成
认识视频模式时间轴面板						
了解视频模式时间轴面板的各项功能						
掌握帧模式时间轴面板的运用方法						

教师评价：

教师签字：

思考与练习

一、理论题

1．视频模式时间轴面板有哪些功能？它的作用是什么？

____

____

2．怎样利用帧模式时间轴面板制作一个简单的 GIF 动态图。

____

____

二、实训题

1．根据所学的视频模式时间轴知识点，打开“实训题 1”中的素材，设计一幅关于圣诞、新年的主题闪光图片，效果如下图所示。

“2020”效果

2．根据所学的帧模式时间轴知识点，打开“实训题 2”中的素材，设计一个效果如下图所示的 GIF 动画表情包。

GIF动画表情包效果

单元 14 项目实训

单元导读

Photoshop 软件的功能强大，是众多平面设计师的首选设计软件。本单元主要介绍 Photoshop 软件在海报、扁平化插图、产品包装、UI 美工、建筑后期表现等方面的应用。

学习目标

- 了解海报设计的要素及创意方式；
- 掌握运用 Photoshop 软件进行项目设计的基本方法。

思政目标

- 坚定技能报国、民族复兴的信念，增强使命感、紧迫感；
- 强化创新意识、人文意识、美学意识和质量意识，全面提升职业素养和职业能力；
- 弘扬二十四节气等中华传统文化瑰宝，增强文化自信、民族自豪感；
- 践行乡村振兴战略，助力美丽乡村建设，增强道路自信。

任务 14.1 设计海报——坦克游戏海报

拓展任务1——设计商业招贴

任务描述

坦克1943是一款射击类的线上多人对抗手机游戏，新版本主要体现了全新的战略地图、引擎，画质全面升级，保留了经典战场和车型，在稳固老用户的同时开拓了新的用户市场。为了配合游戏推广，本任务需要设计一款海报，用于张贴至休闲吧、便利店等，效果如图14.1.1所示。

图14.1.1 坦克游戏海报效果

任务分析

通过对推广渠道的了解，本任务设定海报的规格为A3，由于海报需要印刷制作，因此在文件制作过程中需要考虑达到印刷标准。

依据海报推广的目的，与客户沟通后，提炼出海报文案“全新地图 等你来战”“全新引擎 / 电影画质 / 传奇战役 / 经典战车”。画面设计以游戏经典的坦克车型为主，搭配战场战斗场景，带给观众身临其境的视觉体验，同时在海报内添加游戏下载二维码，方便客户即刻下载游戏。

实践操作

微课：海报合成制作（1）

微课：海报合成制作（2）

微课：海报合成制作（3）

1. 收集素材与规划版式

01 收集与整理海报相关素材资料备用，如图 14.1.2 所示。

图14.1.2 收集与整理素材

02 依据素材将初步版式构思以草图的形式呈现，如图 14.1.3 所示。

图14.1.3　初步版式草图呈现

2. 搭建画面元素

01 打开 Photoshop 软件，新建文件，将其命名为“坦克游戏合成海报”，设置尺寸为 396（宽）毫米 ×546（高）毫米，分辨率为 300 像素 / 英寸，如图 14.1.4 所示。

02 执行“视图”→“新建参考线版面”命令，在弹出的“新建参考线版面”对话框中设置出血参考线，如图 14.1.5 所示。

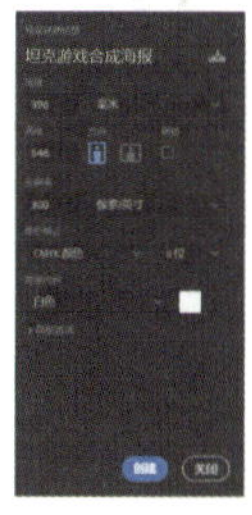

图14.1.4　新建文件参数设置

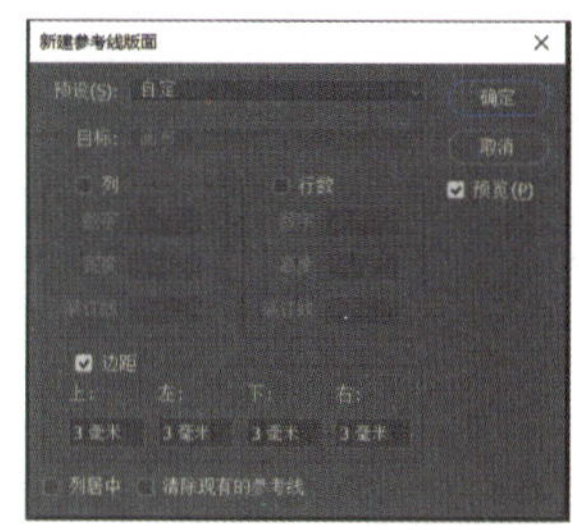

图14.1.5　参考线版面参数设置

关键点拨

1）达到印刷要求的文件分辨率为 300 像素，色彩模式为 CMYK。

2）因为印刷需要考虑每条边 3 毫米的出血位，所以在设置最初的文件尺寸时需要在成品尺寸的基础上将长宽各加 6 毫米。

3）因为出血线以外区域后期会被切掉，所以在出血线外不能有画面主题物和文字，以免使成品海报信息残缺。

03 打开“案例素材”→“杂草”“远山”素材，利用图层蒙版将两个元素融合，如图 14.1.6 和图 14.1.7 所示。

图14.1.6　元素融合前效果

图14.1.7　元素融合后效果

04 打开“案例素材”→“乌云”素材，执行“自由变换”命令拉出天空近大远小的透视感，如图 14.1.8 所示。

05 打开“案例素材”→“建筑”“石堆”素材，利用图层蒙版将素材与画面融合，如图 14.1.9 所示。

图14.1.8　添加天空效果

图14.1.9　添加建筑和石堆元素

06 打开“案例素材”→“坦克”素材，利用图层蒙版将素材与草地、石堆融合；新建图层并命名为“阴影”，将其置于“坦克”图层下方，运用柔角画笔在坦克下方绘制阴影效果，如图 14.1.10 和图 14.1.11 所示。

图14.1.10　添加坦克元素

图14.1.11　绘制坦克阴影效果

07 打开“案例素材”→“烟雾”“喷火”素材，并将两个素材的图层混合模式修改为“滤色”；执行“自由变换”命令与图层蒙版调整元素大小并进行素材融合；执行“色阶”命令（组合键：Ctrl+L）调整“喷火”素材的火焰浓度，如图 14.1.12 所示。

08 打开“案例素材”→“远景遗址”素材，执行“自由变换”命令与图层蒙版调整元素大小并进行素材融合，如图 14.1.13 所示。

图14.1.12　添加坦克喷火效果

图14.1.13　添加远景遗址元素

3. 制作战场效果

01 打开“案例素材”→“火焰 1”“火焰 2”“蘑菇云”素材，并将元素图层混合模式调整为“滤色”，执行“自由变换”命令与图层蒙版调整元素大小并进行素材融合，执行“色阶”命令调整“火焰”“蘑菇云”素材的浓度，如图 14.1.14 所示。

02 选择“坦克”图层，执行“色阶”命令，调整元素黑白灰关系；添加“亮度 / 对比度 1”调整图层并创建剪贴蒙版；将调整图层自带蒙版填充为黑色，运用白色柔角画笔涂抹坦克左边，强调元素受光部分，如图 14.1.15 和图 14.1.16 所示。

图14.1.14　添加火焰和蘑菇云元素效果

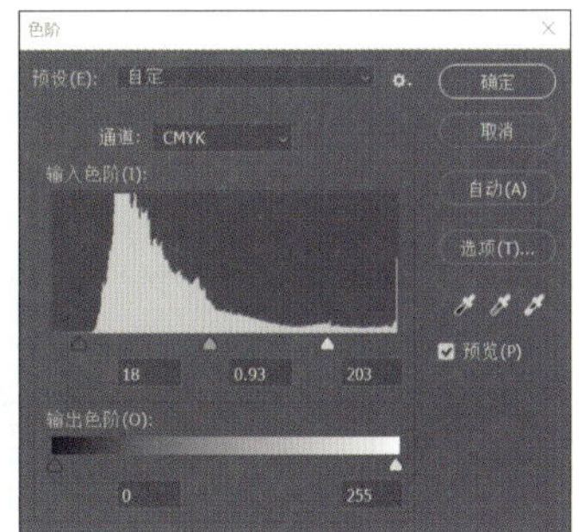

图14.1.15　色阶调整参数设置

图14.1.16 强调坦克受光部分效果

03 添加“亮度 / 对比度 2”调整图层并创建剪贴蒙版，将调整图层自带蒙版填充为黑色，运用白色柔角画笔涂抹坦克左边，强调元素背光部分；添加“色彩平衡”调整图层并创建剪贴蒙版，将调整图层自带蒙版填充为黑色，运用白色柔角画笔涂抹坦克前面轮胎之间的区域，加入火焰映射到坦克上的火光，如图 14.1.17 和图 14.1.18 所示。

图14.1.17 强调坦克背光部分效果

图14.1.18 添加映射到坦克上的火光效果

04 添加“曲线”调整图层并创建剪贴蒙版，运用上述同样的方法加强坦克高光部分，如图 14.1.19 所示。

05 选择“建筑”图层，运用“色相 / 饱和度”调整图层微调元素色调；添加“亮度 / 对比度”“曲线”调整图层并创建剪贴蒙版，运用调整坦克明暗的方法调整建筑的明暗关系，如图 14.1.20 ～图 14.1.22 所示。

图14.1.19　加强坦克高光效果

图14.1.20　调整建筑色调效果

图14.1.21　调整建筑背光效果

图14.1.22　调整建筑受光效果

06 选择“杂草”图层，运用“色相 / 饱和度”调整图层微调元素色调；添加“曲线”调整图层提高元素亮度，如图 14.1.23 和图 14.1.24 所示。

图14.1.23　调整杂草色调效果

图14.1.24　调整杂草亮度效果

07 选择“石堆”图层，运用“亮度 / 对比度”调整图层微调元素亮度，如图 14.1.25 所示。

08 选择“远山”图层，添加“色相 / 饱和度 3”调整图层并创建剪贴蒙版，降低元素饱和度；添加“亮度 / 对比度”调整图层并创建剪贴蒙版，降低元素亮度；添加“色彩平衡 2”调整图层并创建剪贴蒙版，将调整图层自带蒙版填充为黑色，运用白色柔角画笔涂抹远山火焰附近区域，制作火光映射效果，如图 14.1.26 ～图 14.1.28 所示。

图14.1.25 调暗石堆效果

图14.1.26 降低远山饱和度效果

图14.1.27 调暗远山亮度效果

图14.1.28 添加火光映射效果

09 选择“远山”图层，运用“色相 / 饱和度”（组合键：Ctrl+U）降低元素饱和度、明度，如图 14.1.29 和图 14.1.30 所示。

10 选择“乌云”图层，运用“色相 / 饱和度”（组合键：Ctrl+U）降低元素饱和度、明度；添加“色彩平衡”调整图层并创建剪贴蒙版，将调整图层自带蒙版填充为黑色，运用白色柔角画笔涂抹远山乌云部分区域，制作火光映射效果，如图 14.1.31 ～图 14.1.33 所示。

11 选择“蘑菇云”图层，运用上述同样的方法调整蘑菇云色调，如图 14.1.34 所示。

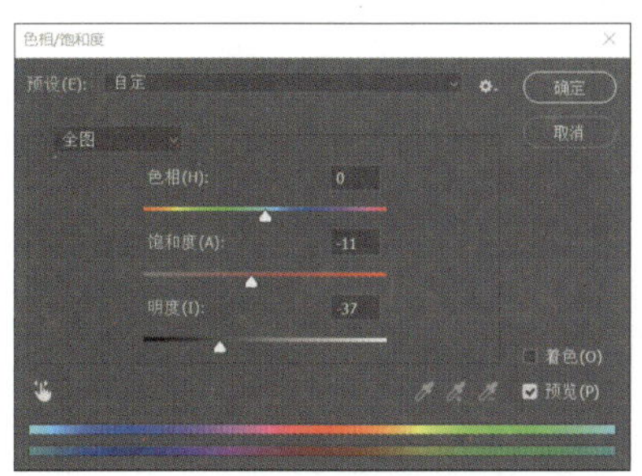

图14.1.29　乌云色相/饱和度参数设置

图14.1.30　调整远山饱和度、明度效果

图14.1.31　乌云色相/饱和度参数设置

图14.1.32　调整乌云饱和度、明度效果

图14.1.33　制作火光映射乌云效果

图14.1.34　调整蘑菇云色调效果

12 新建图层并命名为“暗角”，运用柔角画笔选择暗色进行绘制（参考色号：#0f1213）；新建图层并命名为“暗色”，将图层整个填充为暗色（参考色号：#0f1213），添加图层蒙版制作暗色逐渐消失效果，如图 14.1.35 和图 14.1.36 所示。

图14.1.35 添加右下角暗色效果　图14.1.36 添加顶部暗色效果

13 在“暗角”图层下方新建图层“雨”，并将图层填充为黑色；执行“滤镜”→“像素化”→“铜版雕刻”命令；执行“滤镜”→“模糊”→“动感模糊”命令；将图层混合模式修改为“滤色”，制作下雨效果，可运用色阶工具微调雨水效果，如图 14.1.37 和图 14.1.38 所示。

14 执行“盖印图层”命令（组合键：Ctrl+Alt+Shift+E），执行“色阶”“色彩平衡”“色相 / 饱和度”命令调整图层微调画面整体色调，如图 14.1.39 和图 14.1.40 所示。

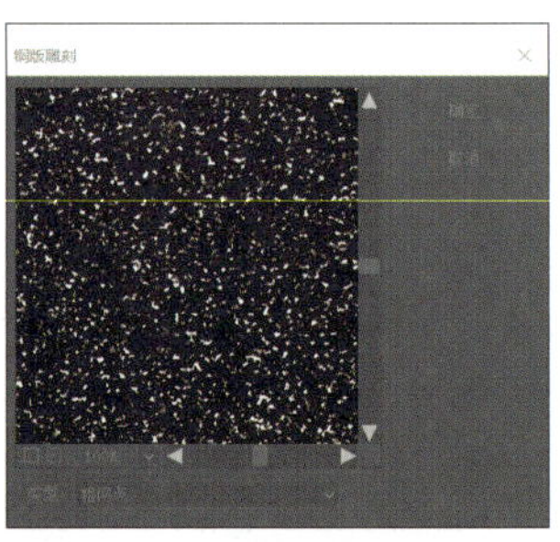

图14.1.37 添加滤镜效果　图14.1.38 制作下雨效果

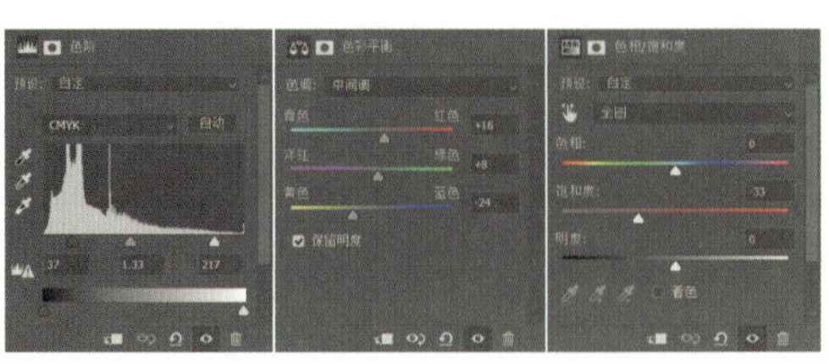

图14.1.39 画面色彩参数设置　图14.1.40 调整画面色彩效果

15 再次执行“盖印图层”命令（组合键：Ctrl+Alt+Shift+E）；执行“滤镜”→“锐化”→“锐化”命令，完成海报画面制作。

4. 制作宣传文字

01 打开“案例素材”→“Logo”素材，单击图层面板中的创建新的填充或调整图层按钮，在弹出的下拉列表中执行“投影”命令；打开“案例素材”→“金属素材 1”素材，并创建剪贴蒙版，利用“曲线”提高金属素材亮度，如图 14.1.41 ～图 14.1.43 所示。

图14.1.41　制作Logo效果

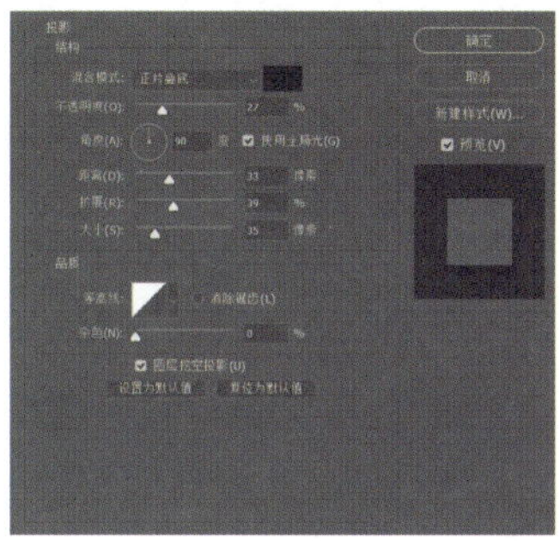

图14.1.42　Logo投影效果参数设置

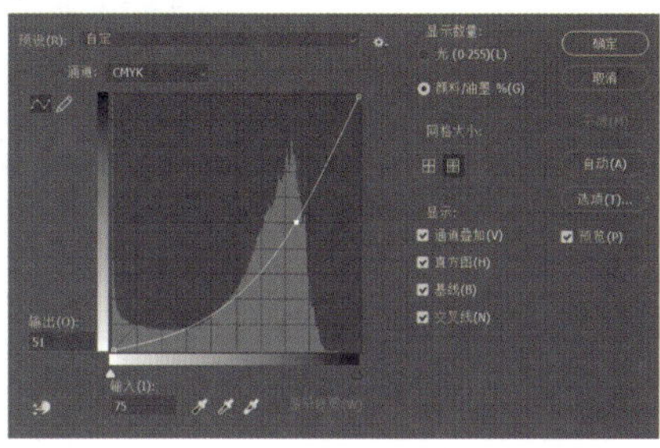

图14.1.43　Logo金属材质提亮参数设置

02 输入文字“全新地图　等你来战”，单击图层面板中的创建新的填充或调整图层按钮，在弹出的下拉列表中执行“描边”命令（参考描边大小：45 点）；栅格化图层样式，运用魔棒工具选取白色文字部分并删除；打开“案例素材”→“金属素材 2”素材，并创建剪贴蒙版，运用“色阶”调整金属效果黑白灰对比关系；复制“Logo”图层样式投影到文字图层，如图 14.1.44 ～图 14.1.46 所示。

图14.1.44　输入文字并添加描边效果

图14.1.45　栅格化图层样式并删除白色文字效果

图14.1.46　制作文字金属效果

03 输入文字“全新引擎 / 电影画质 / 传奇战役 / 经典战车”（参考色号：#f5f6c4）；复制“Logo”图层样式投影到该图层，如图 14.1.47 所示。

04 打开“案例素材”→“二维码”素材；添加文字“马上下载游戏”，如图 14.1.48 所示。

图14.1.47　添加广告语效果　　图14.1.48　添加二维码信息效果

05 执行“文件”→“存储”命令，完成坦克游戏海报合成制作，最终效果如图 14.1.1 所示。

知识链接

海报既要能给人们呈现出好的画面感，又要能准确地表达出广告所要表达的内容。这需要在进行海报设计时对图像、文字等表达广告的元素进行合理的编排，同时结合广告的内容及特征进行颜色的合理搭配。

1. 认识海报的类型

1）商品推广类海报，即宣传商品或商业服务的海报类广告。进行商品推广类海报设计时，要恰当地配合产品的格调和受众，如图 14.1.49 所示。

2）活动类海报，即各种社会文娱活动及各类展览中的宣传海报。进行活动类海报设计时，要了解展览及活动的内容和需求，结合活动的内涵进行海报设计。

图14.1.49　商品推广类海报

3）公益类海报，即以宣导公益内容为目的的海报。进行公益类海报设计时，一般会运用富有创意的画面和文字，务求将传达的内容与受众的精神及视觉产生共鸣，如图 14.1.50 所示。

2. 认识海报的设计要素

（1）主题鲜明，标题突出

海报标题文字要求醒目突出，内容不宜过多，在把握好海报的主题定位时把想表现的标题内容体现出来，如图 14.1.51 所示。

图14.1.50　公益类海报

图14.1.51　突出标题的海报

（2）元素层次，主次分明

海报除标题外还包括很多元素，如图片、文案、图案、装饰元素等，在排版的时候要注意这些元素的层次感，分清主次关系，突出重点信息，如图 14.1.52 所示。

（3）色彩选择，依据主题

海报设计的颜色要根据不同的设计需要、广告诉求甚至广告发布媒介及环境来进行适当的选择。例如，科技感产品发布海报时一般选择偏理性、冷感的颜色，而商场促销活动海报一般选择较能烘托气氛的活泼、鲜明的色彩，如图 14.1.53 和图 14.1.54 所示。

图14.1.52　层次分明的海报

图14.1.53　依据主题选择海报色彩（1）

图14.1.54　依据主题选择海报色彩（2）

（4）视觉引导，整体版式

在设计海报时，进行元素排版时往往要有意识地对受众的视觉落点进行引导，一般的处理方式既有利用线条或形状引导受众观看海报的视线，也有运用模特人物的视觉方向对受众进行引导。

（5）富有创意，寻求突破

海报的目的是传达信息给受众，因此打破常规的表达、富有创意的体现会更大程度地增强受众的兴趣力及视觉体验，从而使传达的内容更容易被记住。

任务 14.2 设计扁平化插画——“惊蛰”插画

拓展任务2——绘制Q版吉祥物

任务描述

二十四节气是我国传统节气，而现在有很多年轻人对二十四节气并不是特别了解。为了让更多的年轻群体深入了解这一传统节气，本任务将绘制一幅“惊蛰”插画，效果如图14.2.1所示。

图14.2.1 “惊蛰”插画效果

任务分析

本插画的受众为年轻群体，通过与主创团队进行沟通，将插画风格定位为目前比较流行且亲和力较强的扁平动漫风格。

本任务的绘制对象为二十四节气系列中的惊蛰。惊蛰节气处于初春，通过这一点可以设定画面颜色为蓝绿色系。依据季节特性和文案“震蛰虫蛇出，惊枯草木开”的意境，设定画面元素为“草木”“昆虫”“燕子”“人物”“雷”“云”等，营造出一种充满生命力的画面氛围。

实践操作

微课：扁平化插画绘制（1）

微课：扁平化插画绘制（2）

微课：扁平化插画绘制（3）

1. 收集素材与绘制草图

01 依据设定元素，收集相应素材图片做绘画参考，如图 14.2.2 所示。

02 参考素材收集绘制插画设计草图，如图 14.2.3 所示。

图14.2.2 绘画参考元素收集

图14.2.3 草图绘制效果

2. 绘制环境

01 打开 Photoshop 软件，新建文件，将其命名为“扁平商业插画”，设置尺寸为 210（宽）毫米 ×297（高）毫米，分辨率为 72 像素 / 英寸，将其命名为“扁平商业插画”，如图 14.2.4 所示。

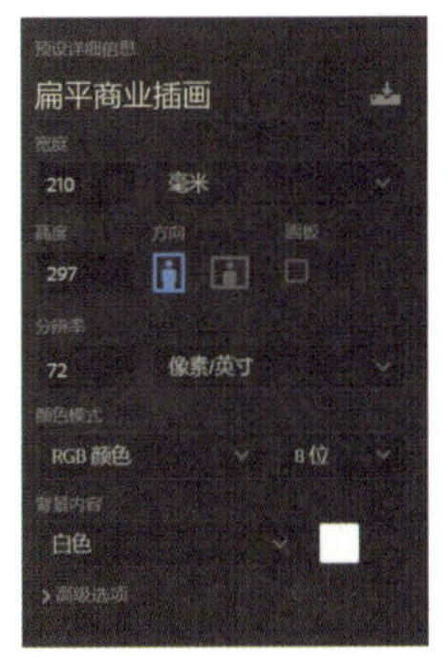

图14.2.4 新建文件参数设置

02 填充背景为浅蓝色（参考色号：#98e4e7）；打开“案例素材”→“草图”素材，并修改图层混合模式为“正片叠底”，使其始终置于图层最上方，如图 14.2.5 所示。

03 新建名为“树干”的图层组；设置钢笔工具属性为“形状”，运用钢笔工具依据草图勾勒出树干形态，并设置颜色为绿色（参考色号：#24562f），如图 14.2.6 所示。

> **关键点拨**
>
> 为了方便查看草图进行绘制，在制作时应将草图图层始终置于所有图层的最上方。可以通过打开和关闭草图图层的“图层可见”按钮来查看当前插画绘制效果。

图14.2.5 导入草图

图14.2.6 绘制树干效果

04 运用上述同样的方法绘制其他树枝，填充为深浅不一的绿色，如图 14.2.7 所示。

05 新建名为“远山”的图层组；运用钢笔工具依据草图绘制出远山，设置“远山前”“远山后”的颜色分别为浅蓝色（参考色号：#58c5cc）和灰蓝色（参考色号：#75afb3），如图 14.2.8 所示。

06 复制“远山”图层组并将其重命名为“远山倒影”；执行“自由变换”→“垂直翻转”命令，将倒影移动到远山下方的合适位置；添加图层蒙版，利用黑白渐变制作出倒影由浅到深的渐变效果，设置图层不透明度为“50%”，如图 14.2.9 和图 14.2.10 所示。

图14.2.7　绘制树枝效果

图14.2.8　绘制远山效果

图14.2.9　远山垂直翻转效果

图14.2.10 制作远山倒影效果

07 新建名为“湖水”的图层并置于“背景”图层上方；运用矩形选框工具选取出湖水位置并填充为蓝色（参考色号：#398db6），如图 14.2.11 所示。

图14.2.11 绘制湖水效果

08 新建名为“前景草丛”的图层组；设置椭圆工具的属性为“合并形状”，运用椭圆工具，依据草图绘制出前景右边矮草丛（参考色号：#58c5cc），如图 14.2.12 所示。

09 运用上述同样的方法绘制前景左边矮草丛（参考色号：#48b5bb、#499da2），如图 14.2.13 所示。

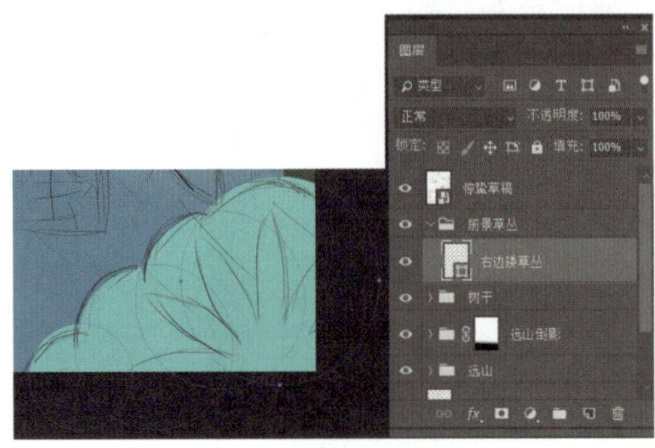

图14.2.12　绘制前景右侧矮草丛

图14.2.13　绘制前景矮草丛效果

10 运用自定形状工具选择图案“花 5”绘制矮草花纹，如图 14.2.14 和图 14.2.15 所示。

图14.2.14　选择“花5”图案

图14.2.15　绘制矮草花纹

11 运用钢笔工具依据草图绘制前景右边高草，设置颜色为绿色（参考色号：#61ab78）；复制三个画好的前景右边高草并调整大小，将其放置在画面的合适位置，如图 14.2.16 和图 14.2.17 所示。

图14.2.16　绘制前景右边高草效果

图14.2.17　前景高草效果

12 运用椭圆工具和钢笔工具绘制云及闪电，如图 14.2.18 所示。

13 微调各元素的位置，完成环境绘制，如图 14.2.19 所示。

图14.2.18 绘制云和闪电效果

图14.2.19 环境完成效果

3．绘制人物、小鸟与昆虫

图14.2.20 绘制脸部效果

01 新建名为“人物”的图层组，运用椭圆工具绘制脸、眼睛和腮红，如图 14.2.20 所示。

02 运用钢笔工具，依据草图绘制人物头发（参考色号：#725636），并置于“脸部”图层上方，如图 14.2.21 所示。

03 运用钢笔工具，依据草图绘制人物脖子（参考色号：#f6ddc8），并置于“脸部”图层下方，如图 14.2.22 所示。

图14.2.21 绘制头发效果

图14.2.22 绘制人物脖子效果

04 依据草图，运用钢笔工具绘制人物的四肢和裙子，如图 14.2.23 ～图 14.2.28 所示。

图14.2.23　绘制人物左手效果

图14.2.24　绘制人物右手效果

图14.2.25　绘制人物裙子效果

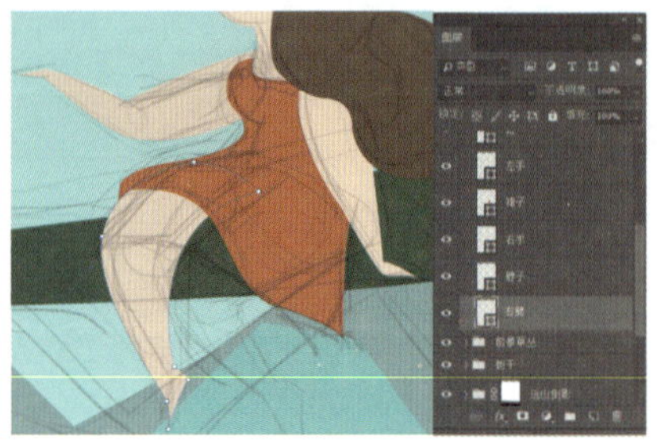

图14.2.26　绘制人物右腿效果

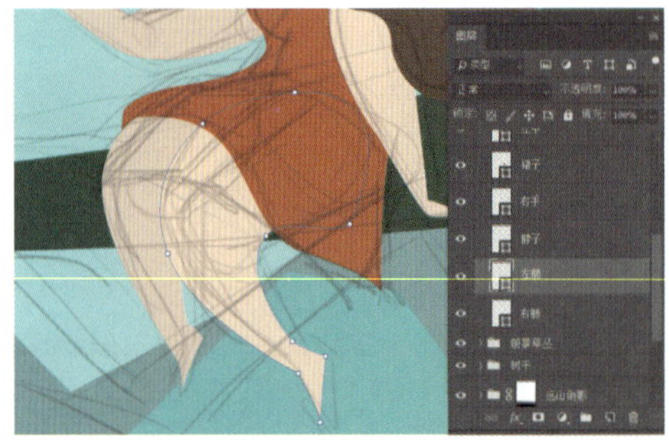

图14.2.27　绘制人物左腿效果

图14.2.28　人物整体效果

05 新建名为“小鸟”的图层组，运用钢笔工具、椭圆工具绘制小鸟身体，如图 14.2.29 所示。

06 运用钢笔工具分别绘制小鸟喉部和背部，将“下巴”“背部”图层置于“身体”图层上方，并创建剪贴蒙版，如图 14.2.30 和图 14.2.31 所示。

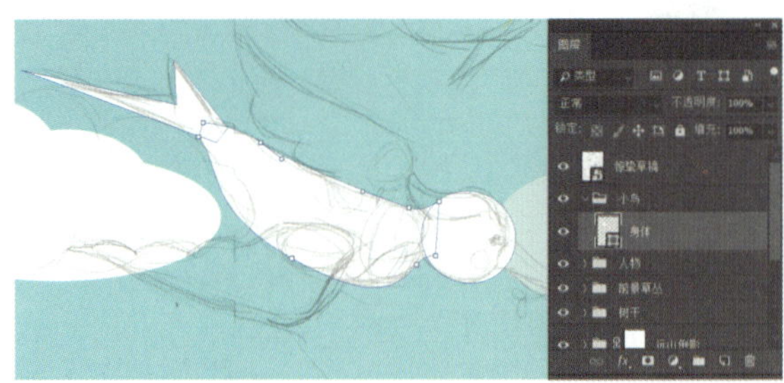

图14.2.29　小鸟身体绘制效果

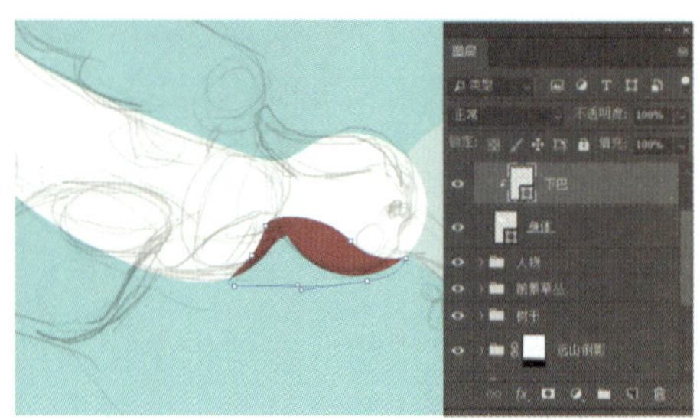

图14.2.30　小鸟喉部绘制效果

07 运用钢笔工具绘制小鸟嘴和嘴中含着的小草，如图 14.2.32 ～图 14.2.34 所示。

图14.2.31　绘制小鸟背部效果

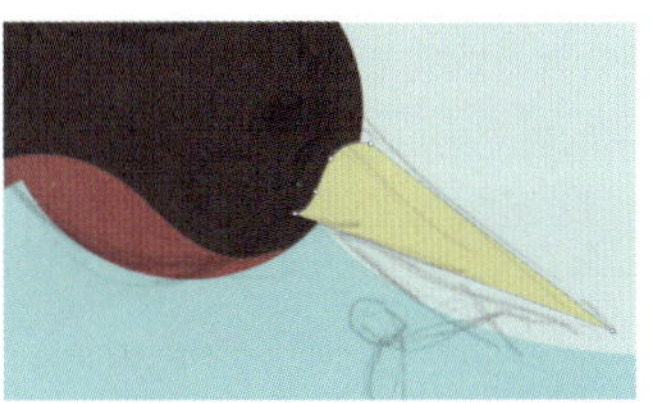

图14.2.32　绘制小鸟上嘴效果

图14.2.33　绘制小鸟下嘴效果

图14.2.34　绘制小草效果

08 运用上述同样的方法绘制小鸟的其他部位，如图 14.2.35 ～图 14.2.37 所示。

图14.2.35　绘制小鸟右翼效果

图14.2.36　绘制小鸟左翼效果

图14.2.37　绘制小鸟整体效果

09 复制“小鸟”图层组并将复制的图层组合并，添加“色相 / 饱和度”调整图层，执行“自由变换”命令，缩小“小鸟”元素，并将其置于画面的合适位置作为远景，如图 14.2.38 和图 14.2.39 所示。

10 绘制画面中的其他昆虫元素，复制多个，调整大小并置于画面合适位置用于丰富画面，如图 14.2.40 和图 14.2.41 所示。

图14.2.38　远景小鸟效果

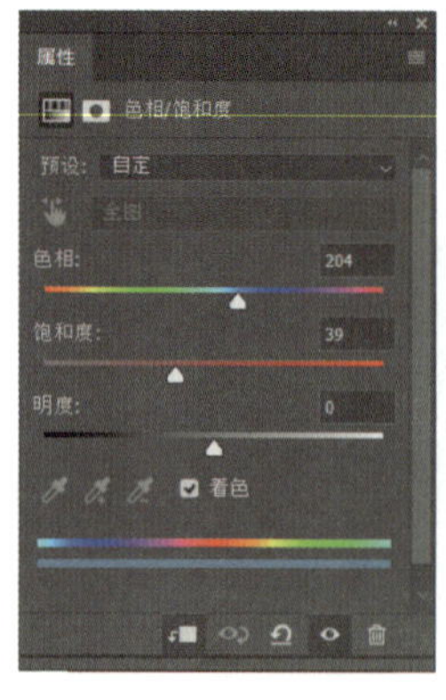

图14.2.39　远景小鸟调整参数设置

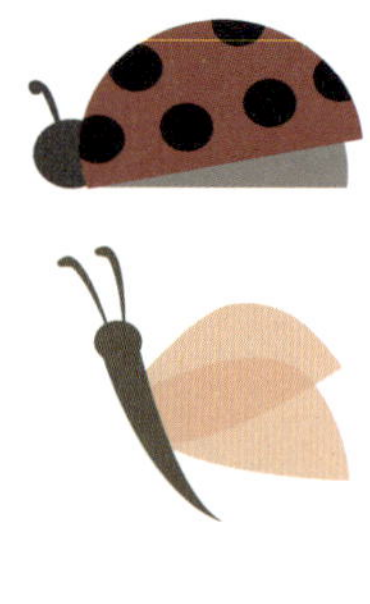

图14.2.40　绘制昆虫元素

11 运用上述同样的方法绘制“小船”“波浪”元素；添加插画文案（参考字体：方正小标宋简体），如图 14.2.42 所示。

图14.2.41　绘制昆虫效果　　图14.2.42　插画元素绘制完成效果

4．制作噪点效果

01 选择“人物”图层组，复制“头发”图层并命名为“头发噪点”，设置颜色为深棕色（参考色号：#523c23），修改图层混合模式为“溶解”；创建图层蒙版，运用黑白渐变调整出噪点的渐变效果，如图 14.2.43 所示。

图14.2.43　制作头发噪点效果

02 运用上述同样的方法为画面中的其他元素都添加噪点效果，如图 14.2.44 和图 14.2.45 所示。

图14.2.44　人物与小鸟噪点效果

图14.2.45　前景植物和远山噪点效果

03 在图层最上层新建名为“复古噪点”的图层，运用复古噪点画笔为画面整体添加噪点效果，修改图层混合模式为“叠加”，如图 14.2.46 所示。

图14.2.46　画面整体复古噪点效果

04 执行“文件”→“存储”命令，完成惊蛰插画的绘制，最终效果如图 14.2.1 所示。

知识链接

为企业或产品绘制插图，获得与之相关的报酬，作者放弃对作品的所有权，只保留署名权的商业买卖行为，即商业插画。

1．了解商业插画的组成部分

商业插画分为广告商业插画、卡通吉祥物设计、出版物插图和影视游戏美术设定四个部分，如图 14.2.47 ～图 14.2.50 所示。

图14.2.47　广告商业插画

图14.2.48　卡通吉祥物设计（2022年北京冬奥会吉祥物）

图14.2.49　出版物插图（欧阳秋月绘）

图14.2.50　影视游戏美术设定（周准绘）

2. 认识商业插画需要具备的要素

（1）直接传达消费需求

商业插画不是绘画艺术，消费者不会花太多时间去理解绘画的含义。要让消费者迅速地被插画吸引，并马上接收到作者传达的商业信息，要求商业插画传达的信息十分直接。

（2）符合消费者的审美品位

因为商业插画面对的是广大消费者，所以符合消费者的审美品位也是商业插画作品必需的一个要素。如果作品太艺术，消费者会很难看懂；太低俗，消费者也不想看。插画师往往在创作商业插画时在两者之间寻求平衡。

（3）夸张强化商品特性

商业插画的目的是为商品及推广信息服务。如何能让消费者在浩瀚的商品海洋中发现你的产品并购买呢？在插画创作中可以运用夸张手法强化商品特性，从而通过插画吸引消费者，并强化消费者对商品的记忆。

任务14.3 设计产品包装——橙子包装盒

任务描述

拓展任务3——设计饼干包装袋

某乡村小镇盛产橙子，村民开通了网络销售渠道。在政府的扶贫政策的支持下，该村搭建了电商平台。为了使甘甜可口的橙子销售得更好，需要设计橙子包装盒。本任务将运用 Photoshop 软件设计一款精美的包装盒，效果如图 14.3.1 所示。

图14.3.1 橙子包装盒效果

任务分析

虽然水果的品质是根本，包装只是锦上添花，但是水果包装若设计得好，对终端陈列会有很大助力。如果能让人“过目不忘”，就是非常成功的包装。本任务是设计橙子包装盒，因为橙子的颜色多为橘红色、橘黄色、朱红色等，所以在选用颜色时一定要明亮。应根据橙子自然的纹理和颜色将水果元素填满整个设计盒，以强化水果质感。文字应简洁明了，突出橙子的特性——甜。礼盒包装会让整个产品提升档次，显得更加高端大气。

实践操作

微课：甜橙包装盒制作

1．前期准备

根据主题寻找素材（图 14.3.2），将其保存到相应的文件夹，安装字体。

图14.3.2　素材

2．制作包装盒平面

01 打开 Photoshop 软件，新建文件，将其命名为“甜橙包装盒”，设置尺寸为 60（宽）厘米 ×85（高）厘米，分辨率为 72 像素 / 英寸，颜色模式为“CMYK”颜色，如图 14.3.3 所示。

02 更改前景色，将背景图层的颜色填充为灰色（参考色号：#808080），如图 14.3.4 所示。

03 执行“视图”→“新建参考线”命令，在弹出的“新建参考线”对话框中将参考线设置在水平位置的“5 厘米”处，如图 14.3.5 所示。

图14.3.3　新建文件参数设置

图14.3.4　设置背景颜色

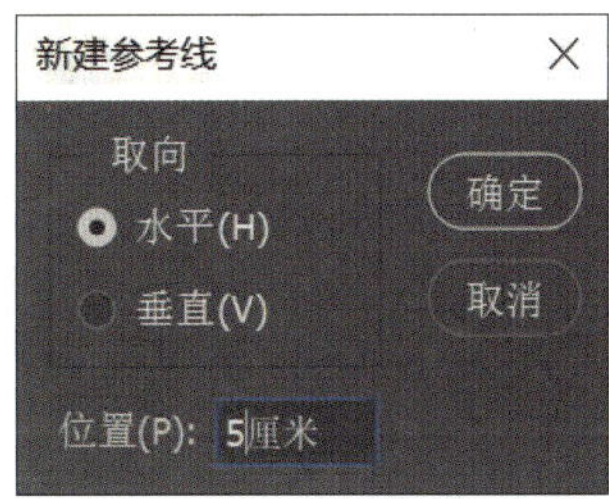

图14.3.5　新建参考线

04 执行“视图”→“新建参考线”命令，在弹出的“新建参考线”对话框中分别在水平位置的“20 厘米”“45 厘米”“60 厘米”三处设置参考线，如图 14.3.6 所示。

05 执行“视图”→“新建参考线”命令，在弹出的“新建参考线”对话框中，在垂直位置的“15 厘米”“45 厘米”处设置参考线，如图 14.3.7 所示。

06 新建“图层 1”，运用矩形选框工具或者钢笔工具，在辅助线的帮助下画出盒子包装的平面图，并且将上下底面分别填充为白色，侧面均填充为橙色（参考色号：#f08218），完成盒子的平面展示，如图 14.3.8 所示。

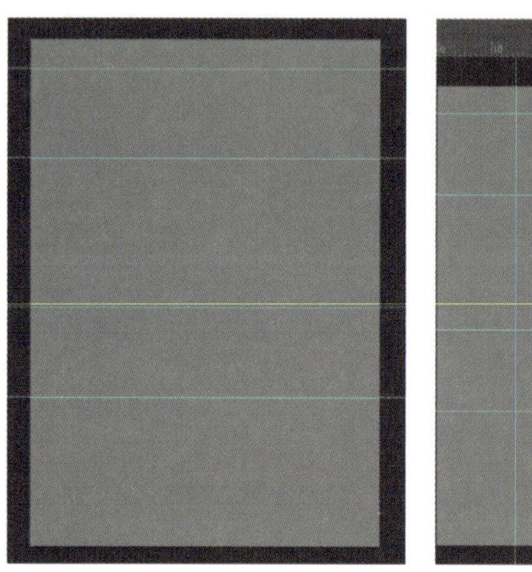

图14.3.6　设置水平参考线　　图14.3.7　设置垂直参考线

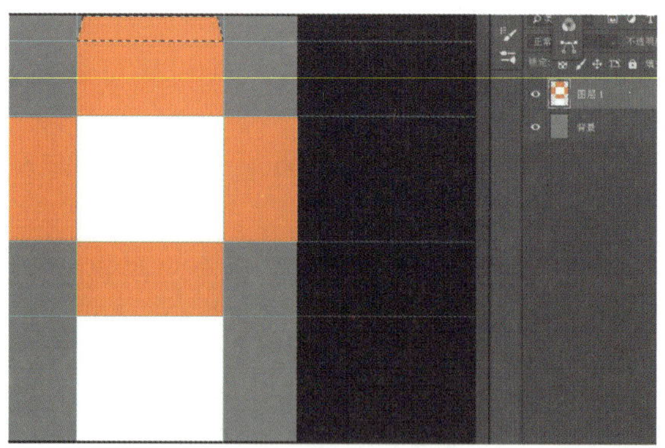

图14.3.8　填充每个面的颜色

3. 制作包装盒图案

01 新建文件，将其命名为“甜橙正面图像”，设置尺寸为 30（宽）厘米 ×25（高）厘米，分辨率为 300 像素 / 英寸，颜色模式为“CMYK”颜色，如图 14.3.9 所示。

02 设置前景色（参考色号：#f6ebe9），填充背景，如图 14.3.10 所示。

图14.3.9　新建“甜橙正面图像”文档

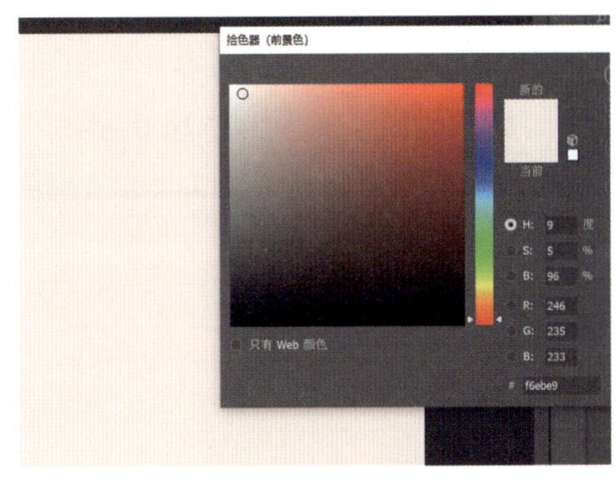

图14.3.10　填充背景

03 打开“案例素材”→“橙子”素材，拖入正在编辑的文档中，按Ctrl+T 组合键，执行“自由变换”命令，调整大小，并将其水平翻转，如图 14.3.11 所示。

图14.3.11　调整橙子位置大小

04 双击“橙子”图层，为其添加“图层样式”，选中“描边”复选框，将结构大小设置为“8 像素”，位置为“外部”，混合模式更改为“溶解”，不透明度为“100%”，颜色为白色，如图 14.3.12 所示。

05 选中“投影”复选框，设置混合模式为“正常”，颜色改为比橙子本身稍微深一点的橙色（参考色号：#9e6024），不透明度为“62%”，距离为“24 像素”，大小为“38 像素”，如图 14.3.13 所示。

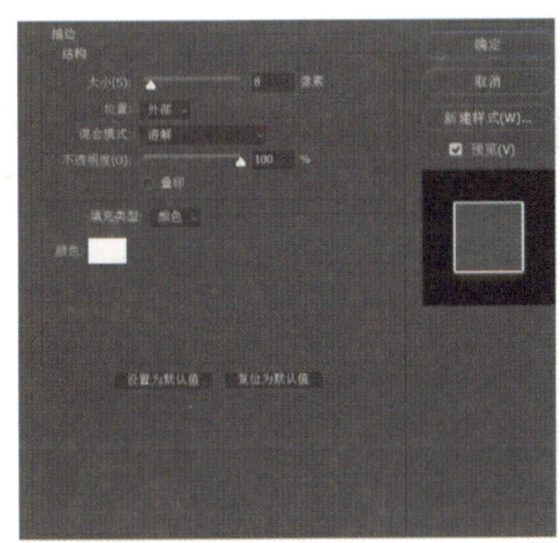

图14.3.12　橙子描边参数设置

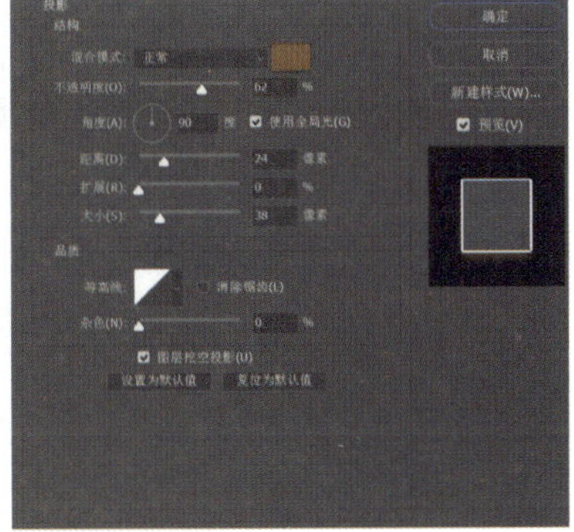

图14.3.13　橙子投影参数设置

06 打开“案例素材”→“果粒”素材，将其拖入正在编辑的文档中，依次执行“自由变换”命令，分别调整到合适的大小及位置，注意分布在画面的四周，如图 14.3.14 所示。

图14.3.14 添加果粒素材

07 打开“案例素材”→“叶子”素材，将其拖入正在编辑的文档中，执行“滤镜”→“模糊”→“动感模糊”命令，设置角度和距离（参考角度：71 度；参考距离：15 像素），让叶子有动感，如图 14.3.15 所示。

08 按住 Alt 键，将右上角的叶子拖动到左下角，再按 Ctrl+T 组合键，执行“自由变换”命令，调整大小及位置，如图 14.3.16 所示。

图14.3.15 添加叶子

图14.3.16 复制叶子

09 打开“案例素材”→“叶子 2”素材，执行“滤镜”→“模糊”→“高斯模糊”命令，调整半径大小（参考值：3 像素），如图 14.3.17 所示。

10 按住 Alt 键，拖动“图层 2”，分别复制三次，调整大小及位置，随意摆放，更改透明度，让叶子达到有深、有浅、有动感的效果，如图 14.3.18 所示。

图14.3.17 添加模糊叶子

图14.3.18 复制叶子效果

11 运用矩形选框工具填充橙色（参考色号：#fec822），再按 Ctrl+T 组合键，执行“自由变换”命令，放置到合适的位置，再执行“滤镜”→“模糊”→“动感模糊”命令，如图 14.3.19 所示。

图14.3.19 添加装饰条

12 按住 Alt 键，拖动矩形装饰条，分别复制三次，调整大小及位置，随意摆放，更改透明度，让装饰条达到有深、有浅、有动感的效果，最后选中所有的装饰条图层，按 Ctrl+G 组合键，将装饰条建立一个图层组，如图 14.3.20 所示。

图14.3.20 建立装饰条图层组

13 新建图层，运用矩形工具在画面中绘制一个无填充的白色边框矩形，在属性栏中设置填充为“无”，描边为“白色”，像素大小为“26.52”，选择直线条类型，如图 14.3.21 所示。

图14.3.21　绘制白色边框

14 运用文字工具，在橙子的下方写上“Oranges”字样，选择字体为“宋体”，颜色用吸管吸取橙子上面的色彩（参考色号：#fc8603），如图 14.3.22 所示。

15 运用文字工具，在“Oranges”下方写上“甜橙”，颜色与英文字母相同（参考色号：#fc8603），再在画面的下方写上介绍橙子特点的词语，用斜线隔开，最后选取三个文字图层和橙子图层，将它们在画面中居中对齐排列，如图 14.3.23 所示。

16 按 Ctrl+Shift+Alt+E 组合键，盖印所有图层，如图 14.3.24 所示，最后保存到相应的文件中。

图14.3.22　添加英文

图14.3.23　添加文字

图14.3.24　盖印图层

4．装饰平面图

01 将设计好的“甜橙正面图像”文件置入“甜橙包装盒”中，执行

“自由变换”命令，将其调整到合适的大小，将其分别贴到包装盒的正面和背面，如图 14.3.25 所示。

02 分别在包装盒的侧面写上橙子的广告语“因为直采 所以新鲜”和标志文字“Oranges 甜橙”，选用方正粗黑字体，字体大小为“36 点”，如图 14.3.26 所示。

03 在包装盒的侧面写上产品的规格和生产许可标志，最后进行各方面调整，完成整个平面图的设计，将其保存到相应位置，如图 14.3.27 所示。

图14.3.25　正背面贴图

图14.3.26　添加侧面文字

图14.3.27　完成平面

5. 展示效果

将做好的包装平面设计做成立体效果，以便客户能直观地了解产品包装样式，最终效果如图 14.3.1 所示。

知识链接

1. 产品包装袋设计原则

（1）安全原则

确保商品和消费者的安全是包装设计的基本出发点。在设计产品包装袋时，应根据产品的属性考虑安全保护措施。不同的产品可能需要使用不同的包装材料。

选择包装材料时，必须确保材料的抗振动、抗压力、抗拉、抗挤压和抗磨损性能，以及防晒、防潮、防腐蚀、防渗漏和防燃烧性，这样才能在大多数情况下保证货物完好无损。

（2）推广原则

促进商品销售是包装设计重要的功能概念之一。过去，人们在购买商品时主要依靠销售员和推销员。如今，产品包装设计充当了无声广告或无声推销员。好的产品包装设计可以吸引消费者的注意力，并充分激发购买欲望。

产品包装袋的设计应基于市场定位、消费者心理吸引力和偏好。在充分了解市场和消费者的基础上，以自身的优点为切入点，而不是为包装而包装。不要为了美观而设计包装，而是为了销售。

2. 包装设计创意来源

创意构思是包装设计中重要的一个环节，是包装设计的灵魂。包装设计是为商品服务的，商品的内在和消费者的需求是第一位的，包装则是从属的，因此设计构思的创意应紧紧围绕内容对形式的要求来进行，从艺术设计上展现产品的个性特色、消费者的特色及设计师的个性特色，使包装新颖别致，感染力强，能吸引消费者。可从以下六个方面进行创作。

（1）货架印象

货架印象就是将产品摆放在货架上面，给消费者的第一印象。这个印象决定了消费者是否有足够的兴趣购买产品。

若商品摆放有趣味性，就能吸引消费者的注意，引起消费者的兴趣。当消费者对一件商品产生兴趣时，就有购买的欲望。

（2）可读性

如果包装没有可读性，那么销售的是什么产品，产品的特点是什么，这些信息就难以传递给消费者，消费者肯定也不会购买。要让消费者明白销售的是什么，不仅指文字的可读性，还包含不限于文字、图形等可以传达信息的元素。在产品包装上一定要具有明显的特点，如此才能让消费者直观地了解包装上传递的信息。

（3）外观图案

有时候包装的设计文字信息很简单，如罐头、牛肉干、饼干等，文字信息本来就很少，如果包装上只有文字，就会显得单一。那么搭配一个有创意的图案就是创意的手段，如写实的产品照片，手绘、3D、卡通等风格。

（4）商标印象

商标印象就是Logo，商标是企业的灵魂，企业提及产品形象的时候都赋予了Logo很多的意义，消费者在购买东西的时候，有时只认Logo，同时也意味着消费者的认知度。越是著名的商标，越不需要复杂的设计，因为它们的商标就是很出色的设计。在做包装设计的时候，可以考虑从商标入手，做衍生创新创意。

（5）功能特点

根据产品本身的性质来进行创新创造的设计符合产品的性质，也更加能够表现产品的特性。例如，某功能饲料，其包装选择黄色、金黄色作为主色放在Logo设计上，会给人一种热烈、热情的感觉，那么就符合功能饮料的定位。功能饮料是给人补充能量的，它的理念就是根据产品本身的性质提炼出来的。

（6）卖点及卖点文化

卖点及卖点文化是根据产品本身综合考量得出的一个营销方向。例如，某凉茶饮料在设计上的提炼点是红罐凉茶，在包装设计上采用了红色的罐体、黄色的文字这种红黄对比强烈的色彩。

任务 14.4 UI美工设计——午后时光App界面

拓展任务4——静态网页设计

☞任务描述

午后时光App是一款休闲学习类移动端App，主要功能为听书。主创创立该App的初衷是传达碎片化的休闲学习理念，引领现代人养成终身学习的生活习惯，同时让学习成为一种享受。该App的图书资源丰富，有文学、艺术、经济、历史等类别。在听书的同时，读者还可以分享听书心得，发表感悟。本任务将为午后时光App制作一款UI美工设计，效果如图14.4.1所示。

图14.4.1　午后时光App界面美工设计最终效果

☞任务分析

听书类App和广播类App比较类似，广播类App在市面上较为繁多，其中以喜马拉雅FM、荔枝FM、蜻蜓FM用户量较高。在设计时，可以借鉴广播类App设计的独特之处。广播类App里既包含听书内容单一的，也包含主播类内容相对繁杂的，而午后时光App主要是一款纯粹的听书及分享App。经过和客户沟通，客户想让整个App界面打开时给人干净、清爽、惬意的视觉感受。因此，本任务在设计中应抓住这几个关键词。

实践操作

1. 布局结构示意及色彩方案

01 客户提供的布局结构示意，如图 14.4.2 所示。

微课：UI美工设计（1）

微课：UI美工设计（2）

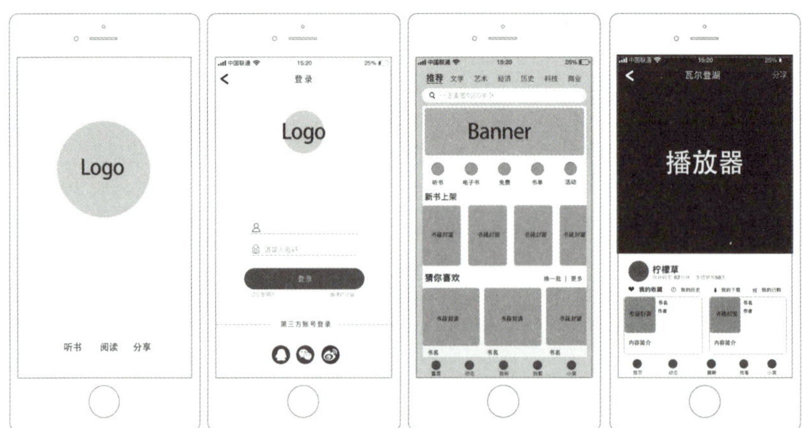

图14.4.2 布局结构示意

02 结合本案名称“午后时光”及客户提供的关键词，联想出晴朗的午后、一杯咖啡或奶茶、一本书的惬意氛围。依据这一联想收集一些有此意境的灵感元素，制作出情绪板，如图 14.4.3 所示。

图14.4.3 情绪板

> **关键点拨**
>
> 情绪板设计是设计师将与设计对象相关的图片和素材整理到一起，将自己的想法和概念视觉化地呈现出来。情绪板通常是设计师和客户通力协作完成的。

03 依据情绪板设定色彩方案，如图 14.4.4 所示。

图14.4.4　色彩方案

04 Logo 及标识设定，如图 14.4.5 和图 14.4.6 所示。

图14.4.5　Logo设定　　图14.4.6　标识设定

2．制作启动页

01 打开 Photoshop 软件，选择预设“移动设备”新建文件，将其命名为“午后听书 App”，设置尺寸为 750（宽）像素 ×1334（高）像素，分辨率为 72 像素 / 英寸，如图 14.4.7 所示。

图14.4.7　新建文件参数设置

02 将图层中“画板 1”重命名为“启动页”，填充背景色为灰蓝色（参考色号：#b3c9d7），如图 14.4.8 所示。

03 运用矩形工具创建浅灰蓝色矩形条（参考色号：#c5d7e0），并复制多个铺满画面作为底纹；将矩形条图层全部选中并执行“图层建组”（组合键：Ctrl+G）命令，设置图层组不透明度为“40%”，如图 14.4.9 所示。

图14.4.8　设置背景色

图14.4.9　制作底纹

04 运用钢笔工具绘制翻开的图书图形（参考色号：#e1ebed）；将此图形复制一个并调整位置与颜色（参考色号：#4f5b6b），如图 14.4.10 和图 14.4.11 所示。

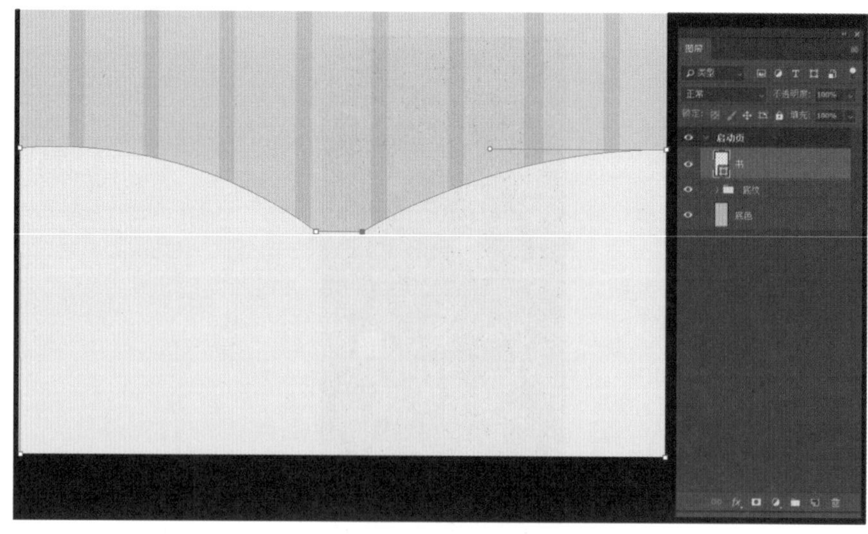

图14.4.10　绘制翻开的书图形（1）

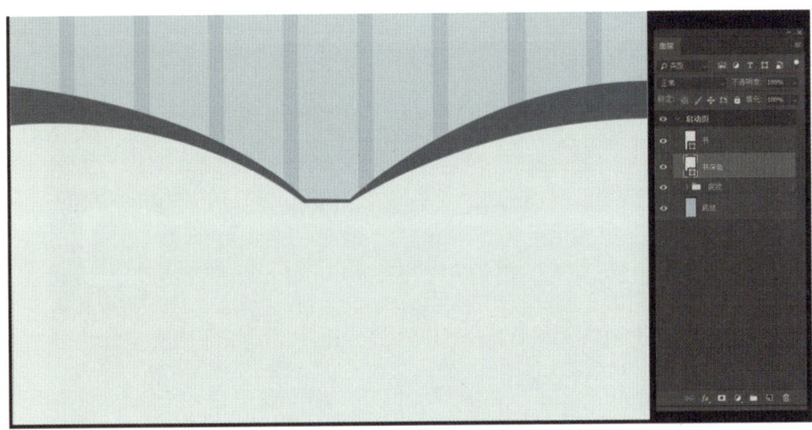

图14.4.11 绘制翻开的书图形（2）

05 打开“案例素材”→“Logo”素材，在“图层样式”对话框中选中“描边”复选框（参考色号：#b3c9d7），如图 14.4.12 和图 14.4.13 所示。

06 运用钢笔工具绘制弧形路径并添加文字“属于自己的午后时光”（参考字体：PingFang C；参考大小：32 像素；参考色号：#644a4b）；在“图层样式”对话框中选中“描边”复选框（参考色号：#b3c9d7），如图 14.4.14 ～图 14.4.16 所示。

图14.4.12 添加Logo效果

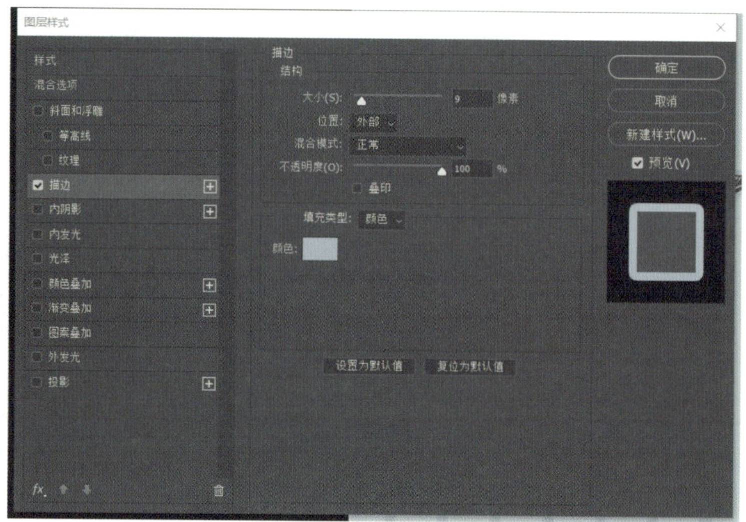

图14.4.13　Logo描边参数设置

图14.4.14　添加宣传语效果

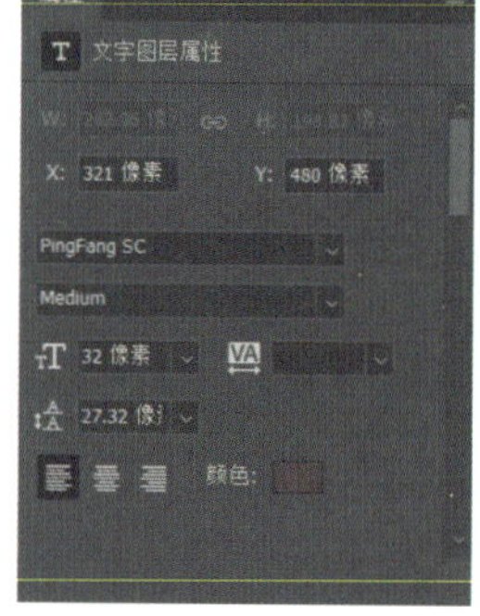

图14.4.15　文字属性参数设置

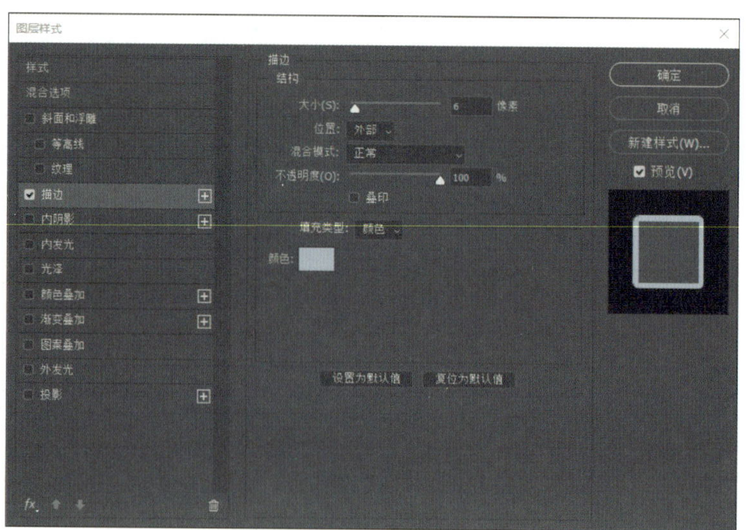

图14.4.16　文字描边参数设置

07 运用椭圆工具绘制圆形底色（参考色号:#82636b），添加文字“听书”“阅读”“分享”（参考字体：PingFang Medium；参考大小：36 像素；参考色号：#e1ebed），如图 14.4.17 和图 14.4.18 所示。

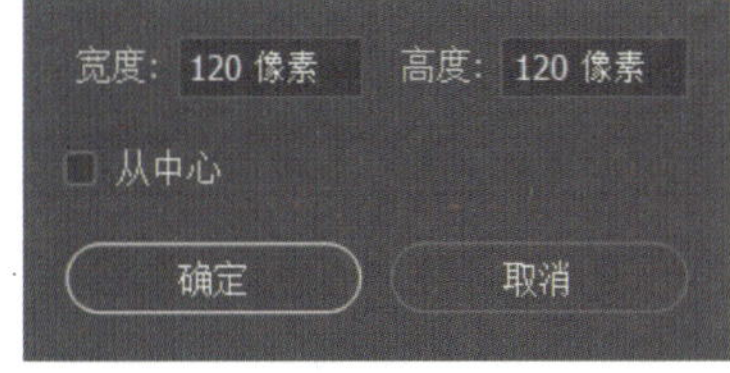

图14.4.17　创建椭圆参数设置

图14.4.18　添加说明信息效果

3．制作登录页

01 新建名为“登录页”的画板，填充底色为浅蓝色渐变并创建辅助线；打开“案例素材”→“状态栏”素材，如图 14.4.19 ～图 14.4.21 所示。

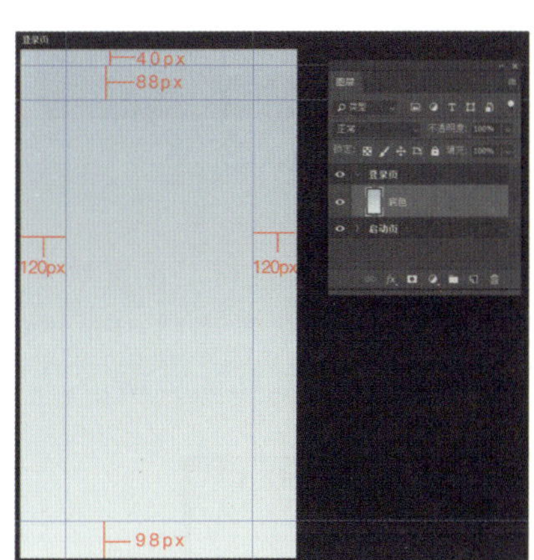

图14.4.19　添加底色及辅助线

图14.4.20　底色渐变参数设置

图14.4.21　添加状态栏效果

02 运用椭圆工具绘制底纹图形并填充为灰蓝色（参考色号：#b3c9d7）；在“图层样式”对话框中选中“投影”复选框，如图 14.4.22 和图 14.4.23 所示。

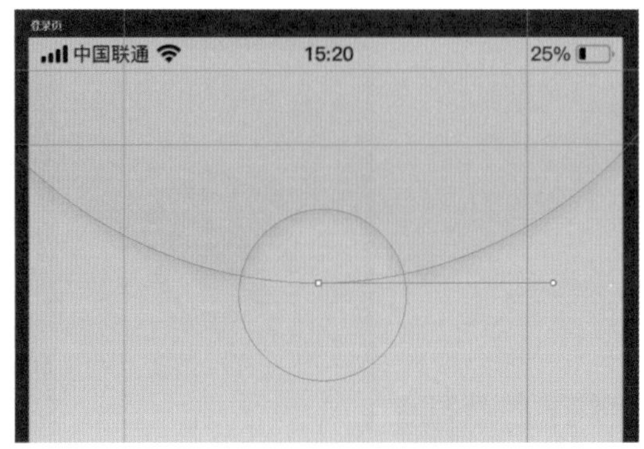

图14.4.22　绘制底纹图形

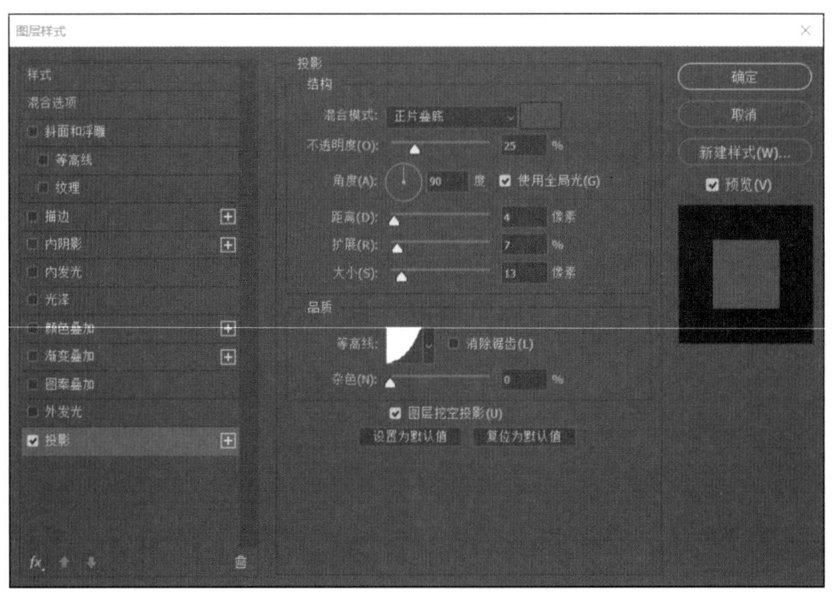

图14.4.23　底纹投影参数设置

03 打开“案例素材”→“图标”→“上一页”素材，设置颜色为咖啡色（参考色号：#644a4b）；添加文字“登录”（参考字体：PingFang Medium；参考大小：36 像素；参考色号：#644a4b），如图 14.4.24 所示。

图14.4.24　添加导航栏元素

04 打开“案例素材”→“Logo”素材；添加文字广告语（参考字体：PingFang Medium；参考大小：24 像素；参考色号：#644a4b），如图 14.4.25 所示。

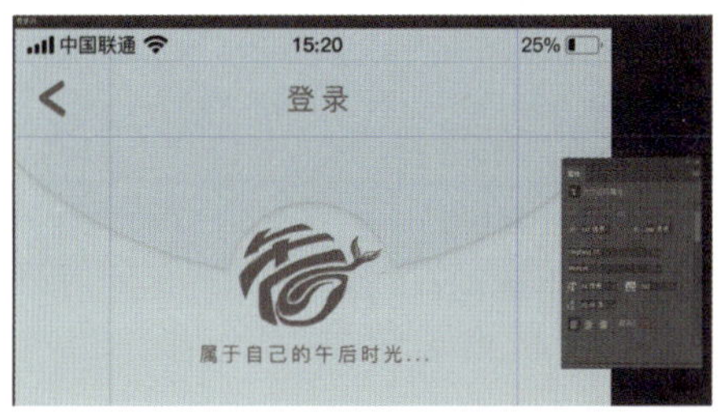

图14.4.25　添加Logo和广告语效果

05 打开“案例素材”→“图标”→“账号”“密码”素材；运用直线工具绘制灰色分割线；运用圆角椭圆工具绘制“登录”按钮色块（参考色号：#4f5b6b），如图 14.4.26 和图 14.4.27 所示。

图14.4.26　制作登录框内元素

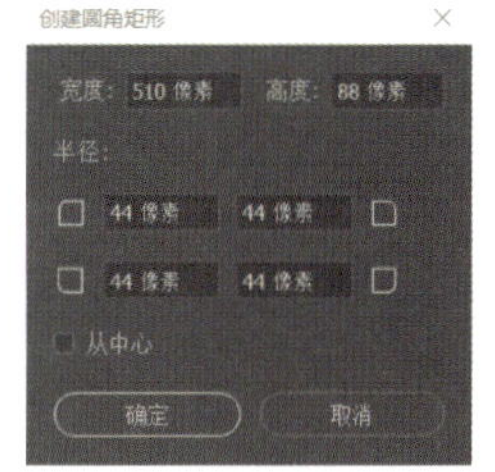

图14.4.27　创建圆角矩形参数设置

06 在登录框内添加文字信息（参考字体：PingFang Regular；参考大小：28 或 20 像素；参考色号：#b1b0b0），如图 14.4.28 所示。

图14.4.28　登录框效果

07 打开“案例素材”→“图标”→“QQ”“微信”“微博”素材；运用直线工具绘制灰色分割线；添加文字“第三方账号登录”（参考字体：PingFang Regular；参考大小：28 像素；参考色号：#b1b0b0），如图 14.4.29 和图 14.4.30 所示。

图14.4.29　第三方账号登录效果

图14.4.30　登录页制作效果

4．制作首页

01 新建名为“首页”的画板，填充底色为浅蓝色（参考色号：#b3c9d7）并创建辅助线；打开“案例素材”→“状态栏”素材，如图 14.4.31 所示。

02 运用文字工具添加导航栏文字（参考字体：PingFang Bold、Regular；参考大小：36 或 28 像素；参考色号：#644a4b、#656565）；运用直线工具绘制下画线（参考色号：#4f5b6b），如图 14.4.32 所示。

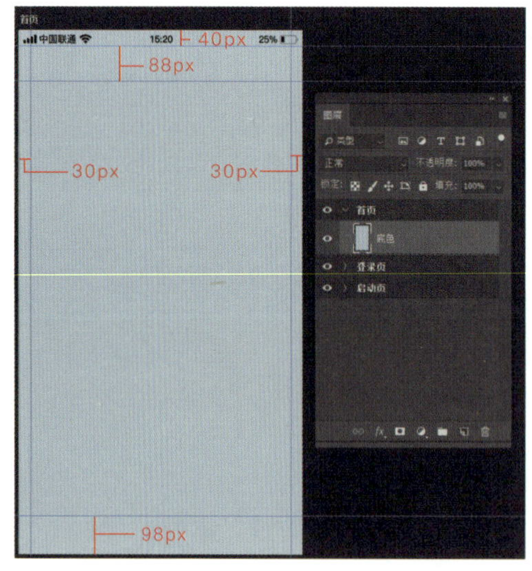

图14.4.31　添加首页底色及辅助线

图14.4.32　导航栏制作效果

03 新建“搜索”图层组，绘制浅灰色圆角矩形（参考色号：#e5e5e5）；打开“案例素材”→“图标”→“放大镜”素材；运用文字工具添加浅灰色文字（参考字体：PingFang Regular；参考大小：29 像素；参考色号：#656565），如图 14.4.33 和图 14.4.34 所示。

图14.4.33 制作搜索栏效果

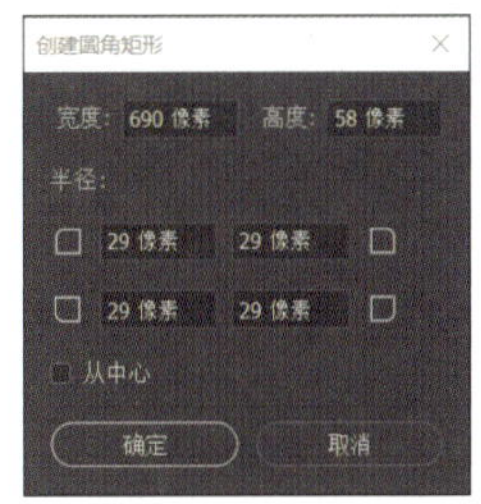

图14.4.34 圆角矩形绘制参数设置

04 运用圆角矩形工具绘制白色底图，添加图层蒙版，在蒙版内添加黑白渐变制作出白色底图的透明渐变效果，如图 14.4.35 所示。

05 绘制圆角矩形框作为 Banner 板块位置；打开相应素材文件中的“Banner”素材，将其置于圆角矩形框上方并创建剪贴蒙版，如图 14.4.36 ～图 14.4.38 所示。

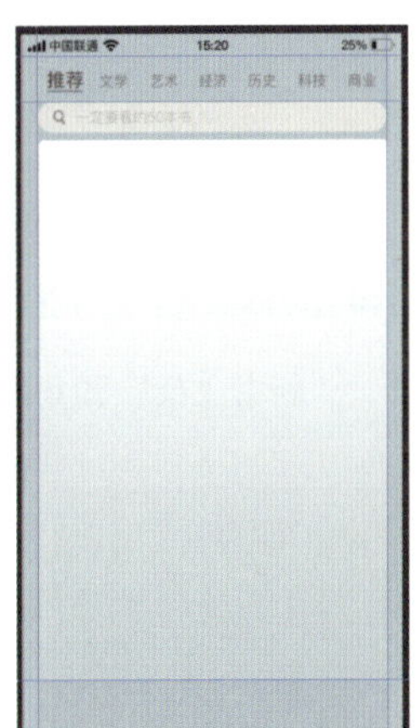

图14.4.35 白色底图制作效果

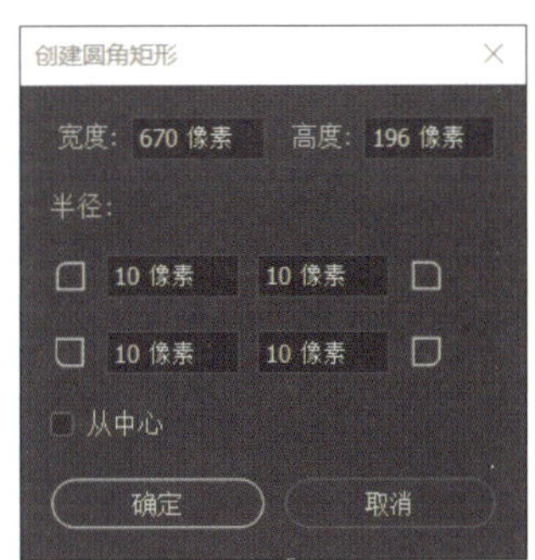

图14.4.36 圆角矩形创建参数设置

图14.4.37 圆角矩形Banner框

图14.4.38 添加Banner效果

06 新建名为“金刚区”的图层组，运用椭圆工具绘制五个浅蓝色圆形（参考色号：# b3c9d7），如图 14.4.39 和图 14.4.40 所示；添加文字分类文字（参考字体：PingFang Medium；参考大小：24 像素）。

07 打开相应素材文件中的“图标”→“听书”“电子书”“书单”“免费”“活动”；将其分别置于相应圆形上方并调整大小，创建剪贴蒙版，如图 14.4.41 所示。

图14.4.39 “金刚区”基本版式效果

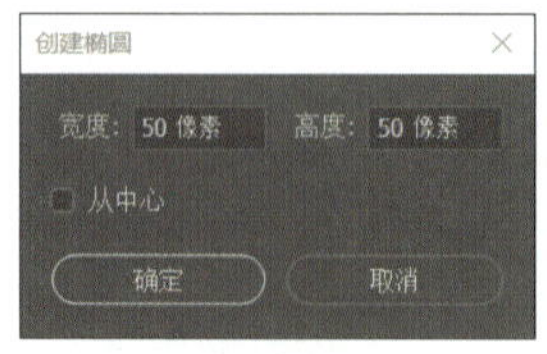

图14.4.40 圆形创建参数

图14.4.41 “金刚区”图标添加效果

08 新建名为“新书上架”的图层组，添加黑色标题文字“新书上架”（参考字体：PingFang Bold；参考大小：34 像素）；绘制圆角矩形，单击图层面板中的“创建新的填充或调整图层”，在弹出的下拉列表中执行“阴影”命令，如图 14.4.42 ～图 14.4.44 所示。

图14.4.42 “新书上架”板块效果

创建圆角矩形
宽度：162 像素 高度：248 像素
半径：
10 像素 10 像素
10 像素 10 像素
从中心
确定 取消

图14.4.43 “新书上架”圆角矩形参数设置

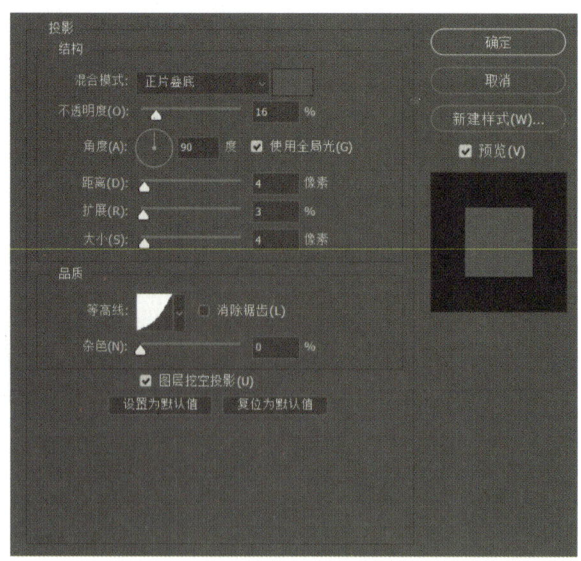

图14.4.44 “新书上架”板块阴影参数设置

09 打开“案例素材”→“白夜行”“百年孤独”“莫奈和他的眼睛”“月亮与六便士”素材，将其分别置于圆角矩形上方并创建剪贴蒙版，如图 14.4.45 所示。

图14.4.45　“新书上架”板块效果

10 运用上述同样的方法制作“猜你喜欢”板块，如图 14.4.46 所示。

图14.4.46　“猜你喜欢”板块效果

11 新建名为“标签栏”的图层组，添加标签栏文字（参考字体：PingFang Bold、Regular；参考大小：20 像素；参考色号：#644a4b、#656565）；打开“案例素材”→“图标”→“标签栏图标”素材；运用椭圆工具为动态添加提示红点，如图 14.4.47 和图 14.4.48 所示。

图14.4.47　标签栏效果

图14.4.48　首页效果

5．制作详情页

01 新建名为“详情页”的画板并创建辅助线；打开“案例素材”→“状态栏”素材，

将其颜色修改为白色；运用矩形工具绘制咖啡色矩形作为底色（参考色号：#82636b），如图 14.4.49 和图 14.4.50 所示。

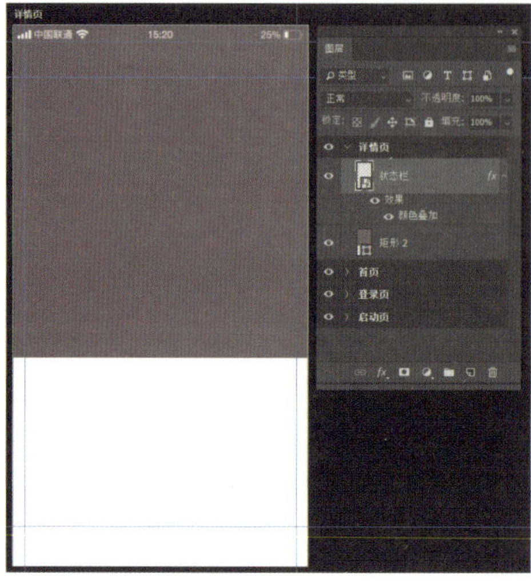

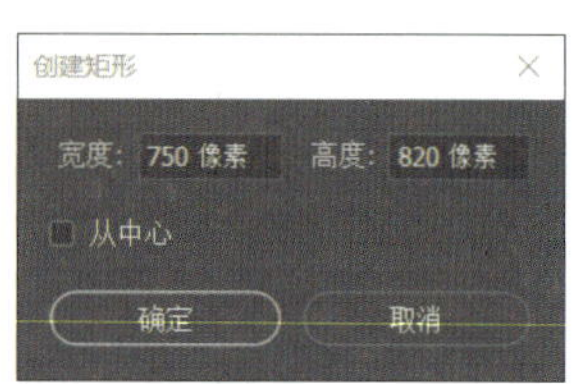

图14.4.49　首页效果　　　　图14.4.50　创建矩形参数设置

02 新建名为“导航栏”的图层组，添加白色导航文字“瓦尔登湖”（参考字体：PingFang Medium；参考大小：36 像素）；打开“案例素材”→“图标”→“上一页”“分享”素材，将其修改为白色，如图 14.4.51 所示。

图14.4.51　“导航栏”效果

03 运用椭圆工具绘制光碟图形；打开“案例素材”→“瓦尔登湖”素材，将其置于光碟上方并创建剪贴蒙版；打开“案例素材”→“Logo”，调整颜色为灰色（参考色号：#9d938a），如图 14.4.52 和图 14.4.53 所示。

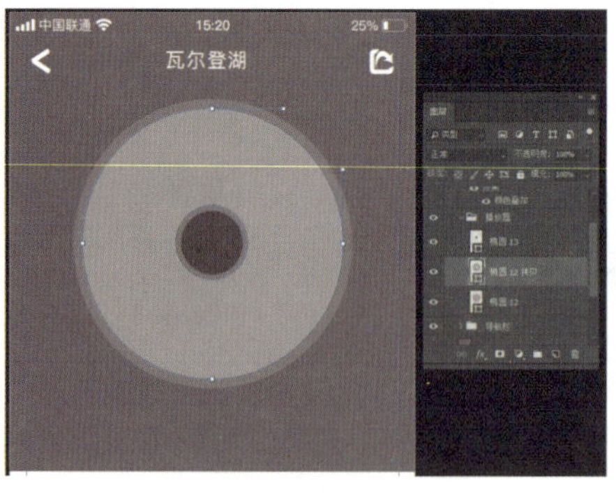

图14.4.52　绘制光碟图形　　　　图14.4.53　光碟制作效果

04 运用自定形状工具、圆角矩形工具、直线工具绘制播放按键（参考色号:#e2e4d7);打开“案例素材”→“图标”→“定时关闭”“播放列表”素材，如图 14.4.54 所示。

图14.4.54 制作播放按键效果

05 新建名为“用户信息”的图层组，绘制圆形头像图标；添加用户名和其他信息文字；打开“案例素材”→“头像”素材，将其置于圆形上方并创建剪贴蒙版；运用自定形状工具绘制选项文字前的小图标，如图 14.4.55 和图 14.4.56 所示。

图14.4.55 制作头像及名称信息　　图14.4.56 添加选项信息及图标

06 新建名为“收藏详情”的图层组，分别绘制两个灰色矩形框和两个矩形块；为小的图层块添加投影效果，如图 14.4.57 和图 14.4.58 所示。

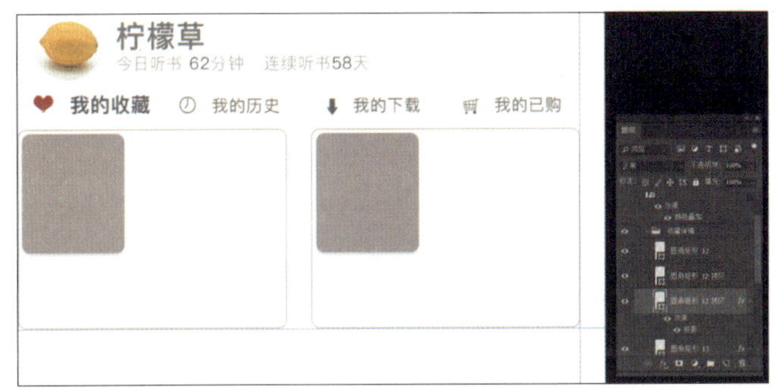

图14.4.57 绘制收藏详情版式

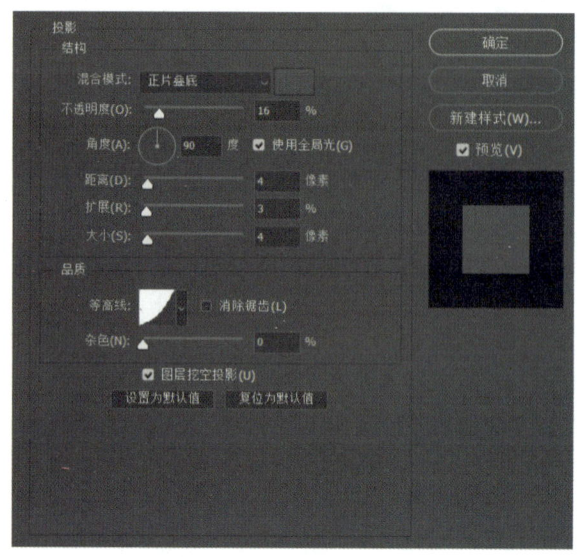

图14.4.58　投影参数设置

07 打开“案例素材”→“麦田里的守望者”“浮生六记”素材，将其置于灰色矩形块上并创建剪贴蒙版；添加书籍文字信息（参考字体：PingFang Medium；参考大小：20 像素），如图 14.4.59 所示。

08 运用首页标签栏制作方法制作详情页标签栏，如图 14.4.60 所示。

图14.4.59　收藏详情效果　　图14.4.60　详情页效果

09 执行“文件”→“存储”命令，完成午后听书 App 的 UI 制作，最终效果如图 14.4.1 所示。

知识链接

UI 设计（或称界面设计）是指对软件的人机交互、操作逻辑、界面美观的整体设计。整个 UI 设计的流程中涉及多个岗位和工作，而图形图像涉及的一般是视觉设计。

1. 了解 UI 美工视觉设计的工作流程

一个 UI 设计项目先经过需求分析、交互设计，再进入视觉设计这一步。视觉设计需依据交互设计师绘出的原型图进行视觉化处理，过程可分为制作情绪板、风格定义、视觉设计、视觉评审四个步骤，如图 14.4.61 所示。

图14.4.61　UI美工视觉设计的工作流程

2. 认识常见的 UI 设计风格

在 UI 设计中依据不同的产品特性及需求，选择合适的设计风格，有利于提升整个 UI 的整体视觉效果。分清设计风格的特点与区别，了解设计风格的流行趋势是一个 UI 视觉设计师需要具备的职业素养之一。

（1）半扁平化风格

半扁平化风格是基于扁平化设计风格的一种转变，主要体现在渐变及光影的添加运用上，使较扁平化风格的画面更复杂和写实化，如图 14.4.62 所示。

图14.4.62　半扁平化图标表现

（2）三维渲染风格

三维渲染风格能体现空间感、立体感和质感，随着 C4D 软件的流行，三维渲染的表现形式在视觉设计中也愈演愈烈。

（3）渐变色风格

渐变色风格是指通过多色、同色系或对比色的渐变来制作界面各元素。从 Logo 到按键和图片等，渐变色已是时下主流风格之一，如图 14.4.63 所示。

图14.4.63 渐变色风格App界面

（4）极简风格

极简风格是符合时下极简生活主义的视觉产物，它删减了与用户任务无关的非功能性元素，只保留重要的信息，减轻了用户的认知负荷。通过减少无用信息的干扰，用户可以快速聚焦到内容本身，如图 14.4.64 所示。

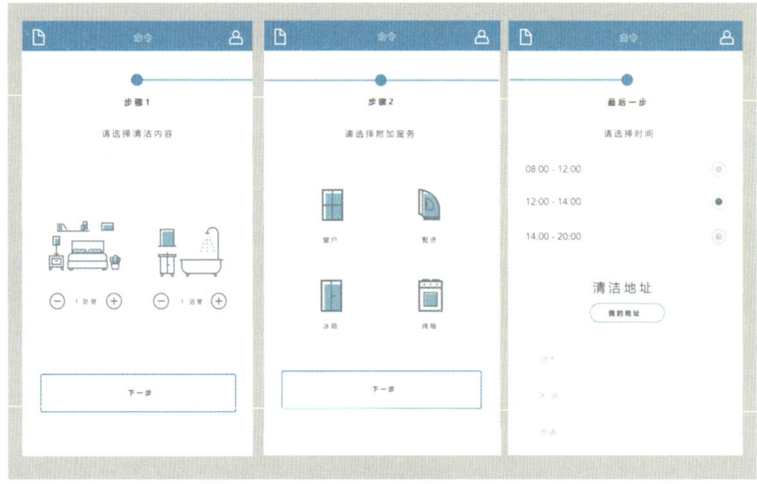

图14.4.64 极简风格App界面

图14.4.65 MBE插画风格图标

（5）MBE 插画风格

MBE 插画风格是由法国设计师 MBE 于 2015 年底在 Dribbble 网站上发布的，由线框型 Q 版卡通画演变出来的一种风格。它的突出特征为扁平图形搭配深色加粗的描线及断点，如图 14.4.65 所示。

（6）波普风格

波普风格是一种夸张且设计感极强的表达风格，主要特征为拼接、追求各种风格的混合及夸张明亮的色彩碰撞，如图 14.4.66 所示。

（7）孟菲斯风格

孟菲斯风格强调几何结构、颜色的更多可能及随机的趣味性。在色彩上常打破配色规律，采用亮丽、纯度高、大胆、对比强烈的配色。在排版上，元素之间没有过多的联系，元素的排列常常无规律可循，运用大量的几何元素，综合运用点、线、面，如图 14.4.67 所示。

图14.4.66　波普风格Banner模板

图14.4.67　孟菲斯风格App界面

3．了解移动端常用字体

不同平台的界面设计对文字的规范性运用有所不同，移动端界面的设计会有固定的字体样式及常规的字号选择规范。

（1）中文常用字体

iOS 系统默认的中文字体是苹方 PingFang，Android 系统默认的中文字体是思源黑体 Noto Sans CJK，如图 14.4.68 和图 14.4.69 所示。

苹方PingFang (ExtraLight)
苹方PingFang (Light)
苹方PingFang (Regular)
苹方PingFang (Medium)
苹方PingFang (Bold)
苹方PingFang (Heavy)

思源黑体Noto Sans CJK (Thin)
思源黑体Noto Sans CJK (Light)
思源黑体Noto Sans CJK (DemiLight)
思源黑体Noto Sans CJK (Regular)
思源黑体Noto Sans CJK (Medium)
思源黑体Noto Sans CJK (Bold)
思源黑体Noto Sans CJK (Black)

图14.4.68　苹方字体展示　图14.4.69　思源黑体字体展示

（2）英文常用字体

iOS 系统默认的英文字体为 San Francisco，Android 系统默认的英文字体为 Roboto，如图 14.4.70 和图 14.4.71 所示。

San Francisco Text (Ultralight)
San Francisco Text (Thin)
San Francisco Text (Light)
San Francisco Text (Regular)
San Francisco Text (Medium)
San Francisco Text (Semibold)
San Francisco Text (Bold)
San Francisco Text (Heavy)
San Francisco Text (Black)

San Francisco Display (Ultralight)
San Francisco Display (Thin)
San Francisco Display(Light)
San Francisco Display (Regular)
San Francisco Display(Medium)
San Francisco Display(Semibold)
San Francisco Display (Bold)
San Francisco Display (Heavy)
San Francisco Display (Black)

Roboto (Thin)
Roboto (Light)
Roboto (Regular)
Roboto (Condensed)
Roboto (Medium)
Roboto (Bold Condensed)
Roboto (Black)
Roboto (Bold)
Roboto (Italic)

图14.4.70　San Francisco字体展示　图14.4.71　Roboto字体展示

（3）常用字号选择

文字字号是界面设计中一个重要的元素，字号的大小决定了信息的层级和主次关系，合理有序的字号设置能让界面信息清晰易读、层次分明。一般常用的文字字号设置如下。

1）导航主标题字号：34 或 36 像素。

2）正文字号：32 或 34 像素（阅读类 App 中常用 34 像素）。

3）正文内容：26 或 28 像素。

4）说明文字字号：22 或 24 像素。

5）列表形式文字字号：34 像素。

任务 14.5 建筑后期表现——室外后期效果处理

拓展任务5——制作彩色户型图

☞任务描述

建筑效果图就是在建筑、装饰施工之前，通过施工图样，把施工后的实际效果用真实和直观的视图表现出来，使人们能够一目了然地看到施工后的实际效果。本任务要求利用Photoshop软件对一张渲染后的乡村别墅图进行后期处理，效果如图14.5.1所示。

图14.5.1 室外后期效果

☞任务分析

本任务是对一张渲染后的乡村别墅图进行后期处理，从画面中看，房子的主体、材质等都已经在软件中设计好，后期需要做的就是天空调色，玻璃上的反射处理，树木的颜色、透视调整，人物添加等，最终要让整个画面丰富且具有层次感，让人第一眼看到就有想入住的冲动。

实践操作

微课：室外后期效果处理

01 打开 Photoshop 软件，打开“案例素材”→“渲染图”素材，如图 14.5.2 所示。

图14.5.2 打开素材

02 选择“背景”图层，右击或者按 Ctrl+J 组合键复制图层，得到“图层 1”，如图 14.5.3 所示。

03 单击“工具栏”→“魔棒工具”，选取画面中的天空部分，右击，在弹出的快捷菜单中执行“选取相似”命令，如图 14.5.4 所示。

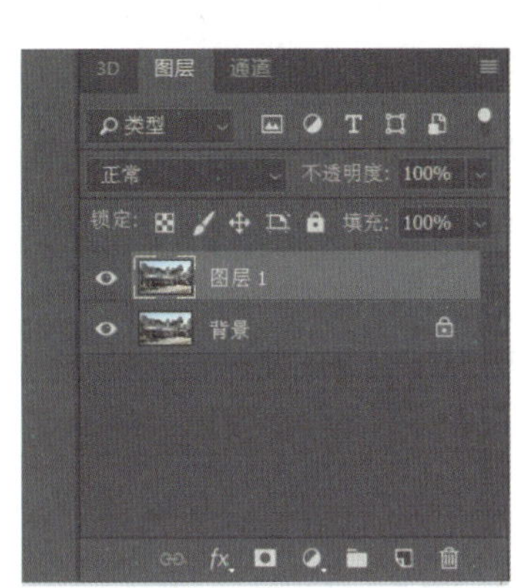

图14.5.3　填充背景色

图14.5.4　绘制网格选区

04 选择天空选区，按 Ctrl+J 组合键，得到复制的天空图层，将其命名为“天空”，如图 14.5.5 所示。

05 选择“天空”图层，按住 Ctrl 键的同时，单击“天空”图层的缩览图，再次选中天空选区，关闭“天空”图层的小眼睛，回到“图层 1”，按 Delete 键删除“图层 1”的天空，如图 14.5.6 所示。

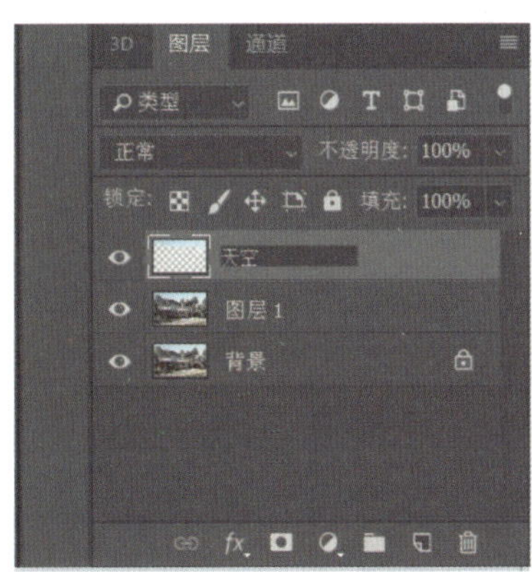

图14.5.5　复制天空

图14.5.6　删除图层1的天空

06 选择“天空”图层，执行“自由变换”命令，或者按 Ctrl+T 组合键，改变天空的来光方向，如图 14.5.7 所示。

07 再次执行“自由变换”命令，拖拉天空图层，让天空填满所有透明区域，如图 14.5.8 所示。

图14.5.7　改变来光方向

图14.5.8　填满透明区

08 调整图层顺序，将“天空”图层下拉到“图层 1”下方，如图 14.5.9 所示。

09 运用渐变填充工具，在弹出的“渐变编辑器”对话框中选择“前景色到透明渐变”选项，如图 14.5.10 所示。

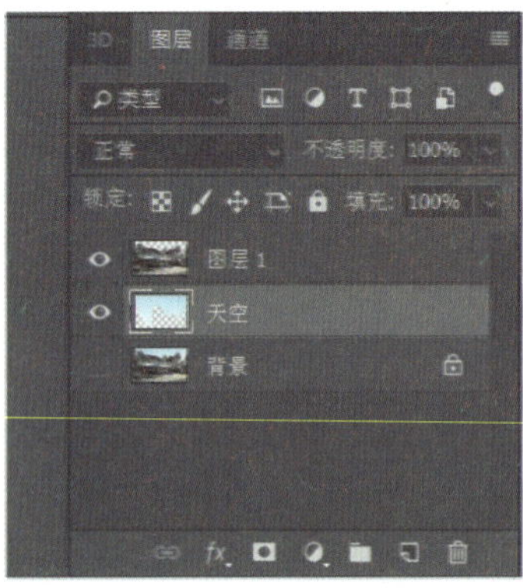

图14.5.9　调整图层顺序

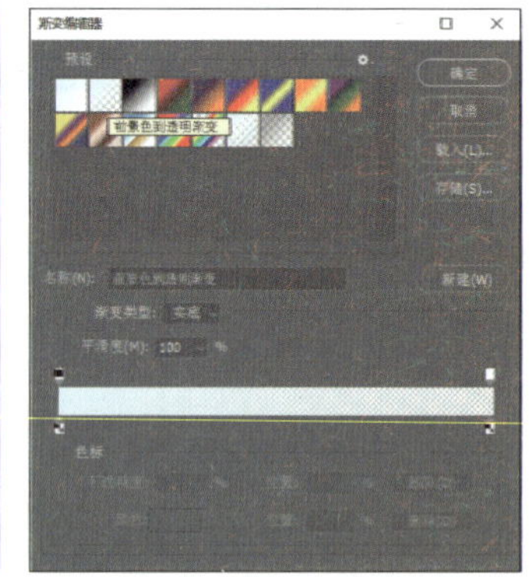

图14.5.10　设置渐变

10 更改渐变的前景色，可用吸管吸取画面原本的天空颜色后，再在拾色器里面选择比天空更淡一点的颜色（参考色号：#e9f5fd），如图 14.5.11 所示。

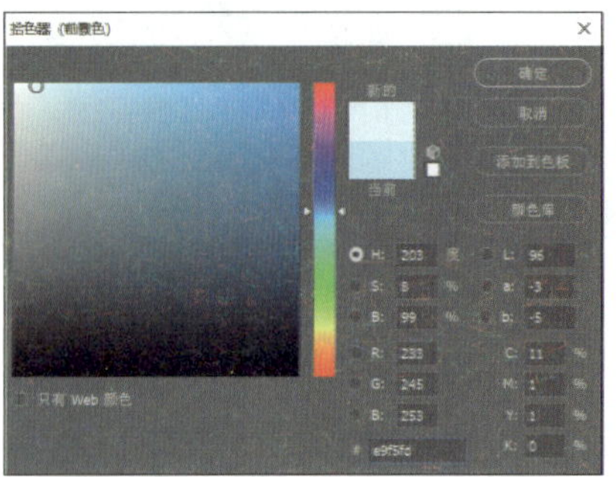

图14.5.11　更改渐变前景色

11 运用渐变工具，从天空的左上角到右下角拉渐变，可多次调整，直至达到满意效果，如图 14.5.12 所示。

图14.5.12　拖动天空渐变

12 在图层面板中添加“色彩平衡 1”图层，调整中间调，将绿色改为“9”，如图 14.5.13 所示，让画面中的草更绿。

13 调整“色彩平衡 1”图层中的“阴影”，设置洋红为“-7”，蓝色为“7”，让画面中的树变翠绿，如图 14.5.14 所示。

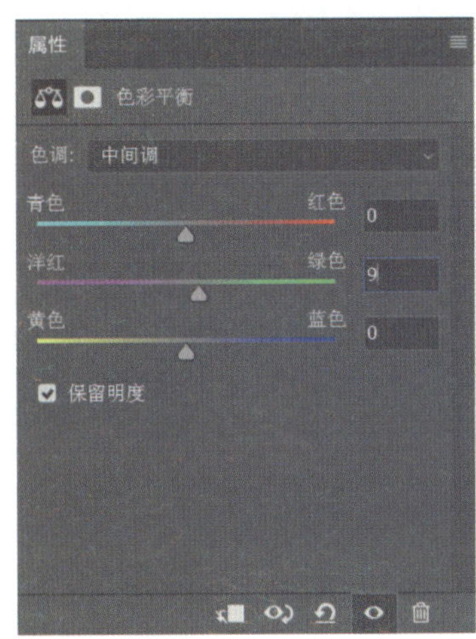

图14.5.13　添加色彩平衡

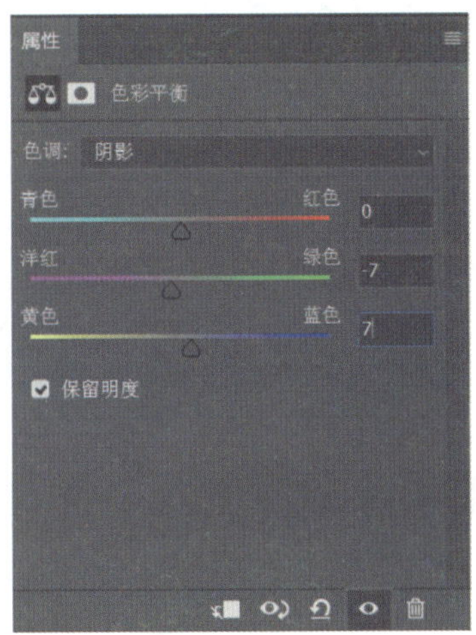

图14.5.14　改变色彩平衡中的阴影

14 调整“色彩平衡 1”图层中的“高光”，设置洋红为“-8”，蓝色为“+3”，如图 14.5.15 所示。

15 打开“案例素材”→“树 1”素材，将其拖动到正在编辑的文档中，如图 14.5.16 所示。

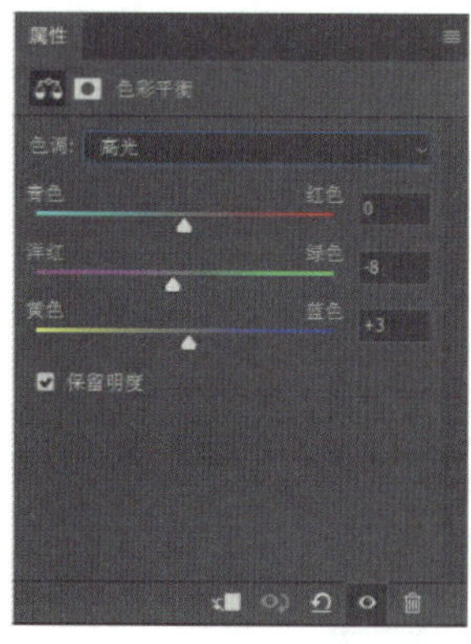

图14.5.15 改变色彩平衡中的高光

图14.5.16 拖入“树1”素材

16 将“树 1”放置在房屋右后方，然后运用橡皮擦工具，擦掉多余部分，然后创建“曲线 1”图层，按住 Alt 键的同时，单击“曲线 1”“树 1”两个图层的中间部分，为“树 1”创建剪贴蒙版，调整曲线，压暗“树 1”的亮度，如图 14.5.17 所示。

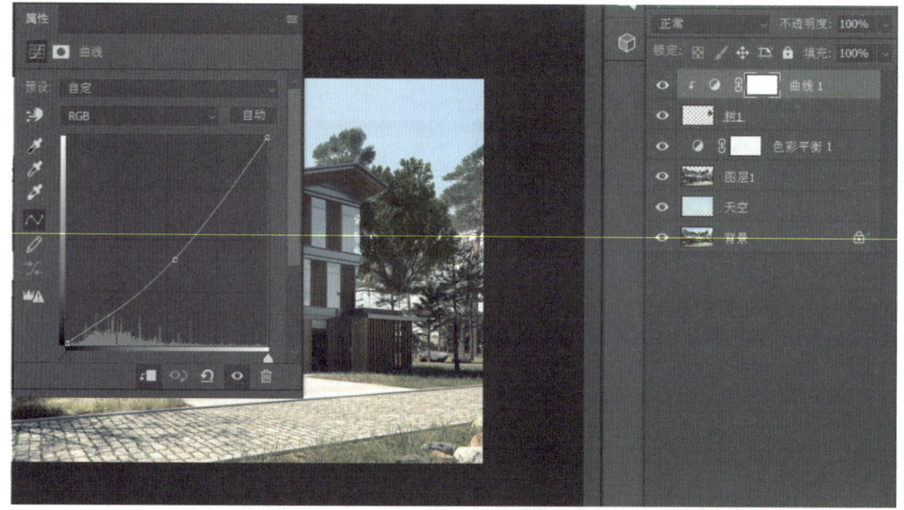

图14.5.17 创建树的曲线剪贴蒙版

17 创建“色彩平衡”图层，同样建立“树 1”的剪贴蒙版，调整中间调的蓝色为“24”，阴影的蓝色为“+4”，高光的蓝色为“+11”，如图 14.5.18 所示。

18 创建新的图层，命名为“虚化”，运用柔角画笔吸取天空的颜色作为前景色，慢慢涂抹建筑后面的树冠，设置混合模式为“柔光”，不透明度为“70%”，如图 14.5.19 所示。

19 打开“案例素材”→“树 2”素材，将其拖动到正在编辑的文档中，将树放置在玻璃上，调整其大小，运用套索工具选取玻璃以外的树，将其删除，然后将混合模式改为“正片叠底”，不透明度改为“50%”，制造出玻璃上有反射的树效果，如图 14.5.20 所示。

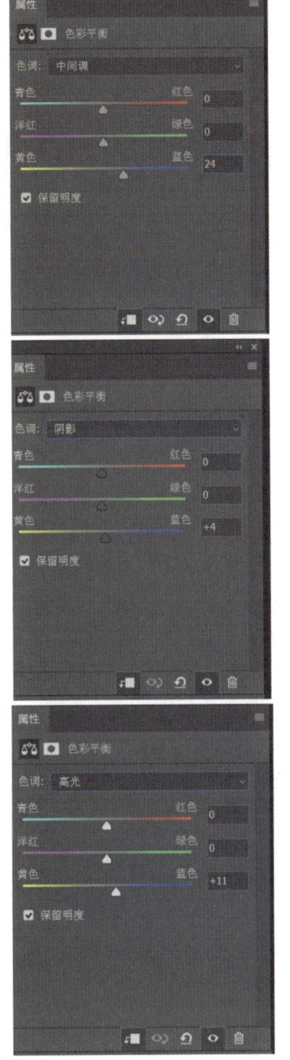

图14.5.18　创建色彩平衡图层

图14.5.19　虚化树冠

图14.5.20　制作玻璃上的反射

关键点拨

虚化建筑后面的植物时，需要根据图中的画面更改混合模式和不透明度，甚至画笔的类型。

20 打开“案例素材”→“光”素材，将其拖动到正在编辑的文档中，放置在画面的左上角，制作出阳光普照的效果，如图 14.5.21 所示。

图14.5.21 置入“光”素材

21 打开“案例素材”→“树 2”素材，将其拖动到正在编辑的文档中，放置在画面的左边，调整到合适大小，如图 14.5.22 所示。

图14.5.22 拖入“树2”素材

22 创建“色彩平衡 2”图层，建立“树 2”的剪贴蒙版，调整中间调的红色为“-1”、蓝色为“+25”，阴影的红色为“+7”、蓝色为“-10”，高光的红色为“+3”、蓝色为“-11”，如图 14.5.23 所示。

23 为“树 2”创建曲线调整图层，将曲线从中间点向右下拉，让前景树的颜色深一些，如图 14.5.24 所示。

24 为“树 2”创建“色相 / 饱和度 1”调整图层，将红色的饱和度改为“-68”，如图 14.5.25 所示。

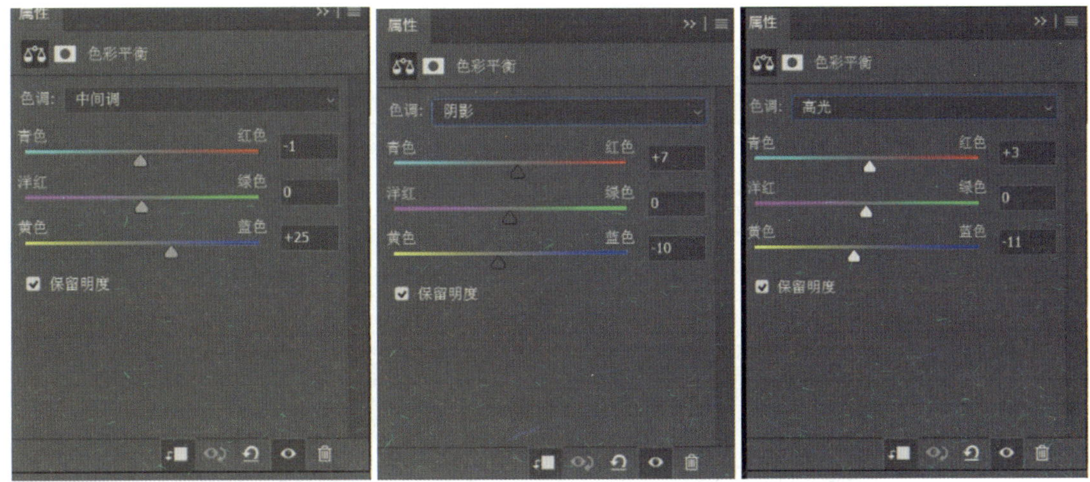

图14.5.23 创建“树2”的色彩平衡剪贴蒙版

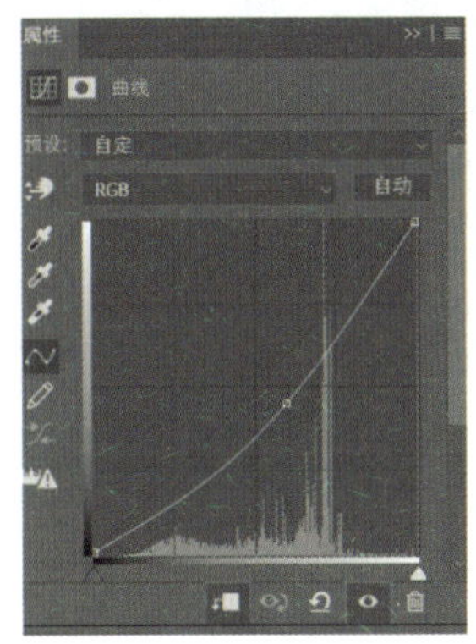

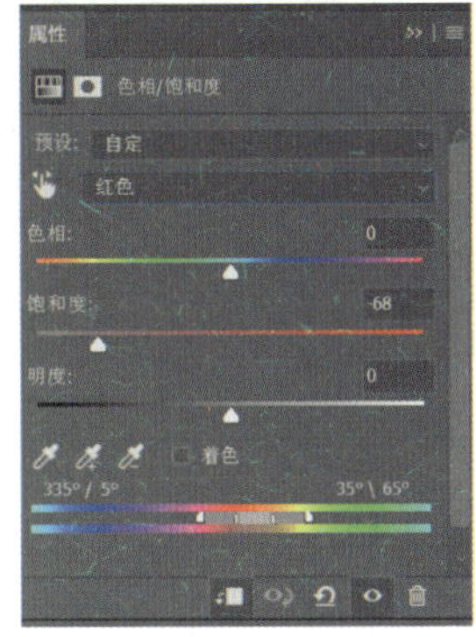

图14.5.24 创建“树2”的曲线剪贴蒙版 图14.5.25 创建“树2”色相/饱和度的剪贴蒙版

25 打开“案例素材”→“人”素材，将其拖动到正在编辑的文档中，放置在画面的合适位置，将画面中楼梯的扶手作为参考，人物肩膀与楼梯扶手齐平，如图 14.5.26 所示。

图14.5.26 添加“人物”

关键点拨

添加人物时，一般要寻找一个或多个参考点，如楼梯的扶手、门框等。

26 打开“案例素材”→“石头”素材，将其拖动到正在编辑的文档中，放置在画面的合适位置，运用椭圆选框工具画出合适大小的阴影位置，然后填充黑色，再执行“滤镜”→“高斯模糊”命令，让阴影变得自然，如图 14.5.27 所示。

图14.5.27　添加“石头”素材

27 打开“案例素材”→“草”素材，将其拖动到正在编辑的文档中，放置在画面的合适位置，适当调整其颜色，使其与画面自然融合，如图 14.5.28 所示。

图14.5.28　添加“草”素材

28 完成各方面的整体调整后，保存图片到相应的位置，最终效果如图 14.5.1 所示。

知识链接

1. 建筑效果图的作用

建筑效果图即通过图片来表达作品所需要和预期达到的效果，以现代的角度来讲是通过计算机三维仿真技术来模拟参照真实环境制作的高仿真虚拟图片。在建筑行业中，建筑效果图的主要功能是将平面的图样三维化、仿真化，通过高仿真的制作，检查设计方案的细微瑕疵或进行项目方案修改的推敲。建筑设计师以多媒体的形式将设计方案展示给客户，有直接明了的效果，具有更强的说服力。建筑效果如图 14.5.29 和图 14.5.30 所示。

图14.5.29　建筑效果（1）

图14.5.30　建筑效果（2）

2. 效果图制作的分类

1）酒店效果图，如制作餐厅 3D 效果图、大堂装修效果图、客房效果图、卫生间室内效果图、单人间 3D 效果图、标准间 3D 效果图、豪华套房效果图、总统套房效果图、中餐厅效果图、西餐厅效果图、会议室效果图等。

2）办公效果图，如制作办公室的设计开场、办公室室内效果图、经理室 3D 效果图、员工办公室效果图、接待室效果图、报告厅装修效果图、走廊效果图等。

3）商业效果图，如大型综合、专业商场的设计图，以及服装、珠宝首饰、手机、电器、礼品、各类精品的专卖店或商场内商铺的设计及公司的产品展厅设计图。

4）展览空间效果图，如各型展览会、博览会的展位设计图，房地产、工业、糖酒食品、高科技产品的交易会设计图。

5）家装效果图，如各类样板房、别墅、售楼处会所、家庭装修的效果图。

6）室外建筑效果图，如各类商场、酒店、别墅的效果图，工厂的建筑装饰的设计图。

7）园林建筑规划，如各类公园、小区、办公、学校商业街、企事业单位的规划及环境艺术的设计图。

8）施工图，如各类平面图。

9）工装效果图，如制作展示设计图、办公室设计酒店设计图、餐厅设计图等。

10）室内装饰装潢，如五星级酒店室内设计图、商业公共空间设计图、别墅家居装修设计图、室内效果图和建筑效果图。

3. 建筑表现的工作细分

建筑表现大致可以分为三个模块，即建模、渲染和后期，主要由建模师、渲染师和后期师完成。

1）建模：建模师主要负责把建筑师提供的 CAD 图样通过 3DS MAX 软件将虚拟的建筑模型制作出来。

2）渲染：渲染师在建模的基础上赋予模型材质，然后确定时间段，设置灯光并渲染出图。

3）后期：后期师主要在渲染图的基础上为图面添砖加瓦，如添加一些植物配景、更换天空和增加材质质感等，最后把握整张图的色调。

4. Photoshop 软件在建筑设计中的作用

Photoshop 软件是建筑表现常用的工具，是一个功能极其强大的平面应用软件，广泛应用于广告设计、包装设计、服装设计、建筑设计、室内设计等多个领域。Photoshop 软件不是针对哪个专业或者方向开发出来的软件，而是各个行业通用的软件。正是因为 Photoshop 软件的功能极其强大，而各个领域对其有各自要求，所以在学习时必须有针对性。

学习评价

学习目标	自我评价			同学评价		
	达成	基本达成	未达成	达成	基本达成	未达成
了解海报设计的要素及创意方式						
掌握运用 Photoshop 软件进行海报和插画制作、产品包装设计、UI 美工设计、建筑后期表现的基本方法						

教师评价：

教师签字：

思考与练习

一、理论题

1. 海报的基本类型有 ________、________、________。
2. 海报设计的常用表现手法有 ________、________、________。
3. 海报设计的常用构图技法有 ________、________、________、________。
4. 下列对商业插画的描述不正确的是（　　）。
   A. 绘画作品在商业中使用，称为商业插画
   B. 在商业插画作品中，作者保留其对作品的所有权
   C. 在商业插画作品中，作者为企业或产品绘制插画，获得与之相关的报酬后，放弃一切使用作品的权利，包括对作品的所有权和署名权
   D. 为企业或产品绘制商业插画，获得与之相关的报酬，作者放弃对作品的所有权，只保留署名权
5. （　　）是商业插画的组成部分。
   A. 广告插画　B. 形象设计　C. 出版物插图　D. 美术设定

6．包装设计的概念、功能、分类有哪些？如果要设计品牌包装，应该从哪些方面入手？

____

____

7．在 Android 系统中，中文常用 ________ 字体。

8．效果图制作分类有哪些？建筑效果图的作用是什么？

____

____

____

9．参考本单元任务 14.1 ～任务 14.5 的制作步骤分别归纳相关设计项目制作的基本流程和思路。

____

____

____

二、实训题

1．“蜜之源”是一款面向年轻群体的健康蜂蜜饮品，目前厂家需要为“蜜之源”本季主推的蜂蜜柚子茶系列设计一张产品推广海报，海报制作完成后在分销本产品的超市、便利店等场所进行张贴。请打开“实训题 1”素材，依据下列要求为“蜜之源”蜂蜜柚子茶设计一款推广海报：①规格为 297 毫米 ×420 毫米；②推广文案为“优质蜂蜜，健康好茶”。

2．借鉴本单元任务 14.2 中“惊蛰”插画的绘制流程、方法及风格，任选二十四节之一进行插画创作。设置插画规格为 210（宽）厘米 ×297（高）厘米、分辨率为 300 像素 / 英寸。

3．打开“实训题 3”中的素材，根据所学的包装设计知识，设计一个效果如下图所示的纸盒包装，规格大小根据产品需求而定。

练习效果（1）

4.“365go”是一家社区型连锁便利店运营公司，随着电子商务的不断发展，公司为了开拓送货上门业务，需要设计一款购物 App，目前项目已完成交互设计。请打开“实训题 4”素材依据提供的下图为 App 进行 UI 视觉设计。

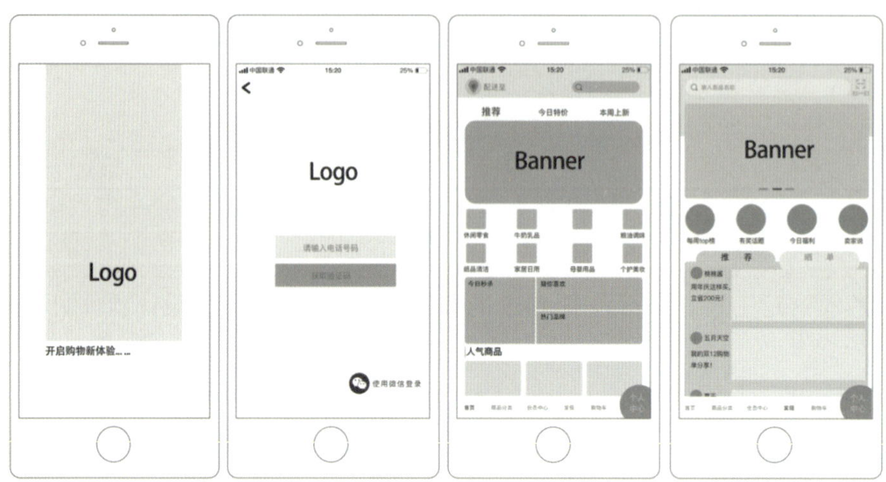

练习素材

5. 根据所学的建筑效果制作图的知识，打开“实训题 5”中的素材进行后期处理，效果如下图所示。

练习效果（2）

参考文献

方国平，2018．Photoshop CC 2018 从入门到精通 [M]．北京：电子工业出版社．

数字艺术教育研究室，2019．Photoshop CC 2018 标准培训教程 [M]．北京：人民邮电出版社．

孙铁英，黄瑞芬，袁娜，2012．中文版 Photoshop CS5 平面设计高级案例教程 [M]．北京：航空工业出版社．

邢帅教育，2018．中文版 Photoshop CC 2018 完全自学教程（在线教学版）[M]．北京：清华大学出版社．

Adobe ACA 国际认证教材编委会，2018．Photoshop CC 图像精修与视觉设计 [M]．北京：北京邮电大学出版社．